作者简介

李国杰，1943年5月出生于湖南邵阳，1968年毕业于北京大学物理系，1985年获美国普渡大学博士学位。1987年年初回国工作于中国科学院计算技术研究所（以下简称"中科院计算所"），1989年被聘为研究员，1990—2000年担任国家智能计算机研究开发中心主任，2000—2011年担任中科院计算所所长，现任中科院计算所首席科学家。1995年创建曙光信息产业（深圳）有限公司并一直担任董事长（2014年公司在上海证券交易所上市）。1995年当选中国工程院院士，2002年当选第三世界科学院院士。主要从事计算机体系结构、并行算法、人工智能、计算机网络、信息技术战略等方面的研究，发表科学论文100多篇，出版了《创新求索录》《创新求索录（第二集）》等文集和《新一代信息技术产业培育与发展研究报告》《中国至2050年信息科技发展路线图 》（*Information Science & Technology in China: A Roadmap to 2050*）等战略咨询报告。长期从事国家863计划高技术研究，两次担任国家973计划项目首席科学家。主持研制成功曙光一号并行计算机、曙光1000大规模并行计算机和曙光2000/3000超级服务器，领导中科院计算所成功研制龙芯CPU，获得国家科学技术进步奖一等奖和三次二等奖。1994年获得首届何梁何利基金科学与技术进步奖，2000年被评为全国先进工作者，2015年被人民日报等机构和大众评为我国自主品牌十大领军人物。曾任第九届、十届全国人大代表，中共十七大代表。现兼任中国计算机学会名誉理事长等职。

创新求索录

李国杰 著

第三集

人民邮电出版社

北京

图书在版编目（ＣＩＰ）数据

创新求索录. 第三集 / 李国杰著. -- 北京 ：人民
邮电出版社，2023.10
ISBN 978-7-115-62769-8

Ⅰ．①创… Ⅱ．①李… Ⅲ．①电子计算机－文集
Ⅳ．①TP3-53

中国国家版本馆CIP数据核字(2023)第177984号

内 容 提 要

　　本书收录了李国杰院士2018年至2022年5年间写的100余篇文章、报告、评语、新书序言等，反映了李国杰院士参与中共中央网络安全和信息化委员会办公室、国家发展和改革委员会、工业和信息部、科学技术部、中国工程院和中国科学院的咨询课题的成果。内容包括科技自立自强、理解人工智能、做强先进计算、展望新兴技术、战略咨询建议、人才培养教育等，既有宏观的政策建议，又有关键的技术研究；既高屋建瓴，又落到实处。本书适合制定政策方针的政府工作人员、相关领域的科研人员、高校教师和学生、信息产业的高管以及立志科研的青年阅读。

◆ 著　　　　　李国杰
　　责任编辑　冯 华
　　责任印制　焦志炜
◆ 人民邮电出版社出版发行　北京市丰台区成寿寺路 11 号
　　邮编　100164　电子邮件　315@ptpress.com.cn
　　网址　https://www.ptpress.com.cn
　　涿州市京南印刷厂印刷
◆ 开本：800×1000　1/16　　　　彩插：2
　　印张：31.75　　　　　　　　2023 年 10 月第 1 版
　　字数：568 千字　　　　　　　2023 年 10 月河北第 1 次印刷

定价：116.00 元
读者服务热线：(010) 81055493　印装质量热线：(010) 81055316
反盗版热线：(010) 81055315
广告经营许可证：京东市监广登字 20170147 号

序　言

一路求索，一心创新

李国杰院士邀我为他的新作写序，并说"我内心里感到与你神交很久了"。"道契非物理，神交无留碍。"幸得谋面之前，我是在文章中认识先生的。那时我还在三十八所[1]当所长，2006年的《科学新闻》周刊上发表了先生的一篇文章——《计算所：创新三期追求什么》，我从中读到了什么是现代化国有研究所的价值追求、科研体制、管理机制，启发我提出"国家人、国家队、国家事"的核心价值观，践行"国字当头、改字为先、创字开路"的创新原则。也正是看到了先生的很多文章，我才有意识地寻找到《科学：没有止境的前沿》《基础科学与技术创新：巴斯德象限》等经典著作，让我学习到原来科技创新是有范式的，这对我从事科技研发工作和经营管理工作都产生了很大的影响，改变了我的思维方式和工作模式，使我更加坚定了推进高水平科技自立自强的价值取向和基于国家重大战略需求的创新导向。

《创新求索录（第三集）》收录了近几年先生最鲜活的思考和文章，充满思想性，富于战略性，极具启发性。2018年发生了众所周知的"中兴事件"，先生以"国有疑难可问我"的担当和清醒，开展战略研究，积极建言献策，从几十年的实践感受和思考出发，提出了一系列有见地的观点、判断和建议，这些构成了开篇的科技自立自强这个主题。

先生始终活跃在信息科技的创新前沿，本书还分别讨论了人工智能、先进计算、

1　中国电子科技集团公司第三十八研究所。

量子计算、算力网络等新技术新领域，并提出很多战略咨询建议，这也让我想起了反复阅读、认真学习过的先生领衔研究的《中国至2050年信息科技发展路线图》，其中提出人机物三元计算将成为信息技术发展主要方向，现在都已变成了现实，这体现了一个科学家敏锐的技术洞察。

先生还是一个教育家，近年来的一些报告、讲话、序言以及邮件、微信等也收录于本书，很多是首次发表，从中可以看到先生对学生的教诲、对后进的提携和对同人的鼓励。本书最后一章发表了先生与家人通信的部分片段，远渡重洋而初心不改，历史的痕迹里镌刻着始终如一的家国情怀，读来令人感念、令人感动、令人感佩。

"路漫漫其修远兮，吾将上下而求索"，先生这部作品本身就是一种求索，也是一种创新，既有随笔漫谈也有专业分析，既有战略洞察也有咨询建议，从中可以读出一位老科学家孜孜求索的心路历程、厚积薄发的技术敏感、为国分忧的赤诚担当。

先生在信中说："我知道大家都很忙，为别人写序是个较大的负担。如果你一个月后能为此书写一篇序言，我将十分感激。如果你没有时间写，直接回信拒绝就是，不必犹豫。"我确实不擅长写这样的文章，但先生为他人着想的良善与诚恳，让我无法拒绝。花了一个多月的时间，我认真研读了《创新求索录（第三集）》和前两集《创新求索录》，从中读到了一位创新求索者的一路求索和一心创新，也读到了我未来的责任和追求。写下这篇读后感，算是完成先生布置的作业，可能无法满足先生听到我"真心的批评和建议"的期望；送给先生，以感谢先生多年来对我工作上的启发和精神上的激励。

吴曼青[2]

2022年10月

2　中国工程院副院长。

自 序

　　1999 年的一天，为了寻求工作上的指导，我特意拜访了中国科学院的一位老领导。他当时已经退休在家，但仍然很关心国家经济和科技发展。我们谈及了我国集成电路发展中的问题，他认为增值税过高是影响集成电路发展的重要障碍，建议国家大幅度降低集成电路企业的增值税。他说他已经退下来了，只能以反映我的意见的名义给政府部门提建议。我们见面后不久他就给中央有关领导写了一封信，信的开头引用了贾岛的一首诗来表明他当时的身份处境："松下问童子，言师采药去。只在此山中，云深不知处。"想象之中我是那位问童子的来访者，而他是在深山中采药的老者。既要为国分忧，又不想干扰执政者，老领导可谓用心良苦。2000 年国务院颁布了影响深远的第 18 号文件，将集成电路企业的增值税从 17% 降到 6%。不知那封信是否起到了加速第 18 号文件颁布的作用，但老领导对国家科技发展的拳拳之心令我一直感念在怀。

　　2017 年我从中科院计算所退休以后，常常想起这件事。一个退休的知识分子，如何继续为国分忧？老领导引用的贾岛诗中的"采药"给了我深刻的启示。降增值税可以说是老领导找到的一副对症的良药，我能不能也像老领导一样，找到医治科技发展中遇到的某些"疾病"的良药？即使没有找到对症药的本事，能找到几味强身健体的"补药"也大有益处。于是我有意无意地开始扮演"采药人"的角色。5 年来我给中央有关领导和部门写了几份引起重视的政策建议报告；给十几个部门和省市的发展规划和其他学者的咨询报告写了评审意见；陆陆续续写了几十篇文章，做了 30 余场报告，给 10 余本新书写了序言。这些文章、报告和评语有的较长，大多发表在《中国科学院院刊》上，有的只有一页纸，例如发表在《中国计算机学会通讯》上的主编评语。我 2008 年出版《创新求索录》以后，过了 10 年才出版《创新求索录（第二集）》。近年来我发表的文章有较强的时效性，许多文章涉及现在大家正在热烈讨论的科技自立自强等问题。因此我决定将 2018—2022 年 5 年间写的 100 余篇文章、报告、评语、序言等汇集成册，出版《创新求索录（第三集）》。为了使读者了解这些文章、报告的背景，我在这篇"自序"中做适当的交代和说明。

2018 年发生的"中兴事件"是一个具有转折点意义的重大事件，从那以后，媒体上关于自主可控和自立自强的文章越来越多，人人都在谈论关键技术"卡脖子"的困难。本书第 1 章的主题是"科技自立自强"，包括 17 篇文章。开篇文章就是综合了发表在《科技导报》与《中国计算机学会通讯》上的两篇短文而整理成的《"中兴事件"的教训与启示》。"中兴事件"后不久，时任中央财经委员会办公室副主任的杨伟民召集几个专家开小型座谈会，我在会上做了半个小时的发言。政府要引导企业在整个生态链上发力，不要一窝蜂地重复建设落后的生产线。在这次会上，我重点讲了发展 CPU（中央处理器）芯片产业必须统筹考虑安全和发展，采取"两条腿走路"的方针，不能以莫须有的安全隐患为理由，反对走与国际兼容的引进消化再创新的道路。一年以后，即 2019 年我牵头承担了中央网信办[1]布置的关于"新形势下发展国产微处理器产业"的咨询课题，课题组提交的咨询报告强调了生态系统在发展 CPU 芯片产业中起决定性作用，提出要以建立信息技术体系为目标发展微处理器的发展战略和 7 条有针对性的建议，中央领导做了重要批示。

2019 年 9 月，中国科学院举办以"中国科技 70 年·道路与经验"为主题的第七届战略与决策高层论坛，国家相关部门负责人和中国科技事业发展的推动者、参与者齐聚一堂，我在会上做了关于改变科研模式的报告，后来以《新时期呼唤新的科研模式——中国 70 年信息科技发展的回顾与思考》为题，发表在《中国科学院院刊》"中国科技 70 年·回顾与思考"专题上。2020 年中国信息化百人会在深圳华为总部召开高峰论坛

---

1 中共中央网络安全和信息化委员会办公室，以下简称"中央网信办"。

并与华为任正非总裁座谈，我在会上做了题为"经济内循环为主条件下技术创新的路径选择"的报告，强调发挥骨干企业的中流砥柱作用，构建企业命运共同体，同时对华为如何渡过难关提出了 4 条建议。

我国媒体在论述"科技自立自强"时，主流的逻辑是"科技强则国家强"。根据过去 30 多年的亲身体会，我的体会和认识是"科技强则企业强，企业强则国家强"。2019 年 8 月 8 日我在《人民日报》上发表了一篇文章，题目是《把关键核心技术掌握在自己手中》，此文后来被《新华文摘》收录。这篇文章指出，突破关键技术的成功之路不是从技术出发找市场，而是根据市场需求找技术。我国关键技术难以突破的根本原因在于企业的技术创新能力不强。我们必须从思想上认识到这一问题的严重性和紧迫性，从国家经济转型的高度重视这一涉及高质量发展全局的战略问题，制定有力度的政策，切实提高企业的创新能力，集中力量攻克有市场优势的关键技术。在 2020年 10 月召开的中国计算机大会 CTO（首席技术官）高峰论坛上，我做的主旨报告强调要"形成以产业技术为主体导向的科技文化"，再次呼吁要重视"产业技术"。

2022 年 1 月，《中国科学院院刊》组织了一期"构建自立自强的信息技术体系"专题，我与孙凝晖院士合写了题为《探索我国信息技术体系的自立自强之路》的序言，较系统地阐述了构建自立自强信息技术体系应重视的 5 条原则。2022 年 3 月，在对中国科学院党组关于"高水平科技自立自强"征求意见函的回复中，对我国实现高水平科技自立自强的主要差距，面临哪些重大挑战，在科技布局、创新主体、人才队伍、体制机制等方面存在哪些突出问题等做出了回答。2022 年 8 月 12 日，海光公司[2]在上海证券交易所科创板上市，首日市值超过 1 600 亿元，融资 108 亿元。我在当晚答谢宴会上的致辞是本书收录的最新文章。我的个人经历有限，认识也可能有片面性，但第一章的文章不是人云亦云，对我国如何实现科技自立自强的看法和建议都来自几十年的实践感受和思考，希望对读者有点参考价值。

自 2012 年以来，人工智能进入第三波高潮，近 5 年取得重大进展。但人工智能是

---

2 海光信息技术股份有限公司，以下简称"海光公司"。

产业的助推器，其本身的核心产业产值并不大。由于部分媒体和狂热者的炒作，科技界和产业界流传着一些关于人工智能的不理智的判断和预期。2018年和2019年我先后在中国科学院青年学术论坛、香港中文大学深圳分校等地做过关于人工智能的报告，题目都是"理智地认识人工智能"，整理后的文章被收录在科学出版社出版的科普著作《中国科技热点述评2019》中。这篇文章对以下大家关注的问题阐述了我个人的观点：人工智能究竟发展到了什么程度？现在是否已从信息时代跨入"智能时代"？"新一代人工智能"的含义是什么？人工智能为什么是数字经济的"领头雁"？

近几年，人工智能与超级计算呈现历史性汇合的趋势。2019年6月，在深圳召开的世界智能计算机大会上，我对智能超算的未来研究方向提出了10点看法和技术预测。对于目前人工智能科研中遇到的困惑，例如：人工智能会不会再次进入寒冬？深度学习是否遇到了发展的天花板？人工智能程序AlphaFold给了我们什么启示？符号主义与联结主义融合的前景如何？……2021年6月，我在中国军事科学院做的题为"有关人工智能的若干认识问题"的报告中做了较深入的分析和判断。2021年2月，我给人工智能专家李德毅院士发了一封较长的邮件，对他写的文章《人工智能十问十答》[3]中一些偏哲学性的问题，如机器的"求知欲""机器自己编程""人工意识"等提出一些不同的看法。这封邮件没有公开发布过，也收集在本书中。学者之间的学术切磋在我国不是很流行，我认为这种交流十分必要，值得提倡。

近两年人工智能应用最大的突破是预测蛋白质结构达到原子水平的准确度，这一革命性突破解决了持续50年的重大生物学难题，为探索人体与生命的本质铺平了道路。这项成果被《科学》（Science）排在2021年十大科学突破之首。为了推动我国学者重视将人工智能用于基础研究，2021年8月我写了一篇文章给《中国科学报》，标题是《人工智能应用取得重大突破的启示》，8月5日科学网公众号发表时，标题修改为《李国杰院士：国内AI研究"顶不了天、落不了地"，该想想了》，文章发表后被广泛转载，引起热议，也遭到一些青年人的吐槽。以教师爷的口吻教训别人不是我的风格，2021

---

3 李德毅院士初稿标题为《人工智能十问十答》，正式出版标题为《新一代人工智能十问十答》。

年 12 月雷峰网对我做了一次采访，采访记录《对话李国杰：突破麦卡锡和图灵的框框，人工智能要解决大问题》[4]发表在雷峰网网站后被大量转载。这次采访澄清了我的观点。我的本意是，"模仿人"的人工智能是一个已经被大家重视的方向，人工智能的另一个发力点是"解决大问题"，尤其是用机器学习的方法解决意义重大的科学难题，即在多项式时间内"有效解决"指数复杂性问题。谷歌公司 DeepMind 团队取得成功的主要原因是选择科研方向的目光十分敏锐，我国学者在选择 AI 研究方向上要多下些功夫。30 多年前，我算是人工智能的"弄潮儿"之一，现在已不在科研第一线，只能讲点"过来人"和"观潮者"的观感与认识，希望能帮助现在的科研人员少走些弯路，避免陷进过去已经走过的泥坑。

　　高性能计算是我的本行专业，在第 3 章中，我对 20 世纪 90 年代我国高性能计算机的研制和应用做了回顾，文章内容涉及 863 计划启动时关于计算机发展方向的争论、并行计算研究起步期的点滴回忆、曙光一号和曙光 1000 大规模并行计算机研制、曙光系列高性能计算机的早期市场开拓和应用推广等。《中国科学院院刊》2019 年第 6 期组织了一期"中国高性能计算发展战略"专题，我写了一篇序言，题目是《发展高性能计算需要思考的几个战略性问题》。此文讨论了以下重要问题：发展高性能计算的目的究竟是什么？如何全面部署计算机科研与产业的发展？我国应重点发展什么类型的高性能计算机？发展高性能计算要强调应用牵引还是技术驱动？如何培育发展高性能计算的生态环境？目前超级计算机已经在向艾级（E 级）[5]冲刺，早在 2017 年 8 月，我在科学技术部（以下简称"科技部"）高新技术司召开的 E 级计算机座谈会上有个发言，对 E 级计算机研制的技术路线提出了几点看法。

　　由于出现智能计算等新的计算需求，近年来"先进计算"成为热门话题。2021 年 3 月我向国家发展和改革委员会（以下简称"发改委"）提交了一份报告，建议成立先进计算国家实验室。我是工业和信息化部（以下简称"工信部"）电子科学技术委员会（以下简称"电子科技委"）的顾问，2022 年 3 月应约给工信部电子科技委内部刊物《电子

---

4 原网文标题误为"麦肯锡"，约翰·麦卡锡被认为是最早提出"人工智能"一词的人。
5 艾级（E 级）指计算机的运算能力，艾级表示运算能力达到 1 EFLOPS，即每秒 10^{18} 次浮点操作或每秒 10^{18} 次浮点运算。

科学技术》写了一篇题为《发展先进计算产业的目标和路径》的文章，讨论了以下大家关心的问题：计算机领域目前遇到哪些急需解决的技术挑战？当前先进计算的主要发展方向是什么？发展先进计算需要突破哪些关键核心技术？创新的突破口在哪里？我国应如何部署量子计算、类脑计算、超导计算、光计算等颠覆性技术的研发？……

　　第 4 章是有关新兴技术展望的文章。数字经济是我国经济发展的火车头。2018 年 10 月我在中国计算机大会做的主旨报告中，阐述了"发展数字经济值得深思的几个问题"。数字经济的发展离不开大数据技术和数据科学。2019 年 11 月，我与姚期智、梅宏、程学旗、华云生、赵伟等学者主持召开了香山科学会议第 667 次学术讨论会，基于会议研讨的成果，在 2020 年第 12 期《中国科学院院刊》上发表了一篇长文：《数据科学与计算智能：内涵、范式与机遇》，文章最后一段提出了开启"第五范式"科学研究的倡议。所谓"第五范式"还没有统一的定义，既是前四种范式的融合，又超出前四种范式，我认为近两年流行的"AI for Science（科学智能）"可以说是"第五范式"的雏形。按照香山科学会议的模式，2014 年中科院计算所发起了名为"通信与计算机科学技术融合"后更名为"通信网络与计算科学融合"香山研讨会，已连续开了 8 届（至 2022 年年底）。这一章收集了我在第六届和第七届香山国际学术研讨会上的开幕词，阐述了计算机技术与通信、控制技术融合的重要性。

　　"信息高铁"是中科院计算所正在研究的换代技术，"信息高铁"只是一个俗名，正式名称叫作"高通量低熵算力网"，其目标是解决"信息高速公路"存在的服务质量不可控等问题，强调"高并发，强实时，全局可调和内构安全"，将显著提升未来信息基础设施的应用品质、系统通量和系统效率。第 4 章收录了我写给中科院计算所学术委员会主任徐志伟及其他所领导的两封邮件，信中讨论了"信息高铁"的内涵和未来前景。近两年开始红火的算力网络与信息高铁有着同样的愿景。2022 年 7 月我在信息化百人会第八届信息战略论坛上做了一个报告，题目是"算力网络的未来前景与巨大挑战"，这是本书新收集的文章之一。这个报告指出：将算力打造成公共服务设施是计算机界追求了 60 年的宏伟目标，现在已具备基本条件，前景光明灿烂；但算力终究不同于同质化的水电公共品，需要做大量的软硬件兼容工作，因此基础研究必须先行，还要做很多基础性的原始创新和大量的技术攻关。

我与姚期智先生的另一次合作，是 2021 年 4 月由他牵头的几位科学家挑选前沿领域重大科学课题，这是中央领导要求中国科学院组织的重大咨询任务。我写给姚期智教授的选题建议，除了"提高计算机能效的根本出路何在"和"全面超越互补金属氧化物半导体（CMOS）的新器件是否存在"外，还包括"类脑计算和量子计算能否突破图灵机的极限"。量子计算已被列入国家的重大科技计划，媒体的宣传也很多，但大家的认识并不一致。本书收集了 3 篇关于量子计算的文章，第一篇是 2020 年 12 月写给孙凝晖院士等中科院计算所领导的邮件，提出中科院计算所要加大软件模拟量子计算研究力度的建议。第二篇是 2021 年 6 月写给科技部重大专项司的回复，对科技创新 2023—"量子通信与量子计算机"重大项目提出开展实用化量子算法研究等建议，并指出，目前"大力发展量子信息产业"还为时过早，发展量子信息技术和产业，既要排除悲观论的干扰，更要防止炒作和浮夸，要有实事求是、积极进取的态度。对量子计算基础性研究要采取包容的态度，鼓励百家争鸣，不要过早押宝在某一条技术途径上。第三篇是一本量子计算教材的序言。

为中央有关部门、地方政府、科学院和企业做战略咨询，是我退休以后的重要工作。第 5 章挑选了 15 篇代表性的咨询评议意见和建议。咨询评议的内容涉及立法、国家重大发展战略、发展规划等，例如《中华人民共和国科学技术进步法（修订草案）（征求意见稿）》的修改意见、对《国家标准化战略纲要》初稿的评议、对"十三五"规划实施情况问卷调查的回复、对《我国经济社会数字化转型进程》研究报告的评议意见等。在战略咨询中，开会次数较多的项目是邬贺铨副院长牵头的"产业结构调整对碳减排贡献的定量分析"，这是中国工程院重大咨询课题"我国碳达峰碳中和战略及路径"的分课题，2022 年 3 月中国工程院已隆重对外发布此咨询课题的成果。我在给邬贺铨院士的信中指出：虽然信息通信技术（ICT）产业的能耗在增加，但其他产业因采用 ICT 获得的节能是 ICT 本身能耗的 10 倍，ICT 行业是"负碳行业"。要实行借助 ICT 的碳减排战略（Green by ICT），毫不犹豫地大力发展 ICT。

美国政府对集成电路制造设备的禁运使不少人患上"光刻机忧郁症"，许多人在呼吁国家要不惜一切代价尽快研制成功极紫外线（EUV）光刻机。我是《集成电路领域国家创新能力评估报告》咨询课题组的成员，在给课题组负责人孙凝晖院士和刘明院士的信中，我充分肯定了课题组的咨询建议：我国短期内无法解决 EUV 光刻机问题，采取亦步亦趋跟踪的办法追上集成电路先进工艺水平十分困难。在持之以恒发展先进制程的基础上，要重点瞄准 55 至 28 纳米成熟工艺制程，实现全产业链的自主可控，不要简单地以几纳米线宽区分工艺的先进与落后。我强调，要努力发展纳米环栅器件（GAA）、多功能芯片立体集成等跨代工艺技术，争取不依赖尺寸微缩，用较低世代工艺实现性能和能效接近高世代工艺的芯片制造。我认为这是适合国情的合理建议，如果说我的工作是"深山里采药"，这可能是一服对症的良药。

我是中国科学院科技战略咨询研究院的科技智库特聘研究员，承担中国科学院内的咨询项目较多，第 5 章挑选了我对《中国科学院"十四五"发展规划纲要科技重点》《2020 高技术发展报告》等报告的评议意见。《高技术发展报告》已连续出版发行很多年了，是中国科学院的重磅科普著作，我当第九届全国人大代表时，每年两会期间中国科学院都给代表们赠送这本书。近 10 年来我每年都要为此书的选题和评审做些工作。给地方政府的咨询我选择了给山东省发改委和山东产业技术研究院的意见。山东产业技术研究院是全国技术转移做得比较好的新型研发机构，他们的口号是"商业成功是检验技术创新的唯一标准"，这句话似乎有点偏颇，但至少对于普通用户而言，我认为是说到了技术创新的本质。除了与任正非座谈之外，2020 年 3 月全国人民代表大会开会之前，为了准备提交全国人民代表大会的立法建议，我参加了腾讯首席执行官（CEO）马化腾召集的专家座谈会，对尽快出台《数字经济促进法》提出了一些建议。

我后半生自认为为 3 件有意义的事出了力：一是创建国家智能计算机研究开发中心和曙光公司[6]；二是引领中科院计算所起死回生，重铸辉煌；三是推动中国计算机学

---

6 曙光信息产业（深圳）有限公司，以下简称"曙光公司"，2014 年上市，代号中科曙光。

会走上健康发展的轨道。第三件事我出力不多，但涉及的科技人员多于前两件事。科技社团改革是整个社会改革的重要组成部分，中国计算机学会是我国科技社团改革的一面旗帜，我庆幸自己有机会为我国的科技社团改革做一点贡献。中国计算机学会已经办了 60 年，2022 年举办了 60 周年庆典。受学会的邀请，我写了一篇《中国计算机学会工作的点滴回忆》，回顾了计算机学会成长过程的风风雨雨和一些趣事。《创新求索录（第二集）》中发表了 2015 年 5 月到 2017 年 11 月我为《中国计算机学会通讯》写的主编评语。我写的主编评语持续到 2018 年 12 月，自 2019 年 1 月以后，主编评语改为"卷首语"，我就没有每期都写了。主编评语每期只有 1 200 字左右，但文章要做到有的放矢、言之有物是件不容易的事。每月一篇的主编评语曾引起同行关注，在数万名中国计算机学会会员中产生了一定的影响。第 6 章收录了 2017 年 12 月以后我写的主编评语和卷首语。

　　人才教育培养一直是我很上心的事。前几年我曾担任中国科学院大学计算机与控制学院[7]院长，每年的开学典礼我都要对新来的硕士生和博士生讲几句话。由于"内卷"风气盛行，现在的青年学生往往感到疲惫和彷徨，我希望利用这个机会给他们一点激励。2021 年 12 月我在中国科学院大学做了一次题为"知识分子的担当与情怀"的报告，介绍了与我有过交往的几位有担当、有情怀的大师——袁隆平、王选、夏培肃，传颂了他们淡泊名利、志存高远、胸怀祖国、敢当重任的优秀品格。大学的计算机教育一直受人诟病，2020 年 9 月在湖南省计算机教育年会，我应邀做了报告，重点阐述了计算机教育从"知识本位"转向"能力本位"的趋势，指出我国计算机本科专业设置存在的问题，强调各层级大学要合理分工，不要盲目追求学校升级。第 7 章还收录了两篇与青少年教育有关的文章，一篇是 2021 年 7 月在全国中小学人工智能教育大会上的报告："以理性的'智能观'指导创新人才培养"，另一篇是 2022 年 7 月在全国首届青少年互联网大会上的报告"培养青少年成为数字文明的推进者"。

　　与我的前两本《创新求索录》不同，第三集收录了我与同事、家人的邮件和信件。

7　现改名为中国科学院大学计算机科学与技术学院。

私人信件与邮件具有私密性，一般不会公开发表。但私人信件、邮件又是一个人的思想最真实的流露，很少有人在私人书信中造假。我的老朋友谭安利保存了 1 500 多封亲友的书信，其中包括我 1961—1988 年写给他的几十封信。2021 年 8 月，由中国人民大学家书博物馆编选，国家图书馆出版社出版了 10 册精装《中国民间家书集刊》，其中第 6 册《谭安利家书》就包含我写给他的信。受此启发，在本书前几章中，已采用几篇与该章主题相关的邮件，第 7 章集中收录了 17 封发给同事的微信和邮件，这些文件原汁原味地记录了我的心路历程，可以更清楚地理解本书中所阐述观点的来龙去脉。

本书最后一章的主题是个人经历回忆。第一篇《桃李不言，下自成蹊》是对我父亲的回忆，这是 2019 年 12 月为举办邵阳市缅怀民盟[8] 先贤座谈会准备的文章。我父亲李彬卿一生朴实无华，一辈子就是教书育人的一介书生。他在新中国成立前曾为共产党的地下组织做过不少工作，但"反右"时被错划成"右派分子"，后半生蒙屈受辱，在"文化大革命"中遭到迫害，但他无怨无恨、恪守良知，为教育事业鞠躬尽瘁。他去世时我正在美国准备博士答辩，没有见到他最后一面，深感遗憾，此文表达了我的哀思。2020 年人民邮电出版社出版了《李国杰院士学术论文选集》，我在此书的序言中交代了书中挑选的 51 篇学术论文的科研工作背景，说明当时我为什么要选择这个研究方向。2020 年 6 月，北京大学物理系 6202 级同学出版了毕业 50 周年回忆录，我为这本回忆录提供了一篇文章《淡泊以明志，宁静而致远》，对我自读大学起的几十年的生涯做了简短扼要的回顾。这篇微型自传的结尾写道："我问心无愧的是：我负责的每一项科研项目都经得起市场和历史的检验，我做的战略咨询报告都出自'位卑未敢忘忧国'的知识分子良知。"这也算是我一生的自我总结。

本书的最后一篇文章是《给家人的书信摘录》。这是 1982—1991 年我与妻子张蒂华等亲人的 70 多封书信中摘录的若干片段。我 1972 年结婚，今年是 50 年金婚。50 年来，我的妻子张蒂华默默地支持我的工作，尤其我出国学习那几年，她上班已很辛苦，还要带着两个刚读小学的孩子，十分劳累。发表我在美国留学时给她的书信也算是金

---

8 中国民主同盟，简称"民盟"。

婚纪念给她的一份礼物。这 12 封书信片段原原本本地记录了我留学美国时的心境，包括我对人生幸福、职业生涯的看法，也包括对美国社会和周围人事的评价，较多的信件阐明了我对儿童教育的观点。还有几封信从一个侧面反映了我通过博士资格考试和参加美国人工智能学会（AAAI）国际学术会议的过程，有较强的历史感。几十年来，我几乎全心全意扑在工作上，对妻子和孩子"欠账"太多，到老了才深感对不起他们，发表这些信件也是对他们表示真心的歉意和谢意。

《创新求索录（第三集）》以我个人为作者出版，但书中的思想、观点的形成得益于与中科院计算所、曙光公司等诸多单位的同人们的切磋讨论，也得到邬贺铨、陈左宁、潘云鹤、吴曼青、杨学军、潘教峰、卢锡城、周宏仁、郝叶力、陈静、徐愈、姚期智、高文、梅宏、刘韵洁、郑纬民、方滨兴、李伯虎、李德毅、邬江兴、赵沁平、林惠民、沈昌祥、倪光南、李幼平、刘明、张平、张宏科、蒋昌俊、吴建平、廖湘科、于全、戴浩、徐扬生、陈纯、吴汉明、钱德沛、戴琼海、余少华、王耀南、张尧学、郑南宁、王天然、刘玠、丁文华、王恩东、张广军、陈杰、费爱国、刘永坚、陈志杰、樊邦奎、吾守尔·斯拉木、鄂维南、王坚、魏少军、樊建平、姚新、于海斌、金海、陈文光、云晓春、章文嵩、张师超、吕本富、刘云浩、谭安利、张艳、李凯、张晓东、赵伟、黄铠、华云生、李明、张亚勤、沈向洋、高光荣等领导和朋友的指点、启发与帮助，趁此机会，我向各位领导和朋友，特别是在微信和邮件中与我深入讨论的孙凝晖、历军、徐志伟、陈熙霖、程学旗、沈晓卫、沙超群、杜子德、黄庆明、包云岗、陈云霁、李锦涛、李晓维、王晓虹、洪学海、卜东波、孙晓明、范东睿、谭光明、贺思敏、周一青、曹娟、韩银河、季统凯、唐志敏、胡伟武、陈天石、张福新、陈益强、冯晓兵、沈华伟、郭嘉丰、石晶林、孙毅、刘宇航、刘金刚、刘悦、杨宁等同事表示衷心感谢（以上排名不分先后）。我的许多文章与报告内容涉及企业发展，这与我的经历有关。近 8 年中，与我的工作有交集的曙光、寒武纪[9]、龙芯[10]和海光公司都成为市值数百亿元甚至超过千亿元的上市公司，我有幸为这些公司的成立与发展贡献了一点力量，感到十分欣慰。

---

9 中科寒武纪科技股份有限公司，以下简称"寒武纪"。
10 龙芯中科技术股份有限公司，以下简称"龙芯"。

这些公司的发展得到企业界和投资界的支持与帮助，借此机会向企业界和资本市场的朋友们表示衷心感谢。中央网信办、发改委、工信部、科技部、中国工程院和中国科学院多次给我安排咨询课题，《中国科学院院刊》《中国科学报》，以及中国计算机学会、中国信息化百人会、中国科学院科技战略咨询研究院等单位长期给我提供发表意见的机会和活动的舞台，我对上述领导部门和有关单位表示诚挚的谢意。我的文章与报告肯定存在片面性和局限性，有些观点论据不充实，表达欠严谨，文字可能有错误，敬请广大读者批评指正。

2022 年 8 月 20 日

出版说明

    本书包含李院士与同事、朋友、学生、家人交流的邮件、微信和信件，有些信件时间比较久远（多为 1982 年至 1984 年）。为了尊重文本的历史性，本书尽量保留以上内容的原始面貌，在不改变文意的前提下，只对个别错漏处予以补正。

目　录

第5章　战略咨询建议　275

第 6 章　期刊主编评语　317

第 1 章　科技自立自强

　　我国广大科技工作者要以与时俱进的精神、革故鼎新的勇气、坚忍不拔的定力，面向世界科技前沿、面向经济主战场、面向国家重大需求、面向人民生命健康，把握大势、抢占先机，直面问题、迎难而上，肩负起时代赋予的重任，努力实现高水平科技自立自强！

　　——2021 年 5 月 28 日，习近平总书记在中国科学院第二十次院士大会、中国工程院第十五次院士大会、中国科学技术协会第十次全国代表大会上的讲话。

《中国科学院院刊》2022 年第 1 期"构建自立自强的信息技术体系"专题

海光7000

龙芯3A5000

寒武纪思元270

中科院计算所创建和孵化的公司推出的几款主力 CPU 芯片

"中兴事件"的教训与启示 *

美国商务部对中兴通讯股份有限公司（以下简称"中兴通讯公司"）的芯片禁售令引起广大群众的关注。2018 年 4 月 18 日晚上，中国计算机学会青年计算机科技论坛（CCF YOCSEF）举办了一次特别论坛，用了一句很吸引眼球的话做会议主题："生存还是死亡，面对禁'芯'，中国高技术产业怎么办？"对于中兴通讯公司来说，其可能正面临一场生死的考验；对于中美两国来说，还不能说已开始全面的贸易战。美国政府目前还没有宣布对中国全面禁售芯片，但高端芯片和基础软件受制于人是中国经济发展的软肋，不能不未雨绸缪。

"中兴事件"给我们留下了深刻的教训，鞭策我们更加重视发展核心技术，更加重视产业供应链的安全，更加重视依靠本土企业发展高端产业。"中兴事件"虽有个案的偶然性，但中国要发展为产业强国和科技强国，必然受到霸权国家的阻挠和打压，我们不能因一个事件乱了方寸，怀疑改革开放和推进全球化的大方向，重回闭关自锁的老路。本文就"中兴事件"的教训和给科技工作的启示谈几点看法。

一、要高度重视产业安全

过去我们经常讲信息安全、网络安全，但很少谈产业安全、产业供应链的安全。从发展产业和国家安全的角度，我们需要认真梳理一下，哪些材料、元器件、设备和软件影响面广但控制在国外企业手里。对每年花 2 600 多亿美元进口的芯片要做分析和归类，分出轻重缓急。我们不可能也没有必要替代全部进口芯片，但对可能"卡脖子"的关键芯片，不能掉以轻心。过去我们比较关注科技发展趋势，制订各种科技计划时主要是看国外在做什么，今后有些重大课题要根据产业安全的需要设立。重视产业供应链风险并不是要闭关锁国，改革开放的大方向不能变，支持全球化的发展战略不能变。

---

* 2018 年 4 月 18 日在中国计算机学会青年计算机科技论坛举办的关于"中兴事件"的特别论坛上的讲话，后整理成文章分别发表于《科技导报》2018 年第 13 期和《中国计算机学会通讯》2018 年第 5 期，此文综合了上述两篇文章的内容。

二、更全面地理解全球化

我国经济界不少人认为，技术与资金可以在全球自由流动。实际上在现实的世界中，技术的流动受到政府的控制，全球化不应当作为我们的最高原则，要全面、辩证地理解全球化和本土化。纵观世界历史，后发国家从产业低端走向产业高端，几乎没有一个国家不是先利用国内市场保护和培育自主高端产品。德国和美国赶超英国，日本的明治维新都采用了关税保护政策，而从清朝末年到民国时期的完全开放市场（曾经开放到连海关自主权都没有），带给中国的是积贫积弱。

中国加入了世界贸易组织（WTO）以后，我们不能重复历史上只靠关税保护民族产业的老办法，但完全靠企业参与全球的所谓"公平竞争"，完全靠市场这一只手，也不可能实现后发国家从产业低端走向产业高端。政府这一只手必须有作为，要在国内开辟一块市场做根据地，培育和发展决定国家命运的关键产业。

美国政府保护本土企业的政策很多，而我们总觉得保护支持本土企业就不符合全球化原则，好像输了理，这可能是一种认识误区。政府部门和国有企事业单位对扶植本土高端产业负有不可推卸的责任。在推进全球化的同时，要通过政府采购和国内新产品首购等政策，理直气壮地推进高端产业本土化。

三、发展高技术要坚持问题导向和目标导向

近些年来，科技界议论较多的是尊重科技人员的好奇心，培育宽松的科研环境，让科技人员更自由地从事基础研究。自由探索的基础研究十分重要，但科技工作不限于此，还应强调从问题出发、以目标为导向。问题是创新的起点，抓住问题就能抓住科技和经济发展的"牛鼻子"。长期以来，中国习惯将科技工作与教育、文化、卫生事业放在一起，称为"科教文卫"，其背后的潜台词是将科技看成上层建筑的一部分。党的十九大以后，科技和教育由两位副总理分管凸显了科技是经济高质量发展的重要支撑，体现出科技本质上是经济基础的一部分。

四、应用试错、经验积累、培育生态环境与掌握核心技术同等重要

"中兴事件"触发了一些人的急性病，甚至希望中国立即改变芯片受制于人的局面。但是，这需要一个过程，我们对发展核心技术走向产业高端的长期性和艰巨性要有清醒的认识。掌握高端CPU、航空发动机这类复杂产品的发展主动权不只要有专利，还要靠

长期的经验积累。复杂产品都是在应用中不断迭代改进才能完善的，而市场上往往"赢者通吃"，很难有试用和改进技术的机会。对于需要建立庞大生态系统的信息产业，应用试错、改善用户体验甚至比掌握核心技术还重要。不能一哄而上把巨额经费都投在建生产线和产品研发上，打造和培育产业生态环境可能需要上万亿元的投入。

目前中国芯片和软件厂商最需要的支持不是给研发项目，而是给试用和完善的机会。除了企业参与市场竞争外，还必须靠政府这一只手在国内开辟一块市场做培育高端产业的根据地。政府部门和国有企事业单位就是这块根据地，对扶植本土高端产业负有不可推卸的责任。这不是关乎政府采购本土产品的小问题，而是决定国家命运的大战略。全球化是中国要坚持的发展方向，在推进全球化的同时，更要理直气壮地实现事关国家命运的产业本土化。

五、中国科研工作头重脚轻的现状需要改变

中国科技和产业的现状是头重脚轻，消费侧强，供给侧弱，基础技术落后。信息领域服务业发展较好，但基础软件和硬件的供应跟不上。中国的腾讯、阿里巴巴等网络服务企业已进入全球领先企业行列，但根据 2016 年的统计，在全球企业 2000 强名单中，美国有 14 家芯片公司与 14 家软件公司，中国尚没有一家。基础不牢，地动山摇，我们必须高度重视基础技术和基础产业，改变"头重脚轻根底浅"的局面。

造成头重脚轻局面的原因是学科发展和人才培养不平衡。由于中国有些科技成果和人才评价是论文导向和"帽子挂帅"，计算机领域多数人才涌向人工智能、模式识别等容易出文章、拿"人才帽子"的研究方向。要改变基础技术落后的局面，必须从学科和人才平衡发展抓起。

关于发展 CPU 等关键技术的建议 *

我国信息产业发展的主要问题是不平衡和不充分，主要表现是"头重脚轻，消费侧强，供给侧弱，核心技术缺失"。我国信息服务业发展不错，但软件和硬件还很弱。在全球上市企业 2 000 强名单中，还没有一家中国的芯片和软件企业。我国信息产业 85% 以上的利润来自应用服务，软件和硬件公司产生的利润只占信息技术公司总利润的 14.6%，远低于美国的 61%。

我国进口芯片按金额排序：存储器、专用集成电路（ASIC）、模拟电路（A/D 转换等）、中央处理器（CPU）、微控制器（MCU）。模拟电路进口费用超过 CPU，但未引起重视，我国模拟电路设计人才奇缺，几乎没有学校培养。我国工业控制领域也人才奇缺，控制学科的人才几乎都转向模式识别，真正懂可编程逻辑控制器（PLC）控制的人才没有一个大学培养，需要大力加强控制学科人才培养。

针对主流市场的高端芯片中，差距较小的是手机等终端芯片，国产自给率达 18%，网络处理器自给率达 20%，已具有与国外企业竞争的基础。下一步是激励华为等企业向更高端的芯片努力，按照企业的需求，组织高校和研究所协同攻关。高端网络处理器的复杂性不低于服务器 CPU，而且根据软件定义网络（SDN）等新的要求，需要结构上的创新，不是简单的跟踪，国家要设立专门的课题突破新型网络处理器的关键技术。刘韵洁院士已组织力量开发出世界一流水平的网络操作系统，国家应大力支持，争取在网络操作系统的研发和推广方面走在国际前列。蚂蚁金服研制的 SeaBase 是数据库领域的重大突破，经受住了"双十一"的考验，值得支持。

经过多年努力，PC 用的 CPU 和服务器 CPU 已具有自我设计能力，但民口市场占有率几乎是零。过去几年核高基重大专项 ** 取得了一定成绩，但缺乏战略定力，左右摇摆，在选择主攻目标和主攻团队上也有偏差，几乎把最强的科研队伍都安排做超级计算机的专用 CPU 研发，市场需求大的服务器和笔记本计算机 CPU 的进展不尽如人意。

---

* 美国宣布制裁中兴通讯公司后不久，2018 年 5 月 22 日时任中央财经委员会办公室（以下简称"中财办"）副主任的杨伟民召集几个专家开小型座谈会，此文是作者在座谈会上的发言提纲。
** 国家科技重大专项核心电子器件、高端通用芯片及基础软件产品，以下简称"核高基重大专项"。

今后要坚持"两条腿走路"的技术路线，不要打内战互相拆台。一条是龙芯走的道路，从内向外发展，自主设计 CPU 芯片，先在安全要求高的应用（如国防应用和党政军信息化）中形成"根据地"，培育自己的产业生态环境，再逐步向民口市场扩展。另一条是由外向内发展，先融入国际主流，与国外大公司合作，在引进消化吸收的基础上真正掌握高端 CPU 的设计技术，提高芯片安全水平，逐步打消国人对引进 CPU 源代码的安全担心，并争取通过专利交叉授权取得发展的主导权。这两条路相向而行，最后会殊途同归。

利用习近平主席出席西雅图第八届中美互联网论坛的难得机会，在中央网信办的支持下，曙光公司与美国超威半导体公司（AMD）合作，获得世界上最先进的服务器 CPU 的设计技术。经过两年艰苦努力，成都海光集成电路设计有限公司（以下简称成都海光公司）研制生产的服务器 CPU 海光一号，性能与英特尔（Intel）的服务器 CPU 并驾齐驱，有些指标甚至超过 Intel，已开始批量销售。这是我国摆脱 CPU 受制于人局面的重大进展，主动权掌握在我们自己手里。国家一定要大力支持，在电信、银行、电力等部门积极推广。x86 CPU 在服务器中占比为 98%（2016 年全球销售的 981 万台服务器中，960 万台配置 x86 CPU），Intel 在 x86 CPU 销量中的占比为 99.7%。在民口市场不用 x86 CPU 几乎没有出路。有了海光一号的基础，中国就有希望与 Intel 叫板。培育新的产业生态主要应在人工智能和物联网应用上发力，传统的市场上应坚定不移地走像发展高铁一样的引进消化吸收再创新的路，不能再犹豫。

安全和发展必须统筹考虑，不能以莫须有的安全隐患为理由反对走国际兼容的道路。海光一号 CPU 已经用自己设计的安全模块（采用国内密码）代替国外安全模块，比用 Intel 芯片安全。自己设计的 CPU 未经大量应用考验，无意的设计 bug（安全隐患）可能比已应用几十年的 x86 CPU 更多。目前，核高基重大专项还没有支持海光一号，所谓的后补助可能是"水中月"。服务器 CPU 是国之重器，政府部门不能做旁观者。海光一号出来以后，Intel 一定会采取压价等多种方式打压，如果因海光一家公司的力量斗不过 Intel，今后可能没有打破 Intel 垄断的机会了。

由于摩尔定律面临失效，通信技术逼近香农极限，基础的信息技术短期内出现颠覆性革命的可能性不大，至少 20 年内可能还是以硅基 CMOS 电路为主，量子器件、超导器件等颠覆性器件难以成为主流。我们在通用集成电路等基础产业上不要试图"弯道超车"，必须老老实实通过试错积累经验，一代一代地缩小差距。但在科学研究上，要大胆地探索新材料、新器件、新架构，争取引领未来。两者都重要，不能顾此失彼。

在人工智能、物联网等新应用领域可能打造培育出新的产业生态，我国在培育产业生态上基本没有成功的经验，培育产业生态不只是要在核心技术研发上加大投入，在软件和应用上可能要花更多的投入，如果在集成电路设计和生产上准备投入一万亿元（大基金加 3 倍以上的地方配套），软件和应用上的生态培育可能要超过一万亿元，政府要引导企业在整个生态链（生态网）上发力，比如对采用关键的国产集成电路的企业减税鼓励等。一定要改变观念，不要像 1958 年大炼钢铁一样全民大造集成电路，要鼓励地方多投钱在生态链的后端，完善整个生态链，不要一窝蜂地重复建落后的生产线。

发展核心技术的关键是要找对有本事又有事业心的攻关团队，现在我国的科研体制机制注重公平，有些官员更看重审计巡视时不出事，因此按程序走流程是第一位，事情是否办成了、问题是否解决了并不是他们最关心的事。找到真正能办事的领军人才和团队需要在机制上下功夫。"试玉要烧三日满，辨材须待七年期"，挑选担当重任的团队要看历史的业绩，不能只看谁的申报书写得漂亮。现在一个重大项目几十家在争，靠目前的评议流程可能会埋没真正有本事的团队。

更加坚定自觉地走改革开放之路 *

我本人是改革开放的直接受益者，没有改革开放，我不可能出国留学，回国后也不可能在发展高性能计算机产业上取得成功。曙光高性能计算机的发展之路，就是在改革开放的大环境下探索的一条自主创新的道路。与 1987 年我刚回国时的计算机科研与产业相比，现在的变化之大，令人惊叹！由于中国在改革开放前的 30 年已有较完整的工业体系，具有一定的技术基础，加上几亿农民工释放的巨大人口红利，改革开放后我国经济取得世界历史上少见的爆发式发展。占世界人口 1/5 的一贫如洗的中国劳苦大众过上了小康生活，这是人类发展史的奇迹。今天我们要以"实践检验真理"的态度回顾改革开放 40 年，全面总结改革开放 40 年的历史经验，更加坚定自觉地走改革开放之路。下面谈几点体会和认识。

一、坚持改革开放要排除"左""右"干扰

人人都在讲改革开放，但每个人心目中的"改革开放"并不一样。要让"改革开放"走上良性发展之路，必须排除来自极"左"和"右"两方面的干扰。这两方面的干扰一直没有停止过，改革开放的 40 年也是正确路线不断排除"左""右"干扰的 40 年。改革开放在发展顺利的时候，往往容易出现"右"的干扰。在 2004 年开始的国家中长期科技发展战略研究中，一批经济学家把中国发展高科技的希望完全寄托在引进外国技术，认为技术与资金一样都可在全世界自由流动，自己研发技术在成本上不合算，反对国家提倡"自主创新"。好在党中央没有采纳他们的意见，明确了"自主创新、重点跨越、支撑发展、引领未来"的发展科技十六字方针。而当国内外一有风吹草动，极"左"的干扰就会冒出来，1992 年邓小平南行时就指出："中国要警惕'右'，但主要是防止'左'……把改革开放说成引进和发展资本主义，认为和平演变的主要危险来自经济领域，这些就是'左'。""中兴事件"以后，极"左"的思潮又开始抬头。我们要始终保持头脑清醒，排除"左""右"干扰，尤其是警惕邓小平说的拿"大帽子"

---

* 为 2018 年 9 月 16 日中国信息化百人会纪念改革开放 40 周年座谈会准备的发言内容。

吓唬人，可能葬送社会主义的极"左"思潮。

二、坚持在改革开放的基本国策下开展自主创新

"中兴事件"后，很多人把希望寄托在"两弹一星"模式的举国体制上，甚至有人提出，中国要不计代价发展集成电路和基础软件。这使我想起了1958年进行的一场不计代价大炼钢铁的"大跃进"。今天，改革开放已成为我国的基本国策，我们不能倒退40年，再走闭关自锁的老路。在市场经济和对外开放形势下如何推行举国体制，我们缺乏成功的经验，需要解放思想，积极探索。

我们也需要更全面地理解全球化。当今世界的供应链分布在全球，不能要求所有的材料、器件和设备都自己做。不能动不动拿"受制于人"来吓唬自己，刺激领导的神经。关键是要分出轻重缓急，不能"眉毛胡子一把抓"。外贸战略应该是"珍珠换玛瑙"，自己必须有可作为谈判筹码的"珍珠"。

全球化不应当作为经济领域的唯一目标和最高原则，要全面辩证地理解全球化和本土化。自由竞争的产品要推进全球化，但国外已形成垄断的产品，特别是事关国家经济命脉的战略产业，要强调通过国内市场培育本土高端产业。后发国家从产业低端走向产业高端，大多采取过利用国内市场保护和培育自主高端产业的政策。中国加入WTO以后，我们不能重复历史上只靠关税保护民族产业的老办法，但完全靠企业参与全球的所谓"公平竞争"，完全靠市场这一只手，也不可能实现后发国家从产业低端走向产业高端。政府这一只手必须有作为，要在国内开辟一块市场做根据地，培育和发展决定国家命运的关键产业。

政府部门和国有企事业单位对扶植本土高端产业负有不可推卸的责任。在推进全球化的同时，要通过政府采购和国内新产品首购等政策，理直气壮地推进高端产业本土化。去产能的任务留给市场，政府要转向推动产业升级和技术突破。

三、创新驱动发展要坚持"两条腿走路"的方针

人在沙漠中走路，由于左右腿用力有差别，往往在一个大圆上兜圈子。科研和经济工作也要"两条腿"发力，但在实际工作中，我们往往"一条腿"步子迈得大，"另一条腿"步子迈得小，或者把"两条腿"绑在一起，变成"单腿蹦"。

宏观而言，政府是"一条腿"，市场是"另一条腿"；科学是"一条腿"，技术是"另一条腿"；全球化是"一条腿"，高端产业本土化是"另一条腿"。就创新驱动而言，

集中力量办大事是"一条腿"，分散式的自由探索涌现是"另一条腿"；补短板是"一条腿"，育长板是"另一条腿"；突破核心技术是"一条腿"，打造产业生态系统是"另一条腿"；依靠龙头企业是"一条腿"，培育壮大中小微企业是"另一条腿"；等等。

新中国成立初期我国第一代领导人高度重视"两条腿走路"，实行了一系列"同时并举"的方针。改革开放以来，我国在发展经济和科技上又积累了许多新的统筹兼顾的经验。只要我们认真总结历史经验与教训，今后的路一定会越走越稳当。

四、在改革开放形势下如何集中力量办大事

由于客观条件的变化，不同的时期集中力量办大事应该有不同的实施办法。一般而言，集中力量办大事需要有几个前提条件：一是目标相当明确，二是已基本形成共识，三是已发现可以领衔负责的领军者。如果目标还不明确，或者对技术路线争议很大，集中力量办大事不一定能成功。目前中国的科技界不同于新中国成立初期，现在一项任务提出来，自认为可以承担的单位可能几十家，因此互相竞争，乃至拆台，很难形成合力。国家关键领域的补短板要强调国家意志，不能完全采用市场竞争的办法，不要用鼓励竞争的方式挑动内斗，对实践证明有能力承担的两三家单位要进行合理分工，用政策鼓励他们合作。承担基础研究项目不一定看资历，主要看有没有新思路。但承担事关国家命运的大事要看历史表现，还要看有没有报国之心。京东方科技集团股份有限公司（以下简称"京东方"）能够在一片质疑声中改变液晶显示产业的落后局面，走到世界第一，与京东方的历史基因有关系（请参看路风 2016 年写的书《光变：一个企业及其工业史》）。

在改革开放形势下实现"集中力量办大事"，不但要解决如何挑选承担单位的问题，还要解决如何承担责任的问题。现在之所以几十家单位敢于伸手要项目，是因为做不好也没有惩罚措施。"汉芯"造假的陈进本人至今也没有受到惩罚。要有措施使能力不足的单位不敢伸手。另一个大问题是目前国家重大专项基本上都采用部级联席会议领导模式，各部委都有否决权，做砸了谁都没有责任。要好好学习美国国防部高级研究计划局（DARPA）组织重大项目的经验。

实现自主可控不能拒绝开放创新 *

　　我国一直有一种舆论：要实现 CPU 等核心技术的自主可控，就不能与外国公司合作，不能走开放创新的道路。针对这种观点，习近平总书记 2016 年 4 月 19 日在网络安全和信息工作座谈会上的讲话中，在强调"最关键最核心的技术要立足自主创新、自立自强"的同时，还明确指出：**"我们强调自主创新，不是关起门来搞研发，一定要坚持开放创新，只有跟高手过招才知道差距，不能夜郎自大。"**

　　"中兴事件"以后，媒体上怀疑甚至反对开放创新的声音又多了起来，习近平总书记在 2018 年 5 月 28 日两院院士大会的报告中再次强调：**"科学技术是世界性的、时代性的，发展科学技术必须具有全球视野。不拒众流，方为江海。自主创新是开放环境下的创新，绝不能关起门来搞，而是要聚四海之气、借八方之力。要深化国际科技交流合作，在更高起点上推进自主创新，主动布局和积极利用国际创新资源。"**习近平总书记的讲话为我们正确理解自主可控和开放创新指明了方向。1978 年，党中央确立了"改革开放"基本国策，这是我国经济 40 年高速发展的根本保证。我国的基本国情没有变，"改革开放"基本国策也绝不能改变。

　　我国仍然是一个发展中国家，一些关键的技术和产品还需要外国提供是历史造成的。要解决受制于人的问题，需要"两条腿走路"。一条是另起炉灶，争取基本上用自己的技术实现自给；另一条是与国外合作，走引进消化再创新的路。另起炉灶的安全性、可控性较高，但生态环境要重新培育，一开始性能可能不如国外主流产品，因此要努力打造自主的生态环境，尽快提高产品性能。走引进消化再创新的路，一开始可借用国外的生态系统，起点会高一些，但安全可控性较差，要下大力气排除可能的后门和安全隐患，争取获得发展的自主权。不管走哪条路，最终目标是一样的，都是要自己真正掌握核心技术和发展的主动权。

　　另起炉灶和引进消化再创新是互为补充的两条道路，国家都应该支持。发展产业有两个基本要求：一个是安全可控，另一个是用户体验。我们既要做到安全可控，又

---

* 本文主要观点在 2018 年 6 月 5 日《中国科学报》的采访报道《院士热议国产芯片"自主创新"——自主、开放"两条路"不可偏废》中阐发。

要争取实现与主流产业生态兼容，这是两个维度的要求，不能以"越兼容就越不安全"的极端思想排斥引进消化再创新的发展道路。军方和民口对这两方面要求的重点不一样，因此要两条腿都发力，同步前进。对于安全性要求很高的产品，应该先考虑走另起炉灶之路，龙芯 CPU 等自主开发的产品这几年在国防应用上已取得长足进展，说明这条路走得通。高铁和大飞机等民口领域走引进消化再创新的道路也取得了巨大成功，说明后一条路也走得通。不能因为高铁的运行控制信息系统现在还是引进的，大家担心不安全就不坐高铁。更不能因为目前 C919 80% 以上的原材料、零部件是进口的，就放弃自己造大飞机。

现在我国 99% 以上的 PC 和服务器是用 Intel 的 CPU，整个生态环境都建立在 x86 芯片基础上，不能要求老百姓都放弃已经熟悉的用户体验，因此在民口发展基于 x86 架构的 PC 和服务器是市场的正确选择。最近我国在开放创新上有一个成功的案例：海光公司购买了美国 AMD 最先进的服务器 CPU 核的永久生产权和修改权，自主设计了安全模块，成功开发了与 x86 服务器 CPU 并驾齐驱的 CPU 芯片，已开始在国内批量销售，实现了我国服务器 CPU 的跨越式发展。再经过若干年努力，海光公司有望解决我国服务器 CPU 设计受制于人的问题。

引进消化是为了自主掌握技术。后进入者都是以掌握低于当时最先进水平的技术为开端的，能够站住脚并开始成长的最关键的因素，不是进入时的技术水平，而是对技术能力的掌握。自主创新和依赖引进之间的本质区别不在于是否需要引进技术，而在于能否以及如何掌握外来技术。技术不是可以在各个主体之间自由移动的物品，消化、吸收并掌握引进的技术需要能力，而技术能力只能在自主开发的实践中生成和成长，不会是引进的直接结果。

技术是可以交易的，如果能抓住机遇，有些核心技术也可以买到。真正买不到的是消化引进技术、创造新技术和判断技术发展趋势的能力。引进技术只是提高自主研发的起点。无论引进的技术水平多高，也不能放弃自主开发。在判断一个团队应不应得到国家支持时，不应以是否引进技术为界线，而要看是否真正在做自主研发，是否真心实意要解决安全可控问题，是否真正走市场化的道路，而不是以争取国家经费为目标。

攻克有市场优势的关键技术 *

　　我国经济已由高速增长阶段转向高质量发展阶段，从生产力的角度看，经济转型的最大困难是许多关键技术还受制于人，这一点已基本上形成共识。但如何才能较快地掌握支柱产业与新兴产业的关键技术，政府部门、企业界和科技界还没有形成一致的看法。

　　从全球范围来看，技术和产业发展主要有两个驱动因素：一是商业和市场驱动，二是国家安全等战略需求驱动。近几年我国关键技术突破的代表是国产航母、深海潜水器、量子卫星等，这些技术都属于国家安全驱动。军工技术是高技术的领头羊，互联网、无线通信、卫星导航中许多被广泛使用的高技术都源于军工技术。从事国防技术研究体现了科技人员为国分忧的理想，对国家科研机构有较大的吸引力，我国科研的国家队，如中科院的许多研究所和八大军工科研部门，都投入了精锐力量从事国防科研。相对而言，市场驱动的关键技术突破是我国的明显短板。不管是过去的 863 计划，还是近几年的重点研发计划，鲜有产生核心知识产权从而占领国际市场的成功商业案例。习近平总书记 2016 年 4 月 19 日在网络安全和信息化工作座谈会上的讲话中指出：**"核心技术脱离了它的产业链、价值链、生态系统，上下游不衔接，就可能白忙活一场。"**我们要认真学习习近平总书记的指示，深刻理会市场与关键技术的关系。

　　掌握一个产品或一个产业的关键技术需要科研的上下游共同努力。大学与科研机构的科研人员首先要发现新的材料、新的原理和方法，为人类知识宝库增加新的知识，实现从无到有的突破。这一阶段的特点是将钱变成知识。企业的科技人员要根据市场潜在需求，从知识宝库中寻找合适的知识组合，满足性能、质量、成本、运行环境等约束条件，创造性地研发出有市场竞争力的产品。这一阶段要实现知识变成钱。由于采用不切实际的假设和简化的模型，许多纸上谈兵的技术设想会被企业界淘汰或遗忘，最终埋葬在技术到市场的"死亡之谷"。在这条科学研究到技术创新的链条中，究竟怎样组织力量才能更有效地获得在市场上制胜的关键技术？

---

* 发表于 2019 年 8 月 8 日《人民日报》，后被《新华文摘》收展。此文是原稿，《人民日报》发表时做了小的修改，压缩了几百字，题目改为《把关键核心技术掌握在自己手中》。

　　关键技术源于基础研究，但基础研究的成果是新的知识，主要体现在公开发表的论文上，还不是可以满足市场需求的关键技术。从纸上的知识到有竞争力的技术还有很长的路要走。政府部门往往希望大学与科研机构重视成果转化，多花工夫开发企业能接过去的关键技术。多年来我国技术转移不畅，可能是因为存在认识上的误区，努力的方向不对。

　　基础研究的努力方向应该是挑战无人区，把表面上的不可能变成可能，把不可用变成可用，开拓新的途径。我国的基础研究要鼓励往上游走，啃别人不敢啃的"硬骨头"，针对影响未来产业发展的核心技术实现原理性的突破。延续摩尔定律的变革性器件、高性能计算机的节能散热、长时效的电动汽车电池、单层原子的石墨烯制造工艺等都需要颠覆性的原理突破。针对现有产品的改进、性能的提高、成本的降低都不是大学基础研究的主要任务，只有企业科技人员才能解决这些与市场密切相关的技术突破，因为工程性的技术创新是在成本、时间、兼容性、标准、人力等强约束条件下的创新，没有走出实验室的科研人员不可能理解这些约束条件。大学与科研机构的科研人员习惯从技术出发找市场，但突破关键技术的成功之路往往是根据市场找技术。

　　企业是责无旁贷的技术创新主体，但可惜的是，由于历史的原因，我国的企业还难以担当起这一重任。改革开放以前，我国的国有企业基本上都是加工车间，制度上就不允许做研究开发。目前我国规模以上制造业企业中，只有 40% 左右的企业开展创新活动，规模以下企业开展创新活动的占比不足两成，企业 500 强的平均研发强度也只有 1.56%。我国科研队伍的精兵强将集中在国家重点实验室，一半以上的中国科学院院士、40% 以上的"杰青"工作在国家重点实验室。国家科学技术进步奖一等奖是看重科研经济效益的，也有 60% 以上奖给大学与科研机构牵头的国家重点实验室。与之对照的是，截至 2016 年，全国 177 个企业国家重点实验室只有 9 名"杰青"。2017 年新立项的国家重点研发计划的 1 310 个项目中，重大共性关键技术类和应用示范类项目有930 个，尽管要求自筹经费约占一半，但企业牵头承担的项目有 334 个，只占 25%。

　　列出这些数据只是说明，我国关键技术难以突破的根本原因在于企业的技术创新能力薄弱。我们必须从思想上认识到这一问题的严重性和紧迫性，从国家经济转型的高度重视这一涉及高质量发展全局的战略问题，制定有力度的政策切实提高企业的创新能力。最关键的措施是激励了解世界科技前沿的青年才俊进入企业，减轻企业税负促使企业增加研发投入。企业牵头突破有市场竞争力的关键技术是强调市场的牵引作用，并不是要国家拨更多的科研经费给企业，牵头企业应该提供更多的自筹经费。

　　令人高兴的是，2018 年入选全球创新 1 000 强的中国企业研发支出达到 600.8 亿美元，同比增长 34.4%，增幅领跑全球。我国若干领域已经涌现出不少有创新活力的企业。在 5G 的发展与部署上，华为已走在世界前沿。阿里巴巴已经是全球云计算三强之一，AliOS 操作系统已被较广泛地用于汽车行业。京东方现在是全球第三大平板显示企业，拥有全球最先进的 10.5 代的 TFT-LCD 生产线。曙光公司独创性地采用纳米加工技术，掌握了全球最先进的高性能计算机蒸发冷却技术。这些案例说明，本土企业有能力掌握高精尖的关键技术，中国企业以自主的技术开创未来的新时代即将到来。

新时期呼唤新的科研模式
——中国 70 年信息科技发展的回顾与思考 *

一、中国信息科技 70 年发展成就辉煌

70 年前，我国信息领域是一张白纸，如今中国是举世公认的信息产业大国。2018 年我国数字经济规模已达 31.3 万亿元，网民达 8.29 亿人，互联网普及率达 59.6%。信息技术已经渗透到各行各业，普惠大众，真是斗转星移，换了人间！

评价 70 年的科技成就，媒体上最常引用的数据是，全国研发人员总数增长了多少倍，科研经费投入增长了多少倍，文章发表了多少，专利申请了多少……其实，科技人员数和经费投入都是成本，不是产出；文章发表数和专利申请数是科研的中间结果，不是最终影响。评价科技发展的成就应该看老百姓获得的实惠、企业竞争力的提升和国防实力的增强。微信和网上支付的普及是中国民众引以自豪的先进信息技术应用；"东风"导弹、"辽宁号"航母等"撒手锏"中隐含着我国掌握的信息技术的威力；自 2015 年以来华为获得交叉许可后的知识产权净收入超过 14 亿美元，在横遭美国政府打压时，华为宣布向美国最大电信运营商 Verizon 征收超过 10 亿美元的专利费，彰显了中国龙头企业在信息技术知识产权上的实力。从上面信手拈来的几个案例就能看出我国信息技术的贡献与进步，我们为 70 年来中国信息技术和产业的突飞猛进感到无比自豪！

衡量我国信息技术进步的另一个指标是我国与发达国家的差距是否缩小。例如，无线通信技术，我们第一代引进，第二代跟进，第三代参与，第四代自主开发，第五代已开始引领全球。新中国的 70 年与数字电子计算机的 73 年历史几乎同步。以国内外推出各代第一台计算机的时间差距来衡量，第一代电子管计算机的差距是 12 年，第二代晶体管计算机的差距是 6 年，由于"文化大革命"的干扰，第三代集成电路计算机的差距扩大到 9 年，向量计算机的差距是 7 年，大规模并行计算机的差距是 5 年，

---

* 发表于《中国科学院院刊》2019 年第 10 期专题：中国科技 70 年 • 回顾与思考。

机群系统的差距是 4 年，差距逐渐缩小。2010 年"曙光·星云"千万亿次计算机第一次排名全球超级计算机性能第二，开启了我国高性能计算机向世界顶峰冲刺的征程，后来"天河"和"神威·太湖之光"超级计算机相继"登顶"，我国超级计算机的研制水平已与美国并驾齐驱。

我们已经取得骄人的进步，现在比历史上任何时候离实现科技强国的目标都更近。但必须清醒地认识到，我国的科研投入不断增加，但科研的产出并没有成比例地增加。在信息领域的知识宝库中，中国人发现、发明的知识还不多；信息领域的国际标准中，以中国人的新发现和发明专利为基础的标准也很少；国际上流行的信息技术教科书上，还很少出现中国人的名字。

尽管国际局势波谲云诡，我国仍然处在发展的重要战略机遇期，但其内涵和条件发生了变化。主要的变化是发展的动力从资本和劳动力转向科技自主创新的能力，技术发展的源头从国外引进转向以国内自主研发为主。中国几千年的历史上从未像今天这样给予科学技术这么高的期盼。当今世界百年未有之大变局给中华民族伟大复兴带来重大机遇，也逼迫我们面对从未有过的巨大挑战。我们必须卧薪尝胆，发愤图强，才能从跟踪走向引领，从信息产业的中低端走向高端。不管未来的道路上有多少坎坷，我们一定能为人类文明做出与"中国人"这个响当当的名字相称的贡献。

为了提高科研效率，过去我们一直在讨论科技体制机制改革，中国科学院考虑较多的是院内机构的拆分合并、研究所的内部管理机制和科研布局等。作为对过去 70 年科研工作的回顾和思考，本文换一个角度，重点讨论科研模式的调整和改变。所谓"科研模式"（或者称为"科研范式"）是指如何开展科研工作，是强调"有序"还是"无序"，强调"线性"还是"并行"，强调"成果转化"还是"市场牵引"等。70 年来我国已形成较为固定的科研模式，包括任务带学科的"两弹一星"模式，从基础研究、应用研究到成果转化的"线性模式"等。我们需要通过认真梳理，厘清哪些需要继承，哪些需要补充，哪些需要扬弃。新时期呼唤新的科研模式，我相信，新的科研模式会使我们的科研工作进入新的天地。

二、实现科技强国需要新的科研模式

1. 践行"两条腿走路"的基本科研模式

新中国成立初期，我国明确提出"两条腿走路"的发展方针，后来在经济工作中也经常提到各种"同时并举"的方针，但在科技工作中，很少强调"两条腿走路"。其实，

"两条腿走路"应该是基本的科研模式，必须努力践行。科技工作中的"两条腿"包括：有序模式与无序模式，举国体制与自由探索，任务带学科与学科引任务，自主创新与开放创新……

所谓"两条腿走路"或"同时并举"不是指不同的科研模式必须投入相同的人力和经费，而是在思想认识、科技布局和成果评价上必须置于同等重要的高度。更重要的是，要分清"两条腿"的不同功能，不要拧着来——不能用自由探索的科研模式做工程任务，也不能用管理工程任务的办法来管基础研究。我国设立的某些重大科技专项或重点科技项目，如大数据和人工智能等，目前的主要科研工作是探索新的算法、新的器件和新的解决方案，重大工程目标还不太明确，因此不宜采用兵团作战的方式。表面上将许多不同方向的基础研究拼成一个大课题，只起到一个"大口袋"的作用。相反，现在当成基础研究的工业软件可以看成新时期的"两弹一星"任务，应该采取兵团作战的方式集中力量攻关。

"两弹一星"的集中攻关模式是我国的成功经验，有利于发挥我国的制度优势，应该继承和发扬。一般而言，采用兵团作战的集中攻关模式需要满足 4 个条件：①原理已基本清楚，任务目标明确，有可能在预定的时间内完成；②属于受制于人的短板，国外已经有成功的案例，多数是跟踪和追赶型的科研任务；③国家的重大战略需求，需要举全国之力突破关键技术；④国内有一定技术基础，找到了敢于并善于"啃硬骨头"的科研团队。我国国防科研有许多集中攻关成功的案例，已形成较为成熟的重大科研任务管理模式。但在民口，特别是如何在市场经济条件下采用举国体制集中攻关还少有成功案例。近年来，京东方和长江存储科技有限责任公司分别牵头突破液晶显示和闪存技术，为激烈市场竞争条件下集中攻关树立了样板。这两家公司投入达数千亿元之巨，突破了国外的知识产权壁垒。

在新中国成立初期学科薄弱的时候，"任务带学科"是推动科技进步的有效范式。但"任务带学科"只是科研工作中的"一条腿"，如果所有的科技活动都采取"任务带学科"的做法，就难以摆脱跟踪别人的局面。科技进步有其内在的逻辑和机制，知识的积累会把科学技术自身推向前进，这种进步就体现在学科的发展上。对自由探索性的科研，个人兴趣也是重要的驱动力，要尊重基础研究的灵感瞬时性、方式随意性和路径不确定性的特点。但是，信息科技是研究人造世界中信息的获取、处理、传输和存储，人造物总是有某种目的性。信息技术的重大发明，如计算机、晶体管、集成电路、光纤通信、互联网等都是为了满足人类的需求。特别是在国外反华势力千方百计阻挠中国高技术发展的时候，科技人员更应为国分忧，更有目标地开展科研工作。个人兴趣应当与国家需求结合起来，潜在的市场需求才是发展信息技术的主要动力。

应强调自主创新还是开放创新，一直存在争议。其实这也是"两条腿"，必须同时发力。华为就是"两条腿跑步"前进，走到了国际前列。即使是发展 CPU 这样的核心技术，也要"两条腿走路"：一条是从内向外发展，另起炉灶自主设计 CPU 芯片，先在国防和安全应用领域形成"根据地"，再逐步向民口市场扩展；另一条是由外向内发展，先融入国际主流，在引进消化吸收的基础上逐步掌握高端 CPU 的设计技术，提高安全可控水平。在民口市场上完全摆脱国外技术另起炉灶，就进了"想整我们的人"设下的"技术脱钩"的圈套。信息技术已经是全球化的技术，闭关自守一定会落后于时代。

2. 转变线性科研模式，更加重视技术科学

第二次世界大战以后，时任美国科学研究发展局主任的万尼瓦尔·布什撰写了一篇报告——《科学：没有止境的前沿》，将研究工作区分为"基础研究"和"应用研究"，提出"基础研究—应用研究—产品开发"的线性科研模式。这一模式后来成为全球科研的基本模式，中国更是全面实行了这一模式，而且增添了"成果转化"的环节，现在是反思和消除这一模式负面影响的时候了。

线性科研模式的依据是科学一定先于技术和工程，只有基础研究才能发现新知识，而应用研究只是知识的应用。然而事实并非如此，科学、技术与工程是平行发展的，并无绝对先后。热力学的形成主要得益于蒸汽机的发明和改进；雷达技术主要归功于谐振腔磁控管的发明；计算机领域的进步也主要取决于程序存储计算机、晶体管、集成电路、互联网等重大发明。诺贝尔奖得主中有许多传统意义上的工程师，而工程界的诺贝尔奖——德雷珀奖的得主中也不乏专注于基础研究的科学家。实际上，发明与发现是一个有机整体，新发现可能产生新发明，新发明也可能导致新发现，有些重大发明本身就包含新发现。因此，将基础研究和应用研究拆分为上下游关系不利于科学技术的发展。

2018 年清华大学出版社翻译出版了一本重要著作《发明与发现：反思无止境的前沿》，作者之一文卡特希·那拉亚那穆提曾任哈佛大学首任工学院院长和近 20 年突飞猛进的加州大学圣芭芭拉分校工学院院长，他对线性科研模式做了深入的批判，提出了新的"发现-发明循环模型"，这一新的科研模式值得我们重视。

我国基础研究投入占研究与试验发展（R&D）总投入的比例长期徘徊在 5% 左右，学术界反映强烈。但近几年我国应用研究的投入比例一直在下降，已从 20 世纪的 20%

降到 10% 左右，远低于发达国家 20%～50% 的投入强度，却很少听到呼吁增加的声音，岂非咄咄怪事。我国是一个发展中国家，应更加重视技术科学和应用研究，要高度重视探索未知的技术领域，争取获得基础性的重大发明。钱学森、杨振宁等科学家都曾建议我国成立技术科学院，但没有引起足够的重视。

我国正在筹建国家实验室，一些省市也在投入上百亿元的经费，争取进入国家实验室行列。国家实验室要按什么模式建设，值得我们深思。计算机界已有 70 人获得过图灵奖，但只有万维网的发明者伯纳斯·李一人来自国家实验室——欧洲核子研究组织（CERN），其他得主都来自大学和企业。信息领域的许多重大发明出自企业实验室。例如，贝尔实验室在其蓬勃发展的前期发明了晶体管、激光通信、电荷耦合器件（CCD）、UNIX 操作系统、数字交换机、卫星通信等基础技术。早期的贝尔实验室是将发现与发明结合得最好的实验室之一，我国应吸取其成功的经验。

改变线性科研模式，就是要打破基础研究和应用研究的界限，强调应用研究的原始性贡献，不按所谓一级学科的框架以发表更多的学术论文为目标，而是要以探索未知世界、让人类生活更美好为目标，围绕要解决的科学问题和国家及社会的需求，跨学科地开展科研工作。信息领域应侧重于基础性的重大发明，以需求驱动科研。所谓"跨学科"研究不是单学科研究的补充，而应该是科学研究的主流。令人不解的是，近几年我国走了一条相反的学科发展道路，不断地拆分学科，另建了好几个独立构成上下游的新一级学科，如软件工程、网络安全、人工智能等，这种"占山头"的方式难以做出基础性的重大发明。

3. 改变成果转化模式，推动企业真正成为创新主体

许多人认为我国科技和经济是相互脱离的"两张皮"，科技成果很多，但成果转化不畅，只要做好科技成果转化，经济就会高速发展。这样的判断不符合实际情况。而且，随着企业的创新能力提高，所谓"成果转化"的神话会越来越落空。1985 年，中国科学院就与深圳市合作，建立了国内最早的成果转化"科技工业园"，实施了许多优惠政策，但到 1993 年年底，深圳市符合高新技术企业认定标准的 44 家高科技公司都在科技工业园外，深圳"科技工业园"对所谓"成果转化"做了"吃第一只螃蟹"的探索，但没有取得预想的成功。时任中国科学院院长的周光召为此专门召开了一次座谈会，了解情况后颇有感慨地总结："看来技术不是问题的关键，是制度。"

周光召看到了问题的本质。所谓"成果转化"不是技术发展的客观规律，国外一般只讲技术转移，不提成果转化，更没有所谓"成果转化率"一说。我国信息领域也

没有一个成功的企业是靠成果转化做大做强的。科研需要一个"报奖"的"成果"，而所谓"成果"需要从大学和科研机构转移到企业，这是中国的科技发展历史和制度造成的。改革开放以前，我国的国有企业基本上都是加工车间，制度上就不允许做研究开发。目前，我国科研队伍的精兵强将集中在大学和科研机构的国家重点实验室，一半以上的中国科学院院士、40%以上的"杰青"工作在国家重点实验室。与之对照的是，截至2016年，全国177个企业国家重点实验室只有9名"杰青"。从人力资源上看，企业还没有真正成为创新的主体。这种局面不改变，科技和产业的关系就一定是扭曲的。"成果转化"的基本思路是从技术出发找市场，这是违背企业发展规律的做法——成功的企业大多数是根据市场找技术。一旦企业真正有了对技术的需求，一定会千方百计吸收有价值的技术，不需要大学和科研机构漫无目的地做"成果转化"。

"大众创业"并不是做"成果转化"，大学与科研机构的单点技术不能保证创业企业茁壮成长。企业要能活下来，市场、管理、融资等方面都不能有短板。大学和科研单位的科技人员（包括毕业生）"下海"，是值得鼓励的人才流动方向，但不管是自己创业还是进入别的企业，不能指望自己的某项"成果"可以"点石成金"，更不能"脚踏两只船"，人在企业心里还想着评上教授、研究员。创业与做学问只能"串行"，不能"并行"。"下海"的科研人员一定要转变立场，把自己当成"企业人"，准备经受与其他创业者一样的市场考验。我国许多人把美国的《拜杜法案》作为"成果转化"的样板法案，但《拜杜法案》被严重误解，实际上它只是涉及小企业和非营利组织的专利法修正案，不涉及科技成果所有权，也不适用于国家科研机构。无限度地提高个人在科研成果中的分配权占比，并不是保证"成果转化"成功的灵丹妙药。真正让技术转移畅通无阻的，一是企业提高自主创新能力，二是形成市场牵引的创新生态环境。

如果把关键技术比喻成一头牛，它的四条腿就是大学和科研机构的基础研究。要想让一头牛迈步向前走，动员再多的人来抬牛腿也是无济于事的，只有牵着牛鼻子，牛才会迈步，牵引牛鼻子的力量就是市场。市场驱动的关键技术突破是我国的明显短板。不管是过去的863计划，还是近几年的重点研发计划，鲜有产生核心知识产权从而占领国际市场的成功商业案例。工程性的技术创新是在成本、时间、兼容性、标准、人力等强约束条件下的创新，没有走出实验室的科研人员很难理解这些约束条件。

长期以来，我国科技计划的操作模式基本上是，由大学和科研机构的专家根据技术发展趋势决定做什么，企业的实际需求很难反映到课题指南上。最近大家都在讨论我国技术的"短板"，但真正感受到"卡脖子"痛苦的是企业。对于"补短板"技术，我们应当改变科技立项的传统做法，采取骨干企业出题，真正有能力的科技人员揭榜应答的方式，将人力、物力花在最该花的地方。

信息领域已经冒出一批有技术实力的龙头企业，企业实力的增强将使我国的技术转移走上良性发展轨道，推动大学和科研机构往高处走，向源头创新方向发展。但总体来讲，我国企业的科技实力还不强。美国科技类上市公司总市值约为 7.72 万亿美元，占国内生产总值（GDP）比重高达 39.83%；而中国科技类上市公司总市值只有 2.08 万亿美元，GDP 占比仅为 16.42%[*]。我国企业向高端发展的主要困难是，真正对企业有价值的技术供给不足，应该成为创新主力的中小微企业的日子还不好过，企业的技术创新能力薄弱。我们必须从思想上认识到这一问题的严重性和紧迫性，从国家经济转型的高度重视这一涉及高质量发展全局的战略问题，制定有力度的政策，促使大批高端技术人才以更灵活的方式走进企业，切实提高企业的创新能力，使企业真正成为创新主体。

---

[*]　此数据引自天风证券股份有限公司刘晨明、徐彪在网上发表的文章，市值并不是 GDP 的组成部分，但没有查到科技类上市公司总增加值的数据，上述数据只反映中美两国科技类公司规模上的差距。

新形势下发展国产微处理器产业的建议（摘录）[*]

近几个月来国内外暴发新冠肺炎疫情，国际形势发生重大变化。疫情的蔓延加速了美国政府推行的中美"技术脱钩"和"去全球化"进程，有很大可能迫使全球信息产业在技术轨道上分道扬镳，中美两国信息技术体系分家的可能性明显增加。2022 年 5 月 15 日，美国商务部宣布进一步升级对华为的限制措施。今后全球范围内采用了美国相关技术和设备的企业（不论多大比例），在为华为生产芯片之前，都需要先获得美国政府的许可。如果这一限制继续扩大到其他芯片企业，这就完全切断了我国微处理器企业在国内外加工芯片的渠道，因为绝大多数芯片加工企业用到美国的技术和设备。在美国政府一意孤行、围追堵截之下，中国信息产业实施核心技术国产化战略，培育安全可控的创新生态系统，既是政治和国家安全的需要，也是技术发展的迫切需要。

一、几点新的认识

1. 供应链受制于人是发展微处理器产业最大的风险

长期以来，国内对微处理器的安全隐患，主要关注引进的 CPU 源程序有没有未知的后门，对于美国政府可能截断 CPU 的加工渠道，并没有引起足够重视。这次美国政府"釜底抽薪"的长臂管辖，迫使华为面临"无米之炊"的困境，残酷的事实使我们清醒地认识到：供应链受制于人是发展微处理器产业最大的风险。

我国微处理器产业刚刚起步，国内市场占有率不到 1%，设计和生产都还离不开国外的技术和设备。CPU 设计上最大的问题是电子设计自动化（EDA）工具软件和硬件仿真设备。美国厂商 Synopsys 和 Cadence 几乎垄断了 EDA 市场，北京华大九天科技股份有限公司等 10 余家 EDA 公司 2018 年总销售额只有 3.5 亿元，仅占全球市场的 0.8%。国内的芯片制程与国际水平有两代以上差距，中芯国际集成电路制造有限公司（以下简称"台积电"）的 5 纳米生产线 2020 年开始量产，而中芯国际集成电路制造有限公司（以下简称"中芯国际"）2020 年一季度 14 纳米工艺的营收仅占当季营收的

---

* 此咨询报告基于 2020 年 5 月完成的中央网信办布置的咨询课题成果，得到中央领导的重要批示。

1.3%。芯片工艺升级的拦路虎是光刻机等精密加工设备。到 2021 年年底，我国自主研制的 28 纳米光刻机可能实现量产，与世界上最先进的光刻机还有 5 代差距。

2019 年以来，许多专家呼吁国家要高度重视 EDA 软件和光刻机等专用设备的研发，但至今动作力度不大。Synopsys 一家公司就有 5 000 多名工程师，而我国目前只有 300 名左右的工程师在国内 EDA 公司工作。由于路径依赖，国产 EDA 软件打进已形成垄断的 EDA 市场十分困难。EDA 工具的盗版在中国也很普遍，开发国产 EDA 工具的积极性普遍不高。面对美国政府的断供，**国家应将开发自主可控的 EDA 软件、集成电路专用设备和光刻胶等源头性产品当成新时期的"两弹一星"，启动和组织上万名科技人员参加的国家重大科技专项，争取 5 ～ 10 年内基本改变受制于人的局面。**

2．坚持"底线思维"，发扬"卧薪尝胆"精神，埋头掌握核心技术

中美两国完全"技术脱钩"不太可能，但在高技术领域，尤其是无线通信、高端计算机和人工智能领域，中美"技术脱钩"难以避免，要有准备"脱钩"的"底线思维"。所谓"底线思维"，不只是"从最坏处着眼，以最充分的准备防患于未然"，还要尽量"朝好的方向努力，争取最好的结果"。除了加大自主研发力度，坚持"对外开放"也是对付美国"脱钩"的重要战略。**我们要建立最广泛的国内国际统一战线，尽最大努力完善技术和产品供应链。同时也要抵制自跳陷阱的关门主义倾向，既要有斗争也要有妥协，不能做"为渊驱鱼，为丛驱雀"的傻事。**

3．以建立信息技术体系为目标发展微处理器

如果只考虑微处理器的加工工艺，要从 14 纳米追赶到 2 纳米，就容易产生悲观情绪。只有从建立信息技术体系的高度纵观全局，才能看到解决微处理器难题的出路。俄罗斯的军事科技是在元器件落后的条件下依靠体系的力量与美国对抗。我国的航天等国防科技也已形成独立的技术体系，但我国信息领域一直缺乏自己的体系。信息技术之争本质上是体系的竞争。必须正视中国在工艺、设计能力上比美国差的事实，先进的体系可以在一定程度上弥补元器件的相对落后。要形成足够大的安全可控市场，必须改变行业信息化建设中一味追求采购技术最先进、性能指标最高的部件和系统的习惯。对于大多数行业的信息化建设来说，性能稍低一些的经济适用方案应可以满足需求。龙芯等国产芯片的推广经验表明：即使芯片性能低一点，只要有组织地打通从应用到芯片的技术栈，实现垂直优化，用户的体验就可以大幅提高。

我国要下更大的功夫培育新的生态系统。第五代精简指令集计算机（RISC-V）的限制较少，可能首先在物联网领域发展成新的主流生态，将来借助开源 CPU IP 和开源 EDA

工具，向手机市场延伸也有可能。有关政府部门应出台政策，鼓励和支持企业对 RISC-V 生态的核心标准做贡献，在国际上争取更大的话语权。培育新生态系统的投入远远超过对 CPU 芯片本身的投入，**政府在培育新生态系统上一定要下更大的决心。出台的激励政策要对软件企业和用户单位有足够的吸引力，才能形成"众人拾柴火焰高"的局面。**

4．生态系统在发展 CPU 产业中起决定性作用

从 21 世纪初研制龙芯一号算起，国产 CPU 已经努力拼搏了近 20 年，但在民口市场还没有打开局面，根本的原因是难以摆脱现有的生态环境。长期以来，x86 系统一直在通用计算领域占有垄断地位，国际数据公司（IDC）预测：2023 年 x86 服务器将继续占有 90% 以上的市场份额，今后相当长的时间仍然会保持统治地位。x86 生态数万亿美元的软件积累已形成巨大的惯性和路径依赖，具有相当强大的生命力。在它所支持的应用没有被摒弃之前，x86 CPU 不会被抛弃。阿里巴巴在"去 IOE"上起过带头作用，但为了与许许多多的应用和外设兼容，阿里巴巴庞大的公有云目前只采用基于 Intel x86 CPU 的服务器，连 AMD CPU 都不用，更不考虑国产 CPU 了。这一典型案例说明了替代 x86 CPU 的困难性。要求所有的用户立即转移到非 x86 平台上，显然不现实。海光公司的成功起步已经证明，走引进消化再创新的道路可以较快地缩小服务器 CPU 上与国外的差距。

产业生态系统是市场竞争中无数用户自发选择演化而成的，不是某个企业按照预定设计"构建"起来的。一般而言，产生新的产业生态系统的动力来自新的应用需求，对现在流行的软件全部从头再来，移植另造新的生态系统代价巨大，难以得到软件厂商的支持。因此，明智的决策应当是已有的应用兼容主流生态系统，针对新的应用争取培育新生态系统。对于后发国家而言，兼容国际主流生态系统是尊重人类文明进化历史的务实选择，并不是我们的目的。由于兼容国际主流生态存在脱钩和断供的风险，采取兼容策略的国内 CPU 企业必须以 10 倍的努力加强自主创新，尽快提高 CPU 设计能力，准备好充足的"备胎"，立足于分叉发展，走自己的路。

未来 CPU 的龙头企业可能是占领上千亿台新兴物端市场的企业，在面对 IT3.0 的信息技术体系建立起来之前，国家对现有几家 CPU 企业要采取开放包容、尊重市场选择的原则，避免用"国家目标"去"押宝"，更不能随意给一些企业贴上"买办路线"和"马甲 CPU"标签。从市场发展趋势来看，未来有发展前途的 CPU 企业大概有 3 类：第一类是实力雄厚的独立 CPU 供应商；第二类是涉足 CPU 的云服务提供商；第三类是掌控了全栈应用技术、生态迁移可控的大型系统厂商。ARM 处理器在移动终端和嵌

入式上有优势，能否"小鱼吃大鱼"，将终端的优势扩展到云端，将由企业的市场竞争决定。

5. 安全与发展必须两手硬

多年以来，我国在 CPU 发展过程中政策反复摇摆、举棋不定，原因就是在处理安全与发展的关系上没有取得共识。生态系统是决定 CPU 等核心技术能否与美国抗衡的关键，解决众多行业的信息安全问题必须统筹考虑生态系统的培育发展。**抛开生态系统孤立地谈信息安全就是一辆"独轮车"，不符合习近平总书记提出的"双轮驱动"原则。**

CPU 安全是一项专门技术，自主不等于安全，自主设计的 CPU 依然存在安全风险。一些专家偏执地认为，要解决 CPU 的自主可控问题，必须每一行代码都自己写。但自己写的源代码未经大规模市场检验，可能安全漏洞更多。我国研制的几款 CPU 都不同程度地采用了国外的 IP 核，性能低一点的 CPU 只有几百万行代码，自己写的代码比例高一些；性能高的 CPU 有几千万行代码，自己写的代码比例低一些，这种差别主要反映技术起点的高低，与芯片是否安全没有直接对应关系。兼容主流生态和安全可控是两个不同维度的要求，不能将两者对立起来，为了自认为的安全可控就完全放弃兼容。

IP 授权是集成电路分工的新模式，2018 年全球半导体 IP 核市场规模达 49 亿美元。即使在美国试图"技术脱钩"的形势下，我们也不能为了实现自认为的安全就拒绝产业链的技术分工。新的 ICT 生态系统考验的是管理"你不拥有的资源"的能力。当然，CPU 公司要持续不断地对引进的软件做安全性检查，在 CPU 内构安全技术上多下功夫，还要有完备的应急预案，多做一些"备胎"准备代替不完全放心的模块，发现问题就立即处理。**政府部门应当统一思想，坚持安全与发展两手抓，两手都要硬。**

二、政策建议

1. 认真做好应对"技术脱钩"的应急预案

面对美国不断升级的"技术脱钩"，政府部门和多数企业尚缺乏深思熟虑的预案准备。我们应立即行动，做好应急预案。技术上的"脱钩"与"反脱钩"是国与国之间的博弈，比应对地震、台风等自然灾害复杂得多。企业之间的联系千头万绪，采取反制措施往往牵一发而动全身，考虑不周很可能伤及自身。

最近美国对华为的限制升级，切断了华为高端芯片加工的渠道，其目的是试图阻止华为成为 5G 技术的领跑者。国家应通过"新基建"计划大力支持华为保持在 5G 基站领域的领先地位，**组织全国力量尽快实现 5G 基站芯片的国产化**。基站芯片大多采用现场可编程门阵列（FPGA）和数字信号处理器（DSP），对小型化、功耗和加工工艺的要求低于高端手机芯片和服务器芯片，中国 5G 基站建设只需要几百万套芯片，实现国产化的难度相对小一些。

2. 将形成 14 至 3 纳米集成电路生产能力纳入国家"新基建"计划

从基础建设的角度看，以微处理器为代表的高端通用芯片无疑是信息基础设施的基石，应该是"新基建"的核心。美国政府对我国施压的重点不是信息技术应用而是集成电路，未来 20 年，中美竞争的关键也是集成电路。只有集成电路产业赶上甚至超过美国了，美国才不敢像今天这样对中国指手画脚。**建议将 14 至 3 纳米集成电路生产能力建设纳入国家"新基建"计划，并将 EDA 软件、光刻机、光刻胶等作为重中之重，集中资源，优先发展。**

全国各地对集成电路生产线的投入已高达数千亿元，资源分散，难以形成合力，需要统一规划，防止无序竞争。在全国同行积极配合下，经过艰苦努力，以中芯国际为龙头的国内集成电路生产线有可能逐步解决高端集成电路的供给问题。

我国没有 CPU 等高端通用芯片的专用工艺生产线，在起跑线上就输掉了 5%~30% 的性能。**建议在专用工艺上发力，快速形成支撑 CPU、GPU、DSP、FPGA 的高性能制造工艺和能力。**在先进封测领域，我国与国外的差距在不断扩大。Chiplet 有可能取代目前的 IP 授权，实现半导体行业第三次模式转折。**在集成电路的"新基建"中，必须重视发展先进封装测试、微组装和微纳系统集成技术和工艺。**

3. 加大政府采购力度，毫不犹豫地通过政府和国有企业的采购支持国产微处理器

近年来，中央网信办大力推动在关键基础设施等重要领域实现国产化，但许多部门和国有企业的负责人还是把维持当前的营业额和利润等"业绩"放在第一位，对"技术脱钩"的风险和迫切性认识不到位。**建议加大在涉及国家安全的关键领域的政府采购力度，对国防科工、电信、交通、电力、金融等关键行业的国有骨干企业，提出更严格的国产化替代指令性要求，将为应对可能出现的"技术脱钩"做贡献列为考核政府和国企干部的政治要求。**关键行业要帮助国内微处理器公司扩大芯片应用规模，为其提供更多的试错机会和成长空间。

目前我国还没有真正执行"本国产品认定办法"，基本上没有经过报关检查的产品，都算本国产品。**建议中央网信办牵头，根据中国国情，借鉴国外通行的做法，在科学论证的基础上，尽快制定并认真推行"本国产品认定办法"。中央网信办在关键**

领域和行业信息化中提倡采购满足要求的经济适用本国产品，防止一味追求"高大上"，要做出明确的政策指示。

4. 加强 CPU 内构安全研究，重视 CPU 安全性测评工作

就像人体免疫系统不能保证人绝对不生病一样，不要奢望信息系统达到所谓的"绝对安全"状态。追求绝对安全的结果必然是绝对不可用。过度防护通常会造成计算机可用性和用户体验严重下降，相当于入侵威慑产生了不战而屈人之兵的攻击效果。构建 CPU 内部安全机制的目标是达到可用性和安全性的平衡，实现安全风险的可预测、可评估、可隔离、可控制。

要加强对安全体系结构的顶层规划设计，扎实开展安全体系结构研究，大力推动软硬件安全协同设计，形成 CPU 安全上的"非对称技术"和制高点。**建议在国家层面建立统一的安全体系结构和处理器安全微体系结构标准，根据不同领域对安全性的不同需求，分级分档提出明确要求。**在国产 CPU 推广应用过程中，要重视 CPU 安全性测评工作。CPU 是最复杂的集成电路，目前还缺少一套全面有效的安全性测试程序集，很难对 CPU 的安全性给出一个全面、客观、定量的结果。**建议从 CPU 安全性测试程序集、CPU 安全性分级分档方法、CPU 漏洞发现、CPU 漏洞可利用性和风险评估、CPU 安全机制的有效性验证等方面开展研究，为开展 CPU 安全性测评提供技术支撑。**

5. 引导国内几家 CPU 企业联合起来形成体系对抗

在美国政府的极力打压下，国内发展 CPU 产业的形势十分严峻。但国内为数不多的几支 CPU 设计队伍并不团结，不是互相补台而是互相拆台。有些专家热衷于在几家企业中划分左中右，人为地拔高或贬低一些企业，不利于 CPU 行业整体发展。**中央网信办和有关部门应统筹规划，营造公平竞争的良好环境，引导各企业发挥自己的强项，联合起来满足国内用户的需求，共同反击美国政府的打压。几家 CPU 企业应相互配合，减少内耗，一致对外。**

国内 CPU 市场空间巨大，每年进口的 CPU 高达几百亿美元，容得下这几家 CPU 企业，犯不着在营业额只有几亿元时，就你死我活地互相厮杀。国内 CPU 企业能否成长壮大，取决于自身能力能否提高和决策是否正确。市场是检验公司实力的试金石，用户不待见的公司终将被市场淘汰。只靠一家芯片公司与美国竞争是很困难的，**必须将国内几家 CPU 企业的产品有机地组合起来，形成中国自己的体系，通过体系的对抗才有胜算。**

6. 发挥骨干企业的中流砥柱作用

如果在服务器 CPU 方面要做到与 Intel/AMD 处于同一代产品技术水平，有多个团队同时研发，探索最新的器件技术、工艺技术和封测技术，至少需要 3 000 名平均具有 10 年经验的工程师，每年研发投入要 100 亿元以上。而获得 100 亿元毛利需要售出 500 万片服务器 CPU，相当于中国服务器 CPU 市场的总出货量。算了这笔账就清楚，在 CPU 行业真正立足，必须办成年营业额几百亿元的大企业；要打赢 CPU 这一仗，必须发挥骨干企业的中流砥柱作用。

只靠华为一家很难形成不受制于人的生态系统，**建议国家提早布局，推动阿里巴巴、腾讯等互联网平台巨头与国内微处理器公司强强联合，在 5G、人工智能、物联网、智能制造等战略新兴产业中建立中国自己的生态系统，大力支持阿里巴巴、腾讯等互联网平台公司走出国门，帮助华为等公司在国外建立应用生态系统，以国际市场带动国产微处理器产业发展。**

7. 加强人才培养，定向扩招集成电路专业的研究生

到 2020 年，我国集成电路行业大概需要 70 万左右的从业人员，但现在我国集成电路行业的人才只能满足一半的数量需求，还有三四十万的缺口。2020 年集成电路领域的应届本科毕业生只有 3 000 多人，应届研究生约 2 500 人。发展微处理器产业的关键是人才，必须大力加强集成电路专业的人才培养。我国承担"卡脖子"工程、有能力培养微处理器设计和制造的许多是科研单位，但中科院等全国科研机构每年招收的硕士生只有 7 000 人，只占总招生数的 1/100。按照现行的比例分配研究生招生名额，不可能解决集成电路人才的缺口。**建议中央网信办与教育部沟通，打破常规，定向给集成电路专业每年增加 1 万～2 万名硕士和博士研究生招生指标，优先分配给承担"卡脖子"工程的科研单位和大学，重点支持 EDA 软件和专用设备制造。**

"发展国产微处理器芯片的路径研究"课题组

2020 年 5 月

附课题组成员名单：

李国杰、魏少军、唐志敏、洪学海、刘志勇、李晓波、杨晓君、张艳、杨宁

参与本课题研究和咨询报告撰写的还有以下专家：

孙凝晖、孟丹、历军、沙超群、石晶林、刘悦，等等

本报告执笔人：

李国杰

经济内循环为主条件下技术创新的路径选择 *

中央决定，发展经济以国内循环为主，形成国际、国内互促的双循环发展新格局，这是针对国际形势变化做出的重大决策。根据这一决策，我国技术创新与产业发展的路径也应当做适当的选择和调整。我扼要地讲 4 点粗浅的认识。

一、在坚持对外开放的同时，要更加重视对内改革

通过对外开放，中国获取了全球化的红利。在美国政府带头"去全球化"、试图阻止中国发展的今天，我们仍然要坚持对外开放的发展战略，但发展的动力将更多地从"对内改革"中获得，应加大国内改革的力度。40 多年前的改革开放来自思想大解放，现在进行更深层次的改革，需要又一次思想大解放。面对新的形势，要对过去已形成定式的惯性思维进行一次认真的清理和扬弃。

2016 年，麦肯锡咨询公司发表一份研究报告指出，中国金融行业的经济利润占到中国经济整体经济利润的 80% 以上（美国为 20%）。2019 年《财富》世界 500 强中，中国前 10 名最赚钱的企业中有 7 家金融类企业。上榜《财富》世界 500 强的 108 家中国非金融类企业的平均利润只有 19.2 亿美元，只有美国上榜非金融类企业平均利润的 1/3。这说明过去的 40 多年中，国内的财富分配向资本倾斜，没有充分体现技术和劳动力等生产要素的作用。从某种意义上讲，许多企业在为银行打工，钱生钱比技术生钱容易必然抑制高技术产业发展。高房价、高利率是内循环的最大的障碍。发展内循环为主的经济，首先要改革的就是从"以资为本"转向"以人为本"。一个国家要跳出"中等收入陷阱"，必须大力发展促进高就业和技术不断进步的高技术公司，才能避免"内卷化"，带动国内产业链和人均收入的提升。内循环的主要贡献者是创新型中小企业，中小企业大多数是民营企业。国内改革的另一个重要方向是努力形成国有企业和民营企业密切合作的举国体制。

---

* 2020 年 8 月 7 日在深圳华为总部召开的中国信息化百人会高峰论坛上的报告，根据报告整理的文章发表于《中国科学院院刊》2020 年第 9 期。

二、更加重视教育和人才培养，发展上游产业、基础产业和工具链产业

以内循环为主发展经济，短板在上游产业，美国政府也是在上游基础产品上卡我们的脖子，所以我们要下定决心补好这一块短板。集成电路和基础软件是数字经济的基础，国家应将形成 14 至 3 纳米集成电路生产能力纳入国家"新基建"计划，将开发自主可控的 EDA 软件、光刻机等集成电路专用设备和专用材料当成新时期的"两弹一星"，启动和组织数万名科技人员参加的国家重大科技专项，争取 5~10 年内基本改变受制于人的局面。

发展上游基础产业一定要有自信心。2020 年 3 月，美国波士顿咨询公司（BCG）发表一篇研究报告指出：如果中美"技术脱钩"，美国半导体行业总收入将下降 37%，其全球份额将从 48% 降至约 30%，必将失去该行业的全球领导地位。相反，中国半导体行业的全球份额将从 3% 增长到 30% 以上，从而取代美国成为全球领导者。历史已经证明，凡是其他国家已经做成的事，不管多么复杂，迎难而上的中国科技人员一定能做成。

发展上游基础产业，源头是基础研究，关键是人才。我国在引领性的基础研究方面成功的案例不多，在知识的无人区探索的科技人员较少。今后要激励一部分有天分的学者做好奇心驱动的、标新立异的原创性研究，通过发散的基础研究开辟意想不到的技术途径，我称之为**"广种奇收"**。要鼓励更多的科技人员做目标导向的研究，"啃硬骨头"，不但为国防，而且为骨干企业提供"撒手锏"技术。工具链是弥补人才缺口的重要帮手，要努力打造工具链和公共开发平台，大幅度降低集成电路和人工智能等高技术企业的人才门槛。集成电路已经升级为一级学科，建议给与集成电路相关的专业每年增加数万名硕士和博士研究生招生指标，并优先分配给承担"卡脖子"工程的大学和科研单位。

三、下大功夫培育自主可控的生态系统，形成自己的技术体系

信息技术之争本质上是体系的竞争，我国信息领域一直缺乏自己的体系。正因为没有自己的体系，所以长期以来处于跟跑地位。必须清醒地正视我国在工艺和设计能力上比美国差的事实，应该扬长避短，采用先进的技术体系弥补元器件落后的策略。从关注自我的输赢升华到关注整个产业生态的发展，理念上要做重大调整，华为提出，**管理你情我愿的合作比对付你输我赢的竞争要难得多**，这是认识上的飞跃。

　　一般而言，产生新的产业生态系统的动力来自新的应用需求，对现在流行的软件全部从头再来移植另造新的生态系统代价巨大，难以得到软件厂商的支持。因此，明智的决策应当是**已有的应用兼容主流生态系统，针对新的应用争取培育新生态系统。**培养一个能成为主流应用的生态系统需要巨大的投入，花费的人力、财力可能比建生产线还要多。国家应统筹规划，把培育自主可控的产业生态系统作为信息领域的头等大事，从人才培养、知识产权布局、标准制定、产业链衔接、政府采购和应用推广多个维度下手，争取 10 年内见到成效。

四、发挥骨干企业的中流砥柱作用，构建企业命运共同体

　　过去一讲发展科技，大家首先想到的是大学和科研机构，我们常常讲：科技强则国家强。我认为，真正实现科技强国的路径是，**科技强则企业强，企业强则国家强。**一个国家强盛的基础是有一批世界领先的高科技企业。华为已经不是单纯的一家企业，而是中国人才、科技等综合实力的表现。2019 年，华为的研发费用高达 1 317 亿元，接近全国高校的科研经费总投入（2018 年为 1 457.9 亿元），远远超过中国科学院当年的科研投入（约 800 亿元），从投入可见华为在中国科技发展中的地位。从这个意义上讲，支持华为渡过难关也是保卫我国改革开放 40 多年的发展成果。国家应通过"新基建"计划大力支持华为保持在 5G 基站领域的领先地位，组织全国力量尽快实现 5G 基站芯片的国产化。发展国内循环为主、国际国内互促的双循环经济，必须发挥骨干企业的中流砥柱作用。政府应支持企业做优做强，而不是尽力帮助企业做大。我国应向德国学习，大力提倡发展强而不大的企业，不要鼓励企业攀比规模。

　　要在国际上形成人类命运共同体，首先要在国内形成企业命运共同体。但是，目前科技界和企业界还没有形成一致对外的合力，同行企业之间还在"窝里斗"。你死我活的同行企业竞争思想几乎已经是每一个企业的行动指南，很少有企业想过如何与同行企业"共生""共赢"，形成命运共同体。中国培育不出一个有重大世界影响的开源软件，没有形成主流的信息产业生态系统，不仅仅是技不如人，还有深层次的文化原因。国外的企业之间竞争也很厉害，但必要时企业之间还是能开展竞争前的合作，20 世纪 70 年代日本半导体产业的崛起就是同行企业竞争前合作的结果。中国企业现在最缺乏的是竞争前的合作，现在必须改变"同行是冤家"的传统思维，树立企业命运共同体的理念，才能让以内循环为主的经济走上良性发展轨道。

　　习近平总书记在 2016 年 4 月 19 日网络安全和信息化工作座谈会上指出："**在核**

心技术研发上，强强联合比单打独斗效果要好，要在这方面拿出些办法来，彻底摆脱部门利益和门户之见的束缚。抱着宁为鸡头、不为凤尾的想法，抱着自己拥有一亩三分地的想法，形不成合力，是难以成事的。"我们一定要落实习近平总书记的指示，大力加强企业间的联盟与合作，共同应对美国政府的打压，通过做强企业实现强国梦。

对华为渡过难关的建议 *

我与任正非总裁是老朋友，曙光公司初创时，华为是曙光的并列第一大股东。1997 年，在 863 计划 306 专家组和深圳市科技局的安排下，我和任正非、刘积仁、汪成为、李连和（时任深圳市科技局局长）在北京香山饭店开了一次旨在促进产业合作的小型座谈会，会上提出"勤谋略、结连环、造大船、兴产业"的发展战略。近年在美国政府的疯狂打压下，华为的发展面临严峻的形势，现在更需要"结连环"。下面我对华为今后的发展提几点看法和建议。

一、华为保卫战相当于朝鲜战争中的上甘岭战役

华为已经不是单纯的一家企业，而是中国人才、科技等综合实力的表现。华为是中国在海外最有实力打造科技平台的公司，而 5G 又是未来科技的象征之一。华为是众多中国优秀大学毕业生和研究生的首选单位，2019 年清华大学毕业生中，华为招聘了 189 人，在公司招聘中排名第一。2018 年全国较好的 23 所理工科类大学的毕业生，有 4 621 名被华为收入麾下。华为集中了全国顶级的理工科人才。2019 年，华为的研发费用高达 1 317 亿元，接近全国高校的科研经费总投入（2018 年为 1 457.9 亿元），远远超过中国科学院当年的科研投入（约 800 亿元），从投入可见华为在中国科技发展中的地位。

如果这次华为在全国的支持下顶住了美国政府的"围剿"，可能是中美两国科技竞争的转折点（相当于朝鲜战争中的上甘岭战役）。中国企业将会更加得到全世界的尊重，全世界的盟友会越来越多，中国其他企业也会有更大的生存空间。如果华为无法突围，其他国家看不到非美国化的第二套可选技术平台和方案，可能会跟随美国的步伐来遏制中国的企业，中国其他企业走向世界就更加艰难了。从这个意义上讲，支持华为渡过难关也是保卫我国改革开放 40 多年的发展成果。

* 2020 年 8 月 7 日为中国信息化百人会专家与华为任正非总裁座谈会准备的发言提纲。

二、要有"企业利益共同体"的理念

我国在倡导"人类命运共同体"的理念,这一理念与中华文化提倡的"世界大同""天下为公"的理念一脉相承,与马克思提倡的**"每个人自由发展是一切人自由发展的条件"**的**"自由人联合体"**也一脉相承。恩格斯曾经用一句话对"共产主义"做了概括,就是"自由人的大联合"。我理解,恩格斯头脑中的"共产主义"也可称为"共生主义"。"人类命运共同体"和"自由人联合体"的要义都是**"共生主义"**。

"共生主义"对于今天的企业,包括华为,有着特别重要的意义。多年以来中国的不少企业只讲你死我活的竞争,不讲"共生",信息领域更是盛行"狼文化"和"赢家通吃",几乎没有同行企业竞争前的合作。国外的企业竞争也很厉害,但不难找到竞争前的合作的案例。

1974 年,日本政府批准"超大规模集成电路"计划,确立以赶超美国集成电路技术为目标。日本通商产业省组织日立、日本电气股份有限公司(NEC)、富士通、三菱和东芝 5 家公司,要求整合产学研半导体人才资源,打破企业壁垒,协作攻关,提升日本半导体芯片的技术水平。一开始几家企业互相提防,合作不起来。日本半导体研究的开山鼻祖垂井康夫站出来号召:**"大家只有同心协力才能改变日本芯片基础技术落后的局面,等到研究成果出来,各企业再各自进行产品研发,只有这样才能扭转日本企业在国际竞争中孤军奋战的困局。"**垂井康夫的这一号召得到几大公司的响应,结果日本的集成电路产业就上去了。2017 年 Intel 推出的 Kaby Lake-G 处理器中就集成了 AMD 的 GPU,Intel 的 GPU 也支持 AMD 的 FreeSync 显示技术。几十年的宿敌都可以合作,为什么国内同行非要你死我活?

从关注自我的输赢升华到关注整个产业生态的发展,理念上要做重大调整。2016 年,华为轮值 CEO 郭平就提出要培育**"哥斯达黎加式"**生态系统。2017 年,华为就认识到竞争优势主要来源于管理好自己不拥有的资源,不强求"为我所有",而是"为我所用",共同赢得未来。要做到这一点,需要自上而下灌输这一理念,改变华为的文化。在美国政府疯狂"围剿"华为的今天,决定华为成败的不在于美国的手段有多强硬,而在于华为有多少自己不拥有的资源可以利用,有没有形成"企业的命运共同体"。

三、要适当收缩战线,努力提高科研效率,更精准地发力

华为的体量已经很大,从 5G 基础设施、运营商设备、服务器到手机、PC、平板计算机,

从汽车电子到智慧城市等各种应用服务，无所不包，战线很长，可能已超过世界上任何一家公司。为了对付美国的打压，华为可能还要向更上游的源头领域进军，包括自己研制光刻机等专用设备和开发 EDA 软件，建立自己的集成电路生产线，培育鸿蒙生态系统。最近两年华为不但没有裁员，反而增加了 2 万多员工。现在华为有约 15 000 人从事基础研究，今后可能还要投入更多的人力做基础性、前瞻性研究。在目前特殊的国际环境下，华为要采取什么样的战略需要精心谋划。从华为本身考虑，"做大"可能是不得已的选择。业务规模不大就没有足够的毛利扩大研发投入。华为也希望国家尽快出台反制措施，通过限制外商来提高华为的国内市场占有率。但政府部门主要是从战略层面考虑，采取反制措施的目标可能重点会放在阻止美国企业在 5G 技术上追上华为，保持华为在 5G 基站领域的领先地位。目前 5G 基站的市场并不大，但组织全国力量支持华为尽快实现 5G 基站芯片的国产化是当务之急。研制光刻机、开发 EDA 软件需要动员全国的科技力量，华为可以在其中发挥重要作用，单靠华为一家的力量去硬拼也许不是明智之举。华为要考虑适当收缩战线，努力提高科研效率，更精准地发力。

四、下定决心打造鸿蒙生态系统

打造鸿蒙生态系统是决定华为命运的大事，需要巨大的投入和长期努力。先在国内市场发力，再推向国外市场，争取 10 年内见到成效。研制高端芯片和培育操作系统生态是不同类型的事情，做芯片主要靠自己兢兢业业工作，培育生态系统主要靠吸引别人（开发者）加入。不论是三星的 Tizen、微软的 Windows Phone、还是黑莓 10、Sailfish、Ubuntu Touch、Plasma Mobile、Firefox OS 等，一个个先后折戟沉沙，都是因为缺少 App 支持。苹果和谷歌解决了"开发者有钱赚"的问题才占据市场主流，华为有什么办法让开发者更有钱赚，需要想出高明的办法。生态成功本质上不是技术问题，而是商业模式问题。

微内核并不是新技术，20 世纪 80 年代微内核就很流行。当年利努斯·托瓦兹（Linus Torvalds，又译林纳斯·托瓦兹）不用微内核而选用宏内核开发 Linux 系统，战胜了采用微内核的 Minix 系统取得成功。现在信息技术的总体环境与当年不同，不是强调系统性能，而是强调低功耗、安全，重点是物联网应用，打通手机、计算机、电视机和嵌入式设备等各种应用场景。鸿蒙可能是下一轮技术浪潮的船票，应当坚持做物联网（IoT）生态系统这个方向，包括工业物联网应用。鸿蒙即使在手机上没有替代安卓（Android），只要在 IoT 上成为主流生态之一，也会取得巨大的成功。

科研不能都当成修桥修路一样的包工队来管 *

科技部出了个第 19 号令，公布《科学技术活动违规行为处理暂行规定》。第 19 号令增加了对违规行为的威慑力，有了明文规定，"托人打招呼"的风气应当有所收敛，科技界的风气将会进一步好转。然而，不违规只是及格标准，不违规的科技人员只是科技界的良民。严惩科技违规行为是发展科技的必要条件，但不是促进科技发展的充分条件。围绕如何促进科技发展，我想讲两点感想。

一是良好的学风主要靠引导，不是管出来的。历史上大禹治水不是采用他父亲使用过的堵塞的办法，而是疏导成功的。人的心灵净化也主要靠远大理想和对真善美的追求来引导。我上初中时读过泰戈尔的诗集《飞鸟集》，其中有一句**"不是槌的打击，乃是水的载歌载舞，使鹅卵石臻于完美"**，这句诗一直留在我的记忆里。

媒体可能对科技界格外关注，出一件丑事就铺天盖地，满城风雨。出现丑事是有原因的，即使是《肿瘤生物学》集中撤稿这样的国际丑闻，也与前一段时间逼迫临床医生写 SCI 论文的导向有关，当然他们也受第三方公司所害。科技界的违规行为虽然有，但要相信大多数科技工作者在兢兢业业地做科研，不是在有意造假。至于申请"人才帽子"、评奖时打招呼托人帮忙，这是一股必须刹住又很难根绝的歪风。中国人的传统习惯常常是"情、理、法"，受人之托，总觉得难以驳人家的"面子"，我自己也常为此感到困扰。希望第 19 号令起到清洗剂的作用，横扫这股歪风。

从另一个角度看，这也是我们的评审制度造成的。如果不设这些"人才帽子"，评成果奖不需要本人或本单位申请，本人根本不知道评审的人在评什么成果，自然打招呼的人就少了。中国计算机学会的评奖基本上是背靠背的，采取推荐制，打招呼的人就少多了。相反，优秀博士论文奖因为要各个学校上报，就有人打招呼。

二是科技界迫切需要的是宽容。前不久，我参加中国信息化百人会高峰论坛，其

* 在 2020 年 8 月 9 日 CCF YOCSEF 举办的关于科技部第 19 号令的特别论坛上的发言，整理发表于 2020 年 8 月 9 日科学网微信公众号（题目、内容略有调整），多家媒体转载。

中有一个上午与华为总裁任正非座谈。任总最近到几所大学访问，反复讲宽容出人才。他说得很明白：**"要想将不同性格、不同特长、不同偏好的人凝聚在组织目标和愿景的旗帜下，靠的就是管理者的宽容。"**这次与我们座谈，他提到两位被许多人认为科技活动"违规"的人才，一位是做基因编辑的韩春雨，另一位是被网上骂成"汉奸"的清华大学毕业的海外才女高杏欣。我国从事北斗研发的科研人员已经澄清，所谓"破解北斗卫星编码"是无稽之谈。任总认为高杏欣没犯什么损害国家利益的大错，这样的人才不要往死里打，应当吸引回国。韩春雨的论文撤稿，闹得沸沸扬扬，曾经是科技打假的大事。最近美国普渡大学一位研究人员在网上发表了一篇论文（还没有在同行评审的刊物上正式发表），似乎支持韩春雨的研究方向。我不是生物领域的学者，不能对韩春雨的工作做评论。但这件事表明，开始的大吹大擂（"诺贝尔奖级成果"）和后来的无情封杀打压都有点过头，不利于基础研究。为什么不能宽容一点，既不要吹捧，也不要打压，而是"让子弹飞一会儿"，让时间做结论。

辨别一个科研成果的真伪和价值是件很细致的事，既要宽容又要耐心。老子讲，"治大国，若烹小鲜"，烦则人劳，扰则鱼溃。我觉得，管科研也如同"烹小鲜"，不要动辄扰民，更不要乱折腾。做科研需要一个静心的环境，应尽量少打扰。基础研究的结果很难预先安排，宏观上看，出人意料的重大成果往往是随机出现的，做了几年没有出很有价值的成果也是常有的事。

第 19 号令规定的违规行为有一条是"随意降低目标任务和约定要求"，这对于立了"军令状"的工程任务是适用的，但对于探索性的基础研究就难以判断是不是"随意降低"。如果大家都做一定能成功的事，或者因为怕承担结题时降低任务目标的风险，申请课题时普遍打点埋伏，提前降低一点目标要求，真正有价值的成果就很难出现。

探索性的基础研究要想获得丰硕的果实，就要不拘一格地"广种"，充分地信任和包容，突破现有思维的边界。我称之为**"广种奇收"**，成果很可能出现在申请课题的目标之外。即使是高技术研究开发性质的课题，技术变化很快，3 年之后原来设想的技术途径走不通了也不奇怪，调整目标和技术途径是正常的决策。如果过于看中签订课题任务书时的要求，刻舟求剑，就缺乏实事求是的精神了。

总之，如果把所有的科研都当成修桥修路一样的包工队来管，违规的事肯定会减少，但科技是否真的能上去就很难说。我们的大目标是科技强国，实现中华民族的伟大复兴和人类命运共同体，心中始终装着这个大目标，用大道理管小道理，道路一定越走越宽广。

形成以产业技术为主体导向的科技文化 *

一、国家强盛的基础是企业

民富国强的基础是有强大的企业，军事力量的强大也要靠先进的企业。美国国防部发现，事先信任的单位做的器件设备比国际上先进企业落后两代，所以 2020 年他们决定改变策略，在加强测试验证的基础上采购全球最先进的器件和设备。

有经济学家统计过，从 17 世纪到 20 世纪 70 年代，改变了人类生活的 160 种主要创新中，80% 以上是由企业完成的。今天，全世界 70% 以上的专利和 2/3 以上的研究开发经费出自企业。近代以来，任何忽视市场力量，不能发挥企业组织优势的国家都逐渐凋落，只有由企业推动市场经济的生产力，国家才能走上世界舞台的中心。

一个真正的创新型国家的全面形成，拥有几所世界一流大学固然重要，但根本上还在于企业界的眼界、实力和科技创新活力。

二、科学技术发展的归宿

早期的科学研究只是有钱闲人的消遣娱乐，经过几百年的发展，科学研究和技术开发已经是数以千万计的白领的职业，究竟研究和开发的目的是什么？

归纳起来，研究开发无非是 3 种目的：

1. 探索未知世界的奥秘，满足人类的好奇心，为人类文明做贡献；

2. 满足国防等部门的国家需求，主要以工程任务的形式实现；

3. 以企业的形式将知识变成产品和服务，提高人类的物质与文化生活水平。

企业的产品和服务是研究开发的主要归宿。说白了，除了一部分人做第一和第二种目的的工作外，绝大多数科技人员的工作只有最终体现为市场上的产品和服务，才有真正的意义。因此，一定要形成以产业技术为主体导向的科技文化。

---

* 2020 年 10 月 22 日在中国计算机大会 CTO 高峰论坛的主旨报告，当天《中国科学报》发表了记者整理的讲话记录，作者整理的文章发表于《中国计算机学会通讯》2020 年第 11 期。

三、产业技术与实验室技术的区别

本文说的产业技术是指以形成规模化的产业为导向的技术，不局限于企业的产品开发，大学与科研机构也可以做以产业技术为导向的研究开发。有些工程项目投入很大，但目标不是走向市场，而是追求某个单项指标领先，采用大量的定制零部件，就不属于产业技术。

实验室技术的主要目的是实现 0 到 1 的突破，发现新的原理和方法，验证新途径的可能性，不是对已有产业技术和别人提出的纸上技术修修补补的小改进。一般而言，实验室技术旨在突破单项技术，以"Best Case"为导向，一俊遮百丑。产业技术以"Worst Case"为导向，不能有明显的短板。实验室技术也许能解决 90% 的要求，但剩下的 10% 可能要再花 10 倍的精力，甚至推倒重来。例如，机群文件系统在中科院计算所经过 3 代博士生的努力仍不能商品化，开发人员进入企业后，按产业技术的要求又潜心攻关了几年，才形成今天曙光公司的拳头产品 ParaStor。

不同于实验室技术，产业技术必须考虑推出时间、成本、鲁棒性、兼容性等约束，在限制条件下创新有时比"原始创新"还困难。产业技术开发的失败往往是由于忽略了约束条件，因此我们培养工程创新人才要从重视约束条件做起。

产业技术必须采用标准化模块和规模化生产工艺，不能做"不下蛋的公鸡"。产业技术不但要说得清，而且要做得到。产业技术人才不能只是"治学之才"，应当是**"治事之才"**，必须以做成一件难事为目的。

四、为什么要强烈呼吁重视产业技术

长期以来，我国只把产业技术当成所谓基础研究成果转化的产出，甚至当成低端技术的代名词。做产业技术研究的学者难以戴上"人才帽子"，很难评上院士，国家科技最高奖得主只有很少几位在做产业技术研究。但中国最落后的就是产业技术，发动机、光刻机等"卡脖子"技术大多是产业技术。

从本质上讲，基础研究是不管有什么用的。所谓目标导向的基础研究和应用研究到底研究什么，主要不是看已有的基础研究新成果有什么可以借鉴，而是看产业技术研究有什么需求。产业技术并不是人们常说的大学和科研机构成果转化后的应用开发，而是引导大学和科研机构的原始动力。

改革开放以前，我国的国有企业大部分没有研发机构，基本上是个"生产车间"。

由于历史的原因，我国科学技术发展中最薄弱的环节是产业技术。改革开放以后成长壮大的 IT 企业，尤其是华为、阿里巴巴等民营企业大多有较强的研究开发能力。IT 界的 CTO 们要担起振兴"产业技术"的重任，集体发出"国家要高度重视产业技术"的呼吁，推动企业真正成为技术创新的主体。

五、强调产业技术不是忽视基础研究

近年来，从中央到地方都在强调重视基础研究。有些人可能担心，强调产业技术会不会忽视基础研究。这种担心来自科技发展"线性模型"的误导。"基础研究"这个术语是 70 多年前美国科学研究与发展局主任万尼瓦尔·布什提出来的，他在著名的报告《科学：没有止境的前沿》中，严格区分基础研究、应用研究和实验开发，这种"线性模型"一直影响到今天。

近 20 年来，国际科技界对基础研究和产业技术的认识已大大提升，突破了万尼瓦尔·布什"线性模型"的局限性。实际上，研究与开发不是从所谓的上游流到下游的线性关系，产业技术的研究开发反过来对基础研究和应用研究有很强的拉动力，企业与大学和科研机构之间有多层次的互动。2017 年哈佛大学首任工学院院长文卡特希·那拉亚那穆提出版了《发明与发现：反思无止境的前沿》一书，提出"发现－发明循环"的新模型，充分阐述了"技术发明"对"科学发现"的引导和激励作用。科技发展史上，电话、雷达、晶体管等重大科学发现都是与技术发明纠缠在一起实现的，产业技术也涉及基础研究。产业技术研究的典范——贝尔实验室做了大量基础研究，先后有 11 位研究人员获得诺贝尔奖，出了 14 位美国科学院院士、29 位美国工程院院士。

在美国反华势力试图与我国"技术脱钩"的形势下，我国的高技术发展不能亦步亦趋地走国外的老路，必须重视产业技术引导的基础研究，另辟蹊径，我国才能成为科技强国。

六、以发展产业技术为归宿目标，不要追求论文等统计指标

做科研要关注最终目标，我在中科院计算所做所长时一直强调**"科研为国分忧，创新与民造福"**。当然，更长远、更宏观的目标是"对人类文明做贡献"。申请到多人的科研项目，掌握多少科研经费，不是目标，而是一种承诺与责任。发表了多少文章，获得多少奖励，戴什么"人才帽子"都是中间结果，最终要看对科学技术和产业发展有没有实实在在的贡献和影响。2019 年刚成立的山东产业技术研究院的口号是**"商业**

成功是检验技术创新的唯一标准”，我个人赞同这个观点。

有人采访图灵奖得主约翰·霍普克罗夫特（John Hopcroft）教授，问他对中国的科研人员有什么建议，他回答：“我的建议就是远离指标，中国的研究人员对发表的论文数量和得到的研究资金数量非常感兴趣。应远离这些指标，关注其他一些更有价值的层面。”

发展科学技术一定要调动科技人员的主观能动性。目前的科技评价方法应向着更利于调动科技人员真正献身科学技术的积极性方面继续调整、完善。不需要在给谁戴“人才帽子”上费很多心思，其实科技人员有学位和职称两顶“帽子”就够了。

大学和科研机构的研究开发不一定要做出可商品化的产品，但研究什么问题应该考虑产业界的需求，很多研究基于不合理的假设，做出来的论文将被历史淘汰。我们经常讲“企业是技术创新的主体”，以我的理解，它的意思就是指以发展产业技术为主要目标。

七、中国的产业技术处于什么水平？

中国的产业技术水平到底怎么样？网上既有自吹自擂的“好得很”派，也有妄自菲薄的“糟得很”派。很多意见以偏概全，对我国的科技真实水平缺乏理性的判断。实际上我们国家的高铁、无线通信、电商服务等方面确实已走在世界前列，但在基础材料、元器件、精密仪器设备、基础软件等方面与国际先进水平还有较大差距。当前美国科技类上市公司总市值接近 8 万亿美元，而中国科技类上市公司的市值仅为 2 万亿美元左右，仅为美国的 1/4。

所谓“卡脖子”技术对基础研究影响并不是很大，但对于产业技术而言，是必须要越过去的坎，应对“技术脱钩”的重任压在企业的肩上。现在忍辱负重、卧薪尝胆、发愤图强的企业是振兴中华的希望所在。

八、发展产业技术需要健康的生态环境

发展产业技术一定要有一个健康的产业生态环境。多年以来中国的不少企业只讲你死我活的竞争，不讲互赢共生的“企业命运共同体”、信息领域的企业竞争前的合作。国外企业也有竞争，但是必要的时候它们还能合作。20 世纪 70 年代日本发展芯片的时候，几个大企业都能联合起来，先做共性的技术，做完以后各企业再分头发展。

从关注自我的输赢升华到关注整个产业生态的发展，理念上要做重大调整。2016 年，

华为就认识到"管理你情我愿的合作比对付你输我赢的竞争要难得多",提出要培育"哥斯达黎加式"生态系统,强调竞争优势主要来源于管理好自己不拥有的资源。但是知易行难,将这一认识真正落实到行动还要付出艰苦的努力。

我希望在中国计算机学会的倡导下,计算机界的企业一起来构建企业命运共同体。希望计算机界的CTO大咖们高瞻远瞩,为中国的IT产业冲出重围做出历史性的贡献!

众志成城，共克时艰
——网易科技《科学大师》采访录 *

李国杰，中国工程院院士，中国计算机学会名誉理事长，中科院计算所原所长，大半生在科技产业自主创新的道路上探索。

1987 年从美国归来，1990 年开始担任国家智能计算机研究开发中心主任，李国杰投身到科技产业化领域，这位曾经的"论文机器"，走出了实验室。他的兴趣侧重并不只是发表几篇论文，而是要实打实把停留在纸面的理论成果，变成真正能赚钱的产品，尽管这很艰难。

1993 年，李国杰主持研发成功中国第一台对称式多处理机曙光一号，此后中科院计算所和曙光公司又陆续研发出曙光 1000 大规模并行计算机（以下简称"曙光1000"）和曙光 6000 超级计算机，使中国在超级计算机研发方面跻身世界第一梯队，并一手打造了上市公司里的超算龙头——中科曙光。

2001 年，李国杰又领导中科院计算所研制成功龙芯一号通用 CPU，这是中国第一枚拥有自主知识产权的通用微处理器芯片，经过中科院计算所和龙芯公司 20 年的努力，从桌面到各种工业、服务业应用场景，甚至北斗卫星，都有龙芯系列芯片的应用。

多种角色融于一身：在产业界，李国杰是曙光公司的董事长；在学术界，他是中国工程院和发展中国家科学院的双院士；而在国家战略层面，他先后在国家 863 计划、国家 973 计划以及其他关乎重大科技发展的国家级专家组担任职务。20 世纪 90 年代，他主持的曙光公司还和任正非创立的华为有过参股合作。

基于这些经历，李国杰的角色界定，不再是纯粹的科学家，而是一位科技战略专家。

目前正是中国科技发展外部形势十分吃紧的时候，以芯片研发、5G 通信为首的一些中国产业主体遭到封锁打压，李国杰也密切注意着事态的发展，他曾向中央建言，应该将集成电路等项目纳入"新基建"，使之成为国家级科技战略，他把这称为新时期的"两弹一星"。

---

* 发表于 2021 年 1 月 7 日网易科技《科学大师》栏目，题为《李国杰院士：脱钩不可怕，中国企业不齐心合力才可怕》，作者章剑锋，内容有调整。

　　李国杰属于理性发展派，一方面他能客观衡量和看待中国科技发展水平与国外先进的差距；另一方面，他也相信，卧薪尝胆，假以时日，中国可以通过不断优化调整自主创新机制，使自己发展得更好。

　　李国杰告诉网易科技《科学大师》栏目，中科院计算所已组建了相应的团队，要将开源软件的理念应用于开源硬件上面，搭建芯片设计等技术联盟服务平台，研发可通用的芯片设计工具软件，降低技术门槛，以此来突破芯片设计的研发瓶颈。

　　李国杰观点鲜明，言辞直率，多年以来有一贯的针砭时弊的风格。早些年，他就曾批评中国计算机界前瞻性研究不力，科研人员"缺钙"、"骨头软"、犯"群体性糊涂"，做了不少无效甚至无用的研究。他呼吁大家要联合起来做大事，像老一代科学家搞"两弹一星"一样为国分忧。

　　"我喜欢针对问题讲自己的观点。不管是科学家，还是企业家，只要他是爱国者，他一定不怕面对问题，一定要把已有的问题解决以后，才能往前再走一步。"

一、中国企业要抱成团，共同应对难关

　　《科学大师》：2020年12月末，国内30家科技公司共同成立一个"同心生态联盟"，媒体报道说，这是国产厂商积极打造自己的PC端软件生态，要加速打破微软Windows操作系统垄断PC市场的局面。这些企业中，就不乏华为、中兴等大公司的身影。我知道您和华为有过交集，鉴于当前的形势，您对华为等企业面临的挑战有什么看法？

　　李国杰：1995年，我们曙光公司刚刚成立的时候，华为是我们的大股东之一，我们共同合作了好几年，联系比较多，关系也比较好，后来因为某些原因他们退出了。2020年8月中国信息化百人会在深圳举行期间，我和任总又见面了，座谈的时候，我们也有交流，我也提出了相应的意见。

　　外面的人觉得华为公司底气很足，华为是有实力，但只靠一家企业的力量对付一个强大的反华集团，是很难的。应该说华为面临的不是一般的困难，因为他们不但自己做芯片没法做，甚至连买芯片都可能不让买了。最核心的东西处于断供状态，巧妇难为无米之炊。所以我觉得他们可能要好好考虑一下战术怎么调整，下一步怎么做。当然他们有实力，但是要怎么样应对这个局面，可能要有一些长期打算。

　　《科学大师》：现在的所谓"技术脱钩"形势下，中国企业能够怎么办？出路在哪里？

　　李国杰：中国人要有信心，一方面要看到，"技术脱钩"对大家都有伤害，美国

自己也受影响。另一方面，在这种恶劣的形势下，卧薪尝胆，中国企业主体要齐心，我担心的是内战内行、外战外行，仍然没有形成竞争前合作的企业文化。

华为的管理层前不久说过，过去大家强调你死我活的市场竞争，现在要更加重视相互之间心甘情愿的合作。如果不这样，后面的路将更加难走。国内同行之间，不要抱着胜者为王、败者为寇的思想，要一起合作来干一件事，形成真正良好的生态。应该说华为高层有这个认识，也开始想改变这个局面，但是华为的中低层，尤其是销售人员，改变观念还有个过程。我曾提醒过华为，在当前的强压力之下，华为的文化必须要改变。至少像联想也好，浪潮也好，曙光也好，小米也好，都应该是华为的朋友，不是死敌。这样，大家才能佩服你，发自内心地视你为"武林老大"。

我曾经跟外贸部门打过交道，中国传统上比较好的商品有茶叶，有丝绸，有瓷器，但这些东西在世界上基本没有市场，什么原因？就是大家使劲在内部打架、压价，打到最后变成白菜价。中国的稀土那么宝贵，据说居然卖得还不如铁矿石的价格高。什么原因？就是自己打来打去造成的。现在在有外部压力的情况下，大家如果还这样做，最后损失的是国家的利益。

《科学大师》：您的意思是说中国的企业抱团的话，是能够渡过这个难关的？

李国杰：国外企业之间也有竞争，但是它们对外竞争时会形成联盟，大家互相之间一起来做，尤其是影响下一代产品的那种很核心、很关键的技术，大家都有需求，都想突破和掌握。比如说做芯片，当年美国想对付日本，那些大企业之间就可以进行竞争前的合作。竞争前合作，是国际上通行的做法，政府把相关的公共技术方案提出来，让大家一起出钱，一起出人，一起来攻关突破。技术做出来以后，应用到各个企业，让企业自己去做产品。像这样，政府可以支持各企业进行基础性的、公共性的技术研究。

《科学大师》：那听您这么讲，当前反而可能是激发自己的一个时机。

李国杰：对，这也是没办法的事，本来应该是全球性的合作，但一旦他断供以后不让你做，那没办法，不是我要"去美国化"，是它不给我们技术，那除了美国之外，能合作的我就合作，比如说韩国、日本、欧洲，它们愿意跟我合作，我就合作。美国的一些企业如果真愿意合作，也可以合作，因为再怎么样我也得往前走，断供的领域就要发展非美国化的技术。

我们当前面临的情况，也是国家实力发展以后的一个必然的变化。原来你实力弱，人家不把你当回事，现在你的实力差不多到美国的 60% 了，它就开始要注意这个事了，就要收紧了。这也是必然的。这不是哪一个人的错误导致的，而是整个社会都有的共识。

在这种形势之下，就要依靠我们自己的力量，走到这一步，没有退路。

我们也没必要去乞求人家，更不能气馁认输，这一关我们自己必须得过。

《科学大师》：您很早就关注企业创新问题，这也是我们国家一个根本性的发展问题，不知道这些年您持续关注下来的情况是什么样的？

李国杰：我们经常讲科技强国，很多人提出科技强则国家强。我觉得这句话没讲全。科技强并不直接导致国家强，应该说科技强则企业强，企业强则国家强。如果一个国家没有很强的企业，这是有问题的。当然，我国的企业现在也不是一点都不强，华为就冲出来了，也有几个大的国企是比较强的。

但是中国的企业强，要看放在什么层面比较。在全世界的创新企业排名里边，中国企业入围的很少。另外，我记得美国知名的咨询公司波士顿咨询公司每年会对全世界各国的经济情况进行统计，里头有一项就是一个国家的经济利润，2017年它一算，说中国经济利润的80%集中在金融业。从世界500强排名上看，我们的几大国有银行都在最前面，这也似乎能说明一些问题。

现在我们有些知名的科技公司像阿里巴巴之类，它们属于网络服务业，当然也算是一种产业，但是服务型企业和创新型制造企业需要有分工，我们如果光是服务业强，技术创新基础很弱，尤其是人才都往服务业走，这也不正常。我们现在真正做基础技术研发的、做硬件的、做芯片的人才相对是比较少的。

二、中国的芯片以前为什么没发展起来？

《科学大师》：对于一般公众来讲，对集成电路即芯片的工艺和设计能力的落后、差距不甚了解，具体来讲，这个核心技术是什么样的？为什么脖子被卡住会那么难受？

李国杰：现在卡我们脖子的，有硬件、软件两方面。从硬件方面来讲，就是半导体的设备和材料。设备就是大家经常提到的光刻机，集成电路每一条线之间的距离只有几纳米，只有一根头发的千分之一甚至万分之一。我们一般来讲照片4K、8K的分辨率，是人眼可见的，光刻机要提高100倍以上，用电子显微镜才能看清。我国现在做的光刻机是几十纳米的，14纳米的还在攻关，国外已经做到5纳米的甚至3纳米的了，这方面我们落后好几代。

世界上光刻机主要是荷兰在做，日本也有一点，但做得最好的是荷兰阿斯麦公司，其实也是国际性的公司，股东里包括美国人和欧洲人，它的技术是来自全世界的集成技术，比如镜头是德国的。它现在已经在卖5纳米的光刻机了，很贵，一台要一两亿美元。

至于材料，如做光刻时要用到的光刻胶，它的纯度要求非常高，要 8 个 9 或 9 个 9，纯度要达到 99.9999999%，这方面日本人做得最好。这是硬的差距。

软的差距，设计芯片不是我们人工一个个去画设计图，而是用一套软件来做的，这种软件叫作 EDA 软件，就是电子设计自动化软件，这是被美国的两三个公司垄断的，我们国内做的份额很少。一旦他们不给我们这个软件了，那我们就得从头自己手工去做，那当然就很困难了。所以我们既要做光刻机等硬件设备，也要发展自己能控制的 EDA 设计软件。

《科学大师》：我们为什么在这方面的技术发展不起来？到底是什么原因？

李国杰：根子上的原因是我们做晚了，并不是说我们人有问题。国外是 20 世纪 60 年代开始做，半个世纪前就起步了。

一般来讲，主管芯片设计的人都要有 20 多年的经验，我们国内一共还没搞几年，你说你要找有 20 年设计经验的人，上哪儿找？那些人都在美国。所以现在集成电路的研发，它不光是理论知识。很多企业有自己的工艺，但大多不是公开发表的专利，而是企业内部一代一代往下传的技术秘密，属于一种传承。这些人甚至已经退休了，他们的工艺只有几个徒弟知道，这样的人你找都找不着，所以说这些东西都是要靠时间积累的。不是国家给点钱，招几个本科毕业生、几个博士就能马上搞起来的事。

《科学大师》：那在改革开放之初，我们为什么没有意识到这个问题？

李国杰：也意识到了，因为那个时候国外没有限制我们。中国的事情通常是这样：凡是国外向中国市场大量倾销的东西，你就反而搞不起来；凡是国外向我们禁运的，自己就搞起来了，比如我们的北斗导航系统。

我们的汽车制造，老外就经常跟我们合资合作，但是技术还在国外。国外企业很聪明，不断地输送给我们二流的技术和产品，它们现在发展的技术都不给我们，这样我们就永远搞不起来。断供以后就可能激发我们自己搞，反而可能搞成。我们中国人有些东西过去也做，但只要外国有供应，我们就没有真正下决心坚持做下去，因为没有忧患意识，所以在过去，自主研发基本上就是一种陪衬。

《科学大师》：那您前头说的这个人才人力的问题，现在解决应该来得及吧？

李国杰：说到人才培养，有两个方面，一个当然是我们高端的硕士、博士这些人才的培养，要下大力气。还有一个，就是要降低人才进入的门槛，让多数人能来参与。

为什么现在互联网人才很多，App、小程序基本大家都能开发，就是因为门槛低。现在我们中科院计算所也在牵头做类似的工作，就是要降低芯片开发的门槛，要把以前开源软件的思路发展到开源硬件上。我们有一批人在做这个事情，成立开源硬件的联盟，要做很多工具类的软件，做成像云计算、FPGA（现场可编程门阵列）开发平台这样的形式。这样你要用的时候，在网上调用就可以。过去我们要一两年、几百号人才能做出来的东西，现在可能几个学生几个月就能做出来。中国科学院大学的"一生一芯"计划就是成功的案例，5个大学本科学生花几个月就做出一款能实际应用的RISC-V CPU 芯片。这样降低门槛以后，参与的人就多了。

三、呼吁将集成电路纳入国家新基建战略

《科学大师》：我看您主张把集成电路纳入新基建范畴，作为国家战略来扶持？

李国杰：现在我们国家的新基建有 7 个领域，包括 5G 基站建设、新能源汽车充电桩、特高压、城际高速铁路和城市轨道交通等。但是集成电路为什么不在里头呢？我估计可能是因为需要投入的钱太多吧。也许它之后会被列入别的什么计划，因为这个太重要了。在大多数基础设施里面，最基础的就是芯片，现在哪个企业、哪个行业不用到集成电路？因为他们都需要电子设备，而所有的电子设备里面都要有集成电路。国家肯定会非常重视，肯定会下大决心做这个事情。集成电路是数字经济的基础，光刻机、刻蚀机等尖端设备、材料和设计集成电路的 EDA 软件，我把这些东西叫作新时期的"两弹一星"。

《科学大师》：讲到"两弹一星"，过去我们的举国体制能办成很多大事，问题是，能够将以前计划经济时代下的做法直接拿来用于今天的科技发展吗？

李国杰：新中国成立初期发展"两弹一星"，是发动全国的科学家，集中力量办事，在计划经济体制背景下比较好操作，因为都是计划体制的单位，也不讲市场竞争，国家可以把人力资源分配来分配去，调来调去，所以做得比较成功。到了市场经济以后，情况就不一样了，企业之间都有竞争关系，你要把这些单位组织在一起，搞一个举国体制，这就是一个全新维度的命题了。

在市场经济形势下，这个举国体制要有国家的大目标，同时还要各个企业之间的协同，大的利益下面，还要兼顾各单元个体的切身利益，让大家共同完成一件事，就要重新进行组织。在航天等部门，重大工程采用这种组织机制比较多，但在民口，我们还没有经验。

《科学大师》：你们当年研发曙光超级计算机的时候，对于这类科研项目的攻关，有没有一些启示？

李国杰：我们当年做曙光，找个人都难，招聘到的人基本上都是用计算机的，没有做过计算机。所以我那时候花了将近两年时间，就用美国买回来的那些样机和资料，培训我们做计算机的人员，而且有时候做到一半，人都跑到美国去了，我们再找人继续干，就这样不断地有人走，不断地继续补充人手进来。

那时候经费只有 200 万元，我采取一个破天荒的做法，就派了一支小分队，把他们送到美国去，在硅谷租了个房子，在那里做开发，打一个电话，人家就把采购的软件、硬件给你送来，到企业去参观考察，也方便多了，利用美国当时开放的大环境，加速研发，不到一年就做完了。

我自己当年回国，也很清楚地知道，我一个人如果继续做科研，单打独斗，靠个人的力量肯定是有限的。科技部任命我当国家智能计算机研究开发中心主任的时候，一些领导老是有意无意地给我灌输，中国实际上并不缺那种能写论文、能单独做一项技术的科学家，最缺的还是搞"两弹一星"的邓稼先那样会组织、会干事情的科学家。我后来投身产业化，也是不想把超级计算机做成"不下蛋的公鸡"，只停留在展台的样机上。

四、假以时日，中国科技对世界文明的贡献度一定会更大

《科学大师》：我们知道中国已经是一个网络大国，但还不是一个网络强国，这是什么原因？想成为网络强国，必须实现哪些升级？

李国杰：从指标上衡量，当然有很多方面，但反映这个国家是不是网络大国的一个重要指标，是你的网络真实的普及率，就是网民有多少。我 2004 年在做国家中长期科技发展规划的时候，提出的目标就是 2020 年要实现 8 亿网民规模，当时其他部门提出的目标只有 3 亿~4 亿，但到 2019 年我们就已经 8 亿多网民了。

另外，要看到在网络技术方面我们的发展还有不足。网络既不是一般的计算机技术，也不仅仅是通信技术。国家的 863 计划中，有计算机主题，有通信主题，但是没有网络主题，国内从来也没有真正的一个大项目来发展网络技术。后来在做国家发展改革委的重大科技基础设施建设（大科学工程）规划时，我是工程科技组组长，我提出要把未来网络立为专项，叫未来网络技术实验平台，得到国家支持，在南京进行建设。

我们要知道，原创的网络技术大多是美国人提出来的，未来网络应当有中国自己的技术。

我们现在比较强的是应用成果，像阿里巴巴、腾讯等互联网公司，但我们在网络

底层技术方面，在网络的体系结构等方面，除了华为 5G 很成功之外，应该说还是比较弱的。在互联网的一些技术协议里头，真正由中国提出来的标准占比也是很少的，像现在流行的一些技术，如 SDN（软件定义网络）等，都是外国人提出来的，这也反映出我们的网络领域尖端人才稀缺。

《科学大师》：有科学家提出，在不久的将来，中国也有可能成为世界科学中心，您怎么看这种声音？

李国杰：这是一种预测，但不一定有太多的道理。有些人认为世界科学中心开始从法国、荷兰转移到英国，再后来又转移到德国、美国，好像说不定有一天要从美国转移到中国。我认为这不一定是必然性的规律，要看我们自己的努力。经济发展以后，同步地促进科学的发展，这是肯定的，科技发展能促进经济发展，科技发展也一定要有比较强大的经济作为基础，两者能相互促进，所以在将来，中国科技发展可能会比现在有更大的贡献，这是毫无疑问的。

但是现在应该说我们在科技方面，真正对世界文明的贡献还是很小的，我们的基础研究过多满足于个人发表一些论文，评一评职称，都想能戴上一个什么"帽子"，而在对人类文明的贡献上，在真正做自己内心喜爱的科研方面，有这种追求的人还是太少了。至少在计算机这个领域，我们能够在国际上实现引领的技术现在还不多，少数项目比如高性能计算机，我们在世界第一梯队，这没什么问题，像人工智能技术，我们跟美国专家能够并驾齐驱，但在人才基数上，还是美国多一些，很多一流人才还是在国外。

《科学大师》：在人才这个问题上，我们究竟是靠本土慢慢培养，还是能够寄希望于更多人的洄游？因为我们在国外也有很多杰出人才。

李国杰：我个人觉得，人才的培养恐怕基点还是要放在国内，现在国内大学和科研院所应该说水平也在提高，像我们中科院计算所的科研人员，应当说跟国际上差不多是一个水平，和我当年回国时对比，那更是今非昔比了。所以现在还说我们的人员一定要送到国外去培养才能成才，也未必了。

当然，如果有机会到国外去学习或深造，还是应该支持，这能开阔眼界，参加国际学术会议也是家常便饭，接触到的面也广一些，知道国外技术发展的趋势也相对容易一些。

中国经济要有"竹节式"发展思想 *

2021 年 2 月 3 日，中国工程院院士、中国计算机学会名誉理事长李国杰，参加北京网络安全大会和观潮论坛特别节目"吕本富牛年立春演讲"，就演讲主题"增长的逻辑——竹节管理的哲学"，同吕本富教授进行了对话交流。内容摘选如下。

吕本富： 我们研究竹子的成长智慧可以发现，竹子在快速发展时，形成"中空"，抵抗风险时，又盘点形成"竹节"，"中空"加"竹节"相得益彰，保证了成长既稳又快。用"中空"加"竹节"形容中国经济 40 年的增长也许是最合适的，中国经济的成长过程，从工业经济到数字经济，再到现在的智能经济正在兴起，就像是一节一节的"中空"。李院士您怎么看？我们现在是不是互联网的红利都已经吃完了，智能经济到来的标志是什么？

李国杰： 吕本富教授刚才的报告"增长的逻辑"讲得非常好，尤其是用"竹节"和"中空"这个比喻来形容经济是比较精辟的，中国经济的发展需要有阶段式发展的思想。

智能经济是数字经济的高级阶段，我们首先要确定中国目前处于数字经济的什么阶段。实际上我国数字经济在国际上的实力和地位，赶不上我国国民经济整体在国际上的地位。2019 年我国的 GDP 达到美国的 67%，差不多三分之二，但是我们国家数字经济的规模只有美国的三分之一多一点，也就是 40% 左右。所以和美国相比，数字经济并不是中国的优势，我们的互联网和美国也有差距，美国是以消费互联网和产业互联网"双腿跑"的方式向前发展，我国则是消费互联网一枝独秀，产业互联网刚刚起步，呈现出"单脚跳"的特征，亟须补上产业互联网这门课。

将来有一半的大公司是平台公司。消费互联网的市场上，中国只有几家万亿级的大企业，如阿里巴巴、腾讯。产业互联网在我国会冒出来不是几家，而是十几家，甚至几十家更大规模的平台性企业。美国产业互联网公司占了半壁江山，市值大概是我们的 30 倍，我们国家还没有一个领先的产业互联网巨头企业。

---

* 2021 年 2 月 3 日在北京网络安全大会和观潮微信公众号论坛特别节目上与做牛年立春演讲的吕本富教授的交流对话，正式文章发表于 2021 年 2 月 6 日的观潮网络空间论坛。

所以发展产业互联网和产业数字化是我国的着力点。要把提高个性化的用户体验作为主要的价值追求目标，通过产业的差异化来提高我国企业在质量、创新和体验上的附加价值。要做到这一点，不仅要发展人工智能技术，而且要较全面地发展新一代信息技术。这里面涉及一个处理主导和基础的关系，**在工业化和信息化融合上，要以信息化为主导、工业化为基础。在处理数字化与智能化的关系上，要以智能化为主导、数字化为基础，智能化一定要起到方向性的引领作用。**

我觉得主导和基础的关系，有点类似吕本富教授讲的"中空"和"竹节"的关系，中国经济发展很快，某种方面有点像"中空"，"中空"就是长得快，长得快的原因是它有坚实的"竹节"，"竹节"有点像数字经济的基础，但是"竹节"也不是一节，而是一层一层往上长的，所以数字经济的基础也在不断地升级、不断地发展。

我们国家人工智能的产业规模还不大，2019 年只有 510 亿元，国务院公布的《新一代人工智能发展规划》预期 2030 年人工智能核心产业规模要超过 1 万亿元，我估计到 2030 年我国的 GDP 将超过 150 万亿元，因为我们现在已经超过 100 万亿元了。1 万亿元和 150 万亿元相比还是小，但是整个数字经济就大很多，所以我们要充分发挥人工智能的作用，用人工智能技术引领数字经济的大发展，从经济统计的角度来看，目前还是强调发展数字经济比较妥当，数字经济做大做强以后，智能经济就会到来。

吕本富：李院士认为数字经济在中国是"瘸腿"的，消费互联网迈得很快，产业互联网迈得很慢，中国的产业互联网与国际相比，特别与美国相比，还有巨大的差距。对于怎么发展，李院士讲要以数字化为基础，以智能化为主导，现在发展产业互联网要提高层次，提高数字化和智能化水平。请问李院士，您认为数字经济未来的发展动力是什么？是不是量子计算？

李国杰：先进技术是第一生产力，创新是第一驱动力。数字经济新的底层驱动力显然是新一代信息技术。新一代信息技术还在不断产生，前几年很多人讲"大智移云物"，就是大数据、人工智能、移动通信、云计算和物联网。后来冒出来区块链和边缘计算，所以有人说是"ABCDE"，A 是人工智能，B 是区块链，C 是云计算，D 是大数据，E 是边缘计算，把 5G 给遗漏了。也有人认为最主要的底层驱动力是 5G+AI。这两样技术固然很重要，但也不要忽视其他信息技术。我个人的看法是要全面发展新一代信息技术，包括今后可能冒出来的新一代信息技术。

量子计算是数字经济新的底层驱动力之一，绝不可忽视。量子计算不是代替我刚才提到的"ABCDE"的颠覆性技术，可以将其看成新一代的超级计算技术。芯片中

1 纳米线宽只包含几个原子，量子效应已经十分明显，量子计算显然是下一步发展方向之一。1985 年，多伊奇（D. Deutsch）就提出了通用量子计算机模型，理论界已经证明，就可计算性而言，通用量子计算机等价于通用图灵机，也就是说，量子计算机理论上具有与传统计算机一样的可计算性。但是，现在科学家既无法否定实现真正有实际应用价值的通用量子计算机的可能性，也很难预测完成这一任务需要多长时间。

大众对量子计算机的了解主要是听说，量子计算机可以破译所有的密码，而且计算速度比传统计算机高出几个数量级，其实这是一个误解。第一，有些密码算法还没有发现可以进行破解的量子算法。因此，抵御量子计算对密码安全的威胁有两种方式，一种是我国正在做的基于量子物理的量子密钥分发，另一种是后量子密码，也就是研究量子计算无法破解的加密算法，美国就是采取后一种做法。第二，量子算法不是对所有的计算问题都有指数级的加速。在相当长的时间内，量子计算只能起到像 GPU 一样的专用加速器的作用。

实现量子计算机最大的困难是可靠性或者叫容错性。容错量子计算需要百万以上的物理量子比特。目前只做到几十个物理量子比特，还有几个数量级的差距。近 10 年内能做的量子计算机都属于有噪声的中等规模量子计算机（NISQ），有可能在超级计算领域发挥作用，但将量子计算技术直接用到手机和笔记本计算机上，既没有这种需求，也很难做到。因此，我们要关注和高度重视量子计算，争取形成有国际竞争力的尖端产业，但不能把发展数字经济的主要希望寄托在量子计算上，应该更加重视可以形成支柱产业的技术。

吕本富：刚才为什么让李院士回答量子计算的问题，我们在想，工业经济、数字经济、智能经济，下一阶段会不会是量子经济，现在看来量子经济还有问号。因为量子计算作为一个通用技术，按李院士说的，它的成熟期可能还要 10 年、20 年或者 30 年，量子技术在破译密码，但现在还有反量子计算密码技术，大家不要担心。量子经济可不可以作为智能经济后的下一个阶段，我们是"竹节"理论，现在还是有问号的，但是我们可以观察。

还有一个问题，现在有人认为摩尔定律要见底了，可能摩尔定律已经限制了技术发展的边界，这个问题李院士您怎么看？

李国杰：我想任何技术都不可能永远呈指数级发展，这几年台式机和笔记本计算机的性能和价格基本没有大的变化。其实 10 多年前就有人警告说摩尔定律到头了，但是今天集成电路产业还是很顽强的，芯片工艺还在继续升级。现在我们已经有 5 纳米的工艺线，至少还有 3 代进一步缩小线宽改进工艺的可能，可能要到 1 纳米以后，硅基 CMOS 技术才会到头。

即使 CMOS 技术停止升级了，也不代表集成电路不再进步了。摩尔定律的落幕更不意味着信息技术退出历史舞台。除了缩小线宽这一条路之外，半导体学术界还在做"扩展摩尔（More than Moore）"和"Beyond CMOS"的新工艺和新器件发明，将更多的功能集成在一块芯片上，新原理、新材料、新器件层出不穷，将来石墨烯、碳纳米管等碳基器件都有可能用在手机上。人工智能技术更会在手机上大放光彩，今后的手机一定会有许多现在想不到的功能，新的手机版本肯定会不断冒出来。

摩尔定律关注的是集成电路，而计算机和手机等都是一个信息系统。过去几十年，器件的进步对系统性能的贡献较大，今后，系统结构的改进会起主要作用，未来十几年是计算机架构研究的黄金时期。最近苹果公司发布的 M1 处理器印证了这一观点。不同于传统的多芯片结构，M1 处理器将 CPU、GPU、I/O 芯片、安全芯片、控制器等全部集成在一片单片系统（SoC）上，苹果公司不但采用了最先进的 5 纳米工艺，而且在系统结构上做了大量创新，才取得 CPU 性能提升 3.5 倍、GPU 性能提升 5 倍、深度学习性能提升 9 倍的大跃进。

技术的进步往往是先注重速度等性能指标，性能的提高总是有限度的。现在飞机和汽车的速度基本上不提高了，如今的波音 787 与 20 世纪 50 年代的波音 707，飞行速度差别不大，但从精确的数字控制到碳纤维的机身角度来看，二者已经是完全不同的飞机了，飞机的舒适性和安全性也不可同日而语。计算机和手机也是如此。摩尔定律接近尾声，今后手机的主频可能不会大幅度提高，但人机互动等智能特征将成为主要努力方向。手机的普及率已接近饱和，今后将会有更多的智能终端涌现出来。

吕本富：李院士讲到，摩尔定律现在有 5 纳米、3 纳米，很有可能到 1 纳米，即使不能做 1 纳米了，我们还可以用另外的技术，所以摩尔定律在硅原子方面可能是极限，但是其他方面会进来，技术在关一扇门的同时也会开一扇窗。谢谢李院士。

培养科技战略意识 *

　　自习近平总书记在 2021 年 9 月 27 日的中央人才工作会议上发出**"形成战略科学家成长梯队"**的号召以来，媒体上讨论战略科学家的文章很多，多数文章是讲最高层的战略科学家多么重要和如何培养高层战略科学家。但是，战略科学家也是由不同层次的科学家组成的梯队，顶尖的战略科学家凤毛麟角，只能靠"时势造英雄"，不是特殊照顾和刻意培养出来的。对于多数科技人员而言，更重要的是培养科技战略意识。

　　1990 年我被选聘为国家智能计算机研究开发中心主任时，当时的国家科委高技术司 ** 的领导对我说："我们国家不缺写文章的学者，最缺的是像邓稼先一样的战略科学家。"从那时起，我的普渡大学校友邓稼先就成为我心中的偶像，我在发展高性能计算机和 CPU 芯片的过程中注意培养自己的科技战略意识，在科技战略咨询和推动我国计算机产业自立自强上做了一点贡献，现在曙光高性能计算机和海光 CPU、龙芯 CPU 已成为我国信息领域实现自主可控的主流产品。但至今我还是科技战线的普通一兵，不是战略科学家。今天我根据自己 30 多年的体会，讲几点关于培养科技战略意识的认识，供大家参考。

　　目前大家谈论的战略科学家是一个外延扩大了的顶尖科学家、重大项目工程师、科研方向决策者的群体，既包括狭义的战略科学家和在某个专业领域做出重大贡献的大科学家，又包括主持大科技工程的技术总师、工程总指挥，甚至还包括科技型龙头企业的 CTO 和做科技决策的高层行政官员。科技界的顶层人才有一些共同属性，但战略科学家和顶级专家的战略意识有较大差别，对科技人员和官员的要求更不一样。从事技术科学和工程科学研究的科技人员往往具有工程师的特征，许多产业上"卡脖子"的科技问题需要有战略意识的顶尖工程师来解决。提出要重视培养"战略科学家梯队"，是因为在严峻的国际环境下发展自立自强的科技对懂战略的科技人才有迫切需求，本文讨论的战略科学家是指这样一群人：他们精通本专业的业务，又有放眼全局和未来

---

* 2022 年 7 月 4 日应约写给《科技导报》的文章，发表时题目、内容有调整。
** 国家科学技术委员会（以下简称"国家科委"）基础和研究高技术司，国家科委于 1998 年改名为科学技术部。

的战略意识和前瞻本领，而且能带领一个团队攻坚克难，不管他们是科学家还是工程师。

党中央提出的要求是"形成战略科学家成长梯队"，这一要求反映了当代科学技术发展形成的人才队伍特征。100年前，一个地理上的小国丹麦，因为出了一位物理学大师玻耳（Bohr），就可以像磁石一样吸引全世界的天才物理学家奔赴哥本哈根，使丹麦成为全世界理论物理研究的科学中心。其他的科学领域也曾出现过全世界的同行围绕几个科技明星转的局面。但近几十年科技发展很快，人才辈出，群星灿烂。尤其是技术广泛普及的信息领域，已经分化成几十个大大小小的分支学科，每一个分支都有做出重大贡献的科学家。现在还指望信息领域出现几位统领全局的战略科学家，恐怕是痴心妄想。这是科学的进步使然，我们要尊重这个现实。因此，在培养战略科学家的过程中，我们不要把希望完全寄托在中国出几个诺贝尔奖、图灵奖得主等大科学家上，而是要扎扎实实提高战略科学家梯队的科学素养和战略意识，构建人才成长的良性环境，通过科学合理的决策机制发挥高端科学家和工程师的群体作用。

"战略"本来是一个军事术语，讲的是全局性、长远性的策划和谋略。将军事上的战略借用于科技领域，就必然与国家的发展联系在一起。当人们讨论战略科学家时，心中想起的大多是邓稼先这样为国分忧的科学家。因此，战略科学家的第一要素应该是"爱国情怀"。1991年我率领国家智能计算机研究开发中心代表团访问美国时，与一位在美国很有名气的华裔科学家座谈，他很激烈地批评国内的863计划，说中国大陆只能学台湾地区，发展一点键盘、鼠标、显示器等部件产品就可以了，不要好高骛远做什么高性能计算机。我当时就有一种感觉，如果完全依靠长期生活在国外、缺乏爱国情怀的科学家做国内的科技发展规划，就只能是一步一步地跟在别人后面爬行。

在我的接触中，对发展我国集成电路等被"卡脖子"的产业贡献最大的，不是大科学家，而是在科研单位、政府和企业都工作过的战略科学家江上舟。他是我国改革开放后第一批出国留学又第一批回国的"海归"赤子，具有十分强烈的爱国情怀。他曾是我国中长期（2006—2020年）科学和技术发展规划战略研究重大专项组的组长，16项重大专项都是他负责筛选或提出的。也是根据他的指示，我才起草了核高基重大专项（01专项）立项报告。他在上海市政府工作的10年间，不仅为上海乃至全国筛选出了50余项重大战略专项，还形成了一套行之有效的筛选重大项目的思路与方法。他在动员海外专家尹志尧回国时说过："我是个癌症病人，只剩下半条命，哪怕豁出这半条命，也想为国家造出光刻机、等离子蚀刻机。" 尹志尧回国后研制生产的5纳米刻蚀机已卖到台积电。他在中芯国际最困难之时带着绝症出任董事长，两年后去世。

现在上海市一年的集成电路产值高达 2 000 亿元，在一定程度上可以说是他用"半条命"换来的。要是有人问我，什么样的人可被称为战略科学家，我会毫不犹豫地回答，江上舟就是我国战略科学家的代表！

科学家的"战略意识"或者叫"战略思维"至少应包含两个维度：空间与时间。战略意识的空间维度是"全局观念"，战略意识的时间维度是"前瞻思维"。所谓全局观念是指突破本专业、本行业的局限，站在更高的角度从整个国家的利益考虑科技发展问题。只有站得高才能看到全貌，避免"只见树木，不见森林"。中国工程院做了很多有重大影响的战略咨询研究，其中多次被国务院领导提及的《中国可持续发展水资源战略研究综合报告》就是钱正英等战略科学家全局观念的典型体现。这份报告站在全局的高度对水的认识和管理提出了新的概念，提出要先保证生态环境必需的用水，然后再分配经济用水等战略建议，促使我国从传统的以供水管理为主转向以需水管理为主，进行了一场提高用水效率的重大改革。

一项科学技术或一个产业的落后，可能涉及许多其他领域的技术或其他产业的发展水平。不全面考虑各种复杂的因素，就找不到解决办法。我国的集成电路落后就属于这种情况。许多人认为中国只要造出世界上最先进的光刻机，集成电路就不会再受制于人，因此大力呼吁政府不计一切代价研制最先进的光刻机。中科院最近做了全面的调查，发现 14 纳米集成电路制程共有 164 种工艺测量设备，我国尚有约 3/4 的设备未开发，将近一半的设备开发周期不确定或目前不具备开发条件。这表明，即使是比国外落后 5 代的集成电路设备，我国短期内也难以全部国产化。在做了全面调查分析后，中科院向有关部门提出建议：成熟工艺不是落后工艺，从市场的角度看，成熟工艺的覆盖面，对全产业的带动性可能大于先进工艺。因此在发展先进制程的同时，更要重视 55 至 28 纳米的成套工艺制程，近几年应主要通过提升成熟制造工艺的水平、扩大产能，丰富产品，整体提升中国集成电路的竞争力。这种建议似乎不吸引眼球，但这是负责任的战略科学家基于全局考虑后做出的可操作的建议，我相信经得起历史检验。

一个人视角的局限性主要来自个人、单位或部门利益的约束。战略规划会议本来是讨论如何"建房"，但单位意识严重的学者往往只有"分房"的心态。许多重大项目实现不了强强联合，也是单位利益在作祟。年轻的科技人员提高科技战略意识，要从摆正"小我"与"大我"的关系入手，在内心中提高国家利益的权重。

战略科学家的另一个特点是具有超出一般学者的前瞻判断力，或者说选择科研方向的直觉能力较强。这种能力与个人的天分有关，但更主要的是源于长期在科研第一线工作的知识积累与经验沉淀。具有宽广的知识面和跨学科理解能力的科学家才会有预见未来的眼光。在一段时间内，在众多科技探索中可能有一门或几门学科分支出现取得重大突破的预兆，学术界称之为"当采学科"。事先准确判断"当采学科"是件很难的事，因为看似容易突破之处常常伴有意想不到的陷阱。独具慧眼的战略科学家在这种时候可能发挥特殊的作用。科学不是靠群众运动发展起来的，更不是权力的游戏。善于公关宣传的"网红科学家"很容易吸引眼球，成为大众和官员追捧的对象，这有可能导致形成浪费国家科研资源的"伪当采学科"。针对这种泡沫，有良知的战略科学家往往起到"吹哨人"的作用，国家要营造包容"吹哨人"的学术科研环境，倾听不同的声音，这样才能培育出真正的战略科学家。

很多好奇心驱动的科学研究可以个人或在小作坊中完成，这类科研人员甚至是大科学家，情商不一定很高，也可能有怪癖。但战略科学家往往要与一大群科技人员一起工作，必须有宽广的胸怀和民主作风，能听进不同声音，在学术争论中对科技发展方向做出正确的判断。选对一个战略科学家，可以带出一支敢于"啃硬骨头"的队伍。若选错一个战略科学家，可能毁掉很多人才。因此，对战略科学家的提拔任用不能只看论文和奖励，更不能以"院士""杰青"等"人才帽子"为判断依据。堪当大任者一定是真刀真枪中磨炼出来的，不是靠吹捧和拉关系。有远大抱负的战略科学家一定会甘为人梯，创造条件让青年人超越自己，而不是利用年轻人为自己的声誉"涂脂抹粉"。我留学回国工作30多年来，在计算机领域并没有做出重大的技术发明，但我感到欣慰的是，与我一起工作过的年轻人，已经有二三十位成长为计算机领域的领军人才或骨干人才。

探索我国信息技术体系的自立自强之路
——兼序"构建自立自强的信息技术体系"专题 *

一、高水平科技自立自强的含义

2021 年 1 月，习近平总书记在省部级主要领导干部学习贯彻党的十九届五中全会精神专题研讨班开班式上的重要讲话中强调，**"构建新发展格局最本质的特征是实现高水平的自立自强"**。2021 年 5 月 28 日习近平总书记在中国科学院第二十次院士大会、中国工程院第十五次院士大会和中国科协第十次全国代表大会上发出号召：**"加快建设科技强国，实现高水平科技自立自强。"**党中央对科技自立自强进一步提出了"高水平"的要求，这是对广大科技人员的激励和鞭策。为了实现这个目标，我们首先要理解什么是"高水平科技自立自强"。

新中国从 1949 年成立开始就一直坚持"独立自主，奋发图强"的发展方针。新中国成立初期，百废待兴，我们的志愿军就敢于走出国门与世界上的头号强敌拼杀；在美苏等大国都封锁打压我国的极端困难时期，我们咬紧牙关研制出自己的"两弹一星"。那是一种主要靠自力更生精神激励的自立自强。经过 70 多年的艰苦努力，中华民族已经从"站起来"走到"富起来"，现在正在向"强起来"的目标奋进。当今世界正在经历百年未有之大变局，到新中国成立 100 年时，中国将成为社会主义现代化强国。"高水平科技自立自强"就是现代化强国的自立自强，是以掌握当代高科技为基础、自立于世界民族之林的自立自强。

具体而言，"高水平科技自立自强"至少应达到以下四项目标。第一，科技发展摆脱模仿、跟踪的技术路线，在信息、生命、材料、制造、航天等领域进入世界科技第一梯队，在若干重要的科研方向上起到引领作用；第二，在涉及国防和信息网络安全的科技领域掌握非对称的"撒手锏"技术，具有确保国家安全的自卫能力；第三，在高技术和高端产业领域具有和其他国家平起平坐的竞争能力，在全世界的技术共同

＊ 发表于《中国科学院院刊》2022 年第 1 期"构建自立自强的信息技术体系"专题，与孙凝晖院士合写。

体中取得充分的话语权；第四，在信息、制造等领域形成自主、开放的技术体系，技术创新链和产业供应链的安全有可靠的保证。

二、信息领域自立自强的标志是开放可控的技术体系

信息领域市场巨大，技术竞争激烈，几十年来已形成"赢者通吃"的格局，比传统产业更具垄断性和技术排他性。决定市场胜负的主要因素不是单项技术，而是占上风的技术体系。所谓信息技术体系是指用一系列技术标准和知识产权将器件、部件、整机、系统软件、中间件、应用软件密切联系在一起的技术整体。个人计算机（PC）和智能手机都已形成技术体系，5G 无线通信正在形成技术体系。人们常常把信息技术体系比喻成一棵根深叶茂的参天大树，CPU 等器件是树根，操作系统等系统软件是树干，中间件等软件开发环境和工具是树枝，各类应用软件是树叶，各个应用领域的产品和服务是果实。技术体系是在自然规律和社会因素共同制约下形成的，需要经济基础、文化基础、社会价值观念等条件的配合，受到国家和地区具体条件的制约。信息技术体系加上与之关联的经济社会环境构成信息产业生态系统。

信息领域各个企业之间的竞争不是个别产品之争，而是产业生态系统（信息技术平台）之争。计算机行业的主流技术已建立在 Intel 公司的 CPU 和微软公司的操作系统基础上，"Windows OS + Intel ISA"已成为事实上的工业标准。移动通信行业"ARM + Andriod"已成为主流生态系统。决定信息企业竞争地位的关键是谁掌握基础技术平台，没有自主的信息技术体系必然受制于人。我国信息产业的痛处就是在现有的产业生态环境中缺少发言权（定价权和发展方向的决定权）。如何在与国外龙头企业的竞争中发展培育有较大技术发言权的新产业生态，如何在融入国际主流的过程中改变跟随者的地位，扩大我们的创新空间，逐步形成开放可控的技术体系，这是信息领域实现自立自强的关键。

三、构建自立自强信息技术体系的历史机遇

纵观信息领域技术体系演进的历史，可以发现一个规律：一旦一个技术体系占据了主导权，后发者就很难在同一赛道实现赶超或取代，而原赛道的领先者也很难在新"蓝海"延续其成功。几十年来，不少企业试图将微软和谷歌拉下 PC 和手机生态的霸主位置，都未成功，微软进军手机领域的种种努力也均告失败。历史告诉我们：形成新的技术体系必须把握住新应用出现时的宝贵机遇。

信息领域有一个不同于其他领域的重要特点：新市场远远大于旧市场。全球个人计算机 1993 年达到 1 亿台，互联网设备 2005 年达到 10 亿个，移动互联网设备 2016年达到 100 亿个，预计不要多久物联网设备会超过 1 000 亿个。计算机界的权威学者戈登·贝尔（Gordon Bell）将这一规律总结为"计算设备约每 10 年完成一次升级换代，设备数和用户数均增加至少一个数量级"，这被业界称为"贝尔定律"。贝尔定律使计算机领域的技术体系换代成为可能。人类已经走过以桌面应用为主的 IT1.0 时代和以移动应用为主的 IT2.0 时代，IT3.0 时代一定会产生不同于 IT1.0 和 IT2.0 时代的新技术体系，这是中国构建自立自强技术体系的难得机遇。

随着互联网向人类社会和物理世界的渗透延伸，万物互联、"人机物"融合、泛在计算的 IT3.0 时代正在开启。IT3.0 时代的新特征是以"物"为核心，物端设备将出现爆炸式增长，越来越多的"物"，包括传感器、家电、车辆、工业制造设备将加入原有的人机二元互联的信息空间，网上负载和信息交互需求也会出现新的变化。高品质用户的"可测、可调、可控、可信"的新服务要求将成为刚需；实时控制、高吞吐率、高良率、自适应性和个性化将成为新技术体系的突出特点。原来的技术体系肯定不能满足这些新需求，强劲的新需求必将促使新的技术体系应运而生。

由于基础薄弱和国际环境的制约，在过去的半个多世纪里，中国一直只能做信息技术的追随者，错过了引领建立信息技术体系的机遇。但通过几十年的努力，中国已经打下较坚实的基础。中国信息领域整体技术和产业水平已居世界前列，工程师人数世界第一，专利申请数量世界第一，在全球市值排名前 10 家的 ICT（信息通信技术）企业中，中国占了 3 家（华为、阿里巴巴、腾讯）。中国的另一个特点是市场大，2020 年我国数字经济规模达到 39.2 万亿元。市场大意味着创新场景多，一个细分领域的未来市场就能形成足够大的产业生态。人才多意味着我们有足够多的研发和工程队伍应对多个细分领域的技术体系建设。摩尔定律接近尾声导致一种产品通吃天下的格局即将结束，未来的信息产业生态将朝着领域专用、百花齐放的方向发展，中国的优势将在未来的竞争中充分体现。

四、构建信息技术体系应重视的五个原则

在构建和培育信息技术体系的过程中，需要重视以下五个原则性问题。

1. 自主与开放双轮驱动

发展与安全是一体之两翼，需要双轮驱动。走好科技自立自强之路，必须正确处

理自立自强与开放合作的辩证统一关系。我们不但要重视自主研究开发，真正掌握信息领域的核心关键技术，而且要以更加开放的思维和举措推进国际科技交流合作，积极融入全球创新网络，使我国成为全球科技开放合作的广阔舞台。"不拒众流，方为江海"，在发展自立自强的信息技术体系中要抵制"为渊驱鱼，为丛驱雀"的关门主义倾向。

2. 以系统结构创新为主，重在跨层纵向整合

通观计算机发展的历史，体系结构和芯片的进步各自为计算机性能的提升做出了一半左右的贡献。登纳德缩放（Dennard Scaling）定律的失效和摩尔定律的放缓，使芯片很难继续做出一半的贡献。在变革性的新器件大规模进入市场以前，提高计算机性能和能效的希望主要寄托在体系结构的创新上。体系结构研究有纵横交替、周期性发展的规律。过去30年的重点是CPU芯片、存储系统、操作系统、编译系统等各个层次的横向独立研究，今后需要透彻了解各个层面技术的联系和制约，从上到下实现整体的改进和优化。重点发展各个领域的跨层垂直优化技术，用适应不同场景的加速芯片和系统战胜曾经是主流的通用芯片。

3. 发展开源生态，构建技术命运共同体

目前世界上高达99%的软件使用开源组件，如今，开源模式已经扩展到硬件领域。开源生态的快速崛起，为包括中国在内的广大发展中国家突破技术垄断和市场垄断带来了新机遇。开源是以弱胜强、打破技术垄断的有效进攻方式，也是我国构建自立自强的信息技术体系的重要途径。长期以来，我国对开源社区的贡献与科技大国的地位不相称，今后要采取"参与融入、蓄势引领"的策略，鼓励企业"参与融入"国际成熟开源社区，争取话语权；汇聚国内软硬件资源和会聚开源人才，打造自主开源生态，伺机实现引领发展，真正实现"人类技术命运共同体"。

4. 以多打少，重点发展领域专用产业生态

半导体产业存在通用－专用（定制化－标准化）交替主导发展的牧本周期，被业界称为"半导体产业之摆"。今后十几年，特定领域结构（DSA）将成为计算机发展的主流。目前十分火热的AI芯片、自动驾驶芯片等都属于DSA范畴。DSA的目标是通过抽取软件的行为来发现不能被当前架构有效加速支持的部分，进行新的专用架构设计从而提高系统性能。图灵奖获得者约翰·亨尼西（John Hennessy）和戴维·帕特森（David Patterson）认为，DSA将开启计算机体系结构新的黄金时代。中国市场广阔，开发人员多，发展DSA具有天然优势，我们要充分利用这一优势，以多打少，通过发

展领域专用芯片和系统打造具有中国特色的信息技术体系。

5. 以快打慢，大力发展敏捷设计和敏捷制造

芯片设计代价很高，具有设计周期长、专业门槛高的特点。在智能万物互联时代，芯片需求多和芯片设计代价高之间产生了尖锐的矛盾。敏捷设计是应对碎片化应用场景的最有效方式。芯片的设计与制造过程中需要使用各种工具，包括微架构设计空间优化工具、测试与验证工具、EDA 工具、芯粒硅基集成工具和芯片异质集成工具等，只有这些工具能够免费并十分方便地获得，才能大幅度降低芯片设计和制造的门槛，充分发挥中国的人才红利。以快打慢，大力发展敏捷设计和敏捷制造是加速构建中国自立自强的信息技术体系的"奇招"。

五、构建信息技术体系的若干探索与建议

为了推进我国的信息技术体系建设，《中国科学院院刊》组织了一期"构建自立自强的信息技术体系"专题，专题内的 8 篇文章分别从芯片、系统结构、操作系统、未来网络、信息基础设施、应用（大数据）和信息网络安全等角度阐述了构建自立自强信息技术体系的技术途径和可能遇到的挑战。文章的作者都是科研第一线的领军人物，在一定程度上反映了我国科技人员探索建立信息技术新体系的努力踪迹和目标愿景，他们的观点和看法有重要的参考价值，值得一读。

建立信息技术体系涉及战略规划、政策导向、项目设置、专利布局、技术转移、人才培养等诸多因素，由于篇幅限制，专题没有讨论这些重大问题，专题的文章侧重于技术方向和科研模式的选择。

孙凝晖院士的文章《对信息技术新体系的思考》分析了信息技术新体系的需求，重点阐述了中国主导、全球共建的贯通式跨层优化新体系（C 体系）的 5 项基本原则：内置安全机制、开放跨层优化、多态场景加速、高并发实时处理与传输、敏捷开发方法与开源生态。这些原则的共同理念都是充分利用中国特色，发挥中国优势。陈云霁等寒武纪科研团队成员提出用芯片学习（Chip Learning）取代芯片设计，目标是通过学习使芯片设计完全不需要专业知识和设计经验，可以在短时间、无人参与的情况下高效完成。这可能是解决芯片需求多和芯片设计代价高这一尖锐矛盾的出路之一。包云岗等从另一个角度提出解决上述矛盾的出路：打造开源芯片生态的技术体系。他们以 RISC-V 开源芯片为例，清楚地勾画了发展开源芯片生态的难得机遇，也分析了开源芯片面临的巨大的挑战。

梅宏院士等在全面回顾操作系统发展史的基础上，面向人机物融合泛在计算场景，提出要"沉淀"一类新型操作系统——泛在操作系统，支持新型泛在计算资源的管理和调度及泛在应用的开发运行。文章分析了泛在操作系统的机遇与挑战，并对中国发展操作系统的整体部署提出了若干建议。网络是信息技术体系的重要组成部分，专题有两篇文章与网络技术有关。刘韵洁院士等在《关于未来网络技术体系创新的思考》一文中指出，融合、开放、智能、可定制、网算存一体已经成为未来网络技术发展的关键趋势，只有改变传统互联网架构，引入新一代信息技术进行基础网络架构创新，才能在互联网竞赛的下半场取得技术领先。通过对未来网络试验设施（CENI）和全球首个大网级网络操作系统 CNOS 的介绍，文章阐述了建立具有国际影响的网络技术体系的思路和建议。徐志伟研究员等介绍了中科院计算所正在研究和推广的一种新型信息基础设施——高通量低熵算力网（简称"信息高铁"），阐述了"信息高铁"的基础性需求、关键科学技术问题和系统结构。这种新的信息基础设施不仅具有与高铁交通系统一样准时可控的特点，而且具有较强的自适应性，可满足不同用户的高品质服务需求。

方滨兴院士从"人财物"视角出发，提出了提升网络空间安全态势的新思路，包括通过安全能力认证解决网络安全人才供应不足的问题，通过网络安全保险解决残余风险的转移问题，通过"外打内"模式的网络靶场提升信息技术产品及网络安全产品的抗攻击能力等。针对当前存在的数据泛滥与数据缺失并存、数据不完备和数据安全缺失等挑战，程学旗研究员等提出了大数据分析处理技术体系未来的发展目标与规划，旨在突破大数据分析处理的理论、技术和系统，实现大数据分析系统的新架构、新模式、新范式和安全可信。

构建自立自强的信息技术新体系既要解决当前的"卡脖子"问题，又要为实现现代化强国的长远目标奠定基础，需要科技界、产业界和政府各部门的共同努力。希望这一期专题文章能引起各方面的重视，将共识转化成力量，力争在 15~20 年内完成这一宏伟而艰巨的任务。

关于"高水平科技自立自强"的几点看法 *

中共中国科学院党组，

2022 年 3 月 10 日给中国科学院学术委员会委员发出的《关于听取高水平科技自立自强重大问题意见建议的函》收到。

《中国科学院院刊》2022 年第 1 期发表了"构建自立自强的信息技术体系"专题，我和孙凝晖院士为这个专题组织了 8 篇文章，还写了一篇序言《探索我国信息技术体系的自立自强之路——兼序"构建自立自强的信息技术体系"专题》。在这篇序言中，我们阐述了高水平自立自强的含义和历史机遇，也提出了构建自立自强的信息技术体系应重视的几个原则，现将这篇序言作为附件发给你们。《中国科学院院刊》此专题文章侧重于讨论技术方向和科研模式的选择，未涉及创新主体、人才队伍、体制机制等问题。根据中共中国科学院党组的要求，下面对来函中提出的 2、5、6 这 3 个问题谈一些个人的看法，仅供中共中国科学院党组参考。

一、我国实现高水平科技自立自强的主要差距在哪里，面临哪些重大挑战？

概而言之，我国实现高水平科技自立自强的差距主要在两个方面：一个是存量，另一个是增量。所谓存量，是指经济实力、技术方面的历史欠账，也就是还要做许多"收复失地"的努力。增量就是指在开拓新疆域方面与国外的竞争实力。前者是目标明确的追赶工作，后者是对未知领域的探索工作，科研的性质不同，所以采取的政策和科研的部署也应有所不同。

我们对我国在集成电路、工业软件、精密仪器等领域与国外的差距应该有清醒的认识，这是两百多年来我国错过 3 次工业革命机会留下的苦果，不可能短期内解决。以大家都感到揪心的光刻机等集成电路设备为例，最近中科院计算所和微电子研究所的科研人员做了详细的调研，写了一份《集成电路领域国家创新能力评估报告》。该报告指出："180 nm、55 nm、40 nm 和 28 nm 这 4 个技术节点涉及 370 种主工艺，

---

* 2022 年 3 月 15 日对中共中国科学院党组《关于听取高水平科技自立自强重大问题意见建议的函》的回复。

依赖美国设备加工的有 241 种，占总数的 65.1%。14 nm 制程共 164 种工艺测量装备，目前还有 117 种国内尚未开发。"很明显，短期内单纯依靠增加资金和人员投入无法实现集成电路制造的所谓"完全自主"，需要有较长时期拼搏努力的思想准备。要重点瞄准 55 nm 至 28 nm 成熟工艺制程，争取实现全产业链的自主可控，首先满足我国 80% 的市场需求。同时要考虑另辟路径，不以几纳米线宽区分工艺的先进与落后，努力发展集成芯片技术，实现多个功能芯片的立体集成，争取不依赖尺寸微缩，用较低世代工艺实现能效接近高世代工艺的芯片制造。

在 5G/6G 通信、先进计算、新能源、新材料、生命科学、量子信息等战略新兴领域，科技上的差距本质上是人才、机制的差距。探索未知领域的纯基础研究要靠有强烈求知欲的精英人才，好奇心驱动的基础研究主要靠选对人。目标驱动的基础研究主要靠选对事，即科研目标和技术路线，这也要靠有战略眼光和科学素养的尖端人才。我国真正处于世界科学前沿的人才非常少，因此这些年我国在选择科研的主攻目标方面差强人意，有些必须集全国之力突破的科研项目没有立项，或者进展缓慢，如很可能被断供的高端工业软件。

实现科技自立自强最终要靠企业，我国科技上与国外差距最大的还是企业。我国企业 500 强中，赚钱最多的是中国工商银行，利润率最高的是茅台企业，净利润前 10 名中有 8 家是金融企业，国际竞争力强的科技企业寥寥无几。一个真正的创新型国家的全面形成，需要拥有几所世界一流大学和科研机构，但决定性的因素是企业界的实力和科技创新活力。在认识我国科技自立自强的差距时一定要清醒地看到企业的落后。

人们在谈到我国科技上面临的挑战时，大多讲的是外部压力和客观困难。但是，实际上我们最大的挑战可能是主观上的认识不到位或思想不够解放。一方面，我们正在进入"全球化 2.0"时代，与过去几十年的"全球化 1.0"不同，由于价值观的差异，未来西方主导的高技术创新链和产业链可能拒绝我们参与，在涉及国家安危的一些科技领域，我们可能不得不采取非美国化的技术路线，这也是我国提出科技自立自强的深层原因。但我国将继续采取对外开放的政策，在有些外来技术可以获得的情况下，本土企业和科研机构就缺乏自立自强的原生动力。另一方面，外部的压力也可能滋长关门主义和主动"脱钩"的倾向，放弃寻求全球合作的努力。排除激进与保守两种思想干扰，坚持符合技术发展规律和国情的创新发展道路，可能是今后几十年一直要面对的主要挑战。40 多年前的改革开放是从解放思想开始的，今天解决科技自立自强问题，也需要从解放思想开始。先有面对"全球化 2.0"的正确思想，才会走上正确的发展道路。

做到科技上自立自强，就必须形成自己的技术体系。技术体系不是指理论上各种子技术的相互联系，而是一个国家根据战略需求和国情对某一领域技术发展制定合理的战略部署后形成的总体技术架构。各国的轻重缓急不同，因此各国的技术体系一定有不同的特色。当前的最大挑战就是如何形成有强大生命力的中国技术体系。

二、我国要实现高水平科技自立自强，在科技布局、创新主体、人才队伍、体制机制等方面存在哪些突出问题？有什么改革举措建议？

一提科技自立自强，很多人就提出我国被国外"卡脖子"的根本原因是基础研究不强，强调要重点加强基础研究，恨不得一下子把基础研究的比例从现在的 6% 提高到 15%。科学研究基本上可分成两大类：一类是技术的横向扩散，利用现有理论和基础技术去解决各种问题；另一类是挑战现有的主流理论和技术途径。所谓科学布局首先是这两类布局的比重。尽管许多领域已经处在重大技术变革的前夜，但总体来讲，现有技术还有巨大的发展潜力。以半导体器件为例，虽然量子器件、超导器件等新器件层出不穷，但可能 20 年内还没有哪一种器件能代替 CMOS 器件。我们必须部署必要的力量去做颠覆现有主流理论和技术的研究，但应当把解决工程技术问题放在优先位置。历史上没有一个处于追赶阶段的大国是首先成为基础研究的全面领先者，然后再成为工程技术和经济的领先者的。日本采取从应用研究倒推基础研究的模式，事实证明这是一条成功之路，值得我们借鉴。我们今天遇到的"卡脖子"问题主要是工程技术问题。要在解决工程技术问题的过程中提炼相关科学问题，以科学问题的解决促进工程技术问题更好地解决。

目前我国非常重视国家实验室领头的国家战略科技力量。国家战略科技力量到底要做什么事，要想清楚。目前受关注比较多的是研发极端条件下的器件与系统，如上天下海的设备等。从发展经济的角度看，国家战略科技力量应体现为公共服务，为更好地推动企业发挥技术创新主体作用保驾护航，因此有必要用最终的市场价值衡量国家科研力量的经济和社会价值。国家实验室等战略科技力量不能代替企业，建设国家实验室不能形成新的"两张皮"。国家战略科技力量的科研产出最终还是要落到产业技术上。除了国防应用以外，还要重视由企业界来评价国家科技战略力量的成果。

"钱学森之问"不只是对教育界的拷问，也是对科技界的灵魂之问，因为大师级的人才不完全是学校培养出来的，和毕业后的工作环境很有关系。20 世纪 80 年代开展的 863 计划，采用专家决策机制，可能有利于培养战略科学家。近 20 年基本上是管理部门官员决策，专家的参谋和决策作用在减弱。我们在如何发现、培养、支持尖端科技人才方面，需要认真反思。要找到既能充分发挥专家作用又能发挥官员作用的新机制。

我国科研队伍的精兵强将主要集中在大学和科研机构，一半以上的中国科学院院士、40%以上的"杰青"工作在大学和科研机构的国家重点实验室。与之对照的是，全国的企业国家重点实验室中"杰青"很少，近年来龙头企业的技术骨干还在向大学和科研机构流动。企业缺乏高端科研人才，就难以承受技术创新主体的重任。

国家的科技体制机制取决于宏观政策，科技政策导向对科技的发展起决定性作用。科技体制机制改革仍在路上，未达预期。我认为影响最大的就是科技评价激励机制在实施中出现的"一刀切"问题。发表论文的质量和影响是对纯基础研究者的重要评价指标，过去把发表论文数量和引用量作为所有科研工作者，甚至教师和医务人员的评价指标，出现了"四唯"的重大偏差。现在"去四唯"，又有人要求纯基础研究也不看论文，这也是"一刀切"。其实科研管理没有那么复杂。只要基础研究、应用研究（高技术研究）和实验开发 3 类研究切实采用 3 类不同的评价体系，科技界就清爽了。

科学史足以证明：发展科技的一条最基本的原则就是不折腾。中国的科技人员有为国分忧的基本素质，要对科技人员有足够的信任，给他们留下足够宽松的自我激励空间。大到一个国家小到一个单位，甚至个人，水滴石穿的累积效应是产生所有人间奇迹的朴素路径。只要在"做什么"的大事上减少人为的错误决策，假以时日，科技自立自强的目标一定能实现。

三、对中科院更好地发挥国家战略科技力量作用，有哪些意见和建议？

中科院从成立开始就是国家战略科技力量，但现在的形势不同于"两弹一星"时期。20 世纪五六十年代，中科院是明确为国家"两弹一星"服务的，任务不需要竞争，都是直接由国家下达的。现在中科院是"面向"国家战略需求，但国家直接下达的战略性科研任务并不多，需要通过竞争获取任务和资源。尤其是国家实验室建立以后，中科院怎么体现为国家战略科技力量，更需要慎重考虑。国家实验室到底能不能起到顶梁柱的作用，还需要时间考验。但是中科院必须主动与国家实验室配合，不能采取敬而远之的态度。

有学者把基础研究分成 0 到 0.5 和 0.5 到 1 两个阶段。前者主要做原创性的基础研究，后者主要做目标导向的基础研究。大学的分工可能倾向于前者，国家实验室的分工可能倾向于后者。中科院到底是主要倾向于前者还是后者，需要慎重考虑。国家重点实验室似乎应该更偏重 0 到 0.5 的原创性的基础研究，但按照中科院的要求，各个研究所都在围绕国家重点实验室做规划，试图把国家重点实验室的规模做大。原创性的基础研究并不需要这么多人，中科院的多数科研人员恐怕还是要做目标导向的基础研究和高技术研究。这是一个矛盾，希望在较短的时间内理清楚，在战略上全院的思路应当一致。

中科院现在十分强调聚焦主责主业，但到底主责主业是什么，大家的认识并不统一。中科院的四个面向中有"面向经济主战场"，但在很多人心目中，只有"面向国家重大需求"（实际上是指国防）才是主责主业，一做"面向经济主战场"的工作，就有脱离主责主业倾向，这是很多科研人员的苦恼。中科院"一刀切"地撤销了各个研究所所有的分所分部，也就切断了与各省市国民经济主战场的联系。中科院如何避免在产业化的道路上小打小闹，而是做出一些对国民经济发展有重大影响的贡献，得到全国人民和各省市领导的认可，这是值得深思的一个大问题。中科院的下家不仅仅是国防部门，龙头企业也应该是中科院科研成果的主要出口之一，中科院有义务为龙头企业解决"卡脖子"问题的核心关键技术。

在中科院近两年的重大成果中，也有一些成果是面向国民经济主战场和人民生命健康的。例如，为应对新冠肺炎疫情做出的积极贡献，从二氧化碳到淀粉的人工合成研究，保护性耕作技术"梨树模式"支撑东北黑土保护，异源四倍体野生稻快速从头驯化获得新突破等。有些单位面向国民经济主战场的科研工作还在进行之中，有可能产生重大的影响，如中科院计算所为建立信息技术新体系的努力等。在中科院的研究成果到产业技术之间，还是有一道"死亡之谷"。研究所自己办企业未必是最好的道路，要实现科技自立自强的目标，中科院还要继续探索科研成果的产业化之路。

中科院与国外科学院的重大差别是承担了培养高端人才的责任。尽管历史上做出了重大贡献，但是中科院与主管教育部门的关系始终没有理顺。我国的博士培养远远落后于发达国家，要提高我国博士的质量与数量，中科院本来可以出大力，但一直受到限制。教育部现行的研究生招生名额分配比例不太合理，集成电路等人才缺口大的专业没有打破常规定向大幅度增加。建议将中科院的研究生培养问题上报中央领导，争取得到中央领导的理解与支持。

在海光公司科创板上市答谢宴会上的致辞 [*]

尊敬的各位来宾，亲爱的朋友们：

　　大家晚上好！今天我们的宴会厅美轮美奂、高朋满座，处处洋溢着欢声笑语，其乐融融！我很荣幸与在场的各位共同庆祝海光公司上市这一美好时刻！这是海光公司发展中具有里程碑意义的大喜事，也是国产芯片领域的大喜事！2022年8月12日这一天一定会被载入我国集成电路产业发展的史册。我向海光公司全体同人表示最热烈的祝贺！向支持海光公司一路发展壮大的各位领导和嘉宾表示衷心的感谢！向长期以来支持中国芯片产业发展的朋友们表示诚挚的谢意！

　　集成电路是信息化社会的支柱，其发展水平是国家科技实力的重要体现，CPU对国家的信息安全具有极其重要的意义。8年以来，全体海光人不畏艰险、迎难而上，以胸怀家国的情怀、勇于拼搏的精神、精益求精的态度不断书写着"中国芯"的故事，海光公司已成为少数几家同时具备高端通用处理器和协处理器研发能力的集成电路设计企业之一，CPU和深度计算处理器（DCU）的性能已接近国外龙头企业。产品已经被广泛应用于电信、金融等重要行业。海光处理器芯片不仅性能国内领先，而且与主流生态系统兼容，应用面最广，将为我国科技和产业的自立自强做出重要贡献。

　　我国的CPU产业要做到自立自强，归纳起来，不外乎3条发展途径：北斗模式、5G模式和高铁模式。北斗模式是指自己定义指令系统，另起炉灶打造新的生态系统。像北斗系统一样，可以先在国防等对安全性要求较高的领域站稳脚跟，再逐步扩大民口的市场占有率，龙芯走的是北斗模式。5G模式是指走技术命运共同体的道路，与世界各国共同制定技术标准，争取在国际标准中有较大的发言权。RISC-V开源芯片联盟走的是5G模式，也可以称为"Linux模式"。高铁模式就是走"引进消化再创新"的道路，海光和华为走的是这条路。在主流生态系统中抢占市场，最现实的道路就是高铁模式。高铁的成功经验告诉我们：技术是可以交易的，真正买不到的是消化技术和自己创造技术的能力。只要我们有技术能力，引进消化再创新的道路就能走通。安

＊　2022年8月12日在海光公司科创板上市答谢宴会上的致辞。

全和兼容不是互斥的要求，我们一定能做到在与主流生态兼容的基础上实现安全可控。海光 CPU 已经从海光一号发展到海光三号，正在设计研制海光四号。海光公司对引进的 2 400 万行源程序，包括核心的微码，已做了许多修改，特别是自主设计了符合国家标准的安全模块。海光五号就会开始分叉发展，海光之路越走越宽广。

目前国内 CPU 市场几乎完全被 x86 和 ARM 占领，必须有敢打敢拼的企业挺身而出，与国际巨头在正面战场上拼杀。在关键行业亟须与国际主流生态系统兼容的国产 CPU 的艰难时刻，海光公司站出来了，成为 CPU 正面战场的中流砥柱。海光公司的营业收入快速增长，2022 年上半年营收同比上涨 342.75%。2021 年海光公司的研发投入达 15.85 亿元，占营业收入的 68.6%。今天海光公司上市，首日最高市值超过 1 600 亿元，募集资金 108 亿元，成为 2022 年半导体领域市值最高的首次公开募股（IPO）。海光公司上市的优异表现说明资本界和广大股民对海光公司的认可和支持。

面对新时代我国经济社会发展各领域对科技创新的新要求，作为中科院培育的企业，我希望海光公司全体同人心系"国家事"，肩扛"国家责"，以突破关键技术为牵引，加大研发投入，充分发挥行业龙头企业的引领和担当作用，肩负起时代赋予的重任，一张蓝图绘到底，乘势而上求突破。在 CPU 行业真正立足，必须办成年营业额几百亿元的大企业；要打赢 CPU 这一仗，必须在核心技术上走到国际前列，有信心有能力在与国际主流生态兼容的基础上分叉发展。根据中国的国情，我们要以系统结构的创新弥补半导体工艺技术的不足，争取不依赖尺寸微缩，在较低世代工艺线上做出能效接近高世代工艺的芯片。

回首过去，拼搏与汗水换来今天的喜悦与收获，海光人的努力拼搏造就了今天的辉煌。我们要总结过去，展望未来，继续发扬海光公司卧薪尝胆、埋头苦干的奋斗精神，赢得更灿烂的明天！

最后，祝海光公司开市大吉、大展宏图！祝各位来宾身体健康、万事如意！

第 2 章　理解人工智能

人工智能是计算机科学的一个分支，通过合成（Synthesizing）智能来研究智能的特性。

——美国计算联盟（CCC）与国际先进人工智能协会（AAAI）白皮书
《美国未来 20 年人工智能研究路线图》

人工智能研究的目标应该是创造有益的智能，而不是无秩序的智能。

——阿西洛马人工智能原则

T1037/6vr4
90.7 GDT
（核糖核酸聚合酶域）

T1049/6y4f
93.3 GDT
（黏附素顶端）

● 实验结果
● 计算机预测

人工智能（AI）预测蛋白质结构被美国 *Science* 列为 2021 年十大科学突破之首，这项在结构生物学领域由 AI 驱动的爆炸性进展，为人类探秘"生命之舞"提供了一个前所未有的视角，它将永久改变生物学和医学的进程，是一项改变游戏规则的技术。

虚拟人在大湾区科学论坛上做报告

理性地认识人工智能 *

近几年来，人工智能十分火爆，媒体上介绍人工智能技术进展和发展前景的文章连篇累牍，成千上万人参加的人工智能高峰论坛此起彼伏。在轰轰烈烈的造势活动中，我们也能观察到一种"围城"现象：真正做人工智能研究的专家说话都比较谨慎，而吹嘘人工智能万能或散布人工智能威胁论的大多不是真正研究智能技术的专家。

图 2.1　在香港中文大学（深圳）大师讲堂做报告"理性地认识人工智能"

发展人工智能要排除"左""右"两方面的干扰。"右"的干扰是对人工智能等

* 2018 年和 2019 年分别在中国科学院青年学术论坛、香港中文大学（深圳）等地做过关于人工智能的学术报告（如图 2.1 所示），整理后的文章作为《中国科技热点述评 2019》第三章人工智能科学问题中的一节，2020 年 7 月由科学出版社出版。

新一代信息技术麻木不仁，墨守成规，错失发展机遇，可能使国家陷入"中等收入陷阱"；极"左"的干扰是盲目冒进，对人工智能抱不切实际的幻想，或者过分夸大人工智能的威胁，使人工智能再次进入寒冬，可能断送发展新经济的大好机遇。

大数据和人工智能已被列为国家发展战略，我们要理性地认识人工智能等新技术，满腔热情地拥抱驱动数字经济的新技术，不做表面文章，扎扎实实地将大数据与人工智能技术融入实体经济，为经济发展注入新动能。

一、人工智能究竟发展到什么程度？

人工智能和计算机科学技术是一对孪生兄弟。早在第一台电子计算机诞生以前，沃伦·麦卡洛克（Warren McCulloch）和沃尔特·皮茨（Walter Pitts）于1943年就发表了重要论文《神经活动中内在思想的逻辑演算》，提出了神经元的数学模型，这个模型至今仍是人工神经网络的理论基础。这篇论文也是被称为"计算机之父"的冯·诺依曼（John von Neumann）发表的划时代报告《EDVAC报告书的第一份草案》的唯一参考文献。冯·诺依曼研制计算机的初衷是实现两个目标：一个是通用功能的计算机，另一个是基于自动机理论、自然规律和人工智能的计算机。

但没过多久，冯·诺依曼就发现模仿神经网络设计计算机的路走不通。1946年11月他写给控制论创始人维纳（Wiener）的信中写道："为了理解自动机的功能及背后的一般原理，我们选择了太阳底下最复杂的一个对象……在整合了图灵、皮茨和麦卡洛克的伟大贡献后，情况不仅没有好转，反而日益恶化……这些人向世人展示了一种绝对的且无望的通用性。"从第一台电子计算机开始，计算机的发展就与模拟神经网络分道扬镳，集成电路的发明和后来几十年在摩尔定律引导下的狂奔，使用计算机实现人工智能的方式与人脑的思维机制几乎不沾边。

与计算机的发展类似，人工智能的发展也面临两条技术路线的选择：从分析智能行为出发还是从分析大脑结构出发。60多年前，人工智能起步是从符号推理开始的，主要做机器定理证明和专家系统等，做的是"知其然又知其所以然"的事，突出的成果是自动化的逻辑演绎和知识工程。人工智能的前30年被认为是第一次浪潮。由于自上而下逻辑演绎的局限性，早期完全基于数理逻辑的人工智能学科体系到20世纪80年代已基本瓦解，机器学习、自然语言理解、计算机视觉、机器人、认知科学等学科在独立发展的过程中，不约而同地发现了一个新的平台，这就是概率建模和随机计算。伴随人工神经网络的兴起，自下而上的统计学习（概率推理）开始成为人工智能的主要技术，人工智能进入第二次浪潮。

2006 年，深度学习技术的研究出现重大进展，可以自动生成学习对象的特征，进入了无特征建模阶段。深度学习被应用到某些领域时不需要研究人员掌握该领域的大量专业知识，也就是说，深度学习可以解决一些"知其然而不知其所以然"的问题。在 2012 年基于 ImageNet 的图像识别竞赛中，深度学习方法脱颖而出，引发了深度学习的热潮。基于深度学习的 AlphaGo 程序战胜人类围棋冠军使不少人认为，人工智能进入了以大数据为中心的第三次浪潮，从推理驱动发展到数据驱动，实现逻辑推理和统计学习的深度融合，致力于发展可解释的更加通用的人工智能技术。

许多人讲人工智能是新的学科，内容涉及脑科学、统计学、社会科学等。但迄今为止，脑科学对人工智能的贡献很小，统计学对机器学习的崛起发挥了较大作用，但没有人把人工智能看成统计学的分支。美国计算联盟与 AAAI 的白皮书对人工智能的定义是：**"人工智能是计算机科学的一个分支，通过合成（Synthesizing）智能来研究智能的特性。"** 目前的人工智能本质上还是计算机学科的一个分支，现在国际上将人工智能的论文都统计在计算机学科名下。从基础研究来看，人工智能是计算机科学的前沿研究；从应用来看，人工智能是计算机技术的非平凡应用。所谓"智能化"的前提是计算机化，目前还不存在脱离计算机的人工智能。近年来，人工智能的复兴主要得益于数据资源的极大丰富和计算能力的飞速提高，人工智能技术本身并没有本质性的突破。因此可以说，人工智能的复兴是计算技术的胜利、摩尔定律的胜利！

人工智能的火爆不是吹出来的，从应用效果来看，确实有一些过去机器做不到的事现在能做到了。下面我举一些人工智能应用的案例，帮助大家认识人工智能给经济发展和人们生活带来的好处。

- 视频监控

目前与人工智能技术有关的产业规模最大的可能是视频监控（摄像头）。据某调查公司估计，全国共装有 1.76 亿个摄像头。预计到 2020 年年底，全国视频监控市场规模将突破 3 000 亿元。2019 人工智能案例 TOP100 排名第一的是公安部的视频图像信息综合应用平台。该项目是全国视频监控联网体系的制高点，实现融合、汇聚、拉通公安视图资源、社会化资源和其他感知资源中的人脸、人体、机动车辆、非机动车辆、射频识别（RFID）、全球定位系统（GPS）等多维视图资源和结构化资源，建立以人、车、案事件为核心的视图大数据时空关系、行为关系、关联关系服务体系，提供全面的视图服务能力，为公共安全领域提供具备实战应用能力、一体化的视图信息综合服务。

- 人脸识别

人工智能最成熟的领域可能是人脸识别。人脸识别准确率已高达 99.7%，比人眼还准确。百度人工智能寻人已成功找到 9 000 多名失散人口（儿童）。机场等人流多的关口已实现远程人脸识别和戴口罩人脸识别（识别准确率达 99%）。人脸识别可以实时捕捉进入店铺的客户人脸，识别年龄、性别、颜值等属性特征，对顾客画像自动分类，提供更精准的客群分层流量分析。

- 语音识别与合成，自动问答系统

语音识别在安静环境下准确率超过 98%。"双十一"当天，蚂蚁金服要承担 500 万次客服服务，如果完全采用人工客服，需要 3.3 万名服务人员才能较好承接。借助于蚂蚁金服自己开发的智能系统，94% 的服务由计算机智能客服解决，客服效率提升了 20 倍。近几年，蚂蚁金服全面开放人工智能客服能力，比人工客服效率高出 30 ~ 60 倍。在新冠肺炎疫情期间，科大讯飞股份有限公司（以下简称"科大讯飞"）的智能医生助手服务了全国 5 900 万人次的排查，用计算机代替人工进行跟踪询问调查（在武汉一天就自动调查了上百万人），现在已经覆盖了全国 70% 的城市和人口。该智能医生助手也在韩国大丘应用，韩语版的效果超出他们的预期，已经达到真人的水平。

人工智能系统在一些特定任务方面已胜过人类，如国际象棋（1997 年）、图像识别（2015 年）、语音识别（2015 年）、围棋（2016 年）以及得州扑克（2017 年）等。未来 5 ~ 10 年，人工智能将融入交通、医疗、金融、教育等各个行业，自动或半自动驾驶汽车已在几个城市建设试点。人工智能确实会改变我们的工作、生活和思维方式，是推动社会发展的巨大动力。

但是，人工智能还不是像交流电一样接上插头就能用的通用技术，人工智能应用目前还有较多限制。一般而言，人工智能技术对完成一项任务发挥较好作用，需要有较丰富的数据或者较丰富的知识，需要有较完全和较确定的信息，规则比较明确，任务较为单一。人工智能下棋可以超过人类，但打麻将、玩桥牌目前难以胜过人类。人工智能在蚂蚁金服这种专业性强、规则明确的服务中表现不俗，但不限领域的开放性的人机对话还难以实现，已获得沙特阿拉伯公民身份的机器人索菲亚对"你几岁了"的回答是"你好，你看起来不错"。目前科大讯飞的机器翻译还取代不了同声翻译专业人员。在复杂路况条件下，无人驾驶还要走很长的探索之路，短期内不可能实现。

总之，对人工智能技术的大规模普及应用要有足够的耐心。在推广人工智能技术时，要避免出现"人工智障"。历史上人工智能专家曾多次做出过于乐观的预测，结果都没有实现，使人工智能研究两次进入寒冬，我们应谨防重蹈覆辙。对上百亿年宇宙演化形成的极为精巧的人脑应有足够的敬畏，破解人脑的奥秘可能需要几百年甚至更长的时间。

二、现在是否已从信息时代跨入"智能时代"？

近来，媒体上有一种舆论认为：信息时代已经过去了，现在已进入人工智能新时代。判断处在什么时代需要有历史的眼光，对时代的误判可能犯历史性的错误。15 世纪的中国拥有世界上最强大的航海实力，明朝政府却实行海禁政策，错失了大航海时代的发展机遇。从党的十三大开始，党中央多次强调我国将长期处于社会主义初级阶段，这一正确的时代认识为我国各方面的健康发展奠定了理论基础。从经济发展角度来划分时代，人类社会至今只经历了渔猎、农业、工业和信息 4 个时代，每个时代长则上万年，短则数百年。

信息时代与工业时代一样，应该延续较长的时间。信息时代将走过数字化、网络化、智能化等几个阶段，人工智能的复兴标志着信息时代进入智能化新阶段。经济学家普遍认为，经济发展有 50 ~ 60 年的长周期（长波），从蒸汽机的推广应用开始，人类社会已经历了 5 个经济长波，现在处于第 5 个经济长波的下降期（如图 2.2 所示）。经济长波与经济时代不是一个概念，一个时代可以有几个经济长波。根据康德拉季耶夫（Kondratiev）的经济长波学说和约瑟夫·熊彼特（Joseph Alois Schumpeter）的技术创新理论，每一个经济长波都是由标志性的基本创新触发的。第 4 波以电子计算机与集成电路的发明为标志，第 5 波以互联网和移动通信的兴起为标志。目前人工智能还处于初级阶段，再经过 10 余年的推广普及，也许到 2030 年左右，以人工智能、大数据、物联网、生命科学等技术为标志，将出现经济高速发展的第 6 波。从第 4 波到第 6 波都属于信息时代。目前阶段的人工智能本质上还是一种计算技术，将下赢一盘围棋作为将信息时代和智能时代的分界线有点牵强。

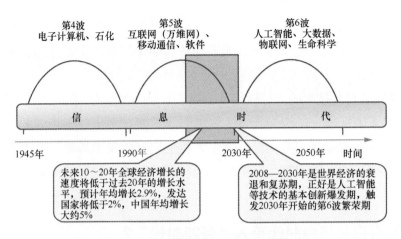

第4波
电子计算机、石化

第5波
互联网（万维网）、
移动通信、软件

第6波
人工智能、大数据、
物联网、生命科学

信　　　　　　息　　　　　　时　　　　　　代

1945年　　　　　　1990年　　　　　　2030年　　　　2050年　　　时间

未来10～20年全球经济增长的
速度将低于过去20年的增长水
平，预计年均增长2.9%，发达
国家将低于2%，中国年均增长
大约5%

2008—2030年是世界经济的衰
退和复苏期，正好是人工智能
等技术的基本创新爆发期，触
发2030年开始的第6波繁荣期

图2.2　对信息时代经济长波的预测

美国三院院士乔丹（Jordan）教授（国际上公认的统计学习的领军学者）认为：在未来30年内，人工智能实现不了创造性和变通的灵活性。目前人工智能技术还不够强大，远没有成为一个理论全备的学科。人们对人工智能的期待太高了，我们还没有步入可以利用我们对脑的认识来指导搭建智能系统的时代。2018年诺贝尔经济学奖得主威廉·诺德豪斯（William D. Nordhaus）曾在2015年发表了一篇名为《我们正在接近经济奇点吗？》的论文，论文指出：大部分的经济指标不支持"奇点即将来临"的判断。

从上述时代判断可得出两点结论。第一，未来10～15年对经济贡献最大的可能不是大数据和人工智能等新技术，而是信息技术（包括大数据和人工智能）融入各个产业的新产品、提供个性化产品和服务的新业态、产业链跨界融合的新模式。这些创新主要是已知技术的新组合。第二，在经济的衰退复苏期要特别重视基础性技术的发明，未来10～15年应力争在人工智能领域做出像电子计算机、集成电路、互联网一样的基础性发明。

三、"新一代人工智能"的含义是什么？

2017年7月国务院发布了《新一代人工智能发展规划》。在这之前，中国工程院向国务院提交了一份关于人工智能2.0（即AI 2.0）的咨询报告。中国工程院咨询课题组给出AI 2.0的初步定义是：基于已出现重大变化的信息新环境和发展新目标的新一代人工智能。其中，信息新环境是指互联网与移动终端的普及、传感网的渗透、大数据的涌现和网上社区的兴起等。新目标是指智能城市、智能经济、智能制造、智能医疗、智能家居、智能驾驶等从宏观到微观的智能化新需求。有望升级的新技术有大数据智能、跨媒体智能、自主智能、人机混合增强智能和群体智能等。

国务院发布的文件基本上采纳了中国工程院提出的 5 类新型人工智能技术的观点，但没有解释人工智能的分期，也没有采用 AI 2.0 这一术语，而是采用较为宽泛的"新一代人工智能"的提法。文件指出："人工智能发展进入新阶段。经过 60 多年的演进，特别是在移动互联网、大数据、超级计算、传感网、脑科学等新理论新技术以及经济社会发展强烈需求的共同驱动下，人工智能加速发展，呈现出深度学习、跨界融合、人机协同、群智开放、自主操控等新特征……当前，新一代人工智能相关学科发展、理论建模、技术创新、软硬件升级等整体推进，正在引发链式突破，推动经济社会各领域从数字化、网络化向智能化加速跃升。"

请注意，不管是中国工程院的解释还是国务院的文件，都是讲人工智能应用的新环境、新的发展目标和呈现的新特征，并没有指出一个标志性的事件或一项颠覆性的新技术。第一次工业革命是因为蒸汽机的出现，第二次工业革命是因为交流电的出现，但经历了 60 多年发展的人工智能究竟因出现了什么技术就进入了第二代，似乎并不清楚。只能说，深度学习等技术在一些领域的成功使人们看到了人工智能技术广泛应用的希望，智能应用的需求更加迫切，但深度学习并不是一项划时代的基础性发明。深度学习技术的基础是反向传播（BP）算法，令人吃惊的是，BP 算法的发明者、被誉为"深度学习之父"的杰弗里·欣顿（Geoffrey Hinton）教授在 2017 年第 31 届神经信息处理系统大会（NIPS）上指出："我的观点是把反向传播全部抛掉，从头再来。"中国工程院提出的有望升级的大数据智能、跨媒体智能、自主智能、人机混合增强智能和群体智能等新技术在未来 10 ~ 20 年能否有本质性突破，还有待历史检验。

从这个意义上看，人工智能 2.0，与其说是技术上的重大突破（至今还没有发生），不如说是智能化应用的第二次大浪潮。重大技术应用的 S 曲线往往有相继的两条，第二条 S 曲线的生命周期更长，对经济的驱动力更强。预计人工智能技术在今后几十年内会遵循类似第二条 S 曲线的发展态势，应用的规模和效益可能大大高于过去的 60 多年，这可能是人工智能 2.0 的真正含义。

对人工智能技术做出这种乐观的估计有一定根据。遵循摩尔定律，过去几十年芯片和计算机的性能呈现爆炸式增长，提高了万亿倍；近几年产生的各种数据（特别是网上数据）的规模也像遵循摩尔定律似的呈指数性增长，为智能信息处理提供了足够多的"原料"。网络的普及使数以百亿的设备可以联网，而网络的效益与联网的终端数量的平方成正比。智能化是信息化效益的倍增器和催化剂，在计算机化和网络化渗透到每一个角落的条件下，人工智能技术一定会成为推动经济和社会发展最大的动力，使世界走向更加美好的明天。

四、人工智能与数字经济是什么关系？

2017 年，我国电子信息产业收入总规模达 18 万亿元，而我国人工智能核心产业市场只有 200 多亿元（《新一代人工智能发展规划》要求 2020 年我国人工智能核心产业规模超过 1 500 亿元）。目前，人工智能核心产业收入只占电子信息产业总收入的千分之一左右，如此弱小的核心产业为什么能引领我国经济高质量发展，值得我们深思。

理解人工智能的巨大作用要从智能学科的本质特点入手。人工智能与其他所有学科不一样，它不是静止的有限范围的技术，其研究内容不断向未知领域延伸，永远处在计算机科学研究的最前沿。曾经的智能技术一旦成熟，大家习以为常，就不再认为它是智能技术了。如今使用的大多数软件是基于人工智能技术开发的，包括 Windows 操作系统、智能手机应用等。人工智能的权威学者明斯基（Minsky）教授指出："人工智能的任务是研究还没有解决的计算机问题。"这一特征表明，人工智能总是探索像"下围棋胜过人类"那样的令人惊喜的"禁区"，将"不可能"变成"可能"，将新兴技术推广到千家万户，这就是"领头雁"的作用。

人工智能的影响很难统计。数字经济的统计中包含许多传统经济的贡献，我们常常会感到困惑：人工智能等新技术的增量究竟在哪里？人工智能的作用不仅仅体现在经济增长上，更多体现在生产方式、生活方式、政府管理模式的改变上，特别是人们思想观念和认知方式的改变上。现在使用的统计标准不适合人工智能引领的数字经济。数字经济中有许多免费的应用没有计入国内生产总值。智能化的数字经济带来产品质量的巨大改进、产品种类的极大丰富、用户体验的明显改善都不能在国内生产总值中反映。

高质量发展的必经之路是从资源要素驱动转变为创新要素驱动。智能技术的本质是认知技术和决策技术。智能技术是数字经济的关键生产要素，它的威力在于促进人、机、物三元世界的融合，促使各类经济活动朝着高效率、高质量、可持续和更加智能化的方向发展。

　　目前全球市值最高的公司是苹果、亚马逊、Alphabet（谷歌的母公司）、微软、脸书（Facebook）、阿里巴巴，这些公司都是人工智能的领头企业。埃森哲公司发布的咨询报告指出，人工智能技术的应用将为经济发展注入新动力，在现有基础上能够提高 40% 的劳动生产率。2018 年麦肯锡咨询公司的研究报告表明，到 2030 年人工智能新增经济规模将达到 13 万亿美元。

　　中国信息通信研究院联合高德纳咨询公司（Gartner）于 2018 年 9 月发布的《2018 世界人工智能产业发展蓝皮书》报告统计，我国人工智能企业总数（不含港澳台地区数据）位列全球第二（1 040 家），仅次于美国（2 039 家）。在人工智能总体水平和应用方面，我国也处于国际前列，发展潜力巨大。但值得注意的是，我国人工智能基础层人才的占比严重偏低。人工智能产业必须扎根在系统结构和软件理论的深土中，发展人工智能不能停留在算法层面，要关注从算法、软件、人机界面到系统结构和芯片这一完整的产业链和生态系统。

充分发挥人工智能在城市建设中的"头雁"作用 *

人工智能是引领这一轮科技革命和产业变革的战略性技术，具有溢出带动性很强的"头雁"效应。

——习近平总书记在中共中央政治局第九次集体学习时的讲话

一、全面冷静地看待人工智能

1. 对人工智能技术发展水平的理性判断

人工智能经历了两次寒冬和三次崛起。与前两波人工智能技术相比，以海量数据和深度学习为标志的第三波人工智能确实有了长足的进步。从应用效果来看，有一些过去机器做不到的事现在能做到了，例如：语音识别在安静环境下准确率已超过 98%，人脸识别准确率已高达 99.7%。人工智能技术在很多领域已经可以派上用场。

人工智能的复兴在很大程度上是由于风险资本的介入和大企业的投入。目前，在中国私募股权投资市场中，人工智能领域相关投资额已达 3 658.6 亿元。最受资本欢迎的人工智能领域包括：智能金融（智能风控等）、智能安防（身份认证系统等）、智能健康（智能影像诊疗等）、智能驾驶（高级驾驶辅助系统等）、智能企业服务（智能营销等）、智能机器人（仓储 / 物流机器人、工业机器人等）、AI+ 互联网服务（智能推荐等）、AI+ 家居建筑（智能家电等）、AI 基础元件（智能应用加速芯片）等。人工智能领域国内估值超过 10 亿美元的独角兽公司已有十几家。投资者的狂热往往形成短期泡沫，若要理性地判断技术商业化的临界点，更可信的依据是专利和专利诉讼。2008 年语音识别的授权专利数达到最高峰，近几年开始下降，说明此项技术已基本成熟。同时相关的专利诉讼激增，这说明人工智能技术已经有钱可赚。

但是，我们也要看到人工智能应用目前还有较多限制。一般而言，人工智能技术在完成任务中能发挥较好作用，需要有较丰富的数据或者较丰富的知识，需要有较完

---

* 发表于《中国城市发展报告 2018/2019》，由中国市长协会、国际欧亚科学院中国科学中心组织专家撰写，中国城市出版社 2020 年出版。为了尽可能避免内容重复，本文删除了原稿中的一些内容并做了小的文字修改。

全和较确定的信息，规则比较明确，任务较为单一。目前多数智能程序还需要采用借助样本的有监督学习，计算机通过自我博弈做到无师自通需具备集合封闭、规则完备、约束有限等苛刻条件。

人工智能产业还处于起步阶段。沃森健康部门是国际商业机器公司（IBM）最重要的人工智能部门，已投入数十亿美元，但因盈利艰难，近期裁员数百人。2016 年 6 月美国得克萨斯州的 MD 安德森癌症中心投入 6 200 万美元，与 IBM 开展癌症治疗人工智能项目，由于效果不佳，次年 2 月即被终止。据统计，目前 90% 以上的人工智能企业还处于亏损状态。人工智能产品开发和服务依赖于数据和平台，用户数量是成败的关键。与互联网企业类似，初期的关注点不是盈利而是尽快扩大用户规模，目前还处在烧钱锁定用户阶段。我们对人工智能技术的大规模普及应用要有足够的耐心。

对人工智能持悲观态度的学者认为，目前深度学习的火热与 20 世纪 80 年代的专家系统盛行十分类似，人工标注与人工输入专家的规则知识一样困难，深度学习也有通用性、鲁棒性不强的局限性，走出特定的应用领域，人工智能往往变成"人工智障"，因此人工智能必然会第三次进入寒冬。这种看法有点偏颇。经过第二次寒冬以后，一批不被人工智能主流学派看好的从事"计算智能"研究的学者，在逆境中坚持对人工神经网络的研究，确实将人工智能推进了一大步，在视觉、听觉等感知领域达到的水平远远超出当年的专家系统，在机器翻译等理解和决策领域也提高了机器的智能水平，许多智能技术已达到实用程度，今天的人工智能技术与 20 世纪 80 年代不可同日而语。2018 年图灵奖得主、"深度学习之父"杰费里·欣顿（Geoffrey Hinton）教授明确表示："不会有'人工智能寒冬'，因为人工智能已经渗透到你的生活中了，在之前的寒冬中，人工智能还不是你生活的一部分，但现在，它是了。"

2. 对目前处于什么时代的判断

由于人工智能火爆，有些人认为信息时代已经过去了，大数据的热潮也已经过去了，现在已进入人工智能新时代。究竟现在处在什么时代，需要有历史的眼光。作为一种基础的科学范式，数据科技的影响可能要比人工智能更持久，但人工智能技术更具有颠覆性。

信息时代与工业时代一样，应该延续较长的时间。信息时代将走过数字化、网络化、智能化等几个阶段。人工智能的复兴只是标志着信息时代已进入智能化新阶段，真正的人工智能时代还没有来到。2019 年，图灵奖得主约翰·霍普克罗夫特在一次报告中讲，现在所谓的人工智能只停留于表面，并不算真正的人工智能。他认为，未来的智能时代可能只需要 25% 的工作就能提供人类所需要的所有商品和服务，人们 45 岁就可以退休。信息时代最基础的技术是微电子器件，不是人工智能，这个技术基础还没有改变。2020 年 6 月，美国国防部对 11 项关键技术的优先顺序做了排序，微电子技术排第一，5G 无线通信技术排第二，第三是高超声速技术，第四是生物技术，第五才是人工智能技术。虽然美国国防部的判断标准是大国竞争中可能"改变游戏规则"的关键技术，但从经济发展和人们日常生活的角度看，至少在今后 10 ～ 20 年里，微电子技术的作用要远远大于人工智能。目前人工智能主要起到锦上添花的作用，对经济和社会的影响主要体现在"产业智能化"，即工业经济和信息经济的智能化，"产业智能化"本身的分量并不重，人工智能技术本身还没有形成像汽车、能源、计算机和通信一样的支柱产业。

由于深度学习在语音和图像识别等领域的成功，许多人把基于人工神经网络的深度学习技术作为进入智能时代的标志。导致深度学习流行的基础技术是反向传播，此技术的发明者欣顿教授最近指出："我的观点是把反向传播全部抛掉，从头再来。"工业时代的划时代发明是蒸汽机和电动机，信息时代的标志性发明是计算机和互联网，进入智能时代需要有比深度学习更基础的划时代发明。

我们绝不能低估大数据和人工智能的战略作用，但也不能对人工智能抱有不切实际的过高期望。我国各地的人工智能造势活动已经起到很好的启蒙作用，现在是技术落地生根的时候了，要务实、务实再务实。

3. 理性看待人工智能的基础研究与技术应用

对人工智能技术的判断出现了比别的学科更明显的分歧，其原因可能在于对"智能"的看法很不一致。从基础研究和实际应用两个不同角度，看到的人工智能判若云泥。从基础研究的角度来看，人工智能必须以认知科学为基础，而认知科学还不是一门成熟的学科。认知和计算的关系不能单靠推理或计算分析来解决，只能通过实验来回答，认知科学本质上是实验科学。尽管脑科学有许多进展，但至今对人脑的认识还很肤浅，现在还没有步入可以利用对人脑的认识来指导搭建智能系统的时代。要基于对人脑的了解来模拟人的智能，还要走很长的路。

从实际应用的角度来看，所谓人工智能就是计算机的非平凡应用。人工智能应用问题，如图像识别、语音识别、计算机下棋、机器翻译等，多数是具有指数复杂性的问题，用常规的方法对付不了。所谓人工智能算法研究就是要找到在多项式时间内求解这些问题的方法，不断扩展计算机可求解问题的范围。所谓"问题求解"不是要求在最坏的情况下找到最优解，也不是非要找到模仿人脑思考解决问题的方法，而是用计算机的"思维"方式在可容忍的时间内找到满意的解。因此现在讲的"智能化"本质上就是"计算机化"。

在人类历史上，技术走在科学前面的例子比比皆是。对第一次工业革命起关键作用的蒸汽机的发明和改进，主要来自工程师和能工巧匠，热力学的科学研究完成是在热机大量普及之后。人工智能走的道路可能与热机发展之路类似，在破解人脑之谜之前，借助计算的力量、数据的力量、知识的力量，人工智能可能会引领一次新的工业革命，计算机的智能应用会被广泛普及。等认知科学取得根本性突破后，新一波的人工智能还会形成更大的浪潮。

二、发挥人工智能的头雁作用

1. 人工智能为什么是数字经济的"领头雁"？

2018 年 10 月 31 日，习近平总书记在中共中央政治局第九次集体学习的讲话中特别指出，人工智能具有溢出带动性很强的"头雁"效应，这一判断也就是说智能化是发展数字经济的主攻方向。理解人工智能的引领作用要从智能学科的本质特点入手。人工智能与其他学科不一样，它的研究内容不断向未知领域延伸，永远处在计算机科学研究的最前沿。人工智能总是探索将"不可能"变成"可能"，将尖端技术变成老百姓司空见惯的常用技术，这就是"领头雁"的作用。

人工智能也是我国经济转型的新动力。人工智能等引领技术的贡献，可用"蜜蜂模型"来解释。我国蜂蜜市场总额每年不到 100 亿元，但蜜蜂的主要价值不是蜂蜜而是传粉，蜜蜂对农业有不可替代的重大贡献。人工智能对其他产业的作用如同蜜蜂对各种农作物的作用一样。人工智能不是单项技术，实际上是计算机和其他信息技术的集成应用，在实际应用中很难分清楚哪些是人工智能应用，哪些是一般的计算机技术应用。人工智能技术渗透到各行各业，将促进全社会方方面面的变革和技术升级换代，使各行各业从数字化、网络化走向智能化。

2. 理解人工智能的作用不能只看 GDP 统计

人们习惯从 GDP 统计中看一个产业的贡献，但 GDP 统计不能全面反映人工智能的贡献。人工智能和大数据的作用不仅仅体现在经济增长上，更多地体现在生产方式、生活方式、科研模式、政府管理模式的改变和福利改进上，特别是思想观念和认知方式的改变上。智能技术的许多免费应用没有计入 GDP，老百姓的获得感和幸福感也很难统计到 GDP 中。我们需要关注的不是在原来的经济大饼中划出多大一块饼算成人工智能的 GDP，而是要关注人工智能究竟提供了多少新产品和新服务，给民众带来了多大实惠。

人工智能主要体现为无形资产。1975 年标准普尔 500 指数公司无形资产只有几千亿美元，占总资产的 17%；2018 年无形资产达到 2 万亿美元，占总资产的 83%。目前全球市值排名前 6 位的公司都是人工智能公司。按 2018 年 7 月的统计：苹果公司 9 360 亿美元，亚马逊 8 800 亿美元，Alphabet 8 250 亿美元，微软 8 077 亿美元，脸书 6 033 亿美元，阿里巴巴 4 872 亿美元。这些公司的市值主要来自投资者对他们掌握的人工智能技术的估值。

三、在智慧城市建设中让人工智能落地

1. 我国智慧城市建设现状

国家发展改革委提供的数据显示：截至 2018 年 8 月，全国 100% 的副省级以上城市、76% 以上的地级市和 32% 的县级市，总计大约 500 座城市已经明确提出正在建设新型智慧城市。到 2018 年年底，国家发布的智慧城市领域相关政策性文件共计 17 项，地方性的政策法规性文件共计 16 项。我国智慧城市建设经历了 3 个阶段。第一阶段是数字化，2010 年以前是我国智慧城市的萌芽期，主要强调数字化建设，利用 3S（RS、GIS、GPS，即遥感、地理信息系统、全球定位系统）技术对城市及相关的信息进行采集监测。第二阶段是网络化，2010—2015 年是国内智慧城市建设的探索发展期，主要搞网络化建设。从国家到各省市地方制定了多项发展规划，在（移动）互联网、物联网等技术的支撑下，掀起了国内智慧城市建设的潮流，出现了一批试点城市。第三阶段从 2016 年至今，重点是大数据化和智能化，进入新型智慧城市建设阶段。习近平总书记 2016 年提出要推进新型智慧城市建设，2016 年 12 月，国务院印发《"十三五"国家信息化规划》，明确了新型智慧城市建设的行动目标："到 2018 年，分级分类建设 100 个新型示范性智慧城市；到 2020 年，新型智慧城市建设取得显著成效"。

中国的智慧城市的内涵比国外的"Smart City"广阔，发展途径也与国外不同。因为中国的城市管理者不但要进行城市管理，还要推进城市的工业化、城镇化、信息化、农业现代化与绿色化，中国的智慧城市需要同时推进这"五化"，智能化是"五化"的重要抓手。仅仅在技术和设备层面推进智慧城市建设，难以解决中国城市发展中的问题。

目前各地的智慧城市建设红红火火，但建设的效果还没有达到预期的目标，城市大数据的作用还没有得到充分发挥，人工智能技术的应用不够广泛深入。目前，相同属性的数据分散在各个孤立的系统之中，真正做到数据共享和充分公开的城市还不多。收集到的数据也缺少常态化的更新机制，往往只有一个时态。智慧城市建设缺乏统一的整体规划和集中设计，容易导致部门之间、省市之间、市区之间重复建设。标准化的滞后也是当前制约智慧城市建设的"瓶颈"之一。数据格式各异，分类、编码不统一，给数据获取、更新和维护带来很多困难，也给信息资源共享、交换带来许多不便，严重制约了信息资源的开发利用。

以物流行业为例，多种运输方式之间缺乏有效衔接，短驳、搬倒、装卸、配送成本较高。我国的多式联运方式尚未普及，地域经济结构导致运输的来回满载率不平衡，空车率达 40%，平均运距只有 182 km，一次卸货到下次装货平均要等待 72 h，导致我国的物流成本居高不下。这些现象背后是信息化、网络化、智能化水平的问题，通过大力推广智慧物流，物流成本肯定可以明显降低。必须指出，物流成本占 GDP 的比重与经济结构密切相关，我国是制造业大国，美国现在制造业空心化，不能用这一指标简单地比较中美两国的物流成本。有企业家说要通过新技术将中国物流成本占 GDP 的比例从现在的 14.6% 降到 5% 以下，这个指标定得不科学，一味降低物流成本占比也不符合中国国情。其实，通过智慧物流能将物流成本占比降低 3 到 4 个百分点，就会产生巨大的经济效益。

2. 建设智慧城市要构建"城市大脑"

智慧城市是多个垂直行业的数字化系统智能联动形成的大系统，衡量智慧城市的一个基础指标是建成承载大数据的大平台。智慧城市建设的主力是各大互联网科技公司，阿里巴巴、腾讯、百度、京东、华为等龙头公司的"平台化"趋势最为明显。阿里巴巴打造的平台是"ET 大脑"，包括一体化计算平台、数据资源平台、智能平台和应用支撑平台。腾讯曾推出"超级大脑"，最新战略是"WeCity 未来城市解决方案"，用微信、小程序等应用实现数字政务、城市治理等方案的落地。百度倡导"AI City"智能城市概念，车路协同 + 自动驾驶是百度的主攻方向。华为提出"数字平台"方案，对云、大数据、GIS、视频云等实现统筹。这些公司从不同角度发力，目标都是构建"城市大脑"。

城市是一个动态变化的复杂巨系统，充满不确定性和不一致性，必须从整个系统着眼才能把握城市的脉搏，头痛医头、脚痛医脚的办法治不好"大城市病"。以城市交通为例，路况瞬息万变、交通关系错综复杂，计算模型必须在很短时间内做出反应。中国千万人口以上的大城市，都有数百万辆汽车，究竟一个城市每天有多少辆汽车在路上，过去的估计都是拍脑袋拍出来的。例如，杭州估计每天有 200 万辆汽车在路上，但通过阿里巴巴"ET 大脑"的复杂计算，发现平时杭州平均只有 20 万辆汽车在路上跑，高峰时刻也只有 30 万辆车。解决杭州市的交通堵塞问题，实际上就是这多出来的10 万辆汽车的实时调度问题。现在"ET 大脑"已接管杭州 128 个信号灯路口，试点区域通行时间减少 15.3%，高架道路出行时间节省 4.6 min，120 救护车到达现场时间缩短一半。阿里巴巴"ET 大脑"已在杭州、苏州、上海等城市相继落地。取得这些成绩靠的是巨大的计算平台和管理调度复杂资源的飞天操作系统的支持。

3. 智慧城市的落地要靠建设各个行业的智能应用系统

人工智能技术的落地不外乎两种途径：一种是先掌握单点技术，如人脸识别、语音识别等，再去找单项技术的应用机会，试图把单项技术应用到不同行业；另一种途径是从市场需求出发，提供行业垂直解决方案，综合利用各种人工智能技术。前一种途径有点像手里有一把锤子，就到处找钉子，容易把看上去像钉子的东西都当成钉子。过去多年的实践表明，这种所谓"成果转化"的做法往往难以成功。比较见效的做法还是构建行业应用平台和系统。各行业的智能应用系统不是孤立的"烟囱"，相互之间一定要共享数据，通过城市大脑形成协作的大平台。

构建行业智能应用平台的关键是领域知识的计算机化。20 世纪红火一阵的专家系统虽然不十分成功，但重视领域知识的传统不能丢。有些人认为，有了大数据和深度学习技术，领域知识就无关紧要了，这是一种偏见。今后的努力方向应该是知识推理与数据学习相结合。没有知识推理，人工智能系统就缺乏可解释性，而不能解释因果性的机器学习结果，很多行业不敢将其作为正式产品或服务项目。例如医学图像识别，如果只给出机器统计学习的结论是什么病而不说明为什么，医生就很难确信。领域知识的积累是一个行业的宝贵财富，这笔知识财富主要体现在行业软件上。我国的工业软件比集成电路更落后，是我国产业高质量发展最大的软肋，在推进智慧城市的过程中要集中力量研究开发行业软件，特别是制造业的计算机辅助设计（CAD）、计算机辅助工程（CAE）、计算机辅助制造（CAM）软件。

人工智能在消费领域落地相对比较容易，因为只要有 1% 的人愿意用，产品就值钱。但是人工智能在工业领域落地，相对比较困难。工业级人工智能，只要有一点不准，人家就不敢用你的东西。工业的行业标准至少要达到 90% 以上的企业能接受，达不到就没有用。这就要求人工智能企业对制造业的产业链有很深入的了解，这样才能找准自己的位置，做出真正可用的产品。光靠一般性的人工智能算法代替不了流水线上熟练工人的经验积累。人工智能的威力归根结底还是靠对行业和领域知识的掌握。

四、推动人工智能技术加速落地的几点建议

1. 坚持问题导向和效果导向，不做表面文章

人工智能的应用落地要听到响声。人工智能技术落地有 3 个层次：第一层次是有真实可见的实际应用案例，第二层次是有规模化应用的产品，第三层次是有可统计的应用成效。人工智能技术往往和常用的计算机技术交织在一起，要关注解决了什么问题，不必纠缠"智能在哪里"。不仅要关心高消费人群的锦上添花需求，更要关注用智能技术满足老百姓的刚需。例如，把图像识别和光学字符阅读器（OCR）技术嵌入视障者买得起的智能眼镜中，让视障者带上眼镜就能走路、能看书，这对于数千万视障者来讲就是一种刚需。

2. 重视开辟新市场的智能产品

宏观上看，经济发展过程中交织着 3 类创新：新市场创新、渐进型创新和效率型创新。人工智能的作用主要是优化，因此主要表现为效率型创新。效率型创新的特色是会消灭工作，因为效率提升了，多余的人力就会释出。同样地，资金也会因为效率的提升而释出到市场上。渐进型创新是产品的不断升级，它可以为企业带来更多利润，但市场总量没有改变，不会创造新的就业机会。只有新市场创新能够创造就业，吸收效率创新释出的人力和资金，PC 和智能手机是创造新市场的典型案例。因此，只有新市场创新才是经济由衰转盛的关键。推广人工智能应用不能只考虑机器换人，用机器取代重复性强、照本宣科的白领职工，还要多关注开辟新市场，创造新就业机会甚至新的行业。

3. 改变人工智能领域"头重脚轻"的局面

目前，我国的人工智能基础层、技术层、应用层的人才占比是 3.3%、34.9%、61.8%。人才多集中在应用层，基础层人才比例严重偏低，头重脚轻，根基不牢。发展人工智能和大数据不能只停留在算法上，需要关注计算机系统结构和基础软件。由于摩尔定律遇到了天花板，器件升级速度变慢，未来 10 年可能出现新计算机系统结构的大变革。要高度重视高能效结构、领域专用结构、可重塑结构、事件驱动计算（Event Based Computing）等新结构。

4. 充分发挥企业在技术攻关中的骨干作用

国家把突破人工智能关键技术的希望寄托在大学和科研机构。但是，我国关键技术难以突破的根本原因在于企业的技术创新能力不强。我们必须从高质量发展全局的战略高度认识这一问题的严重性和紧迫性。要提高企业的创新能力，最关键的措施是激励了解世界科技前沿的青年才俊进入企业，减轻企业税负，促使企业增加研发投入。

超算与智能的历史性会合
——对智能超级计算机的几点认识 *

一、关于智能计算机的历史回顾

计算机发展史上，数字计算与模拟神经网络经历了分分合合的历程，"计算机之父"冯·诺依曼曾经试图模仿神经网络设计计算机。但从第一台电子计算机开始，计算机的发展就与模拟神经网络分道扬镳。此后，集成电路的发明及其后来几十年在摩尔定律引导下的狂奔，使得用计算机实现人工智能的方式与人脑的思维机制几乎不沾边。

1. 20 世纪 90 年代的智能计算机热

20 世纪 80 年代末 90 年代初，在日本第五代计算机项目的带动下，掀起过一阵智能计算机热。我当时在美国普渡大学读博士，正好赶上这一波浪潮。1986 年我的导师华云生教授和我合编了一本 IEEE 教程 *Computers for Artificial Intelligence Applications*，该教程连续 3 年是 IEEE 畅销书（如图 2.3 所示）。不少年轻的学者看了这本教程以后才进入智能计算机这一领域。当时的热点是面向智能语言（LISP、Prolog）和知识处理（专家系统）的计算机，研究重点是并行逻辑推理。但是事与愿违，计算机的发展恰恰走了一条与此相反的路。大部分所谓的智能计算机（LISP 机、Prolog 机）、智能软件和智能工具后来被并入了以 PC、工作站和服务器为特征的计算机主流。

日本第五代计算机走的是"定制化路线"。和

图 2.3　1986 年出版的华云生教授和我编著的 IEEE 教程

---

* 2019 年 6 月 27 日在深圳召开的国际智能计算机大会（BenchCouncil）上的报告，根据报告整理的文章发表于 2019 年 7 月 4 日《中国科学报》等多家媒体上。本文在新闻报道基础上根据报告 PPT 重新整理。

日本不一样，我国“智能计算机”研制走的是比较通用的路线：从芯片、系统到软件、应用，都是“非定制化”。人工智能和智能计算机是中科院计算所数十年来努力的方向之一。1990 年，国家科委批准成立国家智能计算机研究开发中心（依托中科院计算所，以下简称“智能中心”）。智能中心不但开展了曙光系列并行计算机的研制，而且从事人工智能的基础研究与应用研究，为今天智能超算的发展打下了基础。当年智能中心的理论研讨班吸引了众多 AI 方向的年轻学者，智能中心与摩托罗拉（Motolora）联合建立的 JDL 实验室（先进人机通信技术联合实验室）培养了一大批与智能信息处理有关的研发人才。设在中科院计算所的智能信息处理重点实验室在计算机视觉、知识处理等方面做出了重要贡献。中科曙光、科大讯飞、汉王（汉王科技股份有限公司）等公司的建立和发展都与智能中心有一定关系。深度神经网络加速器寒武纪芯片继承了智能中心智能算法与计算机体系结构紧密结合的优良传统。

2. 钱学森对智能计算机的预测

钱学森先生曾发表《关于“第五代计算机”的问题》的文章（如图 2.4 所示），就智能计算机与超级计算机的发展发表意见。钱老在文章里说：“第五代计算机是什么？是第二代巨型计算机？我认为再把这个概念叫作第五代计算机，或者第六代计算机，就不那么合适了，因为它不是一个计算机了，而是一个智能机，所以我建议为了不要混淆，就干脆叫第一代智能机。”

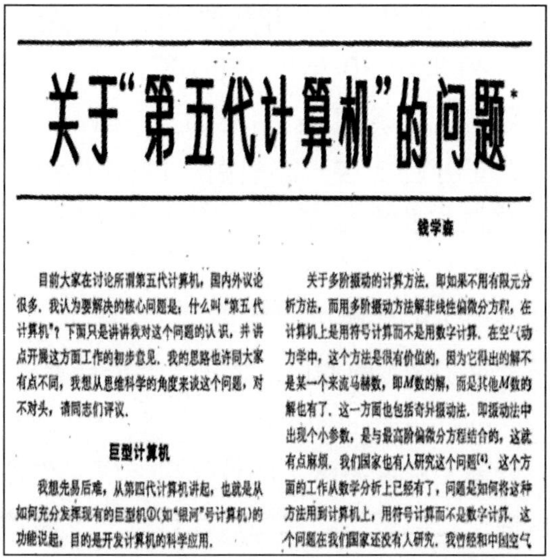
关于“第五代计算机”的问题*

钱学森

目前大家在讨论所谓第五代计算机，国内外议论很多，我认为要解决的核心问题是：什么叫“第五代计算机”？下面只是讲讲我对这个问题的认识，并讲点开展这方面工作的初步意见，我的思路也许同大家有点不同，我想从思维科学的角度来谈这个问题，对不对头，请同志们评议。

巨型计算机

我想先易后难，从第四代计算机讲起，也就是从如何充分发挥现有的巨型机①(如“银河”号计算机)的功能说起，目的是开发计算机的科学应用。

关于多阶摄动的计算方法，即如果不用有限元分析方法，而用多阶摄动方法解非线性偏微分方程，在计算机上是用符号计算而不是用数字计算，在空气动力学中，这个方法是很有价值的，因为它得出的解不是某一个来流马赫数，即 M 数的解，而是其他 M 数的解也有了，这一方面也包括奇异摄动法，即摄动法中出现个小参数，是与最高阶偏微分方程结合的，这就有点麻烦，我们国家也有人研究这个问题[4]，这个方面的工作从数学分析上已经有了，问题是如何将这种方法用到计算机上，用符号计算而不是数字计算，这个问题在我们国家还没有人研究，我曾经和中国空气

图 2.4 钱学森发表的关于第五代计算机的文章

以此为标志，所谓的第五代计算机就分成了两个叉：一个是第二代巨型计算机，另一个是第一代智能机——这是两个不同的概念。事实证明，历史的发展与钱老的预测是相符的，20 世纪 80 年代以后的 30 年，计算机的发展之路确实符合钱老的预测，超算是超算，智能是智能。

3. 智能与超算的历史性会合

人们对超级计算的直观理解是“算得快”的计算机，目前超级计算机圈定在 PFLOPS 级（每秒千万亿次浮点运算）以上的计算机水平。而智能计算机的本意是“算

得巧"，不是"算得快"，本来是两股道上的车。21 世纪以来，随着深度神经网络的成功和大数据的兴起，人工智能研究需要极强的计算能力。过去高性能计算（HPC）主要被用于科学计算，现在 HPC 已被大量用于大数据和机器学习。

一组数据可以说明这一发展趋势。2015 年，中国 HPC 在数据分析与机器学习领域的应用只有 27%，2016 年达到了 48%，2017 年提升到了 56%，这个比例今后还将继续提升。超级计算和计算智能（深度学习）已经走到一起，出现了"历史性的会合"。面向智能应用的超级计算机已成为发展人工智能的强大计算平台。在没有找到变革性的智能平台之前，超级计算是研究和应用人工智能必不可少的基础设施。

智能计算机有许多种类，包括云端（数据中心）智能计算机、智能工作站、人机交互的智能终端和智能物端设备等，所谓智能超算主要是指云端的巨型智能计算，或者说是面向智能应用的超级计算。正在兴起的智能超算新范式融合了三类场景——传统超算 + 大数据 + 人工智能，综合了五大功能——数值计算、感知、学习、抽象和推理。一套智能超算系统想要满足上述各种功能，三类场景都取得优化的效果，是很难实现的目标。

结构越复杂算法就可以越简单，人类大脑有智能是因为大脑的结构非常复杂。未来人工智能需要的不仅仅是计算能力，还需要更复杂的硬件结构，也许今后发明的智能计算机结构很复杂但计算速度不一定很快，但至少最近 20 年内智能超算是要高度重视的研究方向。

4. 传统计算与智能计算的区别

传统计算大多是确定性的数值计算，在封闭的范围内进行基于算法的数字计算；而智能计算大多是非确定的符号计算，或者是在开放环境下基于数据的模拟计算。目前大量采用的所谓智能计算实际上是基于 GPU（图形处理单元）或 GPU-Like（类 GPU）加速器的"准智能计算"。比如，图像和语音的处理本质上还是数值计算。也就是说，现在的神经网络计算还属于数字计算范畴，将来可能会采用模拟计算，这是智能计算很重要的方向。

目前的智能计算与传统计算的主要差别是大量采用半精度（16 位）向量、矩阵和张量浮点运算，有些智能应用甚至采用 8 位、4 位标量运算。因为人工神经网络对指数的大小比尾数敏感得多，最近开始流行 BF16 的新浮点格式：1 位符号，8 位指数，7 位尾数（IEEE 的半精度浮点标准 FP16 是 1 位符号，5 位指数，10 位尾数）。其背后的想法是通过降低数字的精度来减少计算要求和能源消耗。乘法器的物理面积与尾数宽度的平方成正比，因此从 FP32 切换到 BF16 可以显著节省硅片面积。谷歌的张量处理单元（TPU）使用 BF16，乘法器占用硅片面积只有 FP32 乘法器的 1/8。多种精度混合计算是今后的发展方向，但如何在运算中自动调整选择不同精度的计算，还是一个需要完善的优化技术问题。

5. 机器学习已成为计算机科学的核心

机器学习不仅是人工智能领域研究的重点，实际上已成为整个计算机科学研究的热点。图灵奖得主霍普菲尔德（Hopfield）最近指出，计算机科学的发展可以分为 3 个阶段：早期的重点是开发程序语言、编译技术、操作系统以及研究支撑它们的数学理论；中期的重点是研究算法和数据结构；后期的重点已从离散类数学转到概率和统计，机器学习已成为计算机科学的核心。计算学科研究的根本问题是"能行性"问题和"有效性"问题，即什么问题能有效地自动进行计算。智能应用对现有图灵计算模型的"能行性"和"有效性"提出了巨大挑战。

机器学习可以加速科学发现。2019 年 4 月，200 多名科研人员从四大洲 8 个观测点"捕获"了黑洞的视觉证据。此项研究历时 10 余年，加州理工学院采用蓝水（Blue Waters）超级计算机进行近 900 个黑洞合并的模拟，花费了 2 万小时的计算时间。采用新的机器学习程序和算法，从模拟中学习，并帮助创建最终的模型，在毫秒内就能给出合并结束的答案。这说明机器学习可以大大促进科学研究。

6. 并行计算不是"万能药"

目前，智能计算的主要手段是依靠并行处理。不但 GPU 给人的希望是大规模并行，量子计算、生物计算的威力也在于并行处理。

30 多年前，我的博士论文的研究结果就已指出：目前的并行处理只能提高串行计算可求解问题的计算效率，不能用来扩大求解指数复杂性问题的规模。对于串行计算需要 k^N 时间完成的任务，采用 N 个处理器在 k^N 时间内（$k>1$）可求解的问题只能扩大到 $N + \log_k N$，当 N 非常大时，$\log_k N$ 可以忽略。在 IEEE 期刊 *Computer* 的 1985 年第 6 期上，我和华教授联名发表了一篇论文："Multiprocessing of Combinatorial Search Problems"。这篇论文基本上涵盖了我的博士论文"Parallel Processing of Combinatorial Search Problems"的主要内容，严格分析了组合搜索问题并行计算性能的上下界，截至撰写本文时，已被引用 141 次。

有可能真正能对付指数爆炸的是量子计算，在具有数以万计物理量子位的通用量子计算机真正流行以前，我们不能把并行计算当成"万能药"。一般而言，根据目前的技术水平，PC 上无法解决的难题，在有限的经费预算内增加再多 GPU 也解决不了。

二、智能超算的未来研究方向

1. 未来 10 年是体系结构的黄金时期

近几十年，计算机的飞速发展一半来自摩尔定律，另一半来自系统结构的改进。摩尔定律即将走到尽头（集成电路制造的特征尺寸接近物理极限），计算机未来将主要从结构改进入手。图灵奖得主、计算机体系结构宗师戴维·帕特森（David Patterson）与约翰·亨尼西（John Hennessy）预言："**下一个 10 年将出现一个全新计算机架构的'寒武纪大爆发'，学术界和工业界计算机架构师将迎来一个激动人心的时代。**"机不可失，时不我待。未来 10 年应该有像 IBM 360 和 RISC 一样重大的体系结构发明，中国学者应该做出不愧于时代的贡献。

帕特森与亨尼西的图灵奖报告以矩阵乘法的计算效率为例，做出的改进体系结构对性能提高的预期令人惊讶。报告中说：把动态高级语言 Python 重写为 C 语言代码，性能提高了 47 倍；使用多核并行循环处理，性能提高了大约 7 倍；优化内存布局提高缓存利用率，性能提高了 20 倍；使用硬件扩展来执行单指令流多数据流（SIMD）并行操作，性能提高了 9 倍；在工艺不变的条件下，累计性能提高可达 62 806 倍。尽管几项技术并用，可能会有一些性能损失，不是简单的线性放大，但系统结构的改进确实大有潜力，值得努力。

2. 智能机的核心特征——人脑级能效

"人脑级能效"将是未来智能计算机的核心特征。人脑智能给发展计算机的启发在于，大脑以 20 W 的功耗实现了 10 POPS 神经元突触的操作。从目前的发展来看，超级计算机现在的能效还满足不了需求。近 20 年来，超算能效的增长已远远低于计算速度的增长，目前我们面临计算机发展 70 年未有之变局，这给我们提出了巨大的挑战。未来超级计算机要达到像人脑一样的能效量级（1POPS/W），而现在的超算智能只做到 10 GFLOPS/W，有几个数量级的差距！

我的普渡校友，电元电子工程师学会（IEEE）会士、国际计算机学会（ACM）设计自动化专业组主席、美国圣母大学计算机系教授胡晓波撰文指出，目前任意一种新器件都不可能解决低功耗问题，需要跨层协同，要从底层的材料器件一直到顶层的算法应用进行整体考虑，开展跨层设计研究与优化。从深度神经网络加速器顶层架构设计需求入手，逐层分析电路层及器件层的设计思路和面临的挑战。

3．要研究具有"低熵"特征的系统架构

智能计算机的本事主要体现在对付"不确定性"，而"熵"就是对不确定性的刻画。要通过全栈的系统设计应对不确定性挑战，在问题不确定、环境不确定、负载强度不确定的情况下，保障可预期的性能结果。许多智能应用要求系统的响应质量和时延可控性，为了做到系统有序可控，就要给系统注入"负熵"，从某种意义上讲，智能计算机就是"熵"比较低的计算机。

城市建设、交通、股市等的智能应用，都是一些动态变化、不确定性的对象，需要从各种各样的应用中归纳出通用性强的指令系统、微体系结构、执行模型和应用程序接口（API）。适应不确定性负载的系统结构可能是异步执行的结构，Data Flow 执行模型可能是出路之一，也许要从互联网异步协议中获得启发。

4．要重视专用系统结构（DSA）及可重塑处理器（Elastic Processor）

近几十年通用处理器一直胜过专用处理器，这一局面正在改变。未来大多数计算将在专用加速器上完成，而通用处理器只是配角。

DSA 能实现更高性能和更高能效的原因是：①利用了特定领域中更有效的并行形式；②可以更高效地利用内存层次结构；③可以适度使用较低的精度；④受益于以领域特定语言（DSL）编写的目标程序。

很多加速芯片安装在一台计算机中，换一个应用领域切换加速芯片时间太长，就会导致性能下降，必须做到实时可重构。加速核的切换最好在几拍时间内完成，具有这样能力的处理器我们称之为可重塑处理器，这是一个新目标。可重塑处理器的设计目标是：性能功耗比达到 1 TOPS/W。可重塑处理器使用"函数指令集"，一种体系结构适应数百甚至上千种芯片，一款芯片适合上千种的应用，功耗可低至 0.1 W 数量级。寒武纪芯片正在朝这个方向努力。

5．要重视智能超算的通用性

尽管专用化是趋势，但作为一个智能计算和超级计算中心（以下简称"超算中心"），还是要本着为大众服务的目标尽量匹配更多用户的需求。在 Summit 计算机交付之前，美国能源部（DOE）已经成立了 25 个应用软件研发小组，设计能够利用 E 级计算机的软件。美国能源部 E 级计算计划（ECP 计划）是否成功的指标不是 Linpack 性能，而是这 25 个应用性能的"几何平均值"，这意味着其中任何一个应用的性能都不能很差。

在应用牵引上我们应虚心地向美国同行学习。

现在智能加速芯片已有 KPU（知识处理单元）、IPU（图像处理单元）、MPU（微处理单元）、NPU（神经网络处理单元）、QPU（量子处理单元）、SPU（安全处理单元）、TPU（张量处理单元）、VPU（矢量处理单元）、WPU（可穿戴处理单元）、XPU（百度与 Xilinx 合作推出的处理器）等十几种，在注重单项性能的同时，要关注功能集成和可重构，提高智能超算的通用性。

6. 模拟计算值得重视

传感器接收的都是模拟信息，人脑处理的也是模拟量，连续变量的模拟计算是非图灵计算。模拟计算是离散数字计算的前辈，经过 60 年的变迁，模拟计算可能有机会东山再起，连续变量与离散变量的混合计算将开启计算新天地。

量子计算是介于连续量计算和离散量计算之间的计算模式，再进一步就是连续量（实数）计算。量子计算可能会比许多人预期的进展速度更快，计算机界目前基本上没有介入，应鼓励更多的计算机学者加入量子计算行列。

图灵机上不能表示实数（连 0.1 都不能精确表示）。20 世纪 80—90 年代曾有一些学者研究实数计算，有一系列的成果。离散数据背后有一个连续数学模型，如何在计算机上反映连续数学模型值得研究。

7. 计算存储一体化

人类的大脑计算和存储不是分开的，不需要数据搬移。未来可能要改变计算和存储分离的传统计算机体系结构，做到计算存储一体化。

目前实现计算存储一体化有两种方法。一种方法是 PIM（Processing in Memory）。阻变存储器可实现神经网络计算，在存储里做深度学习，功耗可以降低为原来的 1/20，速度提高 50 倍。美国加利福尼亚大学圣芭芭拉分校的谢源教授在联合大学微电子学项目（JUMP）中承担了一项研究任务"Intelligent Memory and Storage"，就是采用 PIM 方法。另一种方法采用 3D 堆叠，被称为 Memory Rich Processor，就是在处理器周围堆叠更多的存储器件。谷歌第二代 TPU 放上了 64 GB 内存，带宽从第一代的 30 GB/s 提高到 600 GB/s。

8. 推理驱动与数据驱动融合发展

目前的智能应用，主要是数据驱动的。人工神经网络属于开普勒研究模式，而人工智能研究中的推理驱动则是继承牛顿的演绎推理模式。

1956 年的达特茅斯会议第一次讨论人工智能，会议的经费申请报告中写的研讨会的基础是"学习以及智能的其他所有特征的方方面面，原则上都可以精确描述，从而可以制造出仿真它的机器"。这就预设了实现人工智能要走牛顿的技术路线：先精确描述智能。这可能也是约翰·麦卡锡（John McCarthy）将这一学科命名为"人工智能"而不是"机器智能"的原因。

丘成桐先生的主张也是演绎推理模式。但智能领域也许不存在 $F = ma$ 这样简洁的公式，数据驱动如何转到推理驱动需要认真探索。两者的融合不是技术层面的互相借用，而是需要根本性的科学发现和原理性的大突破。

9. 要重视事件驱动计算

大脑神经元之间的通信是神经脉冲，这是一个异步事件。而第一代和第二代人工神经网络都基于神经脉冲的频率进行编码，没有考虑"时间"因素。未来人工神经网络应考虑"时间"因素，基于事件的信息流（事件驱动计算）可直接反映人脑工作的自然模式，这是一种新的"空间－时间模式"。

20世纪80年代，卡弗·米德（Carver Mead）最先开始这一方向的研究。英国曼彻斯特大学的史蒂夫·弗伯（Steve Furber）教授领导的欧盟人类大脑计划（HBP）项目，也在进行事件驱动计算的研究。

数据驱动（Data-Driving）也是一种事件驱动的异步计算，在发展智能超算中应关注数据流计算（Data Flow Computing），特别是数据驱动执行模型。

10. 要建立智能超算新的测试基准

长期以来，评测超级计算机的性能都采用 Linpack 测试程序，这是一个求解线性方程组的程序。这个程序的优点是可扩展性特别好，而且，Linpack 是 CPU 密集应用的程序，可以测出几乎满负荷、满功耗下的计算机浮点运算性能。从这个意义上讲，Linpack 是测试超级计算机可靠性和稳定性的理想程序。

但是，求解线性方程组终究只是一种应用，全面衡量超级计算机的性能需要更合适的基准（Benchmark）测试程序，可惜现在还没有。由于功耗的限制，发展通用超级计算机已遇到极大的困难，近年来领域专用超级计算机成为热门研究方向，Linpack 显然不适合作为领域专用计算机的测试程序。建立统一的基准评价标准，有助于行业内的良性竞争。希望从过去的超算到大数据和人工智能有一套新的标准，有一把尺子衡量技术，将影响力从学术界延伸至产业界。

2019年6月19日，HPCWire 发布了一项新的智能超算性能测试标准 HPL-AI 的测试记录，目前性能500强（TOP500）中排名第一的 Summit 超级计算机达到 445

PFLOPS，比原来的 HPL（即 Linpack）记录 148 PFLOPS 高出 2 倍。HPL 测双精度（64 位）浮点运算速度，而 HPL-AI 是混合精度测试，包括适合智能应用的 8 位、16 位、32 位计算。HPL-AI 特别适合核聚变、识别新分子和地震断层解释等超级计算，这些应用中大量用到 GPU。目前美国学者只是建议 HPL-AI 像 Green 500 一样，作为 Linpack 的补充，不是代替 Linpack。中科院计算所等单位在 2019 年国际智能计算机大会上也提出了数据中心 AI、智能超级计算机 HPC AI 500 等测试标准，希望中国学者在制定智能计算机测试标准上做出更大的贡献。

关于人工智能的基础设施建设 [*]

　　工业时代的基础设施是"铁（路）公（路）机（场）"。人类进入信息时代已经完成了两个阶段的信息基础设施建设。第一阶段是 PC 机的集成电路和整机生产产业链以及 Windows 操作系统的普及，其中美国 DARPA 支持的 MOSIS（MOS Implementation Service）集成电路设计模式培养了数以万计的芯片设计人员，为信息化奠定了人才基础。第二阶段是由 ARM 处理器、Android 和 3G/4G 无线通信构成的移动通信及云计算的基础设施，这一阶段开源软件的流行起到关键作用。现在信息社会已进入智能化新阶段，所需要的基础设施主要不是用来解决联通问题，而是用来理解物理世界和人类社会，因此计算能力和大数据成为新基础设施的关键。我们可以称之为第三代信息基础设施（或**信息基础设施 3.0**）。

　　第三代信息基础设施至少要解决数据的存储和处理、系统结构的颠覆式创新以及降低开发和应用门槛的软件工具链 3 个问题。

　　第一是对付大数据的基础设施。我国互联网数据中心发展落后于发达国家，美国占据了全球数据中心 45% 的份额，中国只占 8% 左右，但增速达 45%。我国在互联网数据中心建设上也存在许多弊端。一是电信运营商垄断市场资源，占到整个数据中心服务市场的 2/3，第三方数据中心服务商发展不顺利。二是不同电信运营商数据中心联系不畅通，数据跨网互联缺乏中间商。传统的互联网数据中心已不能满足智能应用的需求，目前各地都在建智能计算中心和超级计算中心。

　　目前的人工智能基本上用蛮力（Brute Force）的办法对付大数据，Hive 公司就利用网络动员数十万人为数据打标签，真是"有多少人工才有多少智能"，还要花费大量的电力和时间进行模型训练，这些因素导致人工智能难以大规模普及推广。人工智能最麻烦的部分在于准备数据，我们需要一种新的基础性架构，不是靠拼数据和计算机规模，而是用聪明的办法精简数据处理量。要从当前的学术理念中提炼出新理论、新方法、新技术，优化大数据的开发范式。最近国际上混合精度计算成为热潮，目的

---

[*]　2019 年 10 月 22 日在广东省人工智能座谈会上的发言。

是解决传统超级计算和智能计算的融合问题，将来的大数据中心要分别部署多少通用计算能力和智能加速计算能力，需要科学决策。2017 年广东全省数据中心的服务器机柜约 8 万个，约占全国总量的 20.8%。今后广东省对如何部署大数据和智能计算中心要做出合理的规划。

第二是计算机和芯片系统结构的颠覆式创新。 一讲人工智能，大家首先想到的是机器学习算法。但提供足够大的计算能力才是基础设施的关键。摩尔定律已接近尾声，系统结构创新迎来了黄金时代。即使芯片工艺不再进步，系统的性能也可能获得数万倍的提高。硬件和系统软件的变革会带来新一类的应用。这些应用又会对底层资源提出更高的要求，倒逼底层基础设施做更高水平的创新。开源硬件将如同开源软件一样，大大加速敏捷制造。开源硬件需要提供成套的开发环境和产业生态，不仅仅是 RISC-V 开放指令系统。我国在人工智能领域与国外差距最大的是系统结构，在部署人工智能时要大力弥补这一短板。

第三是完善工具链，降低开发与应用门槛。 目前人工智能开发和应用缺乏加速开发的抽象化工具，需要提供智能系统开发的各种模块，大大降低开发人员的技术门槛，大量吸收人工智能行业的就业人员。国家认定的人工智能开放平台是阿里巴巴、腾讯、百度、科大讯飞等龙头企业。企业如何做非营利服务？广东要不要建立非营利性质的人工智能公共设施平台？这是构建人工智能基础设施必须考虑的问题。

中科院出资建设的先导智能机是国际上能效最高的智能超算，而且采用寒武纪和海光自主芯片，目前已安装落地在珠海横琴，对于解决我国智能产业"卡脖子"问题有重大意义。珠海横琴在此基础上扩建到 4 EOPS，成为目前世界最快的智能计算机，这不仅有学术价值，更能拉动大湾区智能产业。扩建费用要十多亿元，目前横琴经费初步到位，但还有数亿元缺口，恳请省里支持。2019 年 11 月初，白（春礼）院长拟赴珠海横琴参加项目永久机房奠基仪式和横琴智能机建设启动仪式，希望邀请马（兴瑞）省长共同参加见证。目前在横琴澳门两地正在推进前期成果的展示，希望协调列入年底澳门回归祖国 20 周年庆典活动路线中，进一步扩大省院合作对大湾区科技产业建设及协同港澳发展的影响力。

有关人工智能的若干认识问题 *

　　人工智能自诞生以来就众说纷纭，争议不断。近几年人工智能的高速发展也是在人们乐观与悲观情绪的交织中进行。今后几十年人工智能技术能否健康发展，取决于人们对这一"头雁"技术的认识。从某种意义上讲，人类的未来也取决于决策部门、科技人员对人工智能的正确理解。30多年前，我也算是人工智能的"弄潮儿"之一，虽然现在已不在科研第一线，但仍然是人工智能技术和应用的"观潮者"。我在这篇文章里讲几点"过来人"的观感与认识，仅供大家参考，不当之处，请批评指正。

一、人工智能会不会再次进入寒冬？

　　对人工智能的发展现状的评价一直存在争议，有人说人工智能处在火热的"夏天"，也有人认为它即将再次进入寒冬。近年来，斯坦福大学每年都发布《人工智能指数报告》，2021年的报告指出，近10年计算机视觉研究取得巨大进展，已实现产业化；自然语言处理近年来进展较快，已经出现了语言能力显著提升的人工智能系统，开始产生有意义的经济影响。斯坦福大学的报告比较中肯，基本上代表了人工智能界多数学者的看法，既肯定了人工智能最近取得的进展为企业提供了大量机遇，又强调必须注意采取措施降低使用人工智能的风险。我们在对人工智能的前景做判断时，既要看到人工智能技术的高速发展和巨大潜力，又要看到现有技术的局限性和人工智能理论取得重大突破的艰巨性。

　　前几年，人工智能界许多人认为，深度学习在自然语言理解方面还难以取得大的突破，但这两年，人工智能系统在这一领域取得较大进展，有点出人意料。不论是斯坦福大学发起的机器阅读理解比赛，还是纽约大学等单位组织的通用语言理解评估基准（GLUE Benchmark）比赛，机器阅读理解的成绩已超过人类平均水平。百度、阿里巴巴等国内企业多次在比赛中夺冠，反映出中国在自然语言理解方面已处于国际领先地位。但这种刷榜式的比赛成绩未必真实反映了目前的人工智能系统的理解能力。加拿大学者发起了威诺格拉德模式挑战（WSC），通过对模糊指代的测试（句子中"他"

---

* 2021年6月3日在中国军事科学院的报告，正式文章发表于《中国计算机学会通讯》2021年第7期。

是指谁）考验人工智能系统的常识理解水平，结果人工智能系统的得分很低。近年来生成性预训练变换器（GPT）和基于转换器的双向编码表征（BERT）等系统在 WSC 测试中也取得过 84% 以上的高分，2020 年 AAAI 大会上一篇提出 WINOGRANDE 测试（WSC 的变种）的论文荣获了最佳论文奖，该论文指出我们高估了现有模型的常识推理能力。

在 2011 年美国智力竞猜节目《危险边缘》（*Jeopardy*!）中，在 IBM 的 Watson 计算机击败了两位最优秀的选手后，IBM 将医疗作为人工智能科研转化的核心，启动了 Watson Health 项目，"烧掉"上百亿美元，但仍然缺乏有效的逻辑推理，不能为医生提供意想不到的方案。IBM 的 Watson Health 业务年营收只有 10 亿美元左右，历经 10 年也没有通过美国食品药品监督管理局（FDA）的审批，还无法有效应用于临床。最近 IBM 打算出售 Watson Health 业务。IBM 放弃 Watson Health 业务给我们带来重要的启示：对于正确性和安全性要求很高、环境复杂的行业，人工智能应用还有很长的路要走。

人工智能已经经历过两次寒冬，会不会再度经历一个寒冬？之前人工智能遭遇寒冬，是因为当时的技术还不能创造较大的经济价值。第三波人工智能的兴起不是来自学术界，而是来自企业界的驱动。本质上不是人工智能界发明了以前不知道的新技术，而是数字化的普及产生了智能化的需求。只要智能化的需求旺盛，学术界不像前两次那样盲目乐观，人工智能就不会马上进入寒冬。如果能扎扎实实地在合适的应用场景推广合适的智能技术，人工智能可能会度过一段较长时间的"秋天"。

总体来讲，人工智能诞生后的前 60 年基本上是在"象牙塔"内发展。2012 年国内人工智能领域融资只有 17 亿元，2018 年增长到 1 311 亿元，人工智能企业数也翻了两番。国务院的文件提出要发展"新一代人工智能"，这是指信息化的发展催生出大量新的智能应用需求，促使人工智能成为数字经济的"领头雁"。传统人工智能主要是模拟一个人的智能行为，新一代人工智能要求模拟人类社会和物理世界。如果我们能去掉人工智能头上神圣的光环，放下人工智能高贵的身段，使其在工业制造、生物学、医学、社会科学等诸多领域甘当配角，新一代人工智能不但不会进入寒冬，还必将走出小舞台，奔向科学研究和数字经济的大舞台，进入飞速发展的康庄大道。

二、深度学习是否遇到了发展的天花板？

2020 年 5 月，OpenAI 发布了无监督的转化语言模型 GPT-3。这个模型包含 1 750 亿个参数，训练数据量达到了 45 TB（1 万亿单词量），在语义搜索、文本生成、内容理解、机器翻译等方面取得重大突破。2021 年，OpenAI 的 GPT-3 又有重大改进，参数减少到 120 亿个，只有原来的 1/14，可以成功跨界，按照文字描述生成对应图片。GPT-3 证明了通过扩大规模可以实现性能提升，成为深度学习的标志性成果。受 GPT-3 的激励，深度学习的参数规模还在不断增长。2020 年 8 月，Gshard 模型的参数达到 6 000 亿个；2021 年 1 月，Switch-C 模型的参数达到 16 000 亿个。最近，北京智源人工智能研究院发布的"悟道 2.0"，参数达到 1.75 万亿个，成为目前全球最大的预训练模型。学术界开始质疑，扩大参数规模是机器学习的唯一出路吗？参数规模的扩大有没有尽头？现在就下结论说机器学习的参数规模已经到头了可能为时过早，进一步增加参数可能对提高自然语言理解等应用的智能化水平还有作用。但增加参数无疑会提高算力要求，OpenAI 用于 GPT-3 的超级计算机包含 285 000 个 CPU 内核、10 000 个 GPU，有媒体报道，训练 1 750 亿个参数一次要花费 1 200 万美元。一味地增加算力显然不是人工智能发展的唯一方向。

任何技术都有局限性，深度学习肯定也有向上发展的天花板。问题是扩大参数规模和人工神经网络的层数究竟还有多大的改进空间？我们能从理论上分析和预测深度学习的天花板吗？计算机科学的复杂性理论专门研究问题和算法的时空上下界，但深度学习希望解决的问题是对数据"含义"的"理解"，传统的复杂性理论似乎用不上。深度学习的根底是数学，数学是关于形式表示的学问，只用"真"和"伪"两种含义表述逻辑、概率和统计问题，没有描述"含义"的方法。有些数学家认为，用计算机不可能真正解决语义理解问题。这可能是深度学习本质的天花板，我们需要创建新的数学、新的计算理论，简单地集成和优化现在的人工智能技术无济于事。

减少深度学习对数据的依赖性，已经成为人工智能研究重要的探索方向之一。深度学习并不只是监督学习，也不只是神经网络。目前人工智能算法的主要特点是实现"大数据、小任务"。探索人脑的奥妙机理，实现小数据学习和举一反三的迁移学习是更重要的研究方向。希望在只有少量数据、对任务没有严格限制的情况下，能取得"小数据、大任务"的成功。大脑的功耗只有 20 W，实现低能耗的智能系统是更重要的努力方向。实际上，人工智能的巨大进展已体现在算法的改进上，投入人工智能算法研究可以比硬件研发收益更高。自 2012 年以来，训练一个人工智能模型在基准测试 ImageNet 图像分类任务中达到同等的分类效果，所需的算力每 16 个月就会减少 1/2。目前训练神经网络达到 AlexNet 的水平所需的算力已减少到 2012 年的 1/44。

目前的机器学习针对特定的、预先编程好的某个目的，基本上是算法、模型的优化。如何实现人造智能体的自动"进化"是体现智能的关键，要关注"用人工智能创造出更好的人工智能"。我认为，人工智能的目标主要是两个：一是计算机的智能化，二是人造物理世界（主要是工业世界）的智能化。人造物理世界的智能化除了计算机视觉等感知技术外，最重要的应该是机器的自动（辅助）编程技术，或者说机器控制程序的自动进化技术。相对于深度学习，国内学者对机器自动编程几乎无动于衷，这应该是我国人工智能发展布局上的一大失误。目前的机器学习分为两个阶段，模型训练和模型应用是人为隔离的，推理模型和应用程序通过积累、分析自己的应用结果，自动进化升级的案例尚不多见。机器不一定有意识，但可以有目的。机器学习的真正难点在于保证机器的目的与人的价值观一致。人工智能面临的重要挑战不是机器能做多少事，而是判断机器应不应该做，知道机器做得对不对！

有些学者认为，深度神经网络是个自动调参数的"黑箱"，只是通过不断优化拟合非线性目标函数而已。但是，深度神经网络是对人类大脑进化形成的分层视觉神经系统的模仿。数学家鄂维南指出："从数学家的观点看，人工神经网络就是一种应对维数灾难的数学工具，通过对高维函数的拟合，数学上可以推导出两层神经网络和梯度下降法。"麻省理工学院（MIT）的物理学家泰格马克（Tegmark）在《生命3.0》一书中指出：**"我们发现人工神经网络之所以如此有效，不能仅用数学来回答，因为答案的一部分取决于物理学。如果大脑的进化是为了预测未来，那么，我们进化出的计算结构正好擅长计算那些在物理世界中十分重要的问题。"**对人类大脑的模仿、数学家应对维数灾难的求解、物理原理的适用是3个完全不同的视角，但得出的结论都是多层人工神经网络和梯度下降法等基础算法，这绝不会是偶然的巧合，深度学习技术在计算机视觉和自然语言理解等领域取得成功的背后一定还有更深层次的原因。加利福尼亚大学伯克利分校马毅教授发文，从数据压缩（和群不变性）的角度提供了对深度（卷积）网络的完全"白盒"解释，展示了深层架构、线性算子等所有参数都可以从最大化速率缩减（具有群不变性）的原则推导出来。这可能是深度学习理论的重大进展，值得高度关注。

深度学习只是人工智能长河中的一朵浪花，人工智能学科的未知领域巨大。李飞飞表示：现在的人工智能还处在牛顿物理学之前的时代，我们还在学习现象学和工程学。欣顿和吴恩达等机器学习领域的领军人物都在呼吁重启人工智能。即使目前的深度学习技术有天花板，捅破天花板后一定是更广阔的发展空间。假以时日，人工智能界也许会再次出现图灵、冯·诺依曼一样的领军人才，将人工智能推向新的高峰。

三、AlphaFold 给我们什么启示？

2020 年人工智能领域另一个引人关注的成果是将机器学习应用于基础研究。蛋白质结构预测是生命科学领域的重大科学问题，目前已知氨基酸顺序的蛋白质分子有 1.8 亿个，但其三维结构信息被彻底看清的还不到 0.1%。谷歌旗下的 DeepMind 公司开发的人工智能程序 AlphaFold2 在 2020 年 11 月的蛋白质结构预测大赛 CASP14 中，对大部分蛋白质实现了原子精度的结构预测，取得了 92.4% 的高分。这是蛋白质结构预测史无前例的巨大进步。AlphaFold 在方法学和概念理论上没有大的创新，与其他的参赛队一样采用卷积神经网络（CNN）加上模拟退火（SA）技术，只是用的资源比较多，高算力出奇迹。但 AlphaFold 是用人工智能方法做基础科学研究的成功探索，为人工智能扩展了新的研究方向。

同样在 2020 年 11 月，中国和美国的一个联合研究小组获得高性能计算的最高奖——戈登·贝尔（Gordon Bell）奖。长期以来，第一性原理分子动力学只能计算数千个原子，模拟时长在皮秒量级。该团队采用基于深度学习的分子动力学模拟方法，有机地结合传统的高性能计算和机器学习，将分子动力学极限从基线提升到了 1 亿原子的惊人数量，计算速度提高至少 1 000 倍，与 AlphaFold 一样，引领了科学计算从传统的计算模式朝着智能超算的方向前进。这两项成果的意义在于，深度学习融合了过去的 4 种科学范式，创造了一种新的科学范式，我称之为"科研第五范式"的雏形。

可能在几年之后，AlphaFold 将具备代替实验研究、直接从蛋白质氨基酸序列大批量产生蛋白质三维结构的能力。随着 AlphaFold 的成熟，人类对蛋白质分子的理解将会有一次革命性的升级。AlphaFold 的成功也给我们带来新的困惑：疑难问题的解决越来越不依赖人类的先验知识，也越来越无法被人类理解。这意味着在人工智能时代，人类获取知识的逻辑将要发生根本性的变革，对人类认知将产生巨大冲击。机器学习是一种全新的、人类也无法真正理解，但能被实践检验的认知方法论。我们是相信"实践是检验真理的标准"，还是坚持必须给人讲明白原因才是真理，甚至必须遵循严格的演绎规则才是真理，人类将面临困难的选择。

四、可解释性和通用性是不是当前最重要的研究方向？

可解释性和预测精度是相互矛盾的两个维度，如同高性能和低功耗、通用性和高效率一样，难以得兼。智能应用是多种多样的，不同的应用对可解释性的要求大不相同。即使是对安全性要求很高的应用，需要解释到什么程度也是有区别的，可解释性不应是人工智能研究的首要目标。人类智能本身也是一个"黑箱"，相比人类大脑的不可解释，人工神经网络也许能解释更多决策的过程。至于深度神经网络的输出究竟是如何形成的，用现有的知识解释每个参数的作用无济于事，需要创立新的理论才能做出解释。实践是检验真理的标准，解释性弱的技术也会延续发展，例如中医。对于人工智能，人们最担心的可能不是对"输出结果是如何产生的"解释不清楚，而是不知道它什么时候会出现错误，比可解释性更重要的是人工智能的防错技术，要有科学依据地将出错率降低到可接受的范围，特别是解决攻击性环境下出错的问题。人工神经网络出现"白痴性"的错误与其高预测性形影相随，可能是本质性的特征，提高可解释性不一定是防止出错的唯一途径，防错研究应该成为人工智能的重要研究方向。

所谓防错研究是指准确地划定给定的智能程序的应用范围。也就是要获得达到预定目标的必要条件和保证不出错的充分条件。世界上没有包治百病的神药，每种药品上都标注了适应证。确定智能应用程序的适用范围应当比药品更严格，当然也就更困难。一般而言，模型的复杂度和预测准确性往往是正相关的关系，而越高的复杂度也意味着模型可能越无法解释。信任黑盒模型意味着你不仅要信任模型的方程式，还要信任它所基于的可能有偏见的整个数据库，所以对数据的"偏见性"检查也需要重视。可以考虑先训练出庞大的、精确的、上百层的深度神经网络，再将深度神经网络压缩成较浅的神经网络，在保证它的准确率的同时提高可解释性。大多数机器学习模型的设计没有可解释的约束条件，目前只是在静态数据集上为准确的预测变量而设计，今后有些应用可考虑增加可解释性的约束条件。可解释性也是分层次的，最严格的可解释性是数学，但要求像数学一样从几条公理出发可能会扼杀人工智能研究。

通用人工智能是人工智能研究的终极目标。这个目标何时能实现？在对全球 23 位顶尖人工智能学者的一次调查中，最乐观的专家给出的时间为 2029 年，最悲观的专家认为要到 2200 年。平均来看，时间点为 2099 年。我认为，如果要通过洞察人脑的奥秘实现像人一样通用的人工智能，恐怕要到 22 世纪以后。通过获取足够多的背景知识，让机器具有更丰富的常识，可以逐步提高人工智能系统的通用性，但近期不必将追求像人脑一样的通用性作为主要研究目标。在一个领域内有足够的通用性就有很宽广的应用前景。对于人工智能研究来说，比最大程度的通用性更紧迫的研究目标包括：应对具体应用复杂环境的鲁棒性和自适应性，智能系统的安全性等。

2021年6月15日，清华大学发布新闻，我国首个原创虚拟学生"华智冰"将入学清华大学计算机系，自即日起开启在清华大学的学习和研究生涯。此新闻在网络上引起热议，也遭到一些批评。采用虚拟学生的形式测试检验"悟道"超大规模人工智能模型，通过机器学习不断提高虚拟人系统的通用智能水平，原本无可非议。但除了采用真人视频代表虚拟机器人引起误导外，关键是清华大学准备用3年左右"培养"出达到大学毕业生智能水平的虚拟机器人缺乏科学依据。日本东京大学的新井纪子教授花了近10年时间，组织上百人的研究队伍，开展"机器人能考上东京大学吗？"的研究（这是第五代计算机以后日本最有影响的人工智能研究项目），去年她写了一本书《当人工智能考上名校》，明确宣布，人工智能还有很多无法跨越的障碍，最大的困难是"常识"，仅凭现有人工智能技术不可能考上东京大学。通用智能是人脑的本质特征，在对人脑机制缺乏了解的情况下，短期内不要对实现像人脑一样通用的人工智能抱过高的期望。人类也不迫切需要像人一样通用的智能产品。如果研究通用人工智能，最好制定20~30年的研究目标，埋头做长期基础研究，"闷声憋大招"。"短平快"的研究不可能解决通用人工智能的难题。

通用性等价于强人工智能的看法已在学术界流行，现在我只能"入乡随俗"，勉强接受已经流行的所谓"强人工智能"和"弱人工智能"的分类，但我认为这并不是一种科学合理的分类。我认为，通用性和智能化水平是两个维度，通用性有强弱，智能化水平主要反映在性能、效率和自适应性上，也有强弱之分。与通用相对的是专用，我们要在扩展应用领域和提高智能化水平两个维度发力。强人工智能追求的是智能纵向的深度，通用人工智能追求的是智能横向的宽度。纵向智能、横向智能都没有尽头。新一代人工智能既要朝通用的方向发展，也要朝提高专门领域的智能化水平发展。一堆狭义智能的堆砌永远不会成为通用人工智能，"信息整合"是人脑涌现智慧的关键，要高度重视提高机器学习通用性的"迁移学习"。

美国DARPA的"下一代人工智能"计划部署了90项应用人工智能项目、27项高级人工智能和18项前沿探索（比例为10∶3∶2）。90项应用，如药品开发、芯片设计等都是弱人工智能，高级人工智能包括可解释性、推理论证、鲁棒性、行为准则、普遍性（通用性）和极端性能6项技术，前沿探索包括有限数据学习（小数据学习）等6个研究方向。此布局以人工智能应用为主，兼顾高端技术和前沿探索，是一种综合考虑近、中、远期需求的全面布局，值得我们借鉴。

五、符号主义与联结主义融合的前景如何？

能否使用符号是人和动物的本质区别。早在 19 世纪，德国哲学家恩斯特·卡西勒（Ernst Cassirer）就指出人是会使用符号的动物。从动物向智人进化的分界线是发明符号和使用符号。纽厄尔（Newell）和西蒙（Simon）提出的物理符号系统假设：对于一般智能而言，具备物理符号系统是一个充分必要的条件。所谓必要，就是任何表现出智能的系统都可以经过分析被证明是一个物理符号系统；所谓充分，就是任何足够大的物理符号系统都可以通过组织而表现出智能。物理符号系统假设是符号主义的理论基础，符号主义确实为人工智能发展做出了历史性的贡献，但这一假设没有得到人工智能界的公认，人脑是不是"物理符号系统"至今也说不清楚。智能系统涉及信号、亚符号和符号的处理和转化，符号处理应该不是智能处理的全部内容。经过几十亿年的进化，我们的大脑最终形成了很多不同的应对环境的机制。进化选择了生命的杂乱而非逻辑的严谨。历史已证明，只靠基于人类知识和特定规则创建人工智能，往往会失败。要真正实现基于知识的推理，需要万亿级的常识知识库支持，现在可以实现更大规模的常识知识图谱，用大规模的常识知识图谱来支撑深度学习，有可能实现更通用的人工智能。

目前基于数据驱动的机器学习不能举一反三，鲁棒性差（易受噪声的影响），不能在使用过程中自动学习。机器学习与人类学习的机制和方法存在巨大的差异。为了提高机器学习的水平，需要与心理学、认知科学和神经科学结合，借鉴人类的学习机制，在学习中融入常识和推理，改变目前机器学习的方法与机制。

人工智能已经两起两落，第一波的主流是逻辑推理，第二波是基于人工神经网络的机器学习。普遍认为，未来的第三波将是机器学习与逻辑推理的有机融合，追求更加通用、更鲁棒、更具有可解释性的人工智能。希望两种有互补性的技术结合起来是人们习惯的想法，但联结主义和符号主义的结合比常人想象的要困难得多。联结主义和符号主义结合的困难在于，深度神经网络中隐层节点上发生的事情是不可言传的，因为隐层节点可能并不表达我们使用的任何概念或概念组合，可能只有把认知过程分解成远比我们的概念体系细得多的碎片，再按另一种方式重新组合才能得到一点语义的蛛丝马迹。符号主义到联结主义再到可解释的联结主义是否定之否定螺旋式上升。简单地用符号逻辑解释深度神经网络，可能是走回头路。

人脑的智慧是感知到认知的涌现（Emerge），之所以用"涌现"这个词，是因为它过于复杂而无法用公式或任何确定的方式来表达。但理解从低层次的感知到高层次的逻辑推理，必须明白"涌现"如何发生。简单地互相借用另一个层次的某些思路或方法，难以实现真正的结合。涌现的特征是混沌性，理解它如何形成可能已超越目前人类的智力。人工智能的下一步发展要更加解放思想，跳出现有的符号主义和联结主义的框框，从神经科学、生物科学、人文科学等更广泛的领域获取灵感。

六、发展人工智能应有更理性的态度

1991 年，在第一届全国人工智能与智能计算机学术会议上，我代表国家 863 计划智能计算机主题（863-306 主题）专家组提出发展智能计算机的"顶天立地"战略。我认为，今天发展人工智能技术仍要坚持这个战略，采取弱人工智能和强人工智能两条腿走路的方针。强人工智能还处在基础研究阶段，要解放思想，争取"广种奇收"。要毫不犹豫地大力发展和推广弱人工智能技术，以计算机和控制设备（系统）的智能化为重点，将人工智能技术融入数字经济和智慧社会之中。人工智能要获得根本性的重大突破还要付出艰苦的努力，但每年都要争取获得几项像 GPT-3 和 AlphaFold2 一样的明显进展，积小胜为大胜。

研究一项智能技术，在某个单项智能水平上超过人类不是发展人工智能产业的目的。一定要时刻问自己："如果我的研究成果是答案，那么，要解决的问题是什么？"不能把人工智能当作"锤子"，把所有要解决的问题都看成"钉子"。人工智能不是万能药，必须了解目前人工智能技术究竟能解决哪些实际问题。

在机器翻译等领域，深度学习做得非常好，可以达到 90% 以上的准确率。问题是最后的约 10% 的提升，可能需要完全不同的方法。在自动驾驶系统中，机器做出的决策必须非常准确，容不得一丝马虎，这样才能确保乘客的安全。所以对于最后的 1% 的提升，甚至百万分之一的提升，都需要做大量的科研攻关，也许最终还是要人机结合。

人工智能的效果不局限于自动化，不能将替代人工当成发展智能技术的唯一目标。要不要用智能技术替代现在的人工要做全面分析，应考虑整体成本和就业、稳定等社会问题。韩国是工业机器人使用密度最高的国家，考虑大量使用机器人可能增加失业率，韩国政府决定对投资工业自动化设备的企业取消税收减免，变相征收"机器人税"。这一政策反映出政府不能不顾一切地支持发展替代人工的自动化技术。对在发展智能技术的过程中可能失业的工作人员要未雨绸缪，有计划地做新职业培训，对任意解雇劳动者的企业要有适当的约束措施。

　　现在大家做人工智能研发大多基于国外大企业的开发平台，如谷歌、脸书、亚马逊、微软等，这些开源程序都放在 GitHub 中（现在是微软下面的托管平台）。按照美国法律，GitHub 要受美国法律管辖，存在断供的风险。我国一定要建立自主可控的人工智能开源平台。企业牵头的人工智能开放创新平台是一条路，但企业的开发工具不一定开源，数据和模型不一定能共享。国家科研机构和大学要花更多精力打造培育人工智能开源软件和开源开发工具。

　　技术本身的发展和监管必须齐头并进，不能等风险不可收拾时才想到要监管。一定要把科技关进伦理和法律的笼子里。越是先进的技术越需要监管。社会各界十分担心人工智能的风险，要像监管核武器一样加强对人工智能技术的监管。人工智能伦理和人工智能监管是我国明显的短板，应立即加强有关布局和规划。未来的智慧社会中，"智警"和有关智能业务的"法务工程师"应成为重要的从业人员，从现在起，就要着手培养"智警"和熟悉智能业务的"法务工程师"。

　　我国学术界习惯随大流，辩论风气不浓。中国计算机学会启智会已开始对人工智能的局限和未来发展趋势展开激烈辩论，希望国内人工智能界在会议和期刊中多开展辩论，弘扬百家争鸣的自由探索精神。

《人工智能十问十答》读后感 *

德毅兄，你好！

我认真拜读了你的《人工智能十问十答》，收益良多。

一、我表示赞同并十分欣赏的有以下几点

1. 通用智能不可能是全知全能，也不应该把通用智能理解为单项超强智能，通用智能实际上是指跨领域的一般性智能，一般性的触类旁通、举一反三、融会贯通能力。遗憾的是发展 60 多年的人工智能没有能够更靠近人的一般性智能。如果说强人工智能追求的是智能纵向的深度，通用人工智能追求的恰恰是智能横向的宽度，是可进化的类脑智能。纵向智能、横向智能都没有尽头。新一代人工智能既要通用，又要有专门领域或者多个专门领域的强智能。

2. 如果能够找到在介观上更类似可进化的脑组织、并能够在物理上实现的新基础架构，通过后天的教育，传承学习和自主学习，可望形成新的人工智能，其硬核应该是交互、学习和记忆。记忆力体现智力，强记忆常常意味着强智能，记忆比计算重要。因为有注意力选择机理，它要比临场的思维、推理、计算快得多。新架构要确保情境数据和知识推理的双驱动。记忆网络以及记忆的多索引并行机制很重要，选择性法则是：先检索典型情境提取记忆，后通过规则推理计算求解。

3. 新一代人工智能不仅在于某一个时刻它能解决什么实际的智力问题，还在于它有没有与时俱进的学习能力，其最基本特征是能够在与环境的交互过程中学习和成长。智能植根于教育，文明是智能的生态。新一代人工智能也必须具有这样的学习和交互认知的环境才能习得知识和技能，而不是像传统人工智能那样一次性设计而成，也不是带着特殊预设目的，向机器强制地集中性注入一个或者多个专门领域的计算智能。

---

* 2021 年 2 月 17 日发给人工智能专家李德毅院士的邮件。李德毅院士初稿标题为《人工智能十问十答》，正式出版标题为《新一代人工智能十问十答》。

4. 新一代人工智能架构是从介观尺度切入的，不是从基因或蛋白质水平的微观角度，也不是从脑组织功能分区的宏观角度介入。介观是指在神经细胞环路与网络水平的尺度上研究脑认知。

二、有些观点我还没有完全明白，特向你请教

1. 关于机器的**"求知欲"**，你提出："可人工赋予机器意向性，如设置含有一个求知欲的参变量的创新欲望函数，启动后让它以特定的，或可变的求知欲接受教育。"如果能做到这一点。机器的自学习能力一定会大大提高。但我不清楚"创新欲望函数"如何设置。机器能不能有欲望和机器有没有意识有关系，我后面会和你讨论有关意识的问题。

2. 关于机器的**"语言智能"**，你提到"新一代人工智能是用人类的自然语言表述的"。如果是指机器可以较好地理解人的自然语言，或者用自然语言实现人机对话，这在近 20 年内（算是新一代）应该可以实现。但是如果将自然语言作为编程语言，让机器直接执行，这就涉及表达能力和执行能力的矛盾这一老问题。当年日本的第五代计算机就是用表达能力强的 Prolog 语言编程，结果栽了跟头。现在流行的 Python 语言的执行速度只有 C 语言的几千分之一。用人类的自然语言编程是研制智能计算机的初衷，但如何提高执行效率是最困扰做编译和体系结构研究的学者的事情。

3. 关于**"机器自己编程"**。你在文章中描述了一幅机器宝宝自己学各种知识包括自己学编程的美好情景，令人神往。我也认为机器学习的最高境界应该是机器学会自己编程序。20 世纪 80 年代我国启动 863 计划时，软件领域的主要目标就是编程自动化，我国著名的软件大师都投入了这个研究方向，但无果而终。曾经有一段时间国际上流行遗传编程，好像现在也没有声音了。我不知道近两年进展很快的增强学习是不是也涉及机器自动编程。我希望将机器自动编程作为新一代人工智能研究的主要方向之一，但不知道二三十年内能否取得根本性的突破。人工神经网络走的是另一条路。不是靠机器编程，而是自动修改网络链接的权重，也许这条路比自动编程容易一些。

4. 关于**"停机问题"**。你在文章中提到，"硬件的故障自修复和停机问题，本质是高阶逻辑的不自洽性和不完备性"，我读不懂这句话，你讲的停机问题是不是图灵机讨论的停机问题？

三、有些看法涉及对人工智能现状的总体判断，想与你做些探讨

1. 关于**"人工意识"**。你在文章中断言："大凡意识、情感都是内省的、自知的、排他的，不可以人造，不存在人工意识。"如果人工智能也可以分成左右两派，机器可不可能有意识就是两派分歧的焦点。媒体上宣传的强人工智能和通用人工智能都是讲有自我意识的机器智能。我的观点和你接近，但没有否认很远的将来可能出现有自我意识的机器或新物种。从发展人工智能科学和技术的角度来看，现在讨论这种问题没有什么意义，只能看成一种宗教。意识问题已经讨论了几百年，讨论不出什么结果。有人认为人不可能搞清楚意识问题，因为一个对象不可能理解自己。也有人将意识分成很多等级，认为机器目前处在很低的等级，相当于爬虫类。也有物理学家认为，意识是比原子、分子和神经元更基础的存在。现代科学的发展使"人类特殊论"一次一次被抛弃，从偌大的宇宙来看，地球不过是一粒微尘，从物种进化来看，人类也只是进化的一个阶段。因此，将来如果有什么东西超过人类，也不值得大惊小怪。但物种进化的年代都是以万年计，至少数千年之内不必担心机器人把人关在动物园里观赏。我们讨论的新一代人工智能应当是 30 年之内的事，不但不必在意机器有意识的问题，也不必过分强求人工智能的通用性。做一个具有和人一样通用智能的机器人，其实没有什么意义。针对不同领域的需求，做一个自适应性很强、有一定自主性的机器人就够了。对于军事应用的机器人（无人操作武器），对其自主性还要做明确的限制，要保证在伦理的约束之下。

2. **关于人工智能的研究现状。**人工智能现在很红火，国家也很重视。新的成果不断冒出，很多人认为人工智能已经有了重大的突破。但我觉得人工智能至今并没有取得根本性的突破。近两年人工智能的研究成果，我印象最深的是 GPT-3 和 AlphaFold2。OpenAI 和谷歌下属的 DeepMind 都在努力实现通用人工智能，这两项成果虽然是机器学习的重大进展，但大规模商业应用场景目前还没有出现，DeepMind 去年仍然亏损 6.49 亿美元。微软和 IBM 开始大力投资大众化人工智能，争取让相对成熟的智能技术（不是通用人工智能）得到更广泛的应用，我觉得这是正确的选择。

至于类脑计算，这两年也出了一些可喜的成果，包括清华大学的天机芯片和类脑计算完备性理论。我认为类脑计算的核心是模拟量计算，即神经脉冲驱动的计算。人们常说冯·诺依曼计算机的特征是处理器和存储器的分离，这是一种误解，冯·诺依曼计算模型有两个更重要的特点，一个是二进制计算，另一个是程序存储，即把程序

当作数据一样存储在计算机中。类脑计算突破了这两个限制。现在的类脑计算机只是把许多人工神经元连在一起，但互相传来传去的神经脉冲，为什么会涌现出高一级的智能，在原理上并没有解决。模拟量计算比二进制计算能传递更多的信息，只有发明了非图灵机的原理，才能突破图灵机的局限。只注意存储器和处理器的融合，并没有突破冯·诺依曼计算模型（冯·诺依曼的原著没有强调存储器和处理器分离，反而提出了存储器附近要有处理器）。

人工智能应用取得重大突破的启示 *

2016 年 DeepMind 公司的人工智能程序 AlphaGo 战胜了人类围棋冠军，曾引起全世界的轰动。2020 年 11 月 30 日，DeepMind 公司的另一个人工智能程序 AlphaFold2 在第 14 届国际蛋白质结构预测竞赛（CASP 14）中，对大部分蛋白质结构的预测与真实结构只差一个原子的宽度，达到了人类利用冷冻电子显微镜等复杂仪器观察预测的水平，这是蛋白质结构预测史无前例的巨大进步。这一重大成果虽然没有引起媒体和广大民众的关注，但生物领域的科学家反应强烈。

中国科学院院士施一公对媒体说："依我之见，这是人工智能对科学领域最大的一次贡献，也是人类在 21 世纪取得的最重要的科学突破之一，是人类在认识自然界的科学探索征程中一个非常了不起的历史性成就。"

蛋白质是生命的基础，了解蛋白质的折叠结构和分子动力学是生物学界最棘手的问题之一，已经困扰科学家 50 年之久。目前已知氨基酸顺序的蛋白质分子有 1.8 亿个，但三维结构信息被彻底看清的还不到 0.1%。最近 DeepMind 公司在《自然》（*Nature*）上宣布已将人类的 98.5% 的蛋白质预测了一遍，计划 2021 年年底将预测数量增加到 1.3 亿个，达到人类已知蛋白质总数的一半，并且公开了 AlphaFold2 的源代码，免费开源有关数据集，供全世界科研人员使用 **。被释放的海量蛋白质结构信息蕴含着生命信息的密码，将有力推动生命科学的发展，大大加速针对癌症、病毒的抗生素、靶向药和新效率的蛋白酶的研发。

在 AlphaFold2 问世以前，许多科学家做过用计算机预测蛋白质三维折叠结构的研究。中科院计算所的卜东波团队去年在《自然通讯》（*Nature Communications*）发表论文，他们在蛋白质结构预测方面做出了出色的成果。DeepMind 团队采用的注意力机制也是计算机视觉和自然语言处理领域较成熟的技术。最近华盛顿大学推出预测准确度与 AlphaFold2 差不多的新算法，只需要一个 GPU，10 分钟左右就能算出蛋白质结构。

---

* 2021 年 8 月 5 日发表在科学网公众号上，标题修改成《李国杰院士：国内 AI 研究"顶不了天、落不了地"，该想想了》，文章发表后被广泛转载，引起热议。

** 2022 年 7 月 29 日，DeepMind 公司宣布已实现 2 亿蛋白质结构全预测，几乎覆盖全部蛋白质，全部免费开放。

蛋白质折叠问题的解决是生物学界和人工智能界长期合作努力的结果，但 AlphaFold2 的"临门一脚"是取得胜利的标志性突破，它用精确的预测结果显示出人工智能技术在基础科学研究上的巨大威力。AlphaFold2 的巨大成功给我们许多耐人寻味的启示。

2017 年国务院印发《新一代人工智能发展规划》后，我国立即启动了"新一代人工智能"重大项目，开展数据智能、跨媒体感知、群体智能、类脑智能、量子智能计算等基础理论研究，统筹布局了人工智能创新平台和许多关键共性技术研究。近 3 年，我国学者发表了大量人工智能论文，申请了几万个专利，在北京冬奥会、城市大脑等应用场景和抗击新冠肺炎疫情中取得显著成效，出现了一些人工智能独角兽企业，取得的成绩可圈可点。但总体来讲，我们的研究多数是技术驱动、论文导向的，目标导向和问题导向的研究较少。

AlphaFold2 的成功首先是因为 10 年前 DeepMind 团队就开始关注"蛋白质折叠"这个有重大价值的科学问题。几年前用计算机预测复杂的蛋白质折叠结构，正确率还不到 40%，DeepMind 团队当时就有信心攻克这个世界难题。

我们与一流科学家的差距之一是选择可突破的重大科学问题的眼光不够敏锐，布局的科研项目要么是增量式的技术改进，要么是几十年都难以突破的理想型目标，像蛋白质折叠这样的重要研究方向没有列入"新一代人工智能"重大项目。

人工智能研究可能取得重大突破的目标不只是蛋白质折叠，我认为，用机器学习的方法全自动地做集成电路的前端和后端设计也有可能在 10 年左右取得突破，如果做到了，让人焦心的集成电路设计人员缺口巨大的难题就会迎刃而解。这一类涉及经济发展的重大问题应该是人工智能界关注的焦点。

为什么重大科学问题和国计民生问题没有进入人工智能界许多学者的视野，这涉及对人工智能这门学科的认识。最先提出"人工智能"这个术语的约翰·麦卡锡对这门学科的定义是："人工智能就是要让机器的行为看起来像是人所表现出的智能行为一样。"后来的人工智能学者大多盯住了"像人"这个"原则"，以"像不像人"为目标。所谓衡量智能水平的"图灵测试"也是遵循这个原则。被授予沙特阿拉伯公民身份的"索菲娅"和清华大学的"华智冰"机器人，都是朝着"像人"这个目标努力。但硅基的计算机和碳基的人脑终究有本质性的区别，非要把电子线路构成的机器做成与人一样，既没有必要也没有可能。

现在用于机器学习的人工神经网络与人的大脑有相似的地方，但也体现出与人的思维不同的机器"思维"方式。理性的人工智能发展模式应该承认人有"人智"、机有"机智"，要充分发挥机器"思维"的特长，做人不擅长做的事情。AlphaFold2 在蛋白质结构预测上体现出的才能不是"像人"，而是比人高明。人工智能是对人类的补充和增强，而非替代人类，我们并不需要复制人的智能，而是要建立一个新的智能系统。人工智能研究摆脱"模仿人""替代人"的思想束缚后，会有更广阔的发展空间。

AlphaFold2 的成功表明，疑难问题的解决不一定完全依赖人类的先验知识，这意味着在人工智能时代，人类获取知识的途径将发生重大变革，对人类社会将产生巨大的冲击。我们应相信"实践是检验真理的标准"，不能坚持必须给人讲明白才是真理，要在认知领域构建人机互补的命运共同体。

机器学习可以正确预测蛋白质结构，说明机器已掌握了一些人类还不明白的"暗知识"。过去我们把可以表达的知识叫作"明知识"或"显知识"，把不可表达但可以感受的知识叫作"潜知识"或"默知识"。现在又多了一类既不可表达又不可感受但机器能明白的知识，可称为"暗知识"。知识维度的增加大大扩充了人类的视野。如果说"明知识"是冰山显露出来的一角，"潜知识"是冰山海面下的部分，"暗知识"就如同大海。对人类而言，如何利用"暗知识"可能比弄明白"暗物质"和"暗能量"更重要、更紧迫。

蛋白质结构预测取得重大突破的另一个启示是，科研范式已经开始转向。AlphaFold 团队是一个典型的跨学科合作团队，在 *Nature* 发表此重大成果的论文作者有 34 位，其中 19 位是并列第一作者，包括机器学习、语音和计算机视觉、自然语言处理、分子动力学、生命科学、高能物理、量子化学等领域的知名学者。蛋白质形成稳定折叠结构的原因是分子内部的势能会降到最低点，预测计算实际上是能量最小化的优化。

深度学习的人工神经网络在计算机视觉、自然语言处理和生物信息学等领域表现优异，不仅仅源于算法和数学，背后还有深层次的物理原理。因此，理论物理学家的介入十分重要。基于最基础科学原理的机器学习需要人类多领域科学家的智慧和机器"智能"有机融合，不同于以发现相关性为主要目标的科研第四范式——数据密集型科学发现，我认为这是"科研第五范式"的雏形。

AlphaFold2 并没有提出新的科学原理，而是研究已知原理的相互组合涌现出的大量新奇结构、特性和行为，把对结构的认知抽象成各种模式的自动化识别和匹配，本质上是一种集成式的工程科学技术。过去生物学家只是把人工智能当成众多的辅助工具之一，AlphaFold2 的成功改变了生物学家的看法。工程科学技术不只是工具，也不仅仅是基础研究成果的应用，而是在基础研究中可以发挥巨大作用的重要组成部分。没有像 DeepMind 团队一样强大的工程科学技术实现能力，基础研究也难以做出重大成果。

目前我国大学和企业的人工智能实验室大多遇到顶天顶不了、立地又落不下去的困境，希望人工智能界的学者认真总结经验教训，在研究方向选择上多费点心思，争取获得让人眼前一亮的重大成果。

对话李国杰：突破麦卡锡和图灵的框框，
人工智能要解决大问题 *

　　承载东莞突破固有发展路径而生的松山湖，是我国城市经济高质量转型的一个生动缩影。在东莞启动的"科技东莞"计划中，李国杰是最早参与合作的"开拓者"。如果你细数中国 IT 界的商业大咖，李国杰的名字似乎鲜为人知。但你一定听闻过我国本土高技术品牌——"曙光""龙芯"和"海光"，而李国杰正是它们背后的布局者和缔造人。与人们津津乐道的商业传奇不同，李国杰的故事难寻叱咤风云的江湖色彩。他更像是一位深藏不露的"学院派掌门"，试图在科研、技术和产业之间，搭起一座恒久创新的桥梁。

终日乾乾，与时偕行

　　目前，李国杰兼任中国科学院云计算中心（前身是广东电子工业研究院）的首席科学家，大部分时间住在东莞松山湖。2021 年，松山湖制定了"改革、创新、再出发"的方针，而"创新"也是李国杰躬耕科研以来，最看重的一点。2011 年李国杰卸任中科院计算所所长后，位于改革开放前沿的中国科学院云计算中心则成为他的另一个基地——早在 2005 年，李国杰就在东莞松山湖创办广东电子工业研究院，这是东莞市首个与国家级科研机构合办的省级科研平台。

　　"建立广东电子工业研究院的目的有两个：一是促进建立一批公共技术服务平台，对亟须转型的东莞加工制造业提供技术支持；二是把该研究院打造为中科院技术转化的平台。"从李国杰谈及落地东莞发展的原因中不难看出，李国杰正是将广东电子工业研究院作为承载自己创新与技术转移思考与解决方案的一块"试验田"。李国杰说的"一批"指的是，就在广东电子工业研究院落地东莞之后的第二年，"科技东莞"工程正式启动，东莞开启了联合高校院所、检测技术机构的合作共建之路。一大批公共科技创新平台相继落户东莞和松山湖，科技创新的资源加速集聚。为褒奖李国杰多年来对东莞科技升级和创新的贡献，2021 年，东莞市政府授予李国杰"荣誉市民"称号。

---

* 2021 年 12 月 9 日雷峰网的采访记录，2022 年 1 月 10 日发表于雷峰网网站，被多家媒体转载。

受疫情影响，2021 年李国杰在东莞居住的时间要更长，这也使他得以静下心来，有更多时间去思考科学研究、创新和科技成果转化之间的关系。

而真正让李国杰上述想法"出圈"的，是 2021 年 8 月，一篇名为《李国杰院士：国内 AI 研究"顶不了天、落不了地"，该想想了》的文章，如同平地惊雷，引发激烈热议，也将一向低调的李国杰推向风口浪尖，批评声与支持声纷至沓来。面对质疑，李国杰却保持了低调，仅在某微信公众号上发表了一则简短的声明。在信息爆炸的时代，这条声明也如同投入湖中的石子，虽然激起了涟漪，湖水终究也会随着时间的推移而慢慢归于平静。

在 2021 年 12 月 9 日召开的全球人工智能与机器人大会（GAIR）大会上，李国杰作为嘉宾参与了"并行计算与系统结构 40 年"纪念圆桌会议的现场讨论。会后，李国杰与雷峰网进行了一次对话，评述了计算机科学和人工智能理论研究长期以来存在的"不以解决问题为导向"的倾向，对"顶不了天、落不了地"做了进一步解读：AI 的顶天和落地指的是 AI 不仅要解决已有应用中的一些小问题，更要解决 NP 困难（NP-hard）级别的大问题，而我们目前在人工智能的研究方向规划上常见的问题是，要么不够顶天，要么难以落地。

以下为雷峰网整理的对话实录。

"顶不了天，落不了地"引发的争议

雷峰网：我们先从您 2021 年 8 月的一篇"顶天立地"的文章说起。当时您的文章发表后引起了业内的广泛讨论。

李国杰：其实当时我已经发表了一个声明，我并不是对中国 AI 研究现状做定论。文章的原标题是《人工智能应用取得重大突破的启示》，主要阐述 AlphaFold 在生物领域的突破性进展带给我们的启示，相关媒体认为标题太平淡，未经沟通，便把题目改成《李国杰院士：国内 AI 研究"顶不了天、落不了地"，该想想了》。

我在文章中提到的问题是指，目前我国许多大学和企业已经感受到"顶不了天又落不了地"的困扰。希望大家在选择 AI 研究方向上"多动脑筋"。AlphFold2 取得成功的主要原因是 DeepMind 团队目光敏锐地认定，用人工智能可以解决蛋白质结构预测问题。方向本身具有前瞻性、挑战性，而且问题解决后意义重大。我国启动的"新一代人工智能"重大项目，开展了数据智能、跨媒体感知、群体智能、类脑智能、量子智能计算等研究，已取得不少研究成果，但没有涵盖这种类型的研究。因此，我们该想想了。这是提醒人工智能研究人员选择做什么的时候要多想想，不要"随大流"。

　　"顶天立地"的意思是：在技术上要"顶天"，要敢于闯进"禁区"，做别人认为不可能成功的前瞻研究；应用上要"立地"，要解决经济、国防建设中的大问题，也包括用人工智能技术解决基础研究中的挑战性问题。

　　雷峰网：对比国内人工智能的研究，我相信您的这些想法，也不是一朝一夕就形成的。之前会有哪些经历让您关注人工智能并产生这些想法呢？

　　李国杰：文章刊登后，做 AI 创业的年轻人不服气，我完全理解，毕竟在他们看来我只是一个搞高性能计算的"老头"，有什么资格评价人工智能呢？我首先是觉得很欣慰，因为年轻人愿意质疑、勇于质疑是好事。

　　我在很多场合前说过，我算是第二波人工智能的"弄潮儿"之一。1981 年从中科院硕士毕业后，夏培肃先生推荐我到美国普渡大学攻读博士学位，研究与 AI 有关的组合搜索。当时国际 AI 学术圈中鲜有中国学者。1984 年，我在 AAAI 大会上发表了一篇论文，那时候 AAAI 还是美国国内的人工智能学会（American Association for Artificial Intelligence，2007 年 AAAI 才改称为国际先进人工智能协会，Association for the Advancement of Artificial Intelligence），名气不像现在这么大。1984 年的 AAAI 大会已经有 4 000 人参加，但在会上我没有遇到从国内到美国得克萨斯州奥斯汀来开会的学者。

　　1985 年，我的导师华云生教授和我共同编著了一本自学参考书——*Computers for Artificial Intelligence Applications*（《适合人工智能应用的计算机》），连续 3 年成为 IEEE 最畅销的出版物，当时新进入智能计算机领域的学者大多看过这本文集。在书中我没有使用"智能计算机（Intelligent Computer）"一词，而是采用"适合人工智能应用的计算机"，当时很难做出真正意义上的"智能机"，只能说是将计算机应用于人工智能。1987 年我回国工作，先后出任中科院计算所研究员和国家智能计算机研究开发中心主任，也将重心放在高性能计算研究上。但我从未停止过对"人工智能"的关注。

　　雷峰网：可以说您见证了我国人工智能学科的成长和发展，最初人工智能在我们国家是什么样的情况？

　　李国杰：我国人工智能的发展是走过一段弯路的。我国最早的人工智能学会不在中国科学技术协会（以下简称"中国科协"）体系里，而是在社会科学这个体系中，挂靠在中国社会科学院下面。863 计划初期，我曾是智能计算机主题（306 主题）专家组的副组长。按照专家组的意思，戴汝为（中国科学院院士、著名控制论与人工智能专家）和我出面联络全国的人工智能学者，试图创立全国大联合的人工智能学会，跟全世界主流人工智能学会对标，归属到中国科协体系里，但此事没能做成。当时我们的人工智能研究与国际上主流的人工智能是不接轨的，同样是做人工智能，大家关注的东西有着不同的发力点。

雷峰网： 您这篇文章里提到 AlphaFold 在生物领域做出了一些成就。您是如何想到用 AlphaFold 举例子的呢？

李国杰： 我对生物领域的了解，始于我的学生卜东波，他是这方面的专家。在 AlphaFold2 问世以前，国内外有不少科学家在做用计算机预测蛋白质三维折叠结构的研究。卜东波团队 2020 年在 *Nature Communications* 期刊发表论文，在蛋白质结构预测方面做出了世界领先的成果。他做出来的几个代表性预测结果比 AlphaFold 要好，AlphaFold 在 CASP 比赛中的 GDT（Global Distance Test）得分为 50 多分，卜东波能做到 70 分。后来 AlphaFold2 做到 90 分就超过他了。

为什么以 AlphaFold 为例？这是基于我对人工智能的一个基本判断：**人工智能不仅要模仿人，更要解决大问题。** 从计算机科学的角度来讲，人工智能应该关注 NP-hard 级别的难题。我们现在有的人工智能研究，要么不够顶天，只能解决小问题，要么难以落地，难以在重大的实际场景中得到应用。

"人工智能是拿来解决大问题的"

"顶天"意味着什么

雷峰网： 您此前曾提到，学术界的人工智能研究过分局限于约翰·麦卡锡的定义，也就是人工智能的目标是"像人"，并指出我们应该突破对智能的狭义理解。这与 AI 要解决 NP-hard 级别的难题有什么联系？

李国杰： "像人"的人工智能是一个已经被大家很重视的方向，但我认为人工智能的另一个发力点是"解决大问题"。尤其是用机器学习的方法解决意义重大的科学难题，即在多项式时间内"有效解决"指数复杂性问题。

所谓指数复杂性是指求解一个问题所需的时间或空间（存储用量）随着问题规模增加而呈指数性地增加。这也就是人们常说的组合爆炸。在计算复杂性理论中，将一大类目前还找不到多项式级复杂性算法的问题划归为 NP-hard 问题。如果一个问题能找到多项式级复杂性的算法，例如排序算法等，直接按确定的程序计算就能精确求解，人们一般不认为这是人工智能应用。人工智能要研究的问题绝大多数是 NP-hard 问题，从其诞生开始就要对付组合爆炸。从这种意义上讲，人工智能的"天"就是组合爆炸，所谓"顶天"就是找到巧妙的办法克服组合爆炸。

人工智能研究已走过 60 多年，在对付计算机视觉、听觉、机器翻译等领域的组合爆炸方面已取得令人满意的进步，但在基础研究和实际应用中还有大量的 NP-hard 问题等着我们去解决。随着氨基酸单体的增加，蛋白质结构预测的计算复杂度呈指数级上升，如果用野蛮搜索，蛋白质结构预测的可能组合高达 10 的几百次方，这是典型的 NP-hard 问题。如今，"卡脖子"难题之一的芯片设计问题也是 NP-hard 问题。中科院计算所正在探索用"芯片学习"取代"芯片设计"，这可能是破解芯片设计人才缺口的出路。这些才是真正的大问题，人工智能研究要顶天，就必须进入这些过去认为不可能的"禁区"。

难以落地是"不为也"，"非不能也"

雷峰网： 上述您提到的两个例子，也就是蛋白质结构预测和 EDA（电子设计自动化）都是应用价值很高的问题。只要专注 NP-hard 级别的难题，就可以让人工智能研究既可顶天又能落地吗？

李国杰： 还不够。这关系到计算机科学界的一个"传统"。有一本经典的关于 NP 问题的研究生教材 *Computers and Intractability: A Guide to the Theory of NP Completeness*（《计算机和难解性：NP 完全性理论导引》）。书里第一章有一幅漫画（如图 2.5 所示），漫画中有两个人在对话，一个人说："我找不到有效的算法，但所有这些最优秀的人也找不到。"

图 2.5　影响计算机学者几十年的一幅扉页插图

这其实代表了计算机理论界对 NP-hard 问题的态度。直到今天，这一"传统"仍在持续影响着一代又一代计算机科学领域的学者。人们都在拼命证明"这个问题是不是 NP-hard"。只要是 NP-hard 问题,就没有我们的责任了,而没有去想有没有什么办法解决困难问题,这是很滑稽的局面。其他学科都在努力解决各种难题,唯独计算机科学整天在讨论什么问题解决不了。

只纠结于理论边界的证明,而不去想办法解决问题,这是我们无法让困难问题落地的根本原因。几十年来,我们将 NP-hard 问题视作障碍,认为这是我们无法解决的问题。但是随着人工智能和计算机技术的进步,我们发现通过启发式搜索、知识工程和机器学习,加上充分大的算力,很多 NP-hard 问题可以得到满意的解。NP-hard 意味着不可能的时代已经过去,NP-hard 只是意味着可能没有始终有效和可扩展的算法而已,许多 NP-hard 问题对于应用而言实际上已可以解决。人工智能学者的任务就是发掘出貌似不可能中的可行方案。

我这里讲的用人工智能解决 NP-hard 问题,不是指理论意义上的"解决"。"P=NP"问题可能几十年内都解决不了,但人工智能学者可以在实践中不断逼近这个等式。计算机科学界过去倾向于做理论上的完美证明,或许是后来人误解了图灵的意图。图灵定义了不可判定问题,例如停机问题,指出这一类问题永远不可能用图灵机解决,这就划定了图灵机的能力边界,反过来也就定义了什么是可计算问题。这个成果本身很伟大,但后来很多人却从错误的方向理解图灵机,他们执着于前者,热衷于探讨什么问题"理论上"不可计算或在可接受的时间空间内不可计算,而不是去积极探索如何"实际上"解决难解的问题。

这种认识上的误区来源于没有区分"问题"和"问题实例(Problem Instance)"。计算机科学中要求解的"问题"是指包含各种实例的一个问题类,而人工智能应用要解决的"问题"往往是具体的问题实例。实际上,一个指数复杂性问题(类)中最难解的通常只是其中很少的实例,其他的实例都是可以求解的。

机器学习的黄金时代

雷峰网: 近几年深度学习很火,机器学习是不是解决 NP-hard 问题的有效途径呢?

李国杰: 计算过程中有复杂性就如同物理运动中有摩擦力一样,摩擦力不可能完全消除,复杂性也不可能完全消除。但摩擦力可以通过改变材料和运动方式减少,求解方法的实际复杂性也可以通过改变问题的描述方式或知识的表示方式而改变。目前广泛流行的深度神经网络对一个问题的描述与过去的符号推理完全不同,深度神经网络通过机器学习获得的链接权重分布实际上是一种新的问题和知识表示方式,已经表现出前所未有的问题求解能力。

人工智能界流行一种说法：深度学习已经碰到天花板。但我认为深度学习还有发展空间，更广义的机器学习的巨大发展空间更难以估量，**今后 10 年可能是机器学习的黄金时代**。机器学习特别是深度学习对人类知识依赖性较低，可以应用到多种类型的 NP-hard 问题求解中。机器学习的可扩展性较强，通过规模化效应可能不断得到新的发现。人工智能是一门追求获得"令人惊讶"的结果的学问，我相信未来 10 年会有许多"令人惊讶"的新成果不断冒出来。

人有"人智"，机有"机智"，知识的范围将扩大到"明知识"和"潜知识"以外的"暗知识"。机器学习、巨大算力与已有科学知识的结合，将推动科学研究走向基于人工智能技术的大平台模式，科研的深度和效率将超过仅仅是数据驱动的科研第四范式。现在已隐约看到新的"科研第五范式"的雏形。

人工智能离不开计算思维，但又不等同于计算思维。图灵定义的计算（算法的执行）是输入到输出的函数映射，其结果一定是重复一致的，这种计算思维在一定程度上限制了人工智能研究的创造性。图灵机不是指一台"机器"，而是指一台机器的一个特定的运行过程或使用方式，包括对初态和终态的划分。机器学习的输出属性往往要根据经历和处境而定，一个不断学习的系统是不重复先前的内部状态的。"计算"的概念不足以涵盖所有智能和认知过程。简单地划分"易解"和"难解"问题的传统计算复杂性理论的框框也需要突破。

人工智能研究需要战略眼光和"咬住不放"的毅力

雷峰网： 您曾说国内学者与一流科学家水平还有较大距离，像 AlphaFold2 项目的成功，您觉得他们在选题时"目光敏锐"。不是说随随便便就可以找到一个好的科研课题，您觉得我国学者该如何培养科研中的"敏锐目光"？

李国杰： 所谓目光不够敏锐，指的就是布局的科研项目要么是增量式的技术改进，即顶不了天，要么是几十年都难以突破的理想型目标，即落不了地。DeepMind 学者利用 AI 预测蛋白质折叠结构，充分体现了超前的预见性，值得我们深思。

如何拥有"敏锐目光"是学术界的大难题，也是所谓"大师"和"二流学者"的区别。真理往往在少数人手里，真正能看准科研方向的科学家很少，而且科研中谁最先获得重大的新发现也有偶然性。但"随大流"是当前科研中比较普遍的现象，一般而言，追热点、"随大流"做不出大成绩。

"敏锐目光"是一个人综合素质的体现，不仅是科学素养，还包括人文情操。著名数学家丘成桐先生说过，**中国的理论科学家在原创性上还是比不上世界最先进的水**

平，一个重要的原因是我们的科学家人文的修养还是不够，对自然界的真和美感情不够丰富。

"敏锐目光"不是一个拒绝随波逐流的瞬间节点，而是纵向延伸的时间线，节点前是对行业的深刻洞悉和见解，节点后是守得云开见月明的决心。取得原创性的重大科研成果不仅需要才学过人、敢为人先，而且需要"咬住不放"，持之以恒。

我们都知道图灵奖得主杰弗里·欣顿（Geoffrey Hinton），他获得认可的背后是30 年的默默坚持。当时美国主流学术界不看好深度学习，他几经辗转，研究经费捉襟见肘只能去加拿大。2006 年欣顿终于一鸣惊人，在 *Science* 上发表文章。到 2012 年，欣顿与他的学生亚历克斯·克里热夫斯基（Alex Krizhevsky），夺得 ImageNet 大规模视觉识别挑战赛冠军，深度学习才得以被人注意，并从此大放异彩。

在基础研究中要重视发挥工程科学技术的作用

雷峰网：您曾表示，AlphaFold 并没有提出新的科学原理，它更像一个集成工作。在文章中您也提出工程科学技术不只是工具，也不仅仅是基础研究成果的应用，而是在基础研究中可以发挥巨大作用的重要组成部分。您是觉得我们现在对工程科学技术还不够重视吗？

李国杰：不是。我们国家做工程的人不少，但在用工程化办法解决基础科学问题方面，是有些脱节的。我的意思是，组织数十人甚至数百人协同解决重大基础研究问题的能力有待提高，在基础研究中要重视发挥工程科学技术的作用。但在 AI 浪潮之下，近来刷分刷榜的工程实现似乎被看得太重了，而忽略了对规律本身的挖掘，这也是值得注意和防止的。

AlphaFold 团队是一个典型的跨学科合作团队，不仅有基础研究学者，也有不少工程科学技术人员。AlphaFold2 并没有在蛋白质结构的构成机理上有新的发现，而是在工程上能够更快地、足够准确地做出比别人好得多的预测，得到生物学界的认可，目前是最好的方案。

获得重大科研成果的方式跟过去不一样了，以前一个人冥思苦想就能做出成绩来。现在需要跨学科合作，有强大的工程力支撑才能把事情做成，所以工程科学技术现在是基础研究的一部分工作了。

拼搏，宁静

雷峰网：如果让您用两个词语来形容自己，您会选择什么词呢？

李国杰："拼搏"和"宁静"吧。无论是我个人成长经历，还是研制"曙光"和"龙芯"

等项目，如果离开了"拼搏"精神，今天的种种成果都不复存在。但我当选院士以后，久别重逢的大学同学问我现在追求什么？我的回答是："我在追求宁静。""拼搏"和"宁静"看起来相互矛盾的两种境界在我心中是统一的。

从读高中开始，我的生活道路坎坷不平，对于升官发财、飞黄腾达从未有过奢望，只想在宁静的生活中追求洁身自好。林则徐的"海纳百川，有容乃大；壁立千仞，无欲则刚"，和诸葛亮的"淡泊以明志，宁静以致远"，这两对条幅一直是我的座右铭。实际上，我是一个很平凡的人。

我这一生并没有攀上科技高峰，做出惊人的科研成果。我很清楚自己不是一个特别聪明的人，能力也不是特别强。好在我经历得比较多，挫折比较多，所以不患得患失，认准目标就不会半途而废。看问题不太受小事情的干扰，内心有一股劲，就是一定要把事情做成，不达目标不甘心。

我说的"宁静"不是指如今年轻人常说的"佛系"。现在网络中流行的"佛系"是指一种"无欲无求，对什么都不在乎"的态度。我认为对好的事物还是要追求的，只是莫为争名夺利虚度了光阴。不忘初心，不负使命，脚下的路就会越走越宽。

第 3 章　做强先进计算

河出潼关，因有太华抵抗，而水力益增其奔猛。

风回三峡，因有巫山为隔，而风力益增其怒号。

—— 毛泽东　读《伦理学原理》批注，1918

◀ 中科曙光北京研发基地
　门前的硅立方超算

国家先进计算产业创新 ▶
中心天津总部基地

▲国家先进计算产业创新中心青岛基地

▲国家先进计算产业创新中心南京基地

对 E 级计算机研制的几点看法 *

　　我已不在技术第一线，对 E 级计算机的技术细节提不出中肯的意见。最近在网上浏览了一些关于美国 E 级计算计划（ECP）的介绍，也阅读了几篇有关 E 级计算机的论文，对照国内的研究现状，形成了几点不成熟的看法，写出来供大家参考。

一、美国 E 级计算机的研制进度

　　2014 年 11 月，美国三家国家实验室联盟宣布研制 3 台准 E 级（Pre-Exasale）计算机，分别是 Aurora、Summit、Sierra，将分别安装在阿贡（Argonne）国家实验室、橡树岭（Oak Ridge）国家实验室、劳伦斯利弗莫尔（Lawrence Livermore）国家实验室。其中 Argonne 国家实验室的 Aurora 计划峰值 180 PFLOPS，采用 Intel 的 Knights Hill Xeon Phi 处理器和 200 Gbit/s 的 Omni-Path 2 互联，功耗 13 MW，由 Cray 公司做集成，计划 2018 年完成。Summit 和 Sierra 最初计划每台峰值 150 PFLOPS，基于 IBM Power9 和 Tesla Volta GV100 GPU，采用 100 Gbit/s（后改为 200 Gbit/s）的 InfiniBand EDR 互联和 IBM 的 GPFS，功耗 10 MW（后上升为 13 MW）。

　　随着各国竞争加剧，美国修改了计划。Summit 增加到 4 600 个节点（原计划 3 400 个节点），每个节点峰值速度 43.5 TFLOPS，整机理论峰值将超过 200 PFLOPS。原计划 120 PB GPFS，1 Tbit/s 带宽，现在文件系统增大到 250 PB，带宽 2.5 Tbit/s。如果 2017 年 11 月推出，可拿到 TOP500 第一。因为提高了计算能力和存储能力，功耗也增加到 13 MW。

　　但是，人算不如天算，IBM 的 Power 9 2017 年做不出来，200 Gbit/s 的 InfiniBand 可能 2017 年也拿不到，有消息宣布，Summit 要 2019 年 1 月才能供一般用户使用，2018 年 6 月肯定上不了 TOP500 榜，"神威·太湖之光"有望再保持一年冠军。

　　Aurora 是 Intel 为 Argonne 国家实验室做的准 E 级计算机，采用 Xeon Phi

---

* 　2017 年 8 月 25 日在国家科技部高新技术司召开的 E 级计算机座谈会上的发言稿。

CPU。最近有一些可信度很高的传闻，Aurora 可能会有一些架构或时间上的变化。ECP 计划主管梅西纳（Messina）也确认，Aurora 系统目前正处在审查阶段。看来，美国准 E 级计算机的主力已从 Aurora 换到 Summit。Sierra 也是 IBM Power + GPU 结构，与 Summit 类似，但存储容量小很多（只有 2.5 PB），LLNL 用来做核模拟，因此报道较少。3 台机器预算 3.25 亿美元，每台平均 1 亿美元以上。

为了加速 ECP 计划，2017 年美国能源部的先进科学计算研究办公室（ASCR）计划将预算增加到 7.22 亿美元，比 2016 年预算增加 1.01 亿美元（16.3%），争取 2021 年至少推出一台可用的 E 级计算机。

美国的 ECP 计划是美国能源部几个国家实验室牵头的科研计划，除了 3 台 200 PLOPS 以下的准 E 级计算机外，最近还支持了 AMD、IBM、CRAY、HPE、Intel 和 NVIDIA 6 家公司做技术研究，公司还要配套 1.7 亿美元左右，共 4.3 亿美元。ECP 计划做的是预研系统，在计划中叫 NRE 系统（非经常性工程，即一次性投入）。

最后提交的两台 1 000 PFLOPS 的系统（他们称之为 Capable Exascale System）不在 ECP 计划支持范围内，由美国能源部和国家核安全管理局采购。具体要花多少钱采购没有公布，但美国能源部的经费预算和梅西纳的报告中都提到 E 级计算机的成本范围（Cost Range）是 35 亿~57 亿美元。我对造一台 1 000 PFLOPS 的超级计算机究竟要多少钱没有仔细核算过，按美国预算的中位数 41 亿美元计算（两台），平均一台要 20 亿美元，似乎太高了。有文章估计一台 E 级计算机造价 3 亿美元，似乎又偏低了。我国的高性能计算机专项每台投入多少钱？如果是 18 亿元，就比美国少很多。

我国的 3 台准 E 级计算机才 1 亿元，实在太少，做不了真正的预研。

二、E 级计算机的突破性技术

我一直认为美国让中国保持 7 届 HPC TOP500 冠军是不想走常规技术路线，希望在器件、系统结构和软件上有突破性的创新。梅西纳在介绍 ECP 计划时也用图 3.1 说明美国要走所谓"高架轨道（Higher Trajectory）"。但是，我看了一些 ECP 计划的介绍资料以后发现，美国并没有多少"撒手锏"技术。ECP 计划之前，美国某些企业在研制 HPC 上有一些原创性的研究，如惠普公司的 The Machine 采用忆阻器，以存储为中心，可以说具有颠覆性。Intel 的 Runnemede 采用高光荣的

数据流运行时系统（Runtime System）。这次中标 ECP 计划的 6 家公司有 HPE 和
Intel，但似乎并没有以他们的技术为重点。关键的技术还是靠 NVIDIA 的 GPU 和
200 Gbit/s 的 InfiniBand 互联。采用的互联拓扑还是 Fat Tree（Summit）和 3D
Torus。美国专家解释不采用颠覆性技术是因为公司要考虑经济效益，而且美国的
应用已有许多积累和包袱，要照顾过去的应用软件。描述 E 级计算机的用语也逐步
从"新型（Novel）"转向了比较泛指的"先进（Advanced）"。2017 年 NVIDIA
花了 30 亿美元开发 Volta GPU，美国的 E 级计算机开发投资主要落在供应商
身上。

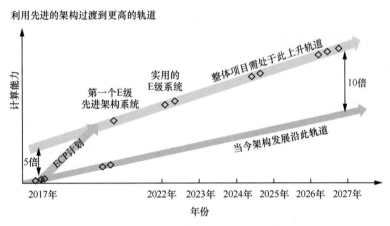

图 3.1　美国 ECP 计划要求走"高架轨道"

ECP 计划主管梅西纳在报告中讲，对于模拟方法和数据分析的汇聚融合，公司已
有大量投资，ECP 计划只能有选择性地做一点工作，后摩尔技术不在 ECP 计划的考虑
范围之内。因为时间不充分，无法确定其价值和实现的质量，新程序模型的基础研究
也不是 ECP 计划的重点。ECP 计划的重点是 4 项：扩展并行性、提高存储系统效率、
提高可靠性（要求每周只停机一次）、节省能耗。

目前看到的新技术包括：在 NVIDIA GPU 加速器和 IBM CPU 附近堆叠内存，减
少移动存储器和处理器之间的数据的能耗；硅光子学，利用激光器在系统内提供低功耗
数据链路等。CPU 和 GPU 之间的累计通信带宽可做到 300 Gbit/s（Bluelink）。可以看
出，实现 E 级计算机的主要出路是提高并行性，从 P 级到 E 级，晶体管性能只能提高
50%，而并行度要提高 670 倍（如图 3.2 所示）。

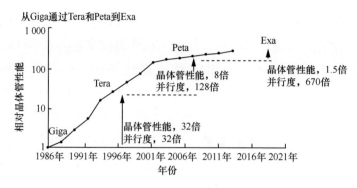

图 3.2 E 级计算机主要靠提高并行性

三、关于 E 级计算机的主要用途

机器学习已成为基础研究的重要方法，各国的 E 级计算机都提到要用于人工智能研究。日本 E 级计算机被明确称为 AI 超级计算机。ECP 计划也表示，除了传统的模型（Modeling）和仿真（Simulation）应用以外，还要解决正在涌现的数据科学、机器学习问题。劳伦斯利弗莫尔实验室的 Sierra 也被称为 "AI 超级计算机"。美国专家认为，E 级计算机将是世界上最大的深度学习平台，Summit 可能达到 3.3 EFLOPS 的深度学习性能（16 bit/32 bit 精度）。

ECP 计划一直强调广泛的应用，包括国家安全、能源、经济、科学发现、地球、健康领域等，文件中充满 "Broad range of applications"（应用广泛）、"Productive development and execution environment"（生产开发与执行环境）、"A broadly adopted software stack"（广泛采用与软件堆栈）、"HPC de facto standards"（HPC 事实标准）等词语。ECP 计划将各个领域应用需要的基本算法汇总成需要提供的基本模块（Motif），可从中看出美国的 ECP 计划覆盖的范围非常广。这些观点与中科院计算所强调的 "通用性" 的理念很一致，也可能是中美两国研制 E 级计算机的最大差别。

四、关于 E 级计算机的软件开发

ECP 计划十分重视软件开发，主要包括三大类：（1）程序模型和运行时系统；（2）工具；（3）数学库。绝大多数是已经在使用的软件，进一步改进优化。ECP 计划列出的系统软件中，Node OS 和 Runtime System 并列，这是高光荣教授最感兴趣的部分，他认为 Runtime System 将取代 Node OS 的部分工作。

开发 ECP 软件不是依靠顶尖的一流大学，而是伊利诺伊、哥伦比亚、犹他、田纳西、芝加哥等十几所大学。中国也应发动更多的大学开发 HPC 软件。国家重大专项投入 2 个多亿做 HPC 软件，但与曙光等机器开发单位几乎没有联系，不知他们在什么平台上调试。

五、关于 E 级计算机的项目组织

ECP 计划是美国国家实验室牵头的项目，充分发挥应用牵引的作用，强调应用、系统软件和硬件系统的协同，强调一体化设计（Holistic Design）。我国一直没有解决这个问题，目前大量应用各搞各的，很难提炼出对通用系统的要求，这可能是我国 HPC 应用落后的根本原因。为了解决通用市场应用牵引问题，ECP 成立了工业顾问委员会（ECP Industry Council），美国通用电气公司（GE）、通用汽车公司（GM）等十几个非计算机公司参加，这一经验值得学习。

六、对科技部组织国家 E 级计算机重大专项的建议

1. 我国没有像美国能源部阿贡、劳伦斯利弗莫尔、橡树岭等一样的国家实验室，目前是依靠各省市地方政府支持发展超级计算机，这种分散的模式难以持续。超级计算机的主要用户集中在超大型科学计算领域，将来国家的超级计算机研制应逐步过渡到由国家实验室牵头。北京、上海和合肥是国务院认定的国家科学研究中心，超算中心最好向国家科学研究中心集聚，不要每个行业都建超算中心。各地要建超算中心主要根据各地的需求，不必纳入国家计划。

2. 衡量超级计算机的性能至少要考虑两个维度，一是某些应用（如解线性方程组的 Lipack 计算）的最高性能，二是在科学计算方面（包括数据分析）的通用性，即尽可能支持较多领域的科学计算。所谓总体设计首先要考虑这两方面的平衡。从结构设计来看，就是通用 CPU 和专用加速芯片 [GPU、多核集成架构（MIC）、机器学习加速芯片等] 的比例。如果基本上没有通用 CPU，主要靠 GPU，则成本、功耗可以大大降低。CPU 与 GPU 的比例可以是 1∶1、1∶2、1∶3，甚至更高比例的 GPU。GPU 比例越高，则通用性越差。美国的 Summit 等准 E 级计算机不采用完全的众核芯片，而采用 Power 9 CPU + GPU 方式，就是照顾了通用性。但采用 1∶3（2 个 CPU + 6 个 GPU）方式也是为了在 2018 年或 2019 年抢先做出 200 PFLOPS 的机器，在 TOP500 上争第一。真正交付的 1 000 PFLOPS 的机器采用什么比例还不清楚。总之在总体要

求上要全面考虑，不要忽略了科学计算的通用性（这里讲的通用性不是指云计算等各种应用的通用性，如信息服务应用等，而是指不同领域的科学计算，如图搜索和解线性方程组，对系统结构的要求不一样，GPU 大概只能加速不到 20% 的应用）。如果按照用户的要求，肯定希望 CPU 的比例高一些，但成本与功耗就会明显增加，研制者只能在两种要求中折中选择。

3. 机器学习已经成为基础研究很重要的研究方法，因此寒武纪芯片这一类人工智能加速器在超级计算机中的作用将越来越明显，在 E 级计算机中采用人工智能加速芯片与采用 GPU 差不多同样重要。人工智能（机器学习）应用应作为考核我国 E 级计算机的重要指标之一。

4. 我国的 HPC 的系统研制与软件研发脱离，对软硬件的协同磨合很不利，要建立更加密切的协同研发机制。应用研发也应该像美国的 ECP 计划一样有更全面的安排。

5. 从长远来讲，为了发展我国 HPC 产业，国家需要支持 3 家公司分别做高性能 CPU、GPU（或其他加速芯片）和网络互联通信芯片，HPC 的 CPU 和 GPU 海光公司已经在做，还需要扶植一家做网络互联通信芯片的公司。因为超级计算机通信芯片的市场很小，Intel 和 IBM 等芯片企业都不做，美国的几台 E 级计算机都是购买 Mellanox 公司的 InfiniBand(美国专家并不认为 InfiniBand 是 E 级计算机最核心的技术，Mellanox 公司不在 ECP 计划支持的 6 家公司之中。目前能买到 100 Gbit/s 网络交换机，两条并用可到 200 Gbit/s，2018 年估计能买到 200 Gbit/s 的交换机，2020—2021 年也许可买到 400 Gbit/s 交换机，此设备美国未禁运）。我国的专家历来把互联芯片作为是不是自主研制的标志，在指南中硬性规定必须自主研制 500 Gbit/s 带宽的通信芯片，但时延要求比现在能买到的 InfiniBand 还低（InfiniBand 已做到时延 0.8 μs 以下，我们的要求是 1.5 μs）。对于超级计算机来说，通信时延是非常重要的指标，这种指标要求肯定不合理。希望科技部能广泛听取意见，制定更加科学合理的技术指标。中科院计算所从做曙光 1000 开始就从事互联芯片的研制，现在已掌握高速互联芯片的核心技术。曙光公司要做就要做出可以与 InfiniBand 在市场上竞争的工业级交换机，我只是觉得曙光公司现在完全靠自己的力量在做服务器 CPU 和世界上最高水平的 GPU（核高基重大专项还没有支持），目前能买到世界上最高水平的网络交换机，再分散精力做互联芯片未必是明智的选择。

6. 我国 E 级计算机的专家组应该以超级计算应用部门的专家为主，尤其是要多邀请民口各部门的专家参加，汇集各方面的需求，使超级计算机的系统设计更能满足国内各行业的要求。目前专家组中与研制单位利益相关的专家较多，在制定课题指南时往往根据自己掌握的技术程度设定指标，降低自己不掌握的技术的指标，提高自己已经掌握的技术的指标，难免产生不公平竞争。

7. 我国的 E 级计算机研制经费基本上是根据购买（或研制）GPU 需要多少钱推算出来的，与美国 ECP 计划相比，经费预算偏低。如果做两台 E 级计算机，每台不到 10 亿元，地方配套经费偏高。CPU、GPU 和网络互联通信芯片研制，系统软件、应用软件开发，系统可靠性和降低能耗方面的研究经费严重不足。

披荆斩棘迈向新征程 *

今天，曙光公司来自全国各地的 3 000 多名员工欢聚一堂，回顾筚路蓝缕的艰苦历程，展望实现梦想的美好未来，这次大会一定会载入曙光公司的发展史册。我们在庆祝公司迈过年收入 100 亿元企业门槛的同时，已经走上了奔向 1 000 亿元领军企业的新征程。此时此刻，我和大家一样心情激动，利用这个难得的机会，我想与大家分享在曙光公司拼搏 24 年的几点体会。

第一点体会是办高技术公司必须有拼搏精神。1995 年，曙光信息产业（深圳）有限公司刚成立的时候，IBM、美国数字设备公司（DEC）等外国公司生产的大型机、小型机一统天下，国产高性能计算机市场占有率几乎是零。在这种情况下，要做商品化的高端计算机产品，必须有"明知山有虎，偏向虎山行"的勇气和信心。1993 年国家科委领导到国家智能计算机研究开发中心（以下简称"智能中心"）参观时，号召智能中心当敢死队，像当年刘邓大军一样杀出重围。曙光公司就是靠"人生能有几回搏"的勇气冲向市场，在很多人认为难以成功的高性能计算机领域做出了令人欣慰的成绩。曙光公司研制的每一台高性能计算机都是克服重重困难研制出来的，曙光计算机的市场更是销售人员顽强拼搏，一个订单一个订单争取来的。1997 年春节期间，一台曙光服务器在偏僻的东北三间房车站当了一年多备用"B 角"后获得了上岗机会，公司的技术和销售人员冒着严寒赶赴现场，终于从铁道部打开了国产服务器的市场缺口。现在公司的规模大了，但艰苦奋斗仍然是曙光的传家宝，"人生能有几回搏"的传统任何时候也不能丢。

经过 24 年努力，特别是 2006 年曙光公司在天津重建以后，在历军总裁的领导下，曙光公司的高性能计算机的国内市场份额已超过国际巨头 IBM，9 年排名国内第一。在高端服务器产品上，曙光公司实现了数十项业界领先的设计。曙光公司采用独创的激光加工技术，已经掌握了世界最先进的高性能计算机蒸发冷却技术。我们的技术水平提高了，但与国际巨头相比，我们还是个小公司，公司的实力与国外大公司相比还

---

* 2019 年 3 月 8 日在曙光公司庆祝公司迈过年收入 100 亿元企业门槛员工大会上的讲话。

有相当大的差距。20 多年来，曙光公司没有分心，只埋头干了一件事：打造中、高端计算机的自主品牌，为中国的信息化提供关键设备和服务。我们要不忘初心，心无旁骛，在自己选定的轨道上持之以恒地努力，心往一处想，劲往一处使，撸起袖子加油干，再拼搏 20 年！

第二点体会是企业要挑起技术创新的重担。 我国科研队伍的精兵强将集中在大学和科研机构，但是，技术创新的重任必须由企业承担。我国目前的问题是需要长期积累的高端技术供给不足。政府部门希望大学和科研机构往下游走，鼓励大学和科研机构的科研人员做技术创新和成果转移，但残酷的事实是，纸上谈兵的设计方案大多埋葬在技术到市场的"死亡之谷"。历史已经证明，这条路走不通。掌握核心技术的正确途径应该是以企业为主体，走市场化道路。

以高端服务器的并行文件系统为例，我的 3 代学生（包括现任中科院计算所所长孙凝晖）的博士研究方向都是机群文件系统。这项核心技术在中科院计算所内就研究了十几年，但一直做不到商品化。几年前有一批中科院计算所的博士毕业生应聘到曙光公司工作，按公司的管理机制，前两年没有做出真正可用的产品，年终奖也拿不到，3 年以后，机群文件系统才打入市场，逐步成为曙光公司的看家技术之一 —— ParaStor。

曙光公司现在的研发人员已经超过 1 000 人，不算政府项目，公司每年自己拿出的研发投入超过 5 亿元，应当能进行一些过去不敢做的关键技术研发。与国内的同行相比，曙光公司的强项在技术。曙光人要有信心挑起技术创新的重担，不能指望大学和科研机构把有市场竞争力的关键技术送到我们手里。当然，我们要有自知之明，曙光公司的软件开发能力还比较弱，今后要大力增强软件开发力量。曙光做系统架构、编译和算法优化等方面的研发能力不如中科院计算所，曙光公司要与我们的大股东密切合作，突破全世界还没有掌握的核心技术。

第三点体会是走开放合作的发展之路。 曙光公司是以做服务器硬件起家的制造型企业，信息产业的重点向软件和服务转移的趋势迫使曙光公司必须逐步转型。早在十几年前，曙光公司就将公司的发展方向定位于 4SP，即服务器产品供应商（Server Provider）、存储产品供应商（Storage Provider）、解决方案供应商（Solution Provider）和服务供应商（Service Provider）。近几年，曙光公司经营策略一直是以硬件研发制造为基础、以发展自有软件和服务为重点，逐渐提升硬件产品的市场占有率，不断提高软件和服务产品在销售收入中的比重，持续改善企业盈利能力。曙光公司在许多城市建立的云计算中心，早已不是卖产品，而是卖服务，服务将逐步成为公司的主要利润来源。近几年大数据与人工智能的兴起为曙光的发展提供了新机遇，曙光公司在发展城市云和智慧城市方面一定会有更大的作为。要实现公司的转型发展，要抓住大数据和人工智能的发展机遇，就必须走开放合作的发展之路。

曙光公司的人力、财力和技术都是有限的，要推动中国的计算机产业向高端发展，必须联合产业链上下游许许多多的企业。过去的市场竞争是你死我活，今天要更强调互利共赢。曙光公司一直是开放性较强的公司，曙光的文化是海纳百川的文化。今后要以更开放的心态寻求更广泛的合作，不仅要与上下游企业、同行企业合作，还要与各地政府合作，与大学、科研单位合作，与投资部门合作，特别是诚心诚意与用户合作，共同培育安全可控的产业生态，一起做大、做强中国的计算机产业，为实现网络强国做出新的、更大的贡献。

谢谢大家！

发展高性能计算需要思考的几个战略性问题 *

高性能计算机是我国科学技术快速发展的标志性成果，已成为继高铁之后的又一张"中国名片"。一个发展中国家在尖端计算技术上能迅速走到世界前列，这是一件了不起的事情。对于我国高性能计算机的现状，有人极力赞美，"中国超级计算机技术实力碾压美国"的醒目标题曾在网上刷屏；也有人表示疑虑，认为国产的超级计算机是"用航母运载沙丁鱼"。对于发展高性能计算的目标和策略选择，学术界也有不同的看法。正确的战略决策来源于对国情和技术发展趋势实事求是的分析，而不是玩弄技术新名词的"纸上谈兵"。习近平总书记指出：**"坚持实事求是，最基础的工作在于搞清楚'实事'，就是了解实际、掌握实情。这就要求我们必须不断对实际情况作深入系统而不是粗枝大叶的调查研究，使思想、行动、决策符合客观实际。"** 在攀登计算机领域"珠穆朗玛峰"的关键时刻，我们需要遵循习近平总书记的指示，对我国高性能计算机的这件"实事"做深入系统的调查研究，做出符合客观实际的决策。

《中国科学院院刊》作为"国家科学思想库核心媒体"，是中国科学院建设国家高端智库的核心传播平台。《中国科学院院刊》2019 年第 6 期推出"中国高性能计算发展战略"专题，邀请院内外工作在第一线的专家，对涉及高性能计算发展的战略性问题进行深入的探讨，旨在凝聚科技界、产业界及社会各界的共识，推动中国高性能计算更理性、更健康地向更高的目标发展。

在讨论与高性能计算有关的战略问题之前，先要明确高性能计算机究竟是指什么。高性能计算机并没有严格的定义，人们在不同的场合讲高性能计算机的含义可能不一样。国际上有一个为世界上最高性能的 500 台计算机排名的组织（TOP500 榜单由美德两国超算专家联合编制），最近一次排名是 2019 年 6 月，第 500 名的峰值性能是 2.1 PFLOPS（每秒 2 100 万亿次浮点运算）。在这个组织的网站上，"高性能计算机"和"超级计算机"是混用的，被不加区分地当成一种计算机类型。也就是说，目前他们

---

* 发表于《中国科学院院刊》2019 年第 6 期，此文是"中国高性能计算发展战略"专题文章的序言。

把超级计算机（高性能计算机）圈定在 PFLOPS 级（以下简称为 P 级）计算机水平。本专题讨论的重点也是 P 级以上的超级计算机。而企业在销售计算机时，高性能计算机是指区别于个人计算机（PC）与低档服务器的计算机，往往认为价格在 10 万元以上的就是高性能计算机，而把超级计算机看作最高档的几百台高性能计算机。请注意，本专题讨论"高性能计算"，包括硬件、软件、算法、应用、产业生态环境等，不仅仅限于构建"高性能计算机"，一字之差反映不同的战略思维。

高性能计算机本身就是国家的战略重器，涉及的战略性问题很多，由于篇幅有限，下面列出几个社会各界较为关心的战略性问题，稍做说明，供大家参考。

一、发展高性能计算的目的究竟是什么？

一方面，高性能计算机可以应用于核模拟、密码破译、气候模拟、宇宙探索、基因研究、灾害预报、工业设计、新药研制、材料研究、动漫渲染等领域，对国防、经济建设和民生福祉都有不可替代的重大作用，发展高性能计算就是要让这巨大的作用发挥出来。另一方面，高性能计算也是中美大国博弈的重要领域，每一次较量的胜利都会给国人极大的激励，增强民族自豪感和凝聚力。因此发展高性能计算还有更高一个层次的政治意义。我国发展高性能计算需要正确处理这两者的关系。其实，高性能计算领域的大国博弈重点在其对国防、经济和民生的实际效益，而不是某一次排名是否第一。只要认清楚这一点，两者就统一了。如果不重视实际应用绩效，而只把排名第一作为"政治正确"的标志，可能会产生误导。

二、如何全面部署计算机科研与产业的发展？

如果把高性能计算机理解成超级计算机，那么其在整个计算机产业中的占比并不大。超级计算机主要是被用来解决其他计算机解决不了的挑战性问题，采用几万个甚至百万个以上的处理器并行协同解决一个大问题。在实际应用中，更多的场合是需要同时响应大量的任务请求的，不仅要算得快，还要算得多，这一类应用需要高通量计算机，云计算中心和大数据中心主要部署这一类计算机。目前银行等金融行业还在大量采购 IBM 的主机系统（Mainframe），他们买的主要不是计算速度，而是可靠性和软件的兼容性，业界将其称为高可靠或高可用系统。我国的计算机产业要从中低端向高端发展，因此我们的任务不仅仅是发展超级计算机，还要发展高端计算机。

美国政府 2015 年发布的国家战略性计算计划（NSCI）就是一个较全面的顶层规划，2016 年启动的 E 级计算计划（ECP）只是美国能源部对 NSCI 的响应。我国国家重点研发计划中有"E 级计算机关键技术验证系统"重点专项，但没有包括其他高端计算机的顶层规划。高通量计算机至今没有重大项目支持，几大网络服务商需要的云计算和数据中心设备基本上是自行设计，委托其他公司组装。如果长期缺乏全国科技力量的支持，我国网络服务企业将难以形成全球竞争优势。

三、我国应重点发展什么类型的高性能计算机？

高性能计算机有两种基本类型：一种是能力（Capability）型，强调解决单一复杂问题的最高计算速度，尽量缩短求解一个最大最难问题的时间；另一种是容量（Capacity）型，强调同时处理多个大任务，每一个任务只用到计算机的一部分能力。TOP500 超级计算机大多数属于容量型。科学研究对计算能力的需求是无止境的，E 级计算机做出来后，还会提出 Z 级（10 的 21 次方）计算的需求。研制能力型超级计算机必须突破现有计算机的技术瓶颈，以引领计算机技术的发展。因此，美国 ECP 计划的目标是研制能力型计算机。

世界上最高水平的超级计算机，主要用于科学研究，但总体来讲，科学计算在高性能计算机应用中占的比例已不到 10%。近几年大数据分析和机器学习等人工智能应用已成为高性能计算机的主要负载，2017 年人工智能应用在中国高性能计算机的应用中的占比已提升到 56%，估计这个比例今后还将继续扩大。美国、日本等国家纷纷将正在研制的超级计算机称为智能计算机。

长期以来，评测超级计算机的性能都采用 Linpack 测试程序，这是一个求解线性方程组的程序。这个程序的优点是可扩展性特别好，可以测出几乎满负荷、满功耗下的计算机浮点运算性能，是测试超级计算机可靠性和稳定性的理想程序。但是，求解线性方程组终究只是一种应用，全面衡量超级计算机的性能需要更合适的 Benchmark（基准）测试程序，可惜现在还没有。

我国应重点发展什么类型的高性能计算机，这不是一个学术问题，而是一个科技需求问题，只有通过对我国国防、经济、科研和民生的潜在需求的认真调研才能回答。有一点可以肯定，容量型超级计算机、智能计算机、领域专用超级计算机与能力型超级计算机一样重要，在做科技决策时应统筹兼顾。把研制 E 级计算机的全部人力物力都投在争取 Linpack 指标世界第一上可能是不明智的决策。

四、我国到底有没有对高性能计算的迫切需求，现在的应用水平怎么样？

从理论上讲，我国对超级计算机肯定有强烈需求。但是，对超级计算机的实际需求与一个国家的科研水平、经济水平有关。2018 年，中国气象局安装了派 – 曙光超级计算机，峰值计算性能是 8 PFLOPS，计算能力已跃居气象领域世界第 3 位。众所周知，气象领域是使用超级计算机的大户，目前能正常发挥作用的超级计算机离 E 级计算还有两个数量级的差距。气象部门要把 E 级计算用起来，必须在基础研究、算法、软件和人才培养上做出巨大的努力。有人说，先有 E 级计算机，才会有 E 级计算的需求。这是对的，我们需要在 E 级计算机上培养 E 级用户。但一台超级计算机的平均有效寿命只有 5 年，5 年内哪些应用领域的用户可以培养出来也需要通过调研做出判断。

我国现有的超算中心究竟应用效益高不高是一个颇有争议的问题。有些超算中心宣称效益非常好，支持了上千项国家重大科技项目，产生了近百亿元的经济效益；而媒体上也有文章说超算中心核心应用拓展不够，没有产生预期功效。造成这种局面的原因是缺乏第三方的公正评估。国家应组织有公信力的评测机构或学会对全国的超算中心做一次评估，了解清楚：超算中心究竟完成了多少事关国家重大战略需求的计算任务？借助超级计算机做出了哪些重大科学发现？对经济发展做出了哪些不可替代的贡献？P 级以上的计算任务究竟占多大比例？……只有按照习近平总书记讲的搞清楚"实事"，掌握了实情，才能对我国超级计算机的实际应用水平做出正确判断。

五、发展高性能计算要强调应用牵引还是技术驱动？

人们常说，发展科技既要应用（需求）牵引，又要技术驱动，但在实际过程中，往往有所偏重。比较而言，美国发展超级计算机主要是应用牵引，而我国侧重于技术驱动。从一个例子可以看出美国应用牵引的倾向。美国开展的 ECP 计划的负责人梅西纳是美国阿贡国家实验室的计算机应用科学家，ECP 计划是由国家实验室（超级计算机的应用方）主导的科研项目。在 Summit 计算机交付之前，美国能源部已经成立了25 个应用软件研发小组，设计能够利用 E 级计算机的软件，ECP 计划成功的指标不是 Linpack 性能，而是这 25 个应用性能的"几何平均值"，这意味着其中不能有一个应用性能很差。美国是先有挑战性应用问题，为解决应用问题造新的计算机；我们的做法是先造出世界领先的机器再来找应用。发展超级计算机一定要坚持国家使命导向、使命中的挑战问题导向。在研制新的超级计算机之前，应用部门一定要先把亟须解决的挑战问题明明白白地提出来，用可考核的应用性能指标来评价正在研制的计算机。在应用牵引上我们应虚心地向美国同行学习。

强调应用牵引不是说技术驱动不重要。由于摩尔定律临近极限，学术界普遍认为现在是系统结构研究的黄金时代，但系统结构研究的困难超出人们的预期。在 ECP 计划刚启动时，梅西纳强调 E 级计算机研制要走所谓"高架轨道（Higher Trajectory）"，两年以后描述 E 级计算的用语已经从"新型"转向比较泛指的"先进"，Summit 计算机的重大技术突破也不多。对于 E 级计算机和以后更高性能的超级计算机研制者来说，能耗、访存、通信、可靠性、应用性能这几道"高墙"必须越过。没有关键技术的重大突破，超级计算机不可能再上一个大台阶。中国计算机学者应当在这一征程中做出被载入史册的贡献。国家在安排高性能计算重大科研任务时，不能只盯住工程任务，应更加重视颠覆性器件（新型存储器件，超导、量子、光子等器件，以及几种器件的跨界协同设计）和变革性系统结构的基础研究，降低功耗的技术突破要摆在最优先的位置。

六、如何建立发展高性能计算的生态环境？

所谓科研和产业生态环境是指围绕着一个目标形成的，从基础研究、技术突破、产品研发到应用推广的协作共同体，不是简单的链条，而是相互关联的社会网络。对我国而言，最薄弱的环节是软件，目前我国大型科学计算的应用软件基本上都依靠进口。我国的超级计算机经费用于应用软件开发的还不到 10%，美国相应的投入资金约为中国的 6 倍。振兴软件的关键是人才，目前能培养高性能计算软件人才的大学很少，应扩大招生名额。美国参与 ECP 计划软件开发的大学并不都是一流大学，一般的大学也承担了开发任务。

我国高性能计算的生态环境的另一个薄弱环节是企业应用。美国公司的超级计算机系统规模是中国公司的 10 倍多。如汽车行业的通用、克莱斯勒等公司，每家都有10 个超级计算机系统，英国石油公司 BP Amoco 也有世界上最大的工业用超级计算机。我国使用高性能计算机较多的是 BAT（百度、阿里巴巴、腾讯）等网络服务公司，制造业的应用规模较小。只有企业较普遍地用上了高性能计算机，才能真正走上高质量发展道路。构建高性能计算生态环境时，还要重视发挥骨干企业的作用。高性能计算机研发的一次性成本投入（即非经常性工程（NRE）支出）很高，只有通过企业的工业化设计，采用标准化组件和低成本规模缩小（Scale Down）技术，才能使小规模的高性能计算机具有很高的性能价格比，通过批量销售收回 NRE 成本，国家科研投入才能获得较高的回报。

本专题由中国科学院计算所孙凝晖研究员、中科曙光公司历军总裁指导推进，文章作者还包括谭光明、迟学斌、孙家昶、李根国、冯圣中、范东睿、詹剑锋等，他们都是一线的科研人员，有些已在高性能计算领域耕耘了二三十年。上述几个战略性问题在他们的文章中都有较详细的论述。一线科研人员的战略思考均基于其常年的实践体会，既有顶天的技术眼光，又很接地气，值得决策部门重视。

金融 IT 国产化是场"持久战"*

一、在国际新形势下重新认识安全可控

"中兴事件""华为事件"警示我们，切断上游元器件和软件的供给已经是现实的威胁，美国可以动用整个国家的力量来对付中国的一个企业，供应链的安全已成为实现安全可控的重要因素。在新的霸权威胁形势下，我们要重新学习毛泽东主席的《论持久战》思想，排除"亡国论"和"速胜论"的干扰，既不悲观失望、妄自菲薄，又不夜郎自大、自吹自擂。既反对崇洋媚外，又反对关门主义，通过不折不挠地长期努力将我国的信息基础设施建立在安全可控的自主技术基础之上。

打赢这一场中华民族的复兴之仗，要靠政治家高超的政治智慧和科技人员顽强的拼搏精神。毛泽东主席说过：**"世间一切事物中，人是第一个可宝贵的。在共产党领导下，只要有了人，什么人间奇迹也可以造出来。"**如何真正调动科技人员的积极性，是打赢这一仗的关键。

二、实现核心芯片和软件自主可控任重道远

我国信息服务业发展得不错，但软件和硬件还很弱。近几年在 CPU 等核心芯片的技术上有所进步，但市场占有率还很低，表 3.1 显示，计算机领域的核心器件自给率都低于 0.5%，四舍五入后统计上都是 0。我国信息产业 85% 以上的利润来自应用服务，软件和硬件公司产生的利润只占信息技术公司总利润的 14.6%，远低于美国的 61%。

---

* 2019 年 5 月 31 在金融科技创新联盟主办的金融行业 IT 基础设施国产化技术研讨会上的报告。有删改。

表 3.1　国产核心芯片的自给率

核心芯片 / 基础软件		主导厂商	主导国家	自给率
计算机	CPU	Intel、AMD、ARM	美国、英国	0
	GPU	英伟达、AMD	美国	0
	存储芯片	三星、美光、海力士	韩国、美国	<5%
	人工智能芯片	英伟达、谷歌、寒武纪	美国、中国	—
通信	DSP	TI、博通、CEVA	美国	0
	基带芯片	高通、博通、华为	美国、中国	22%
	FPGA	Xilinx、Intel	美国	0
操作系统		微软、谷歌	美国	0

三、从事信息基础设施安全可控和国产化工作 30 年的实践体会

我 1987 年留学回国后，一直致力于国家信息基础设施的安全可控和国产化，创建曙光公司发展高性能计算机产业，启动龙芯 CPU 芯片研制，支持海光 CPU 等，吃过不少苦头，也体会到成功的喜悦。回想 30 余年来的风雨历程，有几点体会与大家分享。

在国内做自主创新和国产化的努力，不仅要面对国外垄断企业的打压，而且要面对领导部门、同行专家和用户的种种质疑。前者可以激起"人生能有几回搏"的勇气，后者有时会令人心酸，常常有"知我者，谓我心忧；不知我者，谓我何求"的感慨。

鲁迅的一句话一直在激励我：**"我每看运动会时，常常这样想：优胜者固然可敬，但那虽然落后而仍非跑至终点不止的竞技者，和见了这样竞技者而肃然不笑的看客，乃正是中国将来的脊梁。"**

四、国产化的前提是要给企业试错的机会

国产化最大的困难不是缺研发经费或技术起点低，而是没有试错的机会。国内通行的支持政策是当国内研发制造的产品与国外产品一样好时，可以采用国内产品。但如果没有不断试用，产品就没有改进的机会，也就不可能与国外产品一样好。

后发国家要想从产业低端走向产业高端，往往需要一个利用国内市场培育自主高端产品的保护期，"政府采购"就是重要的保护政策。完全靠市场这一只手，不可

能实现后发国家的产业升级。对已经形成垄断的产业生态，必须靠政府这一只手在国内开辟一块市场做根据地，培育和发展决定国家命运的关键产业。政府部门和国有企事业单位有扶植本土高端产业的责任。在培育战略性的本土高端产业上不能有书呆子气。

五、实现安全可控要因事制宜，不要"一刀切"

不同领域的竞争形势不同，我们不能搞"一刀切"的"本本主义"。国防等领域没有形成国际垄断，可以发展自己独立的产业生态系统。PC 机和服务器领域已形成 Wintel（微软和 Intel）垄断，x86 CPU 占到服务器 CPU 出货量的 99% 以上，数以万亿元计的应用软件已形成难以迁移的习惯。从 20 世纪 60 年代的 System 360 开始，IBM 在大型主机领域几乎独霸天下。由于有庞大的国内市场，无线通信领域从 3G 开始可以三分天下。在人工智能和物联网领域，还没有形成垄断企业，中国有可能引领世界。对不同的领域，应考虑走不同的国产化道路。路径可以不同，目的是一样的，都是要通过提高自主创新能力，掌握核心关键技术，实现安全可控。如果千篇一律，强行采用一种模式，要么实现不了安全可控，要么影响产业发展和老百姓的利益。

六、海光 CPU 与 Intel 的高端 CPU 性能比较

海光 CPU 总体上与 Intel CPU 还有差距，但基准测试性能已接近 Intel CPU，在某些参数上甚至超过 Intel CPU（如图 3.3 所示）。海光 CPU 每年升级一代，2019 年已经开始设计海光 4 号。

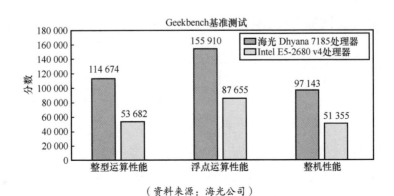

（资料来源：海光公司）

图 3.3 海光与 Intel CPU 性能

七、金融系统的安全可控和国产化问题

2014 年 9 月，中国银行业监督管理委员会、国家发展改革委、科技部和工信部四部门联合发布了《关于应用安全可控信息技术加强银行业网络安全和信息化建设的指导意见》，已经明确到 2019 年，安全可控信息技术在银行业的应用总体要达到 75%。

中共中央政治局 2019 年 2 月 22 日就完善金融服务、防范金融风险举行第十三次集体学习。会上习近平总书记指出：要加快金融市场基础设施建设，稳步推进金融业关键信息基础设施国产化。

我国需要建立统一的金融信息大数据平台，发挥其在金融信息获取分析和信用体系建设中的作用，及时对金融业的运行情况进行统计和分析，监控金融体系整体运行状况，及时发现经济中存在的风险点。大数据和人工智能技术的应用也促使金融信息系统改变基础设施。

八、金融 IT 架构的扩展路径

金融 IT 架构扩展路径有两条：横向扩展（Scale Out）和纵向扩展（Scale Up）。前者依靠集群 x86 服务器及负载均衡技术协同提升运算能力，后者依靠增加大型服务器 CPU 等运算资源满足应用性能的提升需求。

如果大中型银行核心系统采用 Scale Up 的扩容方式，由于实时交易量、数据查询量呈指数级增长，IT 建设及运维成本也将呈指数级增长。如果采用 Scale Out 的扩容方式，就会面临技术成熟度、交易一致性和安全性等疑问，因此要在两者之间权衡。

九、分布式架构替代集中式架构

在互联网 + 金融时代，市场将决定金融 IT 走向分布式架构。分布式架构替代集中式架构在技术上是可行的，并可以大大降低总体拥有成本，提高自主可控能力。但目前国际大型银行中还没有把核心系统放在分布式数据库中运行的案例。总体来看，用分布式数据库做大银行核心系统的技术条件尚不完全成熟。对于大中型银行来说，核心系统数据库转型是一个庞大工程，尤其是针对应用多年的在途系统，业务模式固化，牵一发而动全身。模式替代是一次技术路线的重大转移，需要充分学习研究、分析论证、测试验证、周密规划、稳步推进。

目前较普遍的做法是：对于强一致要求的数据，仍然将其放在核心系统中，将一

些查询类交易迁移至 PC 服务器处理；对于已经不再更新的数据和可以与核心系统分离的子系统，将其整体下移到开放平台，基于分布式架构处理，通过基于 PC 服务器的集群数据库来实现。

十、Intel 至强处理器可与安腾 CPU 媲美

2015 年，Intel 推出至强处理器 E7-8800/4800 v3 家族。该产品能够支持实时分析，有更强的性能和可靠性，性能上足以抗衡基于精简指令集计算机架构的小型机，但在成本上却大大降低。至强 E7 的水平已经可与安腾 CPU 媲美，这就意味着 x86 服务器同样可以具备"5 个 9""6 个 9"甚至"7 个 9"级别的可靠性。

x86 服务器抢占小型机的市场已成为不可阻挡的发展趋势，x86 服务器在整个服务器领域的市场份额已占到了 83.8%。这为推进金融行业的国产化创造了条件。

十一、x86 服务器替代小型机

同等计算能力的 x86 服务器价格只有小型机的 1/20，在新一代架构的应用层中大量采用 x86 服务器替代小型机是必然趋势。随着替代技术逐步成熟，将继续提高在数据库层使用 x86 服务器的比例，进一步减少小型机的数量。

中国建设银行小型机占开放计算资源的比例已从 1/3 逐步下降到 1/12，计算资源的总体可靠性和可用性保持不降。中国工商银行"两地三中心"，让业务切换只需 2 分钟。"云架构"真正落地，基础设施实现了资源池云化。中国农业银行融合架构——主机 + 分布式开放平台将计算平台统一到 x86 架构，已基本实现小型机零增长。招商银行、中国银行等都在以谨小慎微的步伐，逐步尝试分布式架构的核心系统。

十二、IBM 大型主机仍然有生命力

大型机相比于其他计算机系统，其主要特点在于其高可靠性、高可用性、高服务性（Reliability，Availability，Serviceability，简称 RAS）。

全球财富 500 强企业中有 71% 是 IBM System Z 系统的用户，全球企业级数据有 80% 驻留在 IBM 大型主机上。IBM 占据了大型机市场 90% 以上的市场份额。2011 年，IBM 宣布 zEnterprise 大型主机服务器将支持 Windows 系统。

国内至今没有一家企业有能力生产大型主机系统。

十三、关于金融行业的安全可控和国产化

信息基础设施有不同种类，有些对安全要求高，有些对用户体验要求高（性能高），有些对可靠性要求高，银行业务对这三者要求都高，因此金融行业的安全可控和国产化可能是最难实现的领域，是 IT 关键设备最后要攻克的堡垒。金融 IT 国产化是场"持久战"，我们要有充分的思想准备。如果不给国产设备更多的试错机会，实现金融 IT 国产化就会遥遥无期。金融部门的决策者胆子应该更大一点，监管部门对国产化带来的不可避免的问题，应有更大的包容性。可以采用联机备用的方式给国产关键设备和软件更多的试用机会。

安全本身是一种技术，在国内没有大型主机替代的条件下，也可以增加安全可控措施。国产化替代可以从非核心业务做起，逐步替代。集中式架构和分布式架构可能会长期并存。分布式架构技术不会完全取代集中式架构技术。国产化先从分布式架构技术做起，国家也应考虑部署科研力量攻克高性能高可靠的集中式架构技术。金融部门应主动迎接技术变迁，不能被动式等待技术改变目前的局面。科研部门应加强与金融行业合作。

十四、探索适合大数据和智能处理的新架构

金融领域是大数据与人工智能的重要应用场合，需要研究适合未来金融的新架构。中科院计算所提出的"信息高铁"研究方向和正在研制的基于标签的高通量计算机、寒武纪智能加速芯片等为未来的金融业务提供了解决方案。新的业务需要新的结构，在新的研究方向上，中国有可能引领世界。过去是 **IT 促进业务的发展**，现在是**业务促进 IT 的发展**，现在不懂行业、不懂业务的 IT 公司没有前途。

高性能计算机研制和应用的几段回忆 *

一、863 计划启动时关于计算机发展方向的争论

863 计划启动以前，国内关于计算机技术的发展方向已经有许多讨论甚至争论。受日本倡导的第五代计算机的影响，当时多数意见认为要尽快启动智能计算机研制。但有一位学者头脑十分清醒，他的看法正确预测了之后 30 年计算机技术的发展，这位学者就是大名鼎鼎的钱学森。

1984 年 8 月 3 日在国防科学技术工业委员会（以下简称"国防科工委"）第五代计算机专家讨论会上，钱老做了一次高瞻远瞩的报告，1985 年 1 月此报告发表在《自然杂志》第 8 卷第 1 期，标题是《关于"第五代计算机"的问题》。在这篇文章中，钱老明确指出：**"所谓的第五代计算机就分成两个叉，一个是第二代巨型计算机，一个是第一代智能机。这是两个不同的概念。"**钱老进一步强调：**"如果说电子计算机的出现是一项技术革命，那么智能机的出现也将是一次技术革命，所以我们要第一，看到它的意义，一定要把第一代智能机搞出来，这是了不起的事情。但第二，又切不可鲁莽从事，犯欲速不达的错误。"**

钱老这篇文章的第一部分讲第二代巨型计算机，这种计算机要做到真正代替工程技术上耗费巨大的试验，其运算速度不是每秒几千万次浮点运算，而是每秒几十亿次浮点运算，运算速度要提高几十倍至一百倍。特别有价值的是，钱老通过对求解非线性偏微分方程的过程仔细分析，指出研制巨型计算机首先要解决并行计算问题，包括机器软件和算题软件等。他严肃批评过去忙于制造机器而对于怎么用却不大重视的现象，在文章中大声疾呼：**"这个问题必须提到议事日程上来，这样才能充分发挥巨型机的作用。"**真是一语成谶！钱老指出的问题至今仍然是我国高性能计算机研制和应用的短板。

中央 1986 年第 24 号文件将研制智能计算机作为 863 计划的主要目标之一，研制

* 发表于科学出版社 2021 年出版的《中国高性能计算三十年》。

第二代巨型计算机的任务留给了国防部门，在政府科技计划中，民口基本上退出巨型计算机的研制。曙光计算机后来成为我国产业化的高性能计算机的主力，是曙光人通过顽强拼搏争取到的结果。

二、以"智能计算机"的名义发展高性能计算机

863 计划 306 主题叫智能计算机主题，显然国家的初衷是要研制智能计算机。但是，要不要追随日本人，研制以并行推理机为标志的第五代计算机，306 主题专家组的专家们仍有疑虑。在汪成为组长的领导下，专家组成员一直在思索、讨论如何走一条适合世情、国情的计算机技术发展之路。

在国家智能计算机研究开发中心成立以前，1989 年 10 月我给国家科委领导写了一份报告，阐述了我对智能计算机和第四代计算机的看法，提出 863 计划应重点发展并行处理技术。这份报告指出：**"智能机的发展必须以 VLSI 计算机（第四代计算机）的技术为基础。有些同志可能认为跳过四代机直接发展所谓第五代计算机是一条捷径。但这只是一种空想。如果把人工智能看成一朵花，它的根是计算机技术。而计算机技术有它自己的特殊发展规律。其中最重要的一点是几十年来已积累了数千亿美元以上的软件，这是人类文明的宝贵财富。软件的继承性成了计算机发展的巨大惯性，使得计算机体系结构（包括软件）的重大革新必须有几十倍以上的性能提高，用户才会愿意放弃原有的软件。这无疑增加了智能机研制的难度。这也说明充分利用四代机的已成熟的技术是发展智能机必须要考虑的一条重要原则。必须指出，尽管我国也研制了一两台上亿次的计算机，但从总体来看，我国的计算机水平比国外落后十几年。这几年我国研制计算机的力量实际上是下降了，与国外的差距更加拉大了。只有实实在在缩短这个差距，研制智能计算机才有基础。863 计划智能计算机的研制对发展我国计算机技术，尤其是并行处理技术，应该起一定的促进作用。"**

为了更广泛地听取国内外专家的意见，以智能中心（国家智能计算机研究开发中心）为主办单位，306 主题专家组于 1990 年 5 月在北京饭店召开了智能计算机发展战略国际研讨会。我们邀请了美国总统科学顾问施瓦茨（J. Schwarz）教授、人工神经网络理论的奠基者之一霍普菲尔德教授、日本第五代计算机的负责人之一田中英彦教授、美国伊利诺伊大学的华云生教授、美国南加州大学的黄铠教授、波音公司的德格鲁特研究员等参加会议发表意见。我国吴文俊教授等 100 多名学者到会。1989 年以后，国内几乎停止了国际会议，这次会议在当时是规格较高的国际学术会议。参加会议的多

数外国专家不赞成我们走第五代计算机的路，建议根据中国国情，先研制比 PC 机性能高一档的工作站（Workstation）。智能中心将国外专家的意见整理成一份会议纪要，上报给国家科委领导。这次会议对智能中心选择以通用的并行计算机（从对称式多处理机做起）为主攻方向起到了重要的推动作用。

1991 年 9 月 17 日在北京召开了第一届全国人工智能与智能计算机学术会议。我在这次大会上做特邀报告，题目是"我们的近期目标——计算机智能化"。这次报告在国内第一次以"顶天立地——发展智能计算机的战略"为标题提出了**"顶天立地"**发展战略。当时讲的"顶天立地"战略还是狭义的，主要针对如何研制智能计算机。报告中指出：**"开展智能计算机研究必须同时在两条战线上进行工作。一方面要努力突破传统计算机甚至图灵机的限制，探索关于智能机的新概念、新理论和新方法；另一方面要充分挖掘传统计算机的潜力，在目前计算机主流技术基础上实现计算机的智能化。"**306 主题专家组把这种战略称为"顶天立地"战略。1993 年，306 主题专家组正式提出"顶天立地"的口号，将"顶天立地"战略解释为：**"在理论和方法上有所创新、在关键技术上有所突破、在应用和产品开发上有所效益。"**

在 306 主题专家组的共同努力下，863 计划的智能计算机研制任务实质上已落实于发展高性能计算机的行动之中。从共享存储对称式多处理机开始，接着研制大规模并行处理（MPP）计算机，最后走上发展机群（Cluster）系统的康庄大道。为了不偏离 863 计划原定的目标，306 主题也布置了许多与人工智能有关的课题，特别是智能人机接口（如图像识别、语音识别等）、智能应用（如农业专家系统）方面的课题，为我国培养了一大批人工智能方面的专家和技术骨干。今天我国的人工智能技术可以与美国并驾齐驱，306 主题功不可没。智能中心虽然在发展高性能计算上做出了出色的成绩，但每次项目鉴定都要做充分的准备，争取能应对评委们尖锐的提问："你们研制的计算机的智能在哪里？"

回想 20 世纪 90 年代的科研工作，306 主题的发展道路基本上与钱老的思路不谋而合，智能中心和后来成立的曙光公司为我国发展高性能计算机做出了实实在在的贡献。曙光高性能计算机实际上就是钱老期望的"第二代巨型机"，其计算速度提高了 10 亿倍，超过钱老预测的几十倍。经过 30 年的预研和技术积累，今天已经具备研制高性能智能计算机的条件，基于中科院计算所研制的寒武纪芯片，E 级智能计算机 2021 年即将问世。但这种机器还不是真正的智能机，只是一些智能应用的加速器。

三、并行计算研究起步期的点滴回忆

20 世纪 60~70 年代，我国研制过一些高性能计算机，大多是仿制国外的机器，原创性的贡献不多。算法研究上冯康发明的有限元法是突出代表，系统结构上高庆狮独立提出的纵横加工结构与 Cray 计算机寄存器在寄存器加工方式上异曲同工。改革开放以后，更多的学者开始加入并行处理技术研究。

我国的并行处理研究起步有物理学家的功劳。由于理论物理研究需要超高性能的计算机，当时的巨型机满足不了计算需求，美国纽约州立大学、哥伦比亚大学的物理学家着手自己研制适合理论物理研究的专用超级计算机。李政道先生把这股风带到中国。他在北京建立了以理论物理为主要研究方向的中国高等科学技术中心，破格吸收我和祝明发加入。应他的邀请，1987 年我在中国科学院理论物理研究所专门讲授了一门并行计算课程，彭恒武、郝柏林等老科学家每堂课都坐在台下听课，我深深感受到老物理学家对并行计算技术的渴求。李政道先生和夏培肃、郝柏林教授合作，申请到国家自然科学基金重大项目，研制适合混沌计算的 BJ-01、BJ-02 并行计算机。

国内最早在大规模并行计算机上调试并行算法的科研人员中也有物理学家。1995 年曙光 1000 做出来后，没有人会用，有些学者将曙光 1000 比喻成一匹长了 32 条腿的马（它有 32 个 CPU），难以驾驭。当时，中国科学院物理研究所的王鼎盛、中国科学院生物物理研究所的陈润生、中国科学院大学的陈国良、中国科学院软件研究所（以下简称"中科院软件所"）的孙家昶、中科院计算所的孙凝晖等科研人员成立了一个研究并行算法和并行软件的小组，构成一部"三套马车"。他们经常在中科院计算所北楼 200 房间讨论怎么驯服这匹 32 条腿的"烈马"。应用、算法、软件和系统结构的核心骨干这么密切的合作，在国外也很难见到。这种合作产生了深远的影响，引领了国内并行算法和并行软件研究的热潮，为后来斩获超级计算机应用戈登·贝尔（Gordon Bell）大奖奠定了基础。若干年后，这个不到 10 人的跨学科小组出了 4 位院士。

四、曙光一号和曙光 1000 的研制

研制曙光一号是智能中心历史上精彩的一幕。当时决定派一支小分队到美国去研发也是被逼出来的，国内的大环境实在太差。在硅谷租间房子安顿下来后，需要什么软件和零部件，打个电话就有人送来，有些软件还让我们免费试用。这种"借树开花""借腹生子"的做法大大缩短了机器研制周期。樊建平等几名被派出的开发人员创造了一

项中国计算机研制历史上的奇迹，不到一年时间就完成了曙光一号的研制，载誉归来，实现了他们在"人生能有几回搏"誓师大会上讲的"不做成机器回来就无脸见江东父老"的诺言。与现在的 10 亿亿次超级计算机相比，曙光一号真是"小巫见大巫"。但曙光一号的研制成功开辟了一条在对外开放和市场竞争条件下发展高技术的新路。当时提出了"两做、两不做原则"：完全属于仿制、没有自己知识产权的产品不做；只为填补空白，市场上没有竞争力的产品不做。集中力量，做国外对我国封锁的技术和产品；努力赶超，做国外尚不成熟的技术和产品。现在看来，这些原则还应当坚持。

曙光一号研制成功以后，智能中心就开始研制曙光 1000。大规模并行计算机的关键技术是把大量处理机有效连接起来的高速互联网络和每个处理单元的核心操作系统。智能中心率先在国内突破了"蛀洞路由（Wormhole Routing）"关键技术，为我国发展大规模并行计算机开拓了一条道路。这款芯片的研制者是刚进中科院计算所的小伙子曾嵘，他在硕士期间做计算机下围棋的软件，没有碰过集成电路。1997 年我访问 MIT 时告诉达利（Dally）教授（Wormhole Routing 技术的发明者），我们已研制成功异步蛀动路由芯片，他很惊讶，因为他做异步路由芯片曾经失败过。这件事给我们的启发是，只要信任有潜力的年轻人，他们就可能做出意想不到的出色成果。后来中科院计算所开展 CPU 研制时，也是启用从未做过 CPU 设计的科研人员。刘文卓和孙凝晖牵头的系统软件团队把处理单元的核心操作系统做得很小巧精致，占用内存很小，为用户提供了更多存储空间，使得曙光 1000 能求解的问题规模大大超过相同处理单元数目的国外并行计算机。曙光 1000 是国内研制成功的第一个实际运算速度超过每秒 10 亿次浮点运算的并行计算机（Linpack 速度超过每秒 15 亿次浮点运算），1997 年获得国家科学技术进步奖一等奖。

五、曙光系列高性能计算机的早期市场开拓和应用推广

曙光 1000 研制成功以后，智能中心又面临了一次新的选择，即：863 计划下一个目标产品曙光 2000 究竟是做超级计算机还是超级服务器？超级计算机主要用于科学工程计算，追求最高的计算速度；超级服务器是更加通用的高端计算机，除科学计算外，更多地用于事务处理与网络服务。1995 年中国的互联网才刚刚起步，当时全世界速度最快的 500 台高性能计算机，绝大多数采用大规模并行处理结构。从计算速度上追赶国际先进水平容易得到学术界同行的认可。但通过对市场和应用发展趋势的分析，我们预见到支持互联网的机群结构超级服务器将是高性能计算机的主流，提出了不要片

面追求性能，而以争取尽可能多的用户使用国产高端计算机为目标，决定将计算机的可扩展性（Scalability）、好用性（Usability）、可管理性（Manageability）和高可用性（Availability）作为发展高性能计算机的主攻方向，并将其总结为 SUMA 特性，注册了"It's SUMA"商标。现在全世界 90% 以上的高端计算机已被用于信息服务和数据处理，科学计算用户不到 10%，事实说明从研制超级计算机转向研制超级服务器是正确的选择。

从 1997 年起，我们着手研制符合这种新潮流的超级服务器，先后于 1998 年年底与 2000 年年初推出了曙光 2000-I、曙光 2000-II 超级服务器。前者由 32 个处理机构成，峰值速度达每秒 200 亿次浮点运算；后者由 82 个节点（164 个处理机）构成，峰值速度达每秒 1 100 亿次浮点运算，具有较强的市场竞争力。

以曙光 1000A 和曙光 2000 超级服务器为主要设备，国家高性能计算机工程技术研究中心（也依托于中科院计算所）在北京、合肥、武汉、成都等城市建立了 8 个国家高性能计算中心，这些中心后来没有得到国家的持续支持，但为推广普及并行计算、培养高性能计算机应用人才发挥了重要作用。

与计算机的研制相比，高性能计算机的推广应用和市场开拓的历程更加艰辛。20 世纪 90 年代初研制曙光一号时，国内高性能计算机市场由外国大公司一统天下。那时候别说卖自己生产的高性能计算机，就是送给别人用别人也不一定接受。最早的曙光产品推广还是有政府部门的背书或支持，直到 1997 年，曙光 1000A 落户辽河油田，才真正实现完全靠商业化运作进入市场，合同签了科技部才知道，实现了国产高性能计算机商品化零的突破。曙光机打入铁道部，也在偏远的三间房车站闲置了快一年（做 IBM 计算机的 B 角），因 IBM 服务器坏了无人去维修才当上 A 角，因试用效果很满意争得入围竞标的资格，一举中标了全国十几个铁路编组站的调度计算机。

在国家科委领导的激励下，智能中心和曙光公司的员工没有辜负全国人民的期望，勇敢地杀出重围，在很多人认为难以成功的高性能计算机领域做出了令人欣慰的成绩。曙光公司通过顽强拼搏，由弱变强，曙光计算机在中国高性能计算机 TOP100 中的份额已超过 IBM 和惠普等巨头，2009 年以来 9 次位居国内第一。

回顾曙光计算机市场开拓的艰苦历程是想说明，发展高性能计算机的目标不只是争取世界 HPC TOP500 的第一名。Linpack 只是衡量高性能计算性能的一个指标，不同的应用对机器的性能和功能有不同的要求。正如钱老所说，我们应更加关心高性能计算机真正用起来。在曙光 2000 的市场开拓中有一件事我印象十分深刻。当时市场上应用软件大多基于 IBM 的 AIX 操作系统，因为我们市场规模太小，要求应用软件厂商将应用软件移植到自主开发的 SNIX 操作系统没有人响应。智能中心自主开发了具有单一系统映像的机群操作系统，把所有的节点 AIX 操作系统管起来，使得基于 AIX 的各种应用软件都能在曙光计算机上跑起来，靠这一招曙光 2000 就打开了市场。IBM 的技术人员感到不可思议，这种事情没有 AIX 源代码怎么能做到。类似这种市场上有奇效的技术，可能没有大的学术价值，大学的教授们是不会做的。如何用标准的工业化部件构建世界领先的超级计算机，同时又能用这些部件大规模地组装大大小小的各类服务器，这也是曙光公司在市场上成功的法宝。我希望学术界多关注这些市场化的"撒手锏"技术，像重视 SCI 论文一样重视市场化技术的"含金量"。

并行计算的黄金时代 *

　　获得 2017 年图灵奖的计算机体系结构大师约翰·亨尼西（John Hennessey）和戴维·帕特森（David Patterson）指出：**"无论是指令级处理器技术还是多核技术，通用处理器固有的低效率加上登纳德缩放比例定律和摩尔定律的终结，使得处理器架构师和设计者已经不太可能在通用处理器中保持显著的性能改进速度。下一个 10 年将出现一个全新计算机架构的'寒武纪'大爆发，学术界和工业界计算机架构师将迎来一个激动人心的时代。"**

　　现在正处于并行计算的黄金时代。中国科学院举办的"先导杯"并行计算应用大奖赛（以下简称"先导杯"并行计算大赛）就是这个黄金时代发现和培养人才的重大活动。"先导杯"并行计算大赛将在曙光公司提供的超算平台上进行。曙光超级计算机是目前世界上性能最先进、软件开发环境最通用的超算平台，可支持各行各业的科研人员研究开发并行算法和软件。曙光高性能计算机多年来在国内 HPC100 中的市场份额位居榜首，有广泛的应用基础。基于曙光平台的"先导杯"并行计算大赛一定能吸引中国科学院和全国各高校的科研人员和广大师生参加。中科院计算机网络信息中心对参加大赛的各支团队将给予充分的技术支撑。

一、计算机性能越高，算法优化体现的好处就越大

　　计算机性能越高，能解决的问题规模越大，算法优化体现的好处也就越大，算法的重要性越明显。假设算法 Alg1 的计算复杂性是 N^2（N 是问题规模），算法 Alg2 的计算复杂性是 $N\log_2 N$。两种算法的性能比是 $N/\log_2 N$，N 越大，性能相差越大。对于只能解决问题规模为 10 的低端计算机来说，两种算法的性能只相差约 3 倍，但对于能解问题规模达 1 000 的超级计算机来说，两者性能就相差约 100 倍！换一个角度看，若在低性能的单机上，两种算法可解问题的规模相差 3 倍，则在包含上百万处理器的超级计算机上，两种算法可解问题的规模相差上百倍！

---

* 2020 年 3 月 25 日在中国科学院"先导杯"并行计算应用大奖赛启动会上的主旨报告。

　　计算机体系结构的改进、创新必须和并行算法、并行软件的改进创新同步进行，越是高层的改进得到的性能和效率的提高越大。不管是突破摩尔定律还是冯·诺依曼瓶颈，都必须跨层次进行。

二、新冠肺炎疫情的启示

　　新冠肺炎疫情暴发后，人们自然想到并行计算如何在抗疫中做贡献。人工免疫系统（AIS）是指根据免疫系统的机理、特征、原理开发的人工智能算法与系统，如克隆选择算法、B细胞算法、阴性选择算法、树突状细胞算法等，已被应用到聚类分类、异常检测、信息安全、智能优化、机器人控制等众多领域。

　　现在国际上已形成免疫信息学和计算免疫学两大学科分支。生物信息学已进入从基因组测序到个体化定制疫苗的时代，免疫信息学在其中发挥着重要的助推作用。并行处理技术将在对抗病毒中发挥不可替代的作用。疫苗与抗病毒新药研制涉及复杂的数学模型，必须借助并行计算求解。希望中国的学者抢先做出贡献。

三、并行计算需要新的思路

　　片内多核并行和传统的并行计算有很大不同，片内的通信速度远远高于芯片间或机柜间的通信，而芯片的 I/O 引脚有限，片内可配置的存储空间也有限，约束条件有很大改变，必须有全新的思路挖掘片内并行性。

　　如何缓解由于扩展并行而恶化的访存瓶颈已成为高性能算法设计的核心问题，需要在并行算法模型和实现优化上不断创新。局部性和并行性必须是同时考虑的双重目标。

　　降低能耗已成为比提高性能更重要的目标，降低超级计算机的能耗是研制 E 级计算机的最大难关。并行算法和并行软件设计必须紧紧围绕这个主要目标。仅仅提高了加速比，但能耗增加的倍数超过性能提高的倍数，这种并行算法和软件没有推广前途。

四、要重视并行计算的通用性

　　尽管领域专用计算机的性价比和能效高于通用计算机，但超算中心共享的超级计算机仍要考虑通用性。图 3.4 中粗包络线下的总面积反映通用性。

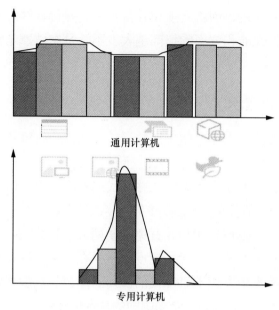

图 3.4　通用计算机与专用计算机

现在智能加速芯片已有 KPU、IPU、MPU、NPU、QPU、SPU、TPU、VPU、WPU、XPU 等十几种，在注重单项性能的同时要关注功能集成和可重构，提高并行计算的通用性。

不管是芯片还是并行算法和软件设计，不能只满足于对某一个小应用的性能提高，覆盖应用的范围是另一个重要的考虑维度。

五、必须对付动态、不确定的复杂负载

20 世纪 60 年代，从科学计算的负载中归纳出定点与浮点，这是计算技术的重大突破，现在需要对新的负载做科学抽象。智能应用的负载大多是动态变化、不确定的，例如交通控制、股市交易等，需要从各种各样的应用中归纳出通用性强的指令系统、微体系结构、执行模型和应用程序接口（API）。适应不确定负载的系统结构可能是异步执行的结构（Asynchronous Architecture），没有固定的时钟频率，DataFlow 执行模型可能是出路之一，也许能从互联网异步协议中得到启发。

六、从技术推动转向应用拉动

计算机科学家的传统思维逻辑是：用户不知道需要什么技术，计算机科学家用新

的语言、编译技术和创新的系统结构等解决某些并行问题，学者将"聪明"的解决方法推送给用户。但问题是用户往往不会用或不学习学者提供的方法。新的科研途径（应用拉动的 Top-Down 研究方式）是：与应用领域的专家一起开发关键的并行应用程序；提供必需的硬软件平台，理解用多种语言写的并行软件；在开发关键应用软件时，以实际观察到的常用模式引导研究。

七、计算机科学要融入其他科学

计算机科学中的概念、定理、方法正在发展到更宽广的领域，特别是生物和化学领域的基本工具，这些工具将被集成到整个科学编织的网络中。计算机科学家与其他领域的科学家密切合作，已成为当代科学研究的特点。计算机科学技术不仅仅是其他领域的"工具"，还是认识未知世界的知识源泉之一。

其他领域的科学家运用普遍流行的算法和软件可能会解决一些局部性的问题，获得一些渐进性的改进，但要获得算法上的根本性突破，需要与真正懂算法的计算机科学家深度合作。

现在常规的脑科学解剖成像技术重构一只老鼠的大脑需要 7 000 年。普林斯顿大学的李凯教授（中国工程院外籍院士）与脑科学家的合作项目将数据分析时间缩短为原来的 20 万分之一！

希望更多的年轻人加入并行计算的行列 *

各位领导，各位评审专家，各位参赛者，各位来宾：

下午好！

首先感谢各位来参加今天的颁奖典礼，对大家的到来表示热烈的欢迎。

为了发现和培养并行计算的人才，激起大学生、研究生和青年科技人员对并行计算的重视，中国科学院发起了"先导杯"并行计算应用大奖赛，打造了一个高规格、高影响力的权威赛事。自 2020 年 3 月 25 日开赛至今（2020 年 8 月 26 日），本次大赛吸引了来自全国 200 多所重点高校、科研机构和知名企业的 601 名选手、448 个战队，比赛产出了近百份创新应用的软件移植和优化的成果，其中有些优秀成果已基于大赛平台进行商业孵化转化，有些已获得国内软件著作权，可谓硕果累累。值得一提的是兰州大学参赛队自主研发的软件，可以缩短新冠肺炎药物研发的周期，为战胜新冠肺炎疫情做出了贡献，反映该成果的论文已被国际顶级期刊 *Briefings in Bioinformatics*（《生物信息学简报》）接收。

历经 100 余天的在线角逐，在基础算法、人工智能和实际应用 3 个赛道中，54 个战队脱颖而出，成功获取晋级名额。今天上午进行了决赛，各路英才向竞赛的终点冲刺，获奖团队已经出现，现在我们要举行隆重的颁奖典礼，对获奖者进行表彰。在今天的活动中，求才若渴的企业在**现场开通了招聘直通车，与选手面对面交流，当场发掘优秀人才，为参赛选手提供了便捷的择业、就业机会。**

大家知道，一台高性能计算机包含许多处理器，一个服务器 CPU 芯片有几十个甚至上百个处理器核，并行处理是高性能计算机最基础的技术。没有高效率的并行软件，高性能计算机就不能有效发挥作用。而高效率的软件需要精心设计的并行算法，设计并行算法和程序需要既熟悉并行计算又熟悉应用领域和求解问题的人才。并行计算不是阳春白雪，而是计算机从业者需要掌握的基本功。我国上千所大学有计算机专业，但参加这次竞赛的团队大多来自重点大学，我希望每个有计算机专业的大学都开展并

---

* 2020 年 8 月 26 日在中国科学院"先导杯"并行计算应用大奖赛决赛暨颁奖典礼的开幕词。

行计算的课程教育，普及并行计算的基础知识；希望更多的研究生从事并行计算的科学研究和技术攻关。并行计算也是当前很热门的人工智能和大数据的底层基础，希望人工智能和大数据领域的更多的科技人员关注并行计算。

近年来，国外反华势力疯狂围堵打压我国的高技术企业，甚至禁止我国部分大学使用 MATLAB 等计算软件。我国的芯片制造技术比国外先进水平落后几代，需要较长的时间才能补上这块短板。与硬件装备不同，软件和算法设计靠人的大脑，脑袋长在我们自己的肩膀上，别人是无法禁运的。我们应当采取以软补硬的技术路线，大力发展以并行计算为代表的软件技术，在一定程度上弥补硬件的不足。一个好的算法可以提高几十倍以上的计算效率，甚至可以带动一个产业。我国的高性能计算机已经走在世界的前列，多次在 HPC TOP500 中排名第一，戈登·贝尔在以（Gordon Bell）奖为代表的超算应用国际大赛中也获得了优异的成绩。希望在"先导杯"并行计算应用大奖赛的激励下，有更多的年轻人加入并行计算的行列。大家齐心协力把我国建设成名副其实的并行计算强国！

谢谢大家！

构建先进计算国家实验室的建议 *

一、先进计算技术的发展现状

计算无处不在，近几年对算力的需求平均每年增长 10 倍。促使一个国家高质量发展的算力集中体现在超级计算中心和数据中心。2019 年，我国数据中心数量大约 7.4 万个，数据中心机架规模已达到 227 万架，市场规模达 1 563 亿元。阿里云的算力已超过亚马逊，居世界第一。数据中心在工业、金融、科研等领域已发挥重要的推动作用。但是，我国数据中心规模与美国还有较大的差距，美国数据中心约占全球 40% 的市场份额，而中国只占 8% 左右。

一方面，过去 30 年间，计算机系统的速度提高了 6 个数量级，其中性能提升的一半来自单个 CPU 的升级换代，另一半来自计算机系统并行度的提高。几十年来，计算机的体系结构一直在冯·诺依曼模型的基础上发展，由于新器件和新结构的研究还处于基础研究阶段，至少未来 10 年内仍将主要基于硅基 CMOS 器件的冯·诺依曼体系展开。另一方面，大数据和人工智能应用的兴起对算力的需求急速增加，机器学习训练需要的计算能力每 3.5 个月就增长一倍，近几年增长已超过 30 万倍。先进计算技术发展面临巨大的需求拉动和技术推动力不足的尖锐矛盾。

中美日欧都宣布了 E 级（每秒 10^{18} 次浮点运算）计算机研制计划，尽管各个国家和地区都在探索突破性的新技术，但目前大家研制 E 级计算机的技术路线大同小异，基本上是采用机群结构和专用加速的模式，通过软硬件协同优化提升计算系统的整体效能。近 30 年，超级计算机性能的发展遵循千倍定律，即每隔 10 年性能就会提高近千倍。到 2030 年，超级计算机的性能能否再提高一千倍达到 Z 级，即每秒 10^{21} 次浮点运算，至今没有明确的技术路线。先进计算技术的进步面临访存、通信、可靠性、能耗和可扩展性 5 个方面的挑战，我国必须大力加强超级计算机的基础研究，才能在未来 10 年的激烈竞争中找到出路，取得发展的主导权。

---

* 2021 年 3 月 3 日写给国家发展改革委的一份建议报告。

　　长期以来，以双精度浮点运算为代表的科学计算是高性能计算的主要负载。大数据和人工智能的广泛应用引起计算负载的巨大变化，数据结构趋于多元化，由传统文本等结构化数据扩展到图像、音频等非结构化数据。大数据和智能应用往往需要大量的张量、短向量和整数处理，擅长串行逻辑运算的传统通用计算芯片难以满足这种高并行的计算需求，采用 SIMD（单指令多数据流）计算方式的专用加速器更加有效。有些专家估计，人工智能计算消耗的算力未来将占到全社会算力总量的 80% 以上，人工智能计算正逐步成为计算的主流模式。针对新的需求，CPU+GPU（图形处理单元）、CPU+MIC（集成众核）、CPU+FPGA（现场可编程门阵列）等领域专用加速部件广泛流行。在 2020 年 11 月公布的 TOP500 超级计算机中，已有 2/3 的计算机用上GPU 加速器。

　　计算的发展历程是计算供给能力与应用创新需求之间的彼此驱动和迭代升级，二者的关系正由"先有能力，再谈需求"向"根据需求，创造能力"转变，创新应用不断提升能动性，逐渐演变成为驱动计算发展的核心动能。人工智能、自动驾驶、脑科学研究等应用的计算需求和现有计算能力的差距至少有 10 倍，甚至达到千倍以上，面向差异化应用需求的优化和加速将是近期先进计算技术产业发展的主要思路。但是，基于丰富的应用软件和良好的产业生态，众多用户对基于 x86 的通用超级计算能力的需求也十分强烈。在无锡的"神威·太湖之光"超级计算机上，只有用户需求迫切的使用 x86 的通用超级计算能力的应用是收费的。因此，对通用 CPU 的升级设计和节能优化，仍然是超级计算发展的重要课题。

　　20 世纪超级计算的标志性产品是克雷（Cray）向量计算机，21 世纪主流的超级计算机是机群系统，在 2020 年 11 月公布的 TOP500 超级计算机中，有 492 台是机群系统，占比高达 98.4%。随着应用的差异化、专业化和边缘计算的兴起，先进计算产业的生态开始朝多元化重构的方向发展，带来了更多的发展机遇。开放融合正在成为先进计算技术创新的主导模式，具体表现为：数据处理、存储和通信三大计算单元的融合，软件和硬件技术的融合，计算技术与通信、传感等其他信息技术的融合。技术的开放融合将促使计算机系统结构设计师突破原有的思维局限，开拓架构创新的新局面。

　　我国从 20 世纪 50 年代末就开始设计计算机，70 年来已经有深厚的技术积累，计算机的设计水平在国际上属于第一梯队。但是我国先进计算领域仍有不少薄弱环节：处理器的制造工艺落后 3～4 代，EDA 设计工具受制于人，自主可控的软硬件生态环境尚未完全建立，缺乏自主设计的行业应用软件，高水平的系统设计和超算应用人才严重不足等。在国外反华势力对我国围追堵截，试图对我国实行"技术脱钩"政策的艰难形势下，我们必须卧薪尝胆，发愤图强，大力发展先进计算技术，为我国的高质量发展提供充足的算力。

二、未来 10 ～ 15 年，计算机技术和架构的发展前瞻

许多人把计算机技术发展遇到的主要问题归结为"冯·诺依曼瓶颈"，认为只有发展所谓"非冯·诺依曼计算机"，才能走出目前的困境。我们首先要弄明白冯·诺依曼提出的计算机模型和架构是什么。1945 年，冯·诺依曼提出的计算机模型和体系架构主要包括三方面内容：一是采用二进制进行计算；二是提出存储程序控制（Memory-Stored Control）模型，即程序像数据一样存在计算机中，程序中的指令在程序计数器的控制下按照程序规定的顺序自动执行；三是计算设备由运算器、控制器、存储器、输入装置和输出装置五大部件组成。严格地讲，只有完全抛开上述 3 项内容，才算真正的"非冯·诺依曼计算机"。退一步讲，至少放弃其中一条原则才算"非冯·诺依曼计算机"。量子计算放弃了传统的二进制计算，采用叠加态的量子位计算，类脑计算和数据流计算机放弃了程序计数器，采用数据或脉冲驱动，这些新的计算模型可以认为是"非冯·诺依曼计算机"。

一种广泛传播的说法是：冯·诺依曼架构是一种计算与存储分离的结构，这导致数据供应能力成为冯·诺依曼瓶颈（即存储墙问题）。这种说法是对冯·诺依曼架构的误解。

冯·诺依曼在他的经典著作《计算机与人脑》中指出："记忆"集合需要有辅助的子组件，它由"活跃"器官组成，用于服务和管理记忆集合。这一思想可以解读为：在存储部件附近可以而且应该配有运算部件。冯·诺依曼对计算（活跃器官）和存储（记忆器官）采取中立的、不偏不倚的视角，没有以其中一个为中心的想法，更没有强调存储与计算分离，存储分离结构也由冯·诺依曼最先提出。目前广泛采用的专用加速器，逻辑上相当于一条宏指令，本质上还是冯·诺依曼结构。

长期而言，由于硅基 CMOS 集成电路存在物理极限，冯·诺依曼架构的局限性需要突破，量子和类脑计算等非冯·诺依曼架构可能成为支撑先进计算未来持续发展的技术途径。但是，现在科学家既无法否定实现真正有实际应用价值的通用量子计算机的可能性，也很难预测完成这一任务需要多长时间。而且，量子计算不是对于所有的计算问题量子算法都有指数级的加速，在相当长的时间内，量子计算只能起到像 GPU

一样的专用加速器的作用。由于对人脑的机理了解很有限，脑科学的发展还有很长的路要走，10~15 年内类脑计算难以成为主流的计算技术。因此，我们要关注和高度重视量子计算和类脑计算，争取形成有国际竞争力的尖端产业，但不能把发展先进计算的主要希望完全寄托在量子计算和类脑计算上，应该更加重视可以形成支柱产业的技术。10~15 年内，基于硅基冯·诺依曼架构的现代计算技术仍然是先进计算的主体，器件、系统和应用技术应同步发展，面向不同应用需求的系统级创新和优化将成为技术创新的重点方向。

摩尔定律接近终点，器件的红利在明显减少。20 世纪先进计算机的性能提高主要靠微处理器的升级，今后的技术进步主要靠系统结构的创新，系统结构发展将进入又一个黄金时代。未来 10 年将会提出各种变革性的计算机架构，这对计算机架构师而言是梦寐以求的发展机遇。

系统结构的创新方向很多，目前能看到的主要是以下几个方向。

1．可重构的分布式智能加速器（DSA）

由于通用性和高效率的本质性矛盾，历史上通用和专用计算机交替作为主流方向，螺旋式发展。总体来讲，近 30 年来以 x86 为代表的复杂指令集计算机（CISC）和以 ARM 为代表的精简指令集计算机（RISC）的发展胜过专用处理器。物联网兴起带来的应用碎片化和人们对高效率、低功耗的追求，促使这一局面发生变化。未来大多数计算将在专用加速器上完成，DSA 是未来 10 年计算机体系结构的重要研究方向。

DSA 能实现更高性能和更高能效的原因：一是利用了特定领域中更有效的并行形式，可以更高效地利用内存层次结构，优化存储器访问；二是可以适度采用较低精度的 8 位甚至 4 位整数计算；三是受益于 DSL（领域特定语言）编写的目标程序。以 GPU 为代表的 DSA 一般称为加速器，比 ASIC（专用集成电路）的通用性要强一点。设计 DSA 需要在跨抽象层次做垂直集成，将领域专业知识固化到芯片上。

各行各业的智能化都需要开发专用加速芯片，由于领域特定，专用加速芯片的批量不大，成本就不合算。将多个专用芯片集成在一片 SoC（单片系统）上是一条出路，但加速核的切换应在几拍时间内动态完成，这就是计算机界正在努力追求实现的可重构计算（也称为可塑计算）。可重构计算机是一种函数化的硬件架构，可以灵活适配不断变化的计算需求，允许系统硬件架构和功能随软件变化而变化。由于加速器不必做成专门的芯片，只是 SoC 上一个 IP，大大节约了成本。加速核的动态高速切换是很难的技术，我国在这方面已走在国际前列。

2. 扩大并行性和提高集成度

在计算机主频难以大幅度提高的条件下，继续扩大并行性，仍然是提高计算机性能的主要途径。扩大并行性的一种途径是时间复用，即在同一时间段内，多个任务同时运行，另一种途径是空间复用，充分利用存储的局部性，多次复用高速缓存中的数据。阿姆达尔（Amdahl）定律是扩大并行性的魔咒，程序中串行计算比重确定了并行加速的上限。扩大求解问题的规模可以在一定程度上缓解这种限制，但实现更高的性能改进需要从源头寻找新的算法和新的架构，这样才能更有效地利用集成电路的潜在功能。

进一步提高芯片集成度也是先进计算的努力方向。三维堆叠可以提升集成密度，等效延续摩尔定律。据最新国际半导体技术发展路线图（ITRS2.0）预测，未来三维堆叠结构还将在多功能复合芯片等领域发挥关键作用，复合芯片将聚合传感器、新兴存储器和硅基电路，集成在一颗芯片上实现信息采集、存储、计算和输出等功能。系统级设计和多质多维封装同步深化，为先进计算开辟了新的方向。美国 Cerebras Systems 公司 2019 年 9 月发布了"全球最大"的 AI 芯片 WSE（Wafer Scale Engine）。此芯片面积达到 462 cm^2，包含 1.2 万亿个晶体管，40 万个核心（相当于一个拥有 1 000 个 GPU 的集群），100 Pbit/s 互联带宽，功耗 15 kW。这种晶圆级规模的芯片可以发挥片内集成的优势，但对工艺和可靠性的要求极高。

3. 降低功耗，探索更先进的冷却散热技术

与摩尔定律相伴而来的是登纳德缩放（Dennard Scaling）定律。该定律指出，随着晶体管密度的增加，每个晶体管的功耗会下降，因此每平方毫米硅的功耗几乎是恒定的。量子隧穿效应导致晶体管漏电，缩小线宽静态功耗不减反增，登纳德缩放定律的效果 2007 年开始显著变小，到 2012 年几乎变为零。登纳德缩放定律的失效使功耗成为研制高性能计算机最大的拦路虎。目前芯片的功耗几乎与 CPU 核数的增加成正比。在降低超级计算机的功耗上采用 ARM CPU 也没有优势，排名世界第一的日本富岳计算机（采用 ARM 处理器）性能提高 3 倍，功耗也提高 3 倍。在 CMOS 电路基础上如何大幅度降低功耗是发展先进计算的重大挑战问题。

随着数据中心的不断扩张，预计中国数据中心 2022 年总功耗将突破 2 000 亿千瓦时。目前全球算力增长最快的应用是比特币挖矿，2016 年以来，比特币的算力已经增长了 81 倍，高峰期达到 130 EFLOPS，比目前 TOP500 的总算力高出上百倍，中国的比特币算力占全球 65% 以上，消耗了大量能源。降低计算机的功耗，尤其是超级计算机的功耗是发展先进计算必须考虑的战略性问题。

降低计算机功耗的根本出路在于发明新的节能器件，目前能做的只是从系统结构、软件和算法各个层次协同努力。曙光公司在冷却散热上已经掌握世界领先的蒸发冷却技术，今后我国的学术界和工业界要在降低计算机功耗和探索新的散热冷却技术上做更多的努力。

4. 存算一体化，提高存储和通信的性能

大数据和人工智能对存储带宽的要求越来越高，数据搬移需要的能量在整个计算中占非常大的比重，翻越"存储墙"是先进计算的一大难题。未来的计算机体系结构要大幅度提高计算机中存储和通信的性能。内存计算是解决"存储墙"问题的主要出路，目前有 3 种发展思路：内存内计算（In-Memory Computing）、内存驱动计算（Memory-Driven Computing）和存算一体化（Processing-in-Memory）。内存内计算通过数据库等软件技术实现内存数据直接读取，并进行实时处理和分析；内存驱动计算是多个处理器共享同一内存池的系统体系，通过高速、低功耗的内存互联架构实现灵活扩展和效率提升；存算一体化是在内存和固态硬盘芯片中植入逻辑计算单元，或使用 NOR 等存储单元直接完成计算。高速非易失性存储器（NVM）等新兴存储介质技术也在不断发展，凭借接近系统内存的读写性能以及与硬盘类似的非易失性特点，可实现对现有多级存储架构的重构。

板级和系统级的互联技术是先进计算的关键技术，需要不断升级。互联技术不但要重视数据的高速传送，还要重视优化计算单元间的共享数据访问，尤其是 CPU、GPU、ASIC 等多种处理单元间的内存一致性访问，加快计算单元与存储单元间的数据交互，缓解 I/O 瓶颈限制。我国的磁盘阵列控制等技术还受到美国"技术脱钩"的威胁，国家发展改革委已设立专项支持"卡脖子"技术的攻关，并且取得重大进展。I/O 技术涉及模拟电路，这是我国的弱项，今后要大力加强。

5. 发展编译等系统优化技术，提高易用性高级程序语言的执行效率

提高编程效率和提高机器执行效率往往有矛盾，容易编程的智能化语言执行效率很低。现有的软件构建技术广泛使用具有动态类型和存储管理的高级语言，这些语言的可解释性和执行效率非常低，用系统结构的知识改进编程可以大大提高计算性能。统计表明，就矩阵乘法而言，采用以下技术可明显提高性能：将动态高级语言 Python 重写为 C 语言代码，使用多核并行循环处理，优化内存布局提高缓存利用率，使用硬件扩展来执行 SIMD 并行操作等。与原始 Python 版本相比，这些技术的理想累计可使多核 Intel 处理器的运行速度提高 62 000 倍以上。这个案例说明，通过编译和系统优

化技术，许多软件的执行性能至少可提升 100 倍。

集成电路工艺的升级有许多制约因素，发展系统优化技术主要是靠人的聪明才智，相对而言制约较少，我国今后应当在系统优化上多下功夫，给编程人员提供高水平的优化工具。10~15 年内我国要向俄罗斯学习，争取用系统的优势弥补器件工艺的落后。

6. 开源硬件和敏捷设计

开源软件在信息产业的发展中发挥了巨大作用，开源硬件如同开源软件一样，也将大大加速先进计算产业的发展。开源硬件不仅仅是 RISV-V 开放指令系统，还需要有开源 EDA 工具链、敏捷开发的设计流程、高层次的综合、加速器敏捷设计方法，以及高效验证硬件代码自动生成、端到端的形式化验证等。历史已经证明：工具链是弥补人才缺口的重要帮手，采用开源的 IP 可以把芯片开发周期从按年计变成按月计。在中国科学院大学"一生一芯"计划的支持下，5 个大学生以流片为目标，4 个月内成功设计一款可运行 Linux 的 RISC-V CPU 芯片，充分说明开源硬件和敏捷设计可以降低人才门槛，是我国发展先进计算的合理选择。我国已经成立中国开放指令生态（RISC-V）联盟，国家应当把开源硬件和敏捷设计当成一件战略性的大事，真正做出成效。

三、应将先进计算纳入国家实验室建设布局

建立国家实验室是党中央推进科技体制改革、增强我国科技实力的重大战略部署。对于国家实验室的定位和组织方式，科技界还没有完全形成共识。党中央想办的国家实验室不是做个人兴趣驱动的基础研究，也不是做科技目标和技术路线都很明确的工程任务。国家实验室一定是以涉及国家高质量发展和安全的重大战略需求为导向，要解决的问题一定是十分明确的，但实现的技术途径还不清楚，需要做目标导向的基础研究和高技术研究。国家实验室应以某一主要领域为核心，多领域交叉融合，与创新全链条形成有机布局的体系化平台。

全球各国都在发展数字经济，各行各业都靠先进计算支持。未来谁掌握了先进的计算力，谁就掌握了发展的主动权。据赛迪智库电子信息产业研究所预测，到 2025 年，中国（广义的）先进计算产业规模将达到 8.1 万亿元，辐射带动规模将超过 8.5 万亿元，"十四五"期间预计年均增速在 13% 以上。计算产业有望成为中国经济下一个增长周期的龙头产业。毫无疑问，先进计算是各国必争的战略高地，也是国外反华势力封锁、打压中国的重点领域。先进计算要解决的问题是国家发展的重大战略需求，目标十分明确，但实现的技术途径还不清楚，10~15 年内有望取得技术上的重大突破。攻克先

进计算面临的技术难关完全符合国家实验室的定位和目标。

与其他还没有形成庞大产业基础的新兴技术不同，计算机产业已有几十年的深厚基础。现在对先进计算遇到的科学技术问题最清楚的是企业，对哪些大学和科研单位在相关的基础研究中有可能取得突破最了解的也是企业。计算机行业的领军骨干企业责无旁贷要成为国家实验室的重要支撑单位。国家发展改革委设立的国家先进计算产业创新中心是整合计算机行业内的创新资源、构建高效协作创新网络的重要载体，拟成立的先进计算国家实验室与国家先进计算产业创新中心可以形成密切的合作，将目标导向的基础研究成果迅速地转化为可批量生产而且有竞争力的产业化技术，这可能是建立国家实验室的一种新模式。

现在的先进计算不仅仅是计算机一个领域的事情，还涉及材料、物理、化学、能源等领域，目前国内计算机领域的实验室很难实现跨领域的合作。在攻克蒸发冷却等关键技术上，国家先进计算产业创新中心联合中国科学院理化技术研究所等单位，采用纳米技术已经做出了世界领先的成果，与中国科学院大气物理研究所合作，在全球气候模拟上也做出了世界领先的成果。这些经验为今后先进计算国家实验室跨领域的合作奠定了坚实的基础。

我国在计算机系统结构基础研究方面已经有较好的技术储备，依托中科院计算所的计算机体系结构国家重点实验室近 10 年来取得了丰硕的研究成果，国防科技大学、无锡江南计算技术研究所、清华大学等单位在计算机系统结构方面也有较强的研究实力。拟成立的先进计算国家实验室不是取代这些单位，而是要和它们形成相互配合的创新网络。在我国的留学生中，有一批在计算机系统结构研究上成就突出的高端人才，目前大部分还留在国外，国家实验室应当重点吸收国外的尖子人才，而不是在国内挖人做"零和游戏"。上层有国家实验室做规划和重点突破，下层有骨干企业提供明确的科研需求，中间有现有科研力量的配合攻关，这种新模式的国家实验室一定能把我国的先进计算技术推到世界领先的高度，为我国实现现代化强国做出不可替代的贡献。

发展先进计算产业的目标和路径 *

什么是先进计算?

《电子科学技术》编辑部（以下简称"编辑部"）：先进计算在电子信息技术和产业界是比较新的概念，说法也不一致，请您谈谈对先进计算的理解。

李国杰：先进计算不是一个定义清晰的技术术语。它的含义在与时俱进，边界是模糊的，因此也没有必要为先进计算做出十分明确的定义。近几年学术界和产业界都在提先进计算，主要来自两方面的诉求。一是信息技术已经走过了 IT1.0 和 IT2.0 的发展阶段，正在进入人机物融合、万物智能互联的 IT3.0 阶段，现有的计算技术在提高性能和能效、应对复杂性和不确定性等方面遇到了天花板，需要研发智能计算等新的计算技术，也在部署探索量子计算、类脑计算、光子计算等颠覆性技术。二是全球化的国际态势发生变化，中国需要尽快改变技术落后、受制于人的局面，要努力掌握高端计算技术，根据中国的特点来构建自立自强的信息技术体系。

一项技术先进与否，不限于是否采用了极端的工艺及最复杂的设备和算法，也不限于在某些技术指标上排名世界第一。技术要服务于目标，对于我国而言，技术先进一定要有助于实现科技自立自强的目标。比如在集成电路制造领域，我国短期内无法解决 EUV 光刻机问题，我们在大力发展先进制程的同时，还要重视国际上基本成熟的成套工艺制程。各种世代的集成电路制造设备均有其对应的市场空间和技术改进空间，未来将并存发展。我们不能完全以几纳米线宽区分工艺的先进与落后，同一世代工艺也有先进与落后之分，不能把低世代的工艺都看成落后工艺。我国要另辟蹊径，努力发展集成芯片技术，实现多个功能芯片的立体集成和软硬件的跨层优化，争取不完全依赖尺寸微缩，用较低世代工艺实现性能和能效接近高世代工艺的芯片制造。

编辑部：您已经说明了技术的先进性与科技自立自强有关，请进一步解释一下，为什么发展先进计算一定要构建自立自强的信息技术体系？

李国杰：我国计算技术落后的主要表现不是单点技术，而是没有形成自己的技术

* 作为工信部电子科学技术委员会顾问，2022 年 3 月 27 日应约写给工信部内部刊物《电子科学技术》的文章。

体系。在目前主流的 Wintel 体系和双 A 体系（ARM+Android）中，我国缺乏足够的话语权。多年以来我们跟随美国的技术体系（可称之为 A 体系），计算机产业难以做强。要做到科技自立自强，就必须形成自己的技术体系（可称之为 C 体系）。技术体系不仅仅是指理论上各种子技术的相互联系，而是一个国家根据战略需求和国情对某一领域技术发展制定合理的战略部署后形成的总体技术架构。各国的历史文化和资源禀赋不同，因此各国的技术体系一定有不同的特色。

相对而言，美国的工程师少而高价值的市场大，A 体系走的是一条以高精尖的通用为主、分层优化的道路。与美国相反，我国的工程师多、场景多、市场规模大。我们需要发展的 C 体系的重点是若干领域的跨层垂直优化技术，用适应不同场景的加速芯片和系统与 A 体系共存竞争。因此，发展先进计算本质上就是建立具有中国特色的信息技术体系。我们有可能借助独创的系统结构，在一定程度上弥补器件工艺技术上的落后。先进计算技术的发展将为我国自立自强的信息技术体系的建设奠定坚实的基础。

纵观计算机领域技术体系演进的历史，可以发现一个规律：一旦一个技术体系占据了主导权，后发者就很难在同一赛道实现赶超或取代，而原赛道的领先者也很难在新蓝海延续其成功。信息技术领域有一个不同于其他领域的重要特点：新市场远远大于旧市场。新的技术体系必然出现在新的市场。在 IT3.0 时代，一种产品"通吃天下"的格局难以再现，未来的信息产业生态将朝着领域专用、百花齐放的方向发展，我国的优势将在未来的竞争中充分体现。先进计算技术的发展将为我国形成高水平自立自强的信息技术体系闯出一条新路。

发展先进计算的技术挑战与路径选择

编辑部：计算机领域目前遇到哪些亟须解决的技术挑战？当前先进计算的主要发展方向是什么？

李国杰： 计算技术的发展在提高性能、能效、用户体验、智能化程度和安全性等方面都遇到了难以逾越的壁垒，突破这些壁垒也就成为发展先进计算技术的重大挑战。

过去 30 年间，计算机系统的速度提高了 6 个数量级，提升性能的一半左右的贡献来自 CPU 等器件的升级换代，另一半来自计算机系统并行度的提高。近 30 年，超级计算机性能提高遵循"千倍定律"，即每隔 10 年性能就会提高近千倍。到 2030 年，超级计算机的性能能否再提高一千倍达到 Z 级，即每秒 10^{21} 浮点运算，至今没有明确的技术路线。超级计算技术的进步面临能耗、可扩展性、访存、通信和可靠性等方面的挑战。

计算设备，特别是超级计算中心和数据中心已成为耗电大户，降低计算机的能耗已成为发展计算技术的主要目标。计算机能效的增长已远远低于计算速度增长，我们正面临计算技术发展 70 年未有之大变局，能效已经优先于性能，这给我们提出令人神往的目标：未来计算机要实现"人脑级能效"，争取比现在的芯片和系统提高几个数量级，达到 POPS/W 的能效层次。

IT2.0 时代主要是实现人机交互，互联网只能提供尽力而为的服务。到了 IT3.0 时代，计算技术将大量用于物端设备和工业控制，对时延和服务的良率有较高的要求，也就是要应对"不确定性"的挑战，实现可测、可控、可管、可信。计算机系统不仅要算得快，还要算得多、算得好，这就是高通量的要求。从理论上讲，就是要研究开发具有"低熵"特征的系统，通过创新的系统设计，要在问题不确定、环境不确定、负载强度不确定的情况下，保障可预期的性能结果。

计算机从一诞生就与模仿和增强人类智能密切相关，近几年由于深度学习的兴起，计算智能化的呼声越来越高。大数据和人工智能应用对算力的需求急速增加，机器学习训练需要的计算能力每 3.5 个月就提升一倍。人工智能的目标不仅仅是要计算机也具备像人类一样的感知和认知能力，还要用计算机解决十分复杂的问题，即在多项式时间内"实际上有效"地解决最坏情况下具有指数复杂性的组合爆炸问题。近年来机器学习在解决蛋白质结构预测等问题上的表现令人惊异，已经展示了人工智能在基础研究方面也具有巨大的潜力，有可能以前所未有的力量推进其他学科的发展。

国家和社会安全是实现科技自立自强的首要考虑。除了传统的网络和信息安全以外，最近算法安全又引起了人们的广泛关注。长期以来，大家都是按照外挂安全方式设计系统安全机制，不管是传输层、网络层还是计算层，开始设计时都没有考虑安全因素，安全机制是后来打补丁加上去的。未来要把安全"基因"内置在计算机系统设计中，实现像人体免疫系统一样的安全机制。

编辑部：发展先进计算需要突破哪些关键核心技术？创新的突破口在哪里？技术路径该如何选择？

李国杰：计算的发展历程是计算供给能力与应用需求之间的彼此驱动和迭代升级，二者的关系正由**"先有能力，再谈需求"**向**"根据需求，创造能力"**转变，创新应用逐渐演变成为驱动计算发展的核心动能。面向差异化应用需求的优化和加速将是近期先进计算技术产业发展的主要方向。大数据和智能应用往往需要大量的张量、短向量和整数处理，擅长串行逻辑运算的传统通用计算芯片和系统难以满足这种高并行的计算需求，采用 SIMD 计算方式的专用加速器更加有效。人工智能计算消耗的算力未来将占到全社会算力总量的 80% 以上，正逐步成为计算的主流模式。面向人工智能应用的算法和加速芯片一定是需要突破的关键技术。

20 世纪计算机性能提高主要靠微处理器的升级，但摩尔定律的红利已接近尾声，器件对计算技术进步的贡献已经减弱，今后的技术进步将主要靠系统结构的创新，系统结构发展正在进入又一个黄金时代。今后 10~15 年先进计算的突破口是系统级的跨层垂直优化和体系结构的创新。系统结构需要突破的关键技术包括可重构的特定领域结构、编译优化技术、高通量计算技术、内存驱动计算和存算一体化技术、芯片内光互联技术、更先进的冷却散热技术等。

从选择技术路径的角度来看，发展领域特定结构采取的是专用的技术路线，即**"以多打少"**的策略，以对不同领域的优化获得的高性能价格比战胜通用的芯片和系统。在计算机的发展史上，通用和专用有交替为主的周期性发展规律。领域分得太细，芯片与软件开发成本会升高，将削弱市场竞争力。因此，如何适当地划分领域，将类似的负载归纳为一类问题，针对问题做设计，这是对系统设计人员有多大本事的考验。目前，GPU 芯片比针对单一应用的人工智能芯片市场占有率高，这也说明选择芯片合适的应用范围很重要。

芯片和软件设计都面临开发人员缺口大的问题，发展先进计算的另一条技术路线是敏捷设计和敏捷制造，也就是**"以快打慢"**的策略。工具链是弥补人才缺口的重要帮手，采用开源 IP 可以大幅度降低人才门槛，把芯片开发周期从按年计变成按月计。国家应当把开源硬件和敏捷设计当成一件战略性的大事，真正做出成效。

从摆脱"卡脖子"局面的角度来看，CPU 和 XPU 等高端芯片、操作系统、EDA 工具和高端工业软件是最需要解决的核心技术。芯片设计本质上也是在确定边界内的组合优化问题，可以考虑采用芯片学习的办法完成全流程的逻辑设计和物理设计，大幅度节约芯片设计的人力开销。操作系统的发展存在"20 年周期律"，千亿规模的各类泛在物联终端和新型的泛在计算模式的出现，意味着操作系统进入新的 20 年，新的蓝海已然出现。EDA 工具和高端工业软件是最可能被"卡脖子"的核心技术，虽然许多有识之士呼吁要高度重视，但至今我国还没有针对高端工业软件的集中力量办大事的切实行动。

编辑部：近年来一些非传统的计算技术引人注目，我国应如何部署量子计算、类脑计算、超导计算、光计算等颠覆性技术的研发？

李国杰： 长期而言，由于硅基 CMOS 集成电路存在物理极限，冯·诺依曼架构的局限性需要突破，量子计算、类脑计算、超导计算、光计算等计算模式可能成为未来先进计算的新技术途径。我们必须重视具有颠覆性的新计算模式，不能因为现在还不完全实用就掉以轻心。在发展先进计算技术上，我国不能走"你有我也要有"的完全跟踪路线。相对于现有技术领先的西方国家，我国对颠覆性的新技术寄予更大的期盼，更希望发展别人没有的非对称技术。因此，一方面要加大原始创新的投入力度，另一方面一旦发现颠覆性的新技术有商品化的可能，就要尽最大的努力尽快实现产业化。

对量子计算等新技术何时能大规模市场化，应该有理性的判断。目前，科学家既无法否定实现真正有实际应用价值的通用量子计算机的可能性，也很难预测完成这一任务还要多长时间。目前能实现相互纠缠的量子比特的规模，离真正实用还有几个数量级的差距。近 10 年内能做的量子计算机都属于有噪声的中等规模量子计算机，它们可能在一些特定的应用领域起到像 GPU 一样的专用加速器的作用。在相当长的时期内，量子计算有较强的专用性，量子算法也不是对所有的计算问题都有指数级的加速。

由于对人脑的机理了解很有限，脑科学的发展还有很长的路要走，10~15 年内类脑计算也难以成为主流的计算技术。光计算和超导计算在节能上有明显的优势，但在应用上都有一定的局限性。因此，近期内我们不能把发展先进计算的主要希望寄托在量子计算和类脑计算等新模式上，应该更加重视可以形成支柱产业的技术。10~15 年内，基于硅基冯·诺依曼架构的计算技术仍然是先进计算的主体。

先进计算为发展数字经济做贡献

编辑部： 先进计算包含哪些重要的应用产业？能否让算力成为像电力一样的基础设施，促使先进计算在发展数字经济中起更大的作用？

李国杰： 数字经济本质上就是计算技术的普及应用，先进计算在国民经济的总盘子中占有很大的比例。据赛迪智库电子信息产业研究所预测，到 2025 年，中国（广义的）先进计算产业规模将达到 8.1 万亿元，辐射带动规模将超过 8.5 万亿元。

先进计算的支撑作用最明显的行业包括信息服务、金融、安全、交通物流、电力等，未来在智慧城市、无人驾驶、智能制造、智慧医疗等领域也将发挥越来越大的作用。人们常说，中国在计算的基础技术上落后于国外，但中国的计算机应用不落后。这种认识总体上讲是对的，但是不够确切。我国的计算机应用主要是规模大，在电子商务、社交网络、视频监控等方面可能已经是国际领先，但是在先进计算的深度应用方面，还是落后于国外。以高性能计算为例，美国企业的超算系统规模是中国公司的 10 倍以上，通用汽车公司、克莱斯勒等汽车制造公司，每家都有 10 个以上的超算系统。我国的制造型企业计算机应用的深度还很有限，需要大力加强。

早在 1961 年，人工智能的奠基人之一约翰·麦卡锡教授就提出过算力应该像电话系统一样，成为一种公共服务。但时至今日，这种美好的愿望并没有实现。这是因为算力的基础设施化并不是简单的算力堆砌。当前我国的算力总量已经超过 100 EFLOPS，但这些算力资源分散在各个公司和机构，并不能面向全社会提供统一的服务。所谓算力网不是像万维网（WWW）一样的通信网络，其本质上是高效、可控、智能化的大规模分布式计算系统，可称为 WWC（World Wide Computing）。

中科院计算所提出了一种新型信息基础设施——高通量低熵算力网，形象地简称其为"信息高铁（Information SuperBahn）"。"信息高铁"有两个显著特征：一是在基础层提供对低熵有序性质的支持，降低各种无序混乱对用户体验的负面影响，从而显著提升应用品质、系统通量和系统效率；二是原生支持人机物三元融合，适应智能万物互联时代的各种应用。这两个新特征难以通过现有系统的延续式增量优化实现，需要研究新的系统结构。将分散投资的算力资源组建成国家算力网，关键是统一调度能力。国家正在开展的**"东数西算"**工程为跨地域的算力资源调度提供了机制探索和技术创新的难得的实践环境。

编辑部：目前我国先进计算的产业基础如何？国家在发展先进计算产业上已有哪些部署？发展先进计算产业我国企业应该如何发力？

李国杰：我国的计算机产业有较好的基础，联想和浪潮在 PC 和网络服务器领域有较高的国内市场占有率。经过曙光等企业的多年拼搏努力，高性能计算机的国内市场已基本上没有国外大公司的身影。华为和曙光公司已经能研发生产高端服务器 CPU，即使国外现在断供 CPU，我国的计算机产业也不会面临"无米之炊"的局面。尽管大多数计算技术我国处于跟踪地位，但在某些技术点上，我国也做出了在国际上引领技术潮流的贡献，例如中科院计算所在国际上率先研制成功加速人工智能应用的寒武纪芯片，引发了全球人工智能芯片的研发热潮。我国的产业生态环境也在逐步改善，华为的鸿蒙操作系统已经形成几亿用户的自主可控生态。

但是，我国先进计算领域仍有不少薄弱环节：处理器的制造工艺落后 3 ~ 4 代，自主可控的软硬件生态环境尚未完全建立，EDA 设计工具受制于人，缺乏自主设计的高端工业软件，高水平的系统设计和应用开发人才严重不足，颠覆性的和非对称的先进计算技术的基础研究还不尽如人意等。

　　为了尽快改变这种落后局面，国家有关部门已经做了相应的战略部署。2018 年，由国家发展改革委批复，曙光公司牵头组建国家先进计算产业创新中心。围绕实现先进计算产业自主可控发展、产业高端化发展的目标，计算机领域这个唯一的国家级产业创新中心旨在整合国家、行业和地方创新资源，联合产业上下游企业和产学研等创新主体，建设先进计算技术研发应用平台、科技成果转移转化平台、知识产权运营平台、公共服务共享平台、双创空间与投融资平台以及人才服务平台，除了在天津建立了产业创新中心总部以外，还相继在青岛、合肥、南京、兰州、哈尔滨、西安、成都、北京等地建立了区域级先进计算产业创新中心，支撑各地先进计算产业的发展。

　　发展先进计算，一定要摆脱"同行是冤家"的传统思维，走合作共赢之路。只有下游企业大力支持上游企业，自主可控的产业生态才能建起来。2020 年组建的产业合作平台——海光产业生态合作组织（以下简称"光合组织"）就是一个成功的案例。海光公司已生产研发了四代高端服务器 CPU 芯片，性能接近国际先进水平，并且与联想、新华三技术有限公司、浪潮等占国内市场 90% 以上的整机企业合作，已开发数十款基于海光处理器的服务器、工作站、存储、工控等整机产品，实现规模化销售。截止到 2021 年年底，光合组织已经完成国内外 3 000 余款主流基础软件的测试或认证，涵盖 2 000 余家应用厂商，为提供高端国产计算机产品和服务打下了坚实基础。

　　发展先进计算的一条捷径是走开源生态的道路，不光是软件要开源，硬件也要开源。现在高达 99% 的软件已使用开源组件，但开源硬件才刚刚开始流行。RISC-V 开源生态的快速崛起为包括中国在内的广大发展中国家突破 CPU 芯片的市场垄断带来新机遇。RISC-V 国际基金会的会员已覆盖 70 多个国家，中国国内企业在基金会中有较大的发言权，在 19 个高级会员中，与中国相关的会员有 12 个。一套完整的开源芯片技术体系包括开源指令集、开源设计实现、开源工具 3 个层次。中科院计算所已发布世界上性能最高的开源高性能 RISC-V 处理器核——"香山"，并已完成验证及投片。北京成立了北京开源芯片研究院，这是由 16 家单位发起成立的民办非企业新型研发机构，将针对数据中心、自动驾驶、工业控制、区块链四大关键行业应用研发行业共性 IP，联合全国力量开发一系列底层开源工具。中国在开源芯片领域具备较好的条件，有机会成为全球开源芯片的引领者。

第 4 章　新兴技术展望

社会改良的回旋加速器不是由伦理或宗教推动的，而是由技术推动的。通过注射这世上力量最强大的递增药剂，社会得到发展。遍寻历史，社会组织的每一个进展都是由新技术的介入驱动的。

技术不仅是世上最强大的力量，它还可能是整个宇宙最强大的力量。

—— 凯文·凯利　《技术元素》

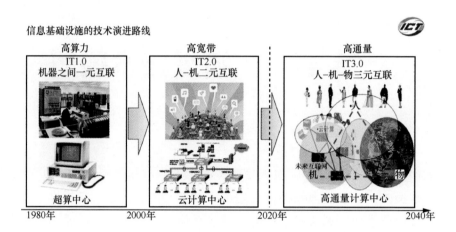

IT3.0 时代的新型信息基础设施

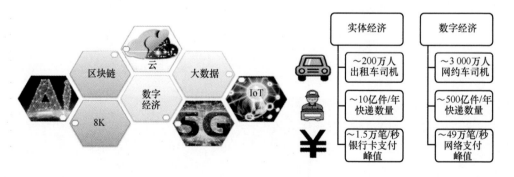

信息技术与实体经济的深度融合

发展数字经济值得深思的几个问题 *

发展大数据和人工智能已被列为国家战略，我们要满腔热情地拥抱驱动数字经济的新技术，不做表面文章，扎扎实实将大数据与人工智能技术融入实体经济，为经济发展注入新动能。

我今天的演讲只是提出问题，没有给出答案，希望与大家共同研讨。我要讲的中心思想是，发展数字经济要排除"左""右"两方面的干扰。右的干扰是忽视大数据和人工智能等新一代信息技术的巨大引领作用，消极观望，错失发展机遇；极"左"的干扰是对新技术抱有不切实际的幻想，不讲成效，盲目冒进。

一、如何认识大数据的巨大作用？

2017 年，我国电子信息产业收入总规模为 18 万亿元，与大数据相关的产业收入为 4 700 亿元（2020 年目标是 1 万亿元），大数据核心产业收入为 234 亿元，人工智能市场规模为 200 亿元左右。大数据核心产业收入只占电子信息产业总收入的千分之一左右，如此弱小的大数据核心产业如何能成为推动经济转型发展的新动力，重塑国家竞争优势的新机遇？

我的理解是，高质量发展的必经之路是从资源要素驱动转变为创新要素驱动。数据技术的本质是"认知"技术和"决策"技术。它的威力在于加深对客观世界的理解，产生新知识，发现新规律。大数据是数字经济关键的生产要素，它的作用是使各类经济活动朝着更高效率、更高质量、更具备可持续性、更智能化的方向发展。大数据产生的知识大多是可重复使用的、非排他的公共品，用于生产时可产生强大的正外部性，使得规模报酬递增。

大数据的作用不能只看 GDP 统计。大数据的"大"是指影响大，如同我们讲"地理大发现""工业大革命"。但大数据的影响很难统计，数字经济的统计中包含许多

＊　2018 年 10 月 25 日在中国计算机大会（CNCC）做的大会主旨报告，正式文章发表于《中国计算机学会通讯》2018 年第 12 期。

传统经济的贡献，我们常常感到困惑：数字经济的增量究竟在哪里？

20世纪80年代经济学界有一个流行的索洛悖论：**"我们到处都看得见计算机，就是在生产率统计上看不到。"** 如今可能有一个相反的数字化悖论：**"我们在统计上常看到数字化的巨大作用，但在生产活动中还不容易看见。"**

大数据的作用不仅仅体现在经济增长上，更多体现在生产方式、生活方式、科研模式、政府管理模式的改变和福利改进上，特别是人们思想观念和认知方式的改变。

我们不要太在意数字经济规模的统计数字。现在使用的统计标准不适合数字经济。数字经济中的许多免费的应用没有计入GDP。《圣经》中的伊甸园是人们的理想乐园，那里没有商品交换，各取所需，GDP是0。数字经济带来产品质量的巨大改进、产品种类的极大丰富、用户体验的明显改善，这些都不能反映在GDP中。

不同的机构统计的标准不一样，测算的数字经济规模有几倍之差。联合国统计的2015年全球数字经济规模只有2.5万亿美元，比中国信息通信研究院公布的国内数字经济规模还小。我们需要关注的不是这些统计结果，也不是在原来的经济大饼中划出多大一块饼算成数字经济，而是要关注大数据和人工智能究竟为经济发展提供了多少原来没有的新产品和新服务。

世界上许多机构在研究新的经济统计模型和方法。美国麦肯锡咨询公司提出iGDP概念，波士顿咨询公司提出e-GDP概念，2015年中国e-GDP规模为1.4万亿美元，占GDP比重的13%。按华为与牛津经济研究院的一项研究统计，全球数字经济总值在2016年已达到11.5万亿美元，占总体经济的15.5%。

数字化的效益更多体现在无形资产上。1975年标普500公司的总无形资产只有几千亿美元，占总资产的17%；到2018年，无形资产达到2万亿美元，占总资产的83%。公司的市值在不断变化，按2018年10月的数据，全球市值最高的10家公司是：苹果公司（1.13万亿美元）、亚马逊（9 620亿美元）、微软（8 830亿美元）、Alphabet（8 390亿美元）、伯克希尔（金融公司，5 210亿美元）、Facebook（4 600亿美元）、阿里巴巴（4 120亿美元）、摩根大通（金融公司，4 016亿美元）、腾讯（3 830亿美元）、强生（医疗公司，3 619亿美元）。除了两家金融公司、一家医疗公司，其余7家都是数字技术公司。市值是购买一个公司的价格。市值与公司收入（利润）的关系如同母鸡与它下的蛋的关系。数字经济的代表性企业市值最高，超过所有传统企业，说明数字经济代表未来经济的发展方向。现在的无形资产（轻资产）将来会变成真金白银，无形资产比厂房设备更有价值！

大数据和人工智能就像一对双胞胎，我将它们合称为数据智能，其巨大驱动作用本质上是整个信息技术的作用。与电气化有几十年的酝酿期一样，信息技术酝酿了几十年，现在是见效的时候了。数据智能技术的兴起得益于计算能力的提升、存储成本的降低和网络通信技术的普及，是计算技术的胜利、摩尔定律的胜利！

数据智能目前还是使能（Enable）技术，而不是像电力一样的通用技术。从使能技术到通用技术需要一个大规模普及的发展过程。电气化时代与信息时代生产率的提高过程惊人地相似，21 世纪上半叶是信息技术提高生产率的黄金时期。

二、从全要素生产率的角度理解大数据和人工智能

与蒸汽机创造了铁路产业、内燃机创造了汽车产业、发电机创造了电力产业不同，大数据和人工智能目前并没有在现有的支柱产业之外，创造出新的支柱产业。大数据和人工智能本质上是提高效率、改善配置的优化技术。谈大数据的作用不能光看量的增长，还要关注质的变化。我们更多地要从全要素生产率的角度来理解大数据和人工智能。

新古典增长模型提出了全要素生产率（TFP）的概念。所谓全要素生产率是指不能被资本投资和劳动力投入解释的经济增长部分，代表劳动力和资本在生产过程中的利用效率。进入新时期，我国的人口红利消失，资本回报率下降，转向创新驱动就是指经济增长主要依靠全要素生产率驱动。

表 4.1 列出了美国、英国、法国、日本四国在各个时期的 TFP 增长率与其对 GDP 的贡献率，可以看出，除个别国家、个别时期外，TFP 对 GDP 的贡献率大多在 50% 以上。最近几年，美国 GDP 增长中约 80% 来自生产率增长。

表 4.1　美、英、法、日全要素生产率（TFP）

国家	年份	TFP 增长率	TFP 对 GDP 的贡献率
美国	1800—1855 年	0.2%	50%
美国	1855—1890 年	0.4%	36%
美国	1890—1927 年	1.4%	70%
美国	1929—1966 年	2.1%	78%
美国	1966—1989 年	0.8%	57%
英国	1855—1913 年	0.8%	73%

（续表）

国家	年份	TFP 增长率	TFP 对 GDP 的贡献率
英国	1825—1863 年	0.8%	73%
法国	1913—1966 年	2.1%	75%
日本	1900—1920 年	0.3%	11%
日本	1958—1970 年	4.4%	54%

（资料来源：吴敬琏，《中国增长模式抉择》）

表 4.2 列出了我国 TFP 的增长率及其对 GDP 的贡献率。1952—2005 年，我国 TFP 对 GDP 的贡献率是 30.9%；2006—2013 年，由于投资规模的扩大，TFP 对 GDP 的贡献率一直维持在 20% 左右，低于过去 50 年。2014 年，我国 TFP 对 GDP 的贡献率只相当于美国 43% 的水平。我国 TFP 年均增长率必须达到 2.7%，才能在 2035 年超过美国 60% 的水平，仍低于日本 1980 年的水平。我们讲大数据、人工智能，但目前这些技术并没有明显促进 TFP 的提高。

表 4.2　我国 TFP 的增长率及其对 GDP 的贡献率

年份	GDP 增长率	TFP 增长率	TFP 对 GDP 的贡献率
1952—2005 年	7.0%	2.1%	30.9%
2006 年	10.7%	2.21%	20.65%
2007 年	11.4%	2.13%	18.68%
2008 年	9%	2%	22.22%
2009 年	8.7%	2.03%	23.33%
2010 年	10.3%	2.29%	22.23%
2011 年	9.2%	2.04%	22.17%
2012 年	7.8%	1.77%	22.69%
2013 年	7.7%	1.49%	19.35%
2006—2013 年	9.35%	2.0%	21.42%

（资料来源：国家信息中心）

国家信息中心的学者对我国 TFP 做了分解。TFP 可以分解为技术进步、技术效率、规模效率和配置效率的乘积。也就是说，TFP 的增长率等于技术进步、技术效率、规模效率和配置效率的增长率之和。在我国的 TFP 中，贡献最大的是规模效率，技术效率的贡献最小，技术进步的贡献下降（如图 4.1 所示）。大数据和人工智能技术的主要作用应该提升规模效率、配置效率和技术效率。

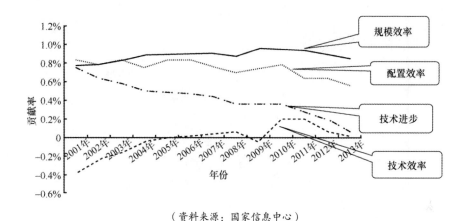

（资料来源：国家信息中心）

图 4.1　中国 TFP 的分解

工业经济追求规模经济（Economy of Scale），强调分工、专业化和一个品种的产量规模；新经济追求范围经济（Economy of Scope），强调品种多样化和个性化。经济发展需要解决通用性和个性化的矛盾，这就是我常讲的"昆虫纲悖论"。以后的物联网、人工智能应用可能像昆虫一样，有很多品种，你想把这些应用规模化生产，就会产生矛盾，只能靠大数据和人工智能技术解决有效满足个性化需求的矛盾。

技术效率是指在给定的投入下获得最大产出的能力，我们必须在提高技术效率上下功夫。2001—2013 年，中国大数据企业的技术效率的年均变化率是 -0.02%，2008—2013 年，中国大数据企业的技术效率的年均变化率为 -5.9%。技术效率低是明显短板。美国得克萨斯大学对多行业和大型企业的数据利用率和人均产出率进行了广泛研究，结果显示，数据利用率提高 10%，财富 100 强企业人均产出提高 14.4%，制造业人均产出提高 20%。

一个城市、一个地区的数字经济发展得好不好，不是看添置了多少设备、采集了多少数据，主要是看投入产出的效率提高没有。所谓高质量发展，就是看效率高不高。抓住了高效率，就抓住了"牛鼻子"。

在提高技术效率时要特别关注提高能效，对于大数据处理而言，就是要提高每焦耳能量完成的计算操作次数。目前大数据分析的能效非常低，只达到每焦耳千次操作水平，而超级计算机已实现每焦耳 G 级操作（GOPJ）水平，美国 DARPA 项目的目标是每焦耳 10^{15} 次操作（POPJ）。目前大数据分析的能效与高性能计算机有 4~5 个数量级的差距（如图 4.2 所示）。

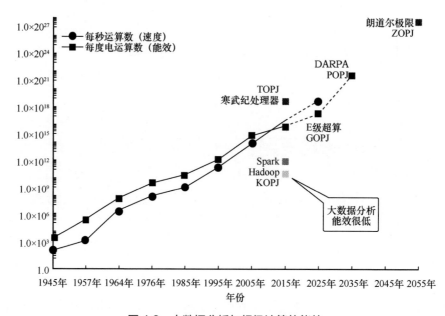

图 4.2　大数据分析与超级计算的能效

三、看待技术发展要用历史的眼光

近两年，人工智能火爆，许多人认为信息化时代已经过去了，大数据的热潮也已经过去了，现在已进入人工智能新时代。究竟现在处在什么时代，需要用历史的眼光来看待。作为一种基础的科学范式，数据科技的影响可能要比人工智能更持久，但人工智能技术更具有颠覆性。

信息时代与工业时代一样，应该延续较长的时间。人工智能的复兴标志着信息时代进入新阶段。当前阶段的人工智能本质上是一种计算技术。信息时代将走过数字化、网络化、智能化等几个阶段。人类社会已经历了 5 个经济长波，现在处于第 5 个经济长波的下降期。再经过 10 余年的推广普及，也许到 2030 年左右，以人工智能、物联网、合成生物等技术为标志，将开始出现经济高速发展的第 6 波。第 4 波到第 6 波都属于信息时代。说现在已经进入智能时代有点牵强。

我们绝不能低估大数据和人工智能的战略作用，但也不能对人工智能抱有不切实际的过高期望。我国各地的人工智能造势活动已经起到很好的启蒙作用，现在是技术落地生根的时候了，要务实、务实再务实。

人工智能技术近年来并没有本质性的突破。有学者统计，1956—2018 年人工智能领域共发表 292 115 篇研究论文，其中论文最多的领域包括："神经网络"，8 265 篇，集中在 1998 年左右；"机器学习"，5 023 篇，集中在 2000 年左右；"模式识别"，6 254 篇，集中在 1995 年左右。人工智能的这些关键技术都是 20 世纪发明的。

2000 年，美国工程院与 30 多家美国职业工程协会一起，评出了 20 世纪中对人类社会影响最大的 20 项工程技术成就，排在前面的是电力系统、汽车、飞机和自来水，计算机排第 8 位，互联网排在第 13 位。一项技术对社会的影响要经历一百年甚至数百年才能做出正确评价。影响人类生活数千年的发明是油灯！因为没有油灯的话，人类夜晚时间只能在黑暗中度过。人类未知的领域远远大于已知领域，21 世纪末流行什么现在无法预计。大数据和人工智能会不会是 21 世纪最伟大的技术现在还下不了结论。未来 100 年生物科技、健康技术、新能源和新材料的影响也许不亚于人工智能。

四、数字化转型究竟要转什么？

"数字化"在英文中有两个对应的名词，要注意区分。Digitization：信息的数字化，即将模拟信息转化成二进制数字代码，摩尔定律的威力就建立在 Digitization 的基础上。Digitalization：改变商业模式的业务流程数字化，是指转向数字业务的过程，提供创造收入和价值的新机会。

现在追求的数字化（Digitalization）转型是生产模式、运行模式、决策模式全方位的转型，数字化转型不只是技术转型，而且是客户驱动的战略性业务转型和思维方式的转型，牵涉各部门的组织变革。摩拜单车就是数字化转型的典型案例，通过云计算、GPS 定位和 4G 通信技术改造了传统自行车产业，将买自行车变成了买出行服务。

数字化转型目标之一是改变产业分布，大力发展生产性服务业。近几年我国的服务业在 GDP 中的占比已超过第二产业，但服务业的占比仍然偏低。国际上人均 GDP 为 1 万美元左右的国家的服务业占比大多超过 60%，我国目前只有 50%，还要大力发展服务业。特别要指出的是，我国服务业占比较高的是金融和房地产业。我国的生产性服务业占比远远低于美国、韩国等发达国家，我国的生产性服务业占比不到 10%，而发达国家都在 20% 以上。我国企业的工艺数据不及美国杜邦、GE 的 5%，要在制造业中推广大数据技术，重点是发展生产性服务业（设计、测试、工艺等）。大数据和人工智能的贡献在产业分布中不能直接看到，像蜜蜂传粉促进农业发展一样，其作用必须融合在其他的产业发展中。

数字化转型目标之二是传统企业要转向数字化企业。"从数字中来，到实体中去"是发展数字经济的根本出发点和落脚点。衡量数字经济是否健康发展，主要不是看提供数字技术的企业，而是看采纳数字技术的企业。我国高档数控系统、数字化工具及测量仪器、PLC 等技术与国外有 20 年的巨大差距。

目前数据智能产品还缺乏真实的应用场景，真实的应用场景未广泛使用人工智能产品。很多领域并未形成真正的大数据资源，各地数据中心存在重存储、轻分析的倾向。《全球 500 强上市公司人工智能战略适应性报告》指出：金融和科技行业的高适应性公司数量较多，但转化率较高的行业是食品药品和企业服务，航天、化工、工程建筑、材料、零售行业还没有出现高适应性公司。

数字化转型目标之三是大力发展科技型中小企业。我国各地政府重视与大企业合作，中小企业生存环境艰难。实际上，中小企业是创新的生力军，试错成本最低，中小企业是用自己的生死为创新探路。大企业是中小企业技术创新和成果转化的市场，如果大企业搞"大而全"，什么都"自主开发"，就封闭了创新链条。

德国将强大的中小企业群称为"隐形冠军企业"。德国和日本很多公司几十年只做一个产品，做到世界闻名，效益非常好。我国要鼓励科技型中小企业向高精尖发展，各个行业都要培育既懂数字化技术又熟悉行业业务的小企业。

政府主导适合于追赶，不适应创新驱动发展。创新基于市场导向，由企业家精神铸就，创新驱动应以竞争政策为主。近年来民营企业的日子不好过，应大力扶植民营企业发展。

五、发展数字经济必须改变头重脚轻局面

头重脚轻、基础薄弱是我国最大的短板。在全球企业 2000 强名单中，美国有 14 家芯片公司与 14 家软件公司，我国尚没有一家。美国对我国实行禁运和限制企业收购主要是在集成电路方面。

在摩尔定律临近极限之际，大数据和人工智能计算却出现了指数级增长，计算机系统结构成为关键的推动因素。目前只有不足 1% 的云服务器为人工智能加速服务。要让人工智能变得无处不在，吞吐量需要提高 100 倍以上。大数据和人工智能产业必须

扎根在系统结构和软件理论的深土中。发展大数据和人工智能不能停留在算法层面。

下面说几项我比较熟悉的大数据和人工智能基础层的技术突破。

寒武纪 2018 年推出的 MLU100 芯片的峰值已经达到 166 TOPS，能效比已做到每焦耳 T 级操作（TOPJ），居国际领先水平。他们不光做出了智能加速芯片，在理论基础上同样有突破，不同于以前的 CISC 和 RISC，他们推出了函数指令系统（FISC）。

成都海光公司推出的海光一号高性能通用处理器总体上已达到服务器 CPU 的国际最先进水平，适配国产固件和操作系统，已在近百个用户的数据中心现场成功进行了国产化替代试验。

睿芯高通量处理器是由我牵头的两期 973 计划项目的科研成果，我们提出了时敏数据流体系结构，可满足高通量计算场景所需的高并发、强实时需求，DPU-m 高通量芯片比 Intel 通用方案能效提高 26 倍，高通量计算机实现了计算机从"算得快"到"算得多"的转变。

中科院计算所徐志伟等学者提出不同于图灵可计算性的实用可计算性概念，即尾时延小于用户体验阈值的云计算，并且提出了实用可计算的充分必要条件（DIP 猜想）是能够区分、隔离、优先化计算任务相空间。采用中科院计算所研制的标签化冯·诺依曼架构，限定尾时延的并发度比商用服务器提升 20 倍。

以上案例说明，我国学者有能力在大数据和人工智能的基础层取得技术突破，也有能力改变头重脚轻的局面，为发展数字经济做出更大的贡献。

技术融合需要改变科研模式 *
——第六届通信网络与计算科学融合国际学术研讨会致辞

首先，我衷心地欢迎各位专家和来宾参加第六届通信网络与计算科学融合国际学术研讨会，特别感谢国外的专家千里迢迢赶到北京来参加这样一个小规模的研讨会。我已不在第一线做科研，本来没有资格在这个会上发言，但最近遇到一些事情，有一些感想，想利用这 10 分钟开场白与大家交流一下。

大家知道，2019 年 6 月 24 日美国政府在毫无理由的情况下突然宣布将曙光公司和海光公司列入出口管制的"实体名单"。我实在没有想到，与我有关的曙光公司与海光公司居然被美国主流媒体认为，捡到了与美国这个"称霸世界"的"技术王国"生死有关的钥匙。

曙光高性能计算机的研制过程申请了许多计算机专利，在算法和软件优化方面有重大突破。但是我认为，最重要的发明不是计算机技术，而是由物理学家与曙光的工程师合作发明的冷却散热技术。我在美国读博士时就听说超级计算机之父克雷有一句名言："超级计算机的核心技术是散热技术"。当时很不理解，今天才真正体会他这句名言的含义。从芯片发热的 PN 结到机器外围空间有一个温度梯度，芯片的最大允许功耗取决于芯片的最高结温。目前世界先进的液冷技术，芯片外面的水温为 50℃，芯片结温为 80℃左右。曙光高性能计算机的相变冷却技术（相变比液体升温的吸热高几倍），加上独创的纳米加工的强制沸腾的散热片技术，使芯片外液体汽化温度为 50℃，结温只有 53℃ ~ 55℃。因此，AMD 卖给曙光公司的世界最高水平的服务器 CPU 设计技术，当 32 核芯片同时工作时，主频最高为 2.4 GHz（4 ~ 8 个核工作时主频可高达 3.8 GHz），但曙光高性能计算机的 1 万多颗 32 核芯片同时满负荷工作时，主频长时间稳定在 3 GHz。这是因为纳米工艺制造的散热片有许多看不见的小洞，小气泡一形成就立即飞走，不会形成大气泡。曙光高性能计算机的电能使用效率（PUE）值只有 1.04（美国排名第一的 Summit 计算机的 PUE 值是 1.2 左右）。在一般人看来，

---

* 2019 年 8 月 13 日在第六届通信网络与计算科学融合国际学术研讨会上的开幕致辞。

研制超级计算机的应该都是学计算机的专家，但曙光公司研制团队中有不少学电工、机械、化学、物理的工程师，从这一件事可以看出，学科交叉、技术融合有多大的威力。我们组织这个研讨会的初衷就是学科交叉、技术融合，曙光高性能计算机的成功使我更加坚定走技术融合的道路。

过去几十年通信和计算机技术与产业的飞速发展都是沾了摩尔定律的光，现在摩尔定律快走到尽头，是不是我们的好日子快过完了？ 2018 年，Patterson 教授有一个报告讲器件即使不进步了，系统结构还可以增长 6 万倍的性能，其中编程语言、多核并行、编译软件等可提高 300 倍，存储优化、硬件加速可提高 200 倍左右。我现在考虑，不管是 GPU 还是其他加速技术，都要解决存储墙的问题，而存储墙本质上是通信问题。过去认为，浮点运算和 I/O 速度的最佳比例是 1∶1，现在已经达到 100∶1。关键问题是数供不上。计算机学者的本事就是使用很多复杂的技术来隐藏内存的时延，造成"内存访问近乎零时延"的假象，如缓存技术（Cache）、存储分层、分支猜测、乱序执行、超线程技术等。在 CPU 的硅片上，绝大多数面积是用来制造"内存访问近乎零时延"这一假象的，真正用来做运算的面积甚至不到 1%。到底计算机是在做计算还是在做数据搬运？严格地说，今天的计算机就是一个"数据搬运机"，数据搬运就是数据通信，通信已经是计算机的核心技术了。但没有哪个学校愿意将计算机系改成数据通信系。过去几届研讨会，大多是通信界的专家讲怎么融合计算机技术，我希望以后多一些计算机学者讨论通信技术。

所谓"跨学科"研究不是单学科研究的补充，而应该是科学研究的主流。我希望我们的研讨会能为改变我国的科研模式做出一点贡献。希望我国能打破基础研究和应用研究的界限，不按所谓一级学科而是围绕要解决的科学问题，"矩阵式"地组织跨部门、跨机构的研究团队，真正实现优势互补、有效合作、资源共享，开拓新的研究天地。

为什么发展数字经济是必由之路 *

实现一个十分困难的长远目标至少要具备 3 个条件：不达目标誓不罢休的理想情怀，对现状和发展趋势的正确认识，排除困难的执行力。发展数字经济，有些地方进展快，有些地方起色不大。进展快的地方不一定基础条件很好，有些落后地区后来居上，也取得了令人刮目相看的成绩。领导者对数字经济的正确认识可能是重要原因。明智的决策来自正确的认识。认识不到位、认识有误区或认识有偏差往往导致错失发展机遇。

我已不在第一线工作，而且不了解邵阳市的实际情况，对操作层面的具体工作（如要发展哪些产业、如何增加财政收入等）没有发言权，只能对宏观的发展战略和技术发展趋势谈一点个人的认识，供大家参考。

一、为什么发展数字经济是必由之路？

2017 年 10 月，国家行政学院出版社出版了一本《数字经济干部读本》（如图 4.3 所示），封面上注明书的作者是李国杰等，其实这是许多作者的文章汇集，我只提供了一篇文章：《数字经济引领创新发展》，这篇较长的文章曾发表在 2016 年 12 月 16 日《人民日报》的理论版。我今天的报告有些内容来自这篇文章。

1. 什么是数字经济？

《G20 数字经济发展与合作倡议》对数字经济的定义是：**"数字经济是指以使用数字化的知识和信息作为关键生产要素、以现代信息网络作为重要载体、以信息通信技术的有效使用作为效率提升和经济结构优化的重要推动力的一系列经济活动"**。这一定义外延很广，远远超出狭义的信息产业。

数字经济与信息经济、网络经济、互联网＋等术语基本上是同义词，我们不必花精力去寻找其中的区别。信息化的基础就是数字化，信息经济肯定是指数字经济。但人们容易将信息经济局限于电子信息产业部门，改用"数字经济"使各行各业更重视

---

* 2019 年 10 月 31 日，湖南省邵阳市政府举办第 18 期"宝庆大讲堂"——数字经济专题讲座，要求全市正处级以上干部都参加。我回到故乡在会上做了题为"发展数字经济值得思考的几个认识问题"的报告。本文是此报告内容的节选。

产业数字化，即"数字化转型"。这可能是人们现在较少讲信息经济而更习惯讲数字经济的原因。

图 4.3　国家行政学院出版社出版的《数字经济干部读本》

不管是数字经济，还是信息化或新型工业化等，本质上都是在讲人工智能、大数据、5G 移动互联网、云计算、物联网、边缘计算、区块链等新一代信息技术的应用。完成工业社会到信息社会的转型，核心问题是实现发展动力从主要依靠资本和劳动力向主要依靠知识和自主创新能力转变。

联合国定义的数字经济有 3 个范畴：IT 基础产业、数字化服务平台经济和数字化转型的各行各业。前两种经济被合称为基础型数字经济，后者被称为融合型数字经济。

《2018 年联合国数字经济报告》指出：根据定义的不同，世界各国的数字经济规模估计占其本国 GDP 的 4.5% 至 15.5%。现在仍然是数字时代的早期，对于如何应对数字化挑战，我们的问题比答案更多，与数字经济相关的决策面对的是一个不断移动的目标。

2．我国数字经济对 GDP 的贡献已超过 2/3

农业经济时代的核心生产要素是土地；工业经济时代的核心生产要素是能源和资本；数字经济的核心生产要素是数据和知识。石器时代的结束，不是因为缺少石头。同样，工业经济走向数字经济并非由于资源的限制。

数字经济带来的经济贡献大体上可以分为 3 个方面：直接贡献、间接贡献以及福利改进。直接贡献可以被解读为 ICT 产业本身的产值。间接贡献指的是数字技术对其他产业带来的增量贡献。福利改进是指免费消费、个性化服务和用户体验等方面的变化对人们的影响，目前无法统计数字化转型对福利改进的贡献。

2018 年，我国数字经济规模达到 31.3 万亿元，占 GDP 比重超过 1/3，对 GDP 增长的贡献超过 2/3。埃森哲公司 2016 年预测，到 2025 年，全世界各个行业的数字化转型有望带来 100 万亿美元的社会及商业潜在价值。有经济学家预测，数字技术革命将会持续到 2040 年前后，这意味着还有 20 年左右的发展时期。

3. 从全球市值 TOP10 公司的变化看数字经济

从 2007 年到 2019 年 8 月全球市值 TOP10 公司的变化如图 4.4 所示。到 2019 年8 月，2007 年全球市值 TOP10 的上市公司只有埃克森美孚（石油公司）和微软还保持在前 10 位，但埃克森美孚已从第 1 位下降到第 10 位。7 个与数字经济关系密切的龙头公司的排名都在前 8 位。

2007年（单位：亿美元）	2019年8月（单位：亿美元）
1. 埃克森美孚：467	1. 微软：9 050
2. 通用电气：394	2. 苹果：8 960
3. 微软：265	3. 亚马逊：8 750
4. 中国工商银行：259	4. 谷歌母公司（Alphabet）：8 170
5. 花旗银行：243	5. 伯克希尔·哈撒韦（巴菲特）：4 940
6. AT&T：238	6. 脸书：4 760
7. 壳牌：232	7. 阿里巴巴：4 720
8. 美国银行：230	8. 腾讯控股：4 380
9. 中国石油：225	9. 强生：3 720
10. 中国移动：207	10. 埃克森美孚：3 420

图 4.4　从 2007 年到 2019 年 8 月全球市值 TOP10 公司的变化

为什么从事数字经济的巨头会名列前茅，我们从电子商务这一个侧面也能看出端倪。中国网上消费占社会零售总额比重已经上升至 20%。电子商务流行以前，光靠邮政寄包裹，每年 10 亿件已经触顶，2018 年电商包裹已超过 500 亿件。2019 年上半年，全国网络零售额达 4.82 万亿元，同比增长 17.8%，全国农村网络零售额达 7 771.3 亿元，同比增长 21.0%。电子商务的增长速度远超传统产业。

4. 发展数字经济将促进城镇化与人均 GDP 同步提高

诺贝尔经济学奖获得者斯蒂格利茨指出，中国的城镇化是影响 21 世纪人类社会发展进程的两件大事之一。我国的城镇化率刚过 50%，如果人均 GDP 与城镇化率能同步提高，我国就可能进入发达国家行列，否则就会像拉美国家一样长期停留在中等收入水平。也就是说，我国正处在是进入发达国家还是落入中等收入陷阱的关键分岔口，如图 4.5 所示。数字化程度每提高 10%，人均 GDP 可增长 0.5% 至 0.62%。走数字化转型之路是我国跳出中等收入陷阱的唯一选择。

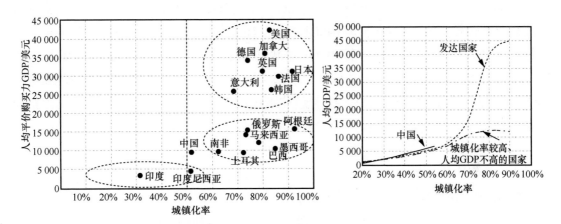

图 4.5　我国处在城镇化的关键分岔口

5．经济增长的本质是信息的增长

MIT 教授、著名物理学家塞萨尔·伊达尔戈（Cesar Hidalgo）开创了用物理学研究经济之先河。2015 年中信出版社翻译出版了他的名著：《增长的本质：秩序的进化，从原子到经济》，此书被誉 21 世纪经济增长理论的里程碑，如图 4.6 所示。

塞萨尔·伊达尔戈教授在此书中指出，地球特别之处，并非在于拥有极大的质量或能量，而在于拥有极大的物理秩序，即信息量。不同于宇宙中其他星球信息量的贫瘠，我们的星球是信息聚集、生长和藏匿的地方。经济增长的本质是信息的增长。信息就是物理秩序。知识技术的扩散解释了各个国家制造产品能力的不

图 4.6　塞萨尔·伊达尔戈的名著：
《增长的本质：秩序的进化，从原子到经济》

同，这种不同本质上是不同国家促使信息增长的能力的差异。一个国家、地区的经济复杂性可以被用来预测其经济收入。从长远来看，一个地区的收入水平和它的经济体系的复杂程度相关。经济体系的复杂程度大致可以用生产的商品种类判断出来，商品种类能反映出一个地区的知识技术水平。

6. 信息社会的标志是信息成为普遍的商品

信息能否像物质产品一样成为普遍的商品是人类进入信息社会的主要标志，必须努力提高信息消费水平。预计 2020 年我国信息消费总额可达 6 万亿元，总量居世界前列。但目前我国年人均信息消费仅 300 美元，不到美国的 1/10，仍处于信息社会初级阶段。2016 年微信直接拉动信息消费达 1 743 亿元，同比增长 26.2%；微信带动社会就业规模达 1 881 万人，同比增长 7.7%，其中直接就业 466 万人，增长 6.2%；间接就业 1 415 万人，增长 8.2%，带动就业结构与新经济发展环境协调。未来，随着城市的数字化进程，数字经济会逐步取代数字政务成为四线、五线城市数字化进程的主要推手。我国的数字化进程已从以数字政务为主导逐步转向以数字经济为主导。

7. 按需生产是数字经济的一个重要特征

人类社会已度过全面供不应求的阶段，进入供给过剩与供给不足并存的阶段。当前，我国多数产品供过于求，主要矛盾已不是生产能力不足，而是供给与需求信息不对称。推进供给侧结构性改革、实现可持续发展的前提就是按需生产，个性化大规模定制。按需生产是数字经济的一个重要特征，而要做到按照需求合理地供给，只能靠及时获得足够丰富而且精确到位的信息。

大规模定制的难点在于，如何将各种各样的个性化工艺标准化、系统化和信息化。红领集团有一套万亿级的大数据库系统。这套系统囊括 10 多年来积累的几百万个消费者人体数据和服装版型数据，能满足全球客户 99% 的个性化需求。

8. 技术进化的加速回报定律

理解信息技术对经济社会的影响，需要了解技术进化的加速回报定律，即人类社会技术进步不是以线性方式而是以指数方式发展的。也就是说，从技术发展的漫长历史来看，"一天等于 20 年"并不是神话。信息技术是 20 世纪中叶被发明的技术，它的推广速度和影响力必然大于几百年前发明的传统技术。

物理世界、信息世界、人类社会已经形成相互融合的三元世界。人类必须走数字经济的发展之路是因为人类只有通过信息世界才能应对物理世界的不确定性和复杂性，必须借助信息系统才能选择做正确的事和正确地做事。

9. 区块链－数字经济的新型信任系统

数字世界的特点是信息可以几乎无成本地复制，但钱不能复制，每使用一次，必须记账。传统信任体系需要中介（如银行），成本高，流程烦琐。区块链是去中心化的分布式账本，目的是解决互联网数字世界中人与人之间的信任问题。区块链就是一个"公证人"，一旦信息被创建，几乎不可更改。

互联网解决了端到端近乎零成本的信息传递问题，区块链可以解决端到端近乎零成本的信任传递问题。2017年夏季达沃斯论坛上，世界经济论坛正式对外发布白皮书《实现区块链的潜力》，指出区块链将开创更具颠覆性与变革性的互联网时代，使信息互联网向价值互联网的新时代转变。

比特币只是区块链的一种应用，从 2009 年开始，区块链技术的应用已经历了比特币、以太坊、联盟区块链 3 个阶段，应用领域从金融扩大到医疗保健、保险、电信、能源、供应链管理等行业。区块链还有许多技术需要突破，最大的问题是无中心的系统如何监控？需要修改的账目如何修改？

二、欠发达地区能借助数字经济实现跨越发展吗？

1. 欠发达地区借助数字经济提高发展速度的案例

2018 年邵阳市人均 GDP 在全国 333 个地级行政区中排 307 位，人均 GDP 处于全国最落后的 10% 的地级城市范围，邵阳市人均可支配收入（约 2 610 美元）低于动乱不止的巴勒斯坦国（2 656 美元）。安徽省阜阳市与邵阳市的资源条件差不多，在全国351 个城市中，阜阳市人均 GDP 排名 287 名，但其因移动互联网指数在全国排名第 56 位，成为最具互联网＋投资潜力的城市之一。通过充分利用外出务工返乡人员推动信息化（外出务工人员 308 万人），阜阳市已成为国家智慧城市试点和信息惠民国家试点城市。2018 年阜阳市 GDP 超过 1 760 亿元，名义增速 9.5%(全省第二）,财政收入 324 亿元(邵阳市 157.7 亿元），增幅全省第一。

江西省上饶市通过发展大数据带动经济发展取得明显进步，值得借鉴。上饶市户籍人口 781.0 万人，2018 年全市生产总值 2 212.8 亿元，增长 9.0%。全市城镇居民人均可支配收入达到 34 656 元（邵阳市 27 167 元），增长 8.8%，全市财政总收入 351.6亿元，正在争创国家数字经济示范区，争创全省 5G 应用示范城市。上饶市高起点规划建设 473.33 公顷数字经济小镇，一期规划 123.33 公顷大数据产业集聚区，总投资约40 亿元。上饶市现代服务业增长 24.2%，增速列江西省第一。

2019 年 10 月 16 日，全球（银川）智慧城市峰会在银川市召开，银川市被评为 TOP100 智慧城市之一，中国领军智慧城市，银川模式已成为智慧城市全球标杆。银川市创新性地利用 PPP+ 资本市场的模式，把智慧城市建设与资本市场结合起来。银川市创建了全国第一家智慧城市产业园，建成的如意服装项目，全部智能化生产，实现了服装产业私人定制。

大地震后浴火重生的汶川县大力发展数字经济，在扶贫上效果明显。汶川县、青川县、北川县 3 个地震重灾区的平均贫困发生率，已由 2011 年的 25.24% 降至 2017 年年底的 3.42%，实现了快速脱贫。

2. 发展数字经济需要新的统计指标

如果总是用人均 GDP、人均可支配收入来衡量，邵阳市可能很难摆脱落后局面，容易引起悲观情绪。我们心目中应当有更符合实际、更合理的追求。数字经济中有许多免费的应用没有计入 GDP。数字经济带来产品质量的巨大改进、产品种类的极大丰富、用户体验的明显改善都不能在 GDP 中反映。许多国家和咨询机构都在启用新的经济统计指标。

在我的心目中，住房价格、空气环境、就业率、教学质量、医疗保障、交通拥堵状况等可能是更重要的指标。邵阳市近几年变化很大，已经是全国卫生城市，邵阳市老百姓的获得感、幸福感很高。邵阳市是出人才的地方，但可能也是人才净流出的地方。要充分认识到邵阳市作为一块"洼地"的优势，利用低房价和低污染等优势吸引人才，扭转人才净流出的局面。

3. 发展数字经济要重视软环境建设

软环境建设是数字经济发展中的基础性工程，包括与数字经济发展相关的政策、法规、市场和人文等环境。落后地区软环境建设存在一系列问题。

一是认识观念落后，对世界性数字经济发展浪潮学习了解不足，缺乏发展的紧迫感和责任感。二是人才激励机制不健全，人才进不来、留不下，懂编程、懂管理、懂生产的复合型人才严重不足，数字经济发展缺乏人才支撑。三是工作机制不完善，数字经济发展涉及多个政府主管部门，部门间权责不清、分工不明，导致数字经济发展推进工作滞后。四是区域数字经济发展顶层设计滞后，地方政府各自为政，重复建设现象突出，难以从全局高度把握区域数字经济发展方向。

4. 充分利用绿色资源优势

发展数字经济不能下理想化的"猛药"，不能搞"休克疗法"，要多采用"缓释剂"。

改革贵在行动，看准一项，推出一项；不间断地推进，"不怕慢，只怕站"。本地需要的、难以在其他地方复制的，可以在某个地点以相对较低的成本传输或复制的数字产品，蕴含较大的潜力。

数字政务指数与 GDP 呈现较强相关性。这意味着数字政务水平高的地区，GDP 增长较快。发展数字政务会带动营商环境的改善，有可能吸引到外部资源的投入，带动地方经济走出创新的发展路径。

改变传统工业化发展思维，充分利用自身丰富的非物质文化和"绿水青山"等绿色资源优势，贫困地区有可能加快发展，"蛙跳式"地走出一条基于互联网的绿色发展新路。生态环境、休闲、健康、体育、非物质文化遗产、景观、体验等都是新的资源。只要跳出传统"三农"概念，乡村到处都是沉睡的财富。

5. 按三、二、一产业的顺序发展数字经济

技术在一个地区的发展和扩展应遵循由易入难、由简入繁的规律。落后地区由于产业和科技基础薄弱，从门槛较低的环节入手发展数字经济更容易取得成效。应优先推动第三产业数字化转型，然后推进第二和第一产业数字化转型；优先在容易的交易、管理和服务环节转型，后在生产环节转型，可先从旅游、健康养老、医药、文化等领域入手。

腾讯研究院发布的《数字中国指数报告（2019）》显示：数字化指数增幅超过 200% 的有 4 个产业——医疗、餐饮、金融和教育，分别为 317.58%、273.00%、255.78% 和 244.61%。

6. 发展"数字文化"，缩小数字化基尼系数

在过去一年中，由于数字化四线、五线城市的指数增速不及数字化一线到三线的城市，四线、五线城市与头部城市差距拉大。2018 年，以市级指数计算的数字化基尼系数为 0.59，较 2017 年同期的 0.55 有一定程度的上升，印证了数字化发展不均衡的程度 2018 年有所加剧。

数字文化的发展速度可能比数字经济更快些。104 个数字五线城市数字文化指数增速跑赢全国，占数字五线城市总量近半数，追赶效应明显。在数字文化指数增速排名前 100 的城市中，数字五线城市占比 80%。数字四线、五线城市现阶段正处于数字化发展模式转换期，产业正在逐步替代政务成为增长的核心引擎。

7. 为什么经济落后地区成为数据中心集中地？

贵州、内蒙古、新疆是经济比较落后的地方，但都成为数据中心的集中地，人们

普遍认为原因是政府对数据中心产业的扶持（低税政策）、电价便宜、自然灾害少、平均气温较低等。其共同的特点是煤藏丰富，产煤区电价低。平均气温低并不是必要条件（被称为"火炉"的重庆市也在大力建数据中心）。曙光公司发明的蒸发冷却技术对室温没有严格要求，PUE 值只有 1.04，比一般数据中心节电 30% 以上。

采用智能加速芯片是节能的重要途径。中科院计算所在珠海经济特区横琴新区建设世界上最大的先进智能计算中心，采用最节能的寒武纪智能芯片，能效比达到 5 TOPS/W，比通用 CPU 高几十倍。湖南省是电费最贵的省份之一。为湘西的数字经济发展提供足够的算力，邵阳市需要有公共服务的数据中心，但建多大规模的数据中心需要论证。

三、全面、辩证地理解数字经济

1. 提高效率 VS 开辟新的市场

颠覆性创新理论提出者克莱顿·克里斯坦森（Clayton Christensen）最近在《哈佛商业评论》2019 年第 2 期发表一篇力作：《开辟式创新》。他将创新分成 3 种模式。一是开辟式创新，也称为新市场创新，可以开拓新的市场，利用资本增加就业。二是持续性创新，可以提高利润、维持市场。三是效率型创新，可以提高效率，释放出资金，但往往会减少就业。从开辟式创新、持续性创新到效率型创新，再到下一轮开辟式创新，这 3 种创新构成经济循环。

近 10 年来，我国人口红利消失，资本回报率下降，转向创新驱动就是指经济增长主要依靠全要素生产率（TFP）驱动。在我国的 TFP 中，贡献最大的是规模效率，技术效率的贡献最小，技术进步的贡献在下降。大数据与人工智能本质上是提高效率、改善配置的优化技术，大数据与人工智能对经济发展的巨大推动作用，主要体现在提高生产率上。提高全要素生产率是转型的关键。

与蒸汽机创造了铁路产业、内燃机创造了汽车产业、发电机创造了电力产业不同，目前大数据与人工智能并没有在现有的支柱产业之外，创立出新的支柱产业。仅仅是机器替换掉人，提高效率，可能增加失业。在注重提高效率的同时，更要重视克莱顿·克里斯坦森提倡的"开辟式创新"，创造新的产业，开辟新的市场。

2. 扩大规模 VS 增加弹性

云计算的本质不是数据中心的规模大，也不是变分布为集中，而是通过弹性扩展和灵活调度提高效率、降低成本、方便用户。云计算最大的特点是弹性和灵活，基础设施即服务(IaaS)提供资源弹性,平台即服务(PaaS)提供应用弹性,软件即服务(SaaS)提供服务弹性。如果只是通过互联网获取信息资源,做不到按需提供服务,系统缺乏弹性,就不能称为云计算。

大平台容易实现大规模的同类应用,比如阿里巴巴云的大数据中心可以应对"双十一"的巨大网上订购压力,但大平台不一定能应对各种各样的复杂需求。工业时代的特征是规模化生产和服务,信息时代的特征是多样性和复杂性。安卓设备有几万种。云计算必须解决大平台和复杂多样需求的矛盾。

3. 防止出现"大树底下不长草"的局面

我国各地政府重视与大企业合作,中小微企业生存环境艰难。业界普遍有一种担心:发展数字经济会不会走向垄断? 会不会出现"大树底下不长草"的局面?

3 家市场研究机构预测:到 2020 年,亚马逊、阿里巴巴云、微软、谷歌、Salesforce 和 IBM 6 家厂商将垄断全球大约 80% 的云计算市场。需要根据云计算的特点,适应新的形势出台合理的反垄断法,政府要加强这方面的研究和管理。平台不一定是垄断,但通过平台排斥竞争者的产品和服务就是垄断。

各市市情不同,不可能全省建一个云平台解决各市的需求。许多复杂的需求要中小云计算企业提供有针对性的解决方案。各地政府应重点支持培育中小云计算企业,发展有利于促进就业和使众多企业、网民受益的产业生态。

4. 我国的数字化转型还处在初级阶段

麦肯锡咨询公司的报告《中国的数字化转型:互联网对生产力与增长的影响》中指出,数字经济的重要指标云服务渗透率,我国只有 21%,而美国已达到 55%~63%。我国企业的工艺数据不及美国杜邦、GE 的 5%。我国的数字化转型还处在初级阶段,不能盲目乐观。由埃森哲公司首次发布的《中国企业数字化转型指数》报告显示,目前只有 7% 的中国企业转型成效显著, "成效显著"的关键指标是过去 3 年中企业新业务的营业收入在总营业收入中占比超 50%。我国数字化转型投入超过年销售额 5% 的企业占比为 14%,69% 的企业的数字化转型投入低于年销售额的 3%,其中 42% 的企业数字化转型投入低于年销售额的 1%。

5. 明确市场进入的负面清单

市场进入的负面清单制度是市场经济的一项基本制度,对发展数字经济尤其重要。企业最担心的是,由于规则不清楚,自己以为按照规则运行时,突然被告知是违法或违规。我国的文件多数是讲企业要做什么,但对于企业而言,最需要明确的是不能做什么，法无禁止都可为。反过来政府部门要规定清楚能做什么，法无规定不可为。

数字经济的主体是实体经济（与数字金融有关的虚拟经济不是数字经济的主体），新的实体经济替换旧的实体经济是历史必然。不论经济界还是产业界，如果将数字经济与实体经济对立起来，就可能会导致失去数字经济发展机遇，因此需要从立法上为数字经济开道和护航。

目前从事教育、出行、医疗、金融行业的数字型企业，被要求完全按照线下经营实体资格条件取得相应牌照和资质，提高了创业门槛。现有税收制度基于区域行政的管理模式，不利于跨地区的平台型企业发展。

6．充分发挥邵阳学院在发展数字经济中的作用

发展数字经济主要瓶颈是缺乏人才，邵阳学院是邵阳市最大的人才资源。一是大量的本科毕业生，二是学校的老师和研究生。邵阳学院2018年毕业生就业率为95.61%，但2019年毕业生初次就业留在邵阳市工作的只有15.15%。发展智能制造、智慧医疗、智慧旅游等数字经济，邵阳学院与当地企业合作有很大的潜力。

邵阳学院要把为本地经济转型做贡献作为主要的办校目标之一，努力为当地的发展提供知识和人才。邵阳市政府要加大对邵阳学院的支持力度，把邵阳学院当成本地的重要战略资源、实现经济转型的人才库和重要技术来源。

ICT 从硅基走向碳基的机遇、挑战与发展建议 *

硅基半导体技术和产品支撑了 ICT 领域半个多世纪的发展历程，在民生、军事等众多领域产生了巨大的经济价值、社会价值和军事价值。ICT 和其产业也成为我国战略性技术和新兴产业。但在硅基时代，我国信息技术与产业发展没有跟上国际前沿发展的节奏，导致我国 ICT 和其产业的核心源头始终处于追赶状态。在《科技日报》2018 年 12 月报道的 35 项重大关键技术中，涉及 ICT 领域的技术达 11 项之多，ICT 是被"卡脖子"最多的领域。因此，必须改变这一"受制于人"的现状。而碳基 ICT 这一新方向的出现将给我国 ICT 领域技术、产业和信息安全的发展带来"变道换车"的重大机遇。

一、硅基 ICT 领域发展的难题

现代 ICT 发展的基石是集成电路芯片，而构成集成电路芯片的器件中约 90% 源于硅基 CMOS 技术。长期以来，半导体工业的发展是以国际半导体技术发展路线图（ITRS）为导向的，遵从摩尔定律。但自 2016 年开始，原先每两年发布一次的国际半导体技术发展路线图停止了发布，ICT 领域已进入后摩尔时代。

1. 硅基 CMOS 技术的局限

硅基 CMOS 技术的核心是高性能电子型和空穴型场效应管（FET）的制备，以及这两种互补场效应管的集成。随着晶体管尺度的缩减，器件加工遇到越来越严重的技术障碍、面临更高的成本代价。最主要的问题在于加工精度和掺杂的均匀性。随着加工尺度的不断缩减，场效应管的源漏电极之间载流子通道的物理长度已减至 10 nm 以下，这时晶体管物理尺度的不确定性将不能被忽略。同时，传统微电子器件的电学性质是通过控制向本征半导体材料的掺杂进行调制的，当器件尺度达到纳米量级时，相应的统计误差将达到百分之几十。另外，纳米尺度导电通道中高强度电场很容易诱发杂质原子的迁移，严重影响场效应管电学性质的性能和稳定性。目前，关于纳米尺度硅场效应晶体管已有许多报道，但是制备出这些小尺度场效应管并未表明纳米尺度器

* 2020 年 3 月 29 日与洪学海研究员等联名写给中科院领导的战略建议。

件的加工均匀性问题已经得到解决，或者原则上可以解决。更为重要的是，器件尺度的缩减带来的性价比红利正迅速变小。随着微纳加工技术的发展，未来可能制备出物理尺度更小（例如 5 nm、3 nm）的器件，但是这些更小尺度器件的性能不一定更好，制备成本也可能不降反升。无论这些问题的答案如何，按照目前微电子技术的发展速度，器件的物理尺度将在不久的将来达到量子力学允许的绝对极限。

早在 2005 年，ITRS 委员会首次明确指出：在 2020 年前后，硅基 CMOS 技术将达到其性能极限。以 2020 年为时间节点，来自工业界和学术界的研究人员都在积极寻找硅的替代技术。然而，可供选择的名单并不多。2007 年，ITRS 的新兴研究材料（ERM）工作组和新兴研究器件（ERD）工作组在对所有的硅基 CMOS 替代技术进行评估之后，明确推荐碳基纳电子学（包括碳纳米管和石墨烯）作为可能在未来 5~10 年显现商业价值的下一代电子技术。为此，美、欧都提出各自的研究发展计划，投入重金，期望以此推动信息领域、通信领域的技术革命。

因此，2020 年是一个重要的时间节点，积极探索 ICT 领域的基础器件的新材料、新设计、新工艺和新应用技术成为世界各国科学家努力发展的方向，如图 4.7 所示。

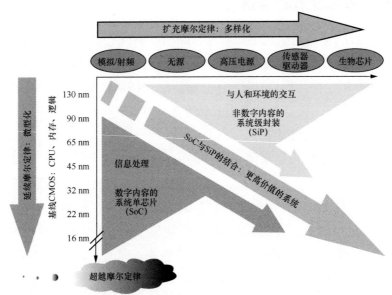

延续摩尔：继续走尺度缩减路线，目前已达 5 nm。
扩充摩尔：利用 SiP 或者 SoC 方法将众多不同制造工艺的芯片集成在一个封装内，或称异质集成，包括 Digital、Memory、RF、Analog、MEMS、Sensor。
超越摩尔：将采用新的材料及新晶体管架构，如 III-V、纳米线、纳米管、硅光电子等。

（资料来源：2011 ITRS——执行摘要）

图 4.7 ICT 领域基础器件的发展方向

2. 投资成本过高

硅基集成电路器件尺度的缩减带来的性价比红利正迅速变小。从 5 nm 到 3 nm，2020 年半导体国际巨头开启新竞局。投资成本太大导致全球 IC 生产线没有几条，基本上集中在美国英特尔、韩国三星和中国台湾地区的台积电，中国大陆面临生产 5 nm 到 3 nm 芯片的重大关键技术的问题。

5G 的落地、人工智能的发展无不需要半导体芯片，在提升市场规模的同时，也对半导体技术提出了更大挑战。半导体制造企业不得不朝着更加尖端的工艺节点（7 nm/5 nm/3 nm）演进。事实上，能够沿着摩尔定律持续跟进半导体工艺尺寸微缩的厂商数量已经越来越少，在这个领域竞争的厂商主要就是英特尔、三星和台积电 3 家。中国大陆晶圆代工厂中芯国际也在推进当中，参与先进工艺之争的也就只有这"三大一小"等几家公司。

2016 年 12 月，台积电宣布将投资超过 5 000 亿新台币（157 亿美元，超过千亿元）建设 5 nm 和 3 nm 芯片生产线工厂，计划在 2020 年投入量产，而更先进的 3 nm 生产线则计划在 2020 年开始建设、2022 年开始量产芯片。2019 年，台积电宣布计划投资 150 亿美元研发 3 nm 工艺，并招聘 4 000 余名新员工。

台积电 2019 年第四季度财报显示实现营收 3 170 亿新台币。按工艺水平划分，7 nm 工艺技术段产品收入占公司收入的 35%，10 nm 占 1%，16 nm 占 20%，16 nm 及以下占 56%。

三星决心在全球代工领域占据领先地位，该公司将在近几年内加快 3 nm 工艺的研发，并为此投资约 1.33 万亿韩元，以便在 2030 年成为半导体领域的龙头企业。2020 年 2 月 20 日，三星宣布韩国华城工业园一条专司 EUV（极紫外光刻）技术的晶圆代工 V1 生产线实现量产。V1 生产线于 2018 年 2 月动工，2019 年下半年开始测试晶圆生产，首批产品于 2020 年第一季度向客户交付。目前，V1 生产线已经投入 7 nm 和 6 nm EUV 移动芯片的生产工作，规划未来可以生产 3 nm 的产品。

日前业内也传出"英特尔将提前进行 7 nm 投资"的消息，英特尔 2020 年的设备投资计划不仅要增加现有 14 nm/10 nm 工艺的产能，还要对 7 nm/5 nm 工艺进行投资。在 2019 年财报中，英特尔表示 2020 年计划的资本支出约为 170 亿美元。

尽管有些学者认为，延续摩尔（More Moore）定律的技术方向还可以坚持 20 ～ 30 年，但所有这些努力说明，投资 3 nm CMOS 生产线成本极高，若继续缩小线宽，即使技术上可能，能否获得足够的经济回报也令人怀疑。

二、碳基 ICT "未来已来"

1. 碳纳米管计算机已经诞生

早在 2015 年的国际固态电路会议（ISSCC）上，英特尔公布了新的 10 nm 技术方案以及在 7 nm 及以下如何继续保持摩尔定律的研究计划。IBM 也认为，微电子工业走到 7 nm 以下技术节点时，将不得不面临放弃继续以硅为支撑材料。石墨烯材料新功能的发现意味着硅材料被代替成为可能。之后，非硅基纳电子技术的发展将可能从根本上影响未来芯片和相关产业的发展。IBM 的研究结果表明，10 nm 技术节点后碳纳米管芯片在性能和功耗方面都将比硅芯片有明显改善。例如从硅基 7 nm 技术到 5 nm 技术，芯片速度大约提升 20%；而相比硅基 7 nm 技术，碳纳米管基 7 nm 技术的芯片速度将提升 300%。IBM 宣布，由碳纳米管构成的、速度是目前芯片 5 倍的芯片将于 2020 年之前成型。2019 年，北京大学通过将多层高性能碳纳米管薄膜场效应晶体管集成到一块芯片中，发展了三维集成技术，提高了基于碳纳米管的三维集成电路的运算速度；还从三维架构中探索了集成电路的优势，它比二维架构的速度提高了 38%；特别地，还展示了振荡频率高达 680 MHz、单级门时延为 0.15 ns 的 3D 五级环形振荡器的制作，达到了 3D-CNT 基 IC 的目前最高速度。

2013 年 9 月 25 日，美国斯坦福大学的研究人员在 *Nature* 发表论文，宣布其在下一代电子器件领域取得突破性进展，研制出了世界首款完全基于碳纳米管场效应晶体管（CNFET）的计算机原型。2019 年 8 月 MIT 的 Gage Hills 等人在 *Nature* 发表论文，报告了碳纳米管芯片制造领域的另一项重大进展。MIT 的研究人员制造出一个完全由碳纳米晶体管构成的 16 位微处理器，其包含 14 000 多个碳纳米管（CNT）晶体管。他们将这个处理器命名为 RV16X-NANO，并在测试中成功执行了一个程序，生成消息："hello world！"。这是迄今为止用碳纳米管制造的最大的计算机芯片。这款 16 位的微处理器基于 RISC-V 指令集，在 16 位数据和地址上运行标准的 32 位指令，包含 14 000 多个互补金属氧化物半导体 CNFET，更有价值的是这款芯片使用现在行业标准的工艺流程进行设计和制造，尽管计算机系统仍然采用冯·诺依曼架构，但能效比硅基微处理器高 10 倍，展现出了超越摩尔（Beyond Moore）技术路线的强大生命力。

目前碳纳米管材料的可控制备的水平远低于硅基工艺，还只能制造较简单的电路。MIT 的碳纳米管计算机芯片也只包含 178 个晶体管（每个晶体管由 10 ～ 200 个碳纳米管构成），要达到目前硅基集成电路的集成度（10^{10} 个晶体管），还有很远的路要走。总体来讲，碳基 ICT 还处在基础研究阶段，要在集成度和产业规模上赶上硅基 ICT，还要做长期艰苦的努力。即使碳基芯片已取得重大进展，但在相当长的时间内它只能作为硅基器件的补充，不会完全代替硅基器件。

2. 生物质碳基 DNA 计算展现强大潜力

在非冯·诺依曼计算机体系结构方面，生物质碳基 DNA 计算展现出一线希望。由于具有超强的并行运算能力和巨大的数据存储能力，DNA 计算已成为新型计算机领域的研究热门。DNA 计算研究涉及 DNA 计算模型、DNA 计算机系统、DNA 计算的应用等诸多方面。

1994 年，美国计算机科学家雷纳德·阿德勒曼（Leonard Adleman）首次提出 DNA 计算机概念。2001 年，以色列魏茨曼科学研究所研制出世界上第一台超微型 DNA 计算机。这种计算机只有一滴水大小，据报道，其运算速度达到每秒十亿次，精确度可达 99.8%。2002 年，日本奥林巴斯（Olympus）公司与东京大学联合开发出了一台有实用价值的 DNA 计算机，它由分子计算组件和电子计算机部件两部分组成，前者用来计算分子的 DNA 组合，以实现生化反应，搜索并筛选出正确的 DNA 结果，后者可以对这些结果进行分析。据报道，此计算机将正式投入商业化应用。2009 年，DNA 技术开始与纳米技术结合，人们开始探索 DNA 计算技术在其他领域的应用。《科学美国人》月刊网站 2019 年 12 月 1 日发表文章称，《科学美国人》月刊联合世界经济论坛，召集了一个由知名技术专家组成的国际指导小组，展开对 2019 年"十大新兴技术"的评选，DNA 数据存储技术入选。

DNA 计算机最大的优势是极高的并行计算能力。一个 DNA 串可同时进行 $10^{15} \sim 10^{20}$ 的并行操作。DNA 计算还有能耗低和存储容量高的优点。虽然 DNA 计算机被证明是通用计算机，但与量子计算机一样，它不大可能代替电子计算机，做成超级计算机的加速器可能是近期可行的研究方向。

3. 未来的"碳基"时代

碳纳米管计算机系统已经成功实现，生物质碳基 DNA 计算展现出非冯·诺依曼计算的强大生命力。随着生物技术、纳米技术等的进一步发展，碳纳米管计算机和 DNA 计算机一定能够发挥出自身的优势和潜力，有可能成为硅基微电子器件的补充或替代品，为后摩尔时代探索出一条新路。

下一代信息技术革命的大幕已经拉开，人类或将走入以"碳基"构建未来 ICT 的技术体系和产业体系的新时代。我国媒体经常讲要发展"低碳经济"，这种表达不科学，实际上是指要发展减少煤炭和石油用量的"低碳能源产业"。生物产业是"碳基"产业，未来的信息产业也可能进入"碳基"时代，建议今后的正式文件不再采用发展"低碳经济"的说法，改用发展"低碳能源"。

三、结论与建议

我们的调查研究表明：在碳纳米管计算机和 DNA 计算机两个研究方向，发达国家已有积极作为。碳基 ICT 的研究目前集中在石墨烯、碳纳米管和碳化硅等几个主要方向。MIT 的研究人员最近在 *Nature* 上发表了一篇 21 页的论文，采用碳纳米晶体管成功研制出 16 位 RISC-V 微处理器，这项重大成果表明碳基 ICT 已经到来。碳基 ICT 的研究不仅仅表现在无机碳基 ICT 的研究方面，还表现在有机碳基 DNA 的 ICT 方面，而我国在有机碳基 ICT 方面基本上没有什么研究贡献。碳基 ICT 时代的到来已为期不远，竞争已经非常激烈。我国将面临未来 ICT 发展的重大挑战，但也面临 ICT 变道换车的重大机遇。总体来讲，碳基 ICT 的研究还处在基础研究阶段，我们对这项研究的长期性和艰巨性要有充分的估计，切不可将其当成短平快项目。

为此，建议中科院抓紧组织开展"碳基 ICT"重大前瞻研究，抢抓机遇，为国家未来几十年 ICT 及其产业做出贡献。具体建议如下。

1. 碳基 ICT 的发展是应对后摩尔时代的重要发展道路选择，这是全世界 ICT 发展的新机遇。我国需要高度重视这次变道换车的重大机遇，从战略的高度加强科研布局，避免再次落入受制于人的窘境。

2. 我国在碳基 ICT 领域研究力量非常分散，中科院系统有多个课题组在从事碳基 ICT 的基础研究，但目前看，大多数集中在材料的制备和碳纳米管的性能提升等方面，比较注重发表文章，对器件及系统的贡献比较少。包括中科院系统在内，我国碳基 ICT 领域的研究跨领域交叉的研究团队基本上没有。做材料、器件、系统和生物 DNA 的研究团队没有整合，力量分散，因而没有形成为做系统而共同合作的团队。建议组建跨学科、跨领域、跨单位的碳基 ICT 研究团队。

3. 美国在碳基 ICT 领域的研究得到了美国 DARPA、亚德诺半导体技术有限公司（ADI 公司）、美国国家科学基金会和美国空军研究实验室的多方支持。我国目前只有国家重点研发计划的一两个项目支持。中科院没有布局碳基 ICT 的重大研究计划，也没有组织跨领域的团队。建议中科院率先组织实施碳基 ICT 重大基础研究先导专项，联合相关高校队伍协同攻关。

4. 尽管目前中美政府间的科技交流比较困难，但仍要重视民间的科技交流，可考虑开展与欧盟、日本和以色列的合作。

5. 建议重大研究计划的组织实施要以"系统"为产出对象和目标。考核目标是材料、器件和系统的整条技术路线的最终实现。实施计划为 5 年。

项目名称：中长期规划研制
院属单位：中国科学院计算技术研究所，中国科学院计算机网络信息中心
执笔人：洪学海、李国杰、孙凝晖、廖方宇
日期：2020-03-29

计算机科学值得重视的几个研究方向 *

国家自然科学基金委员会信息二处：

接到通知，你们提出的问题是："目前计算机学科最应该、最急迫需要研究的科学问题有哪些？"我觉得你们提出的问题很难回答。重大的科学发现往往是出于科学家的好奇心随机偶然发现的，与自然进化一样，是典型的小概率事件，很难事前计划安排。问什么"最应该"研究可能会把意想不到的重大发现排除在外。但需求对技术科学确实有牵引作用，计算机的发明就是二战牵引出来的。从需求的角度可以发问："国家和老百姓盼望早点问世的新计算技术是什么？"，但需求强烈不等于马上就能出成果，比如对受控核聚变肯定有强烈需求，已做了50年，但也许还要50年才能实用化。科学问题的原始性、基础性与应用的现实需求是两个维度，很难找到交集。量子计算、通用人工智能是基础性很强的科学问题，但现实需求并不迫切。

现在征求科学家对"最应该、最急迫需要研究的科学问题"的意见，我想可能与美国加紧"技术脱钩"有关。中美两国全面"技术脱钩"不大可能，但在高技术领域，特别是集成电路、人工智能等领域脱钩的风险很大。未来几十年中美两国在高端信息技术上分道扬镳是大概率事件。因此，现在必须考虑建立非美国化的计算机技术体系。上面的提问也就变成"为了建成自主可控的计算机技术体系，需要研究哪些计算机科学问题"。最基础的原理性科学知识应该还是全球共享，我们要摆脱受制于人的局面，需要开展能产生基础发明的科学研究。华为的5G技术源于土耳其数学家埃尔达尔·阿里坎（Erdal Arikan）的极化码理论，我们最需要加大力度部署的可能是类似极化码理论的应用性基础研究。按照这一思路，下面提出几个值得重视的研究方向。

一、构建 ICT3.0 时代的计算机技术体系需要解决一系列科学问题

中国科学院网络计算创新研究院总结了 ICT3.0 时代计算机技术体系的四大特点：高并发、强实时、全局可调和内构安全，提出了构建"C 体系"的目标。其理论基础

---

* 2020 年 5 月 25 日给国家自然科学基金委员会的回复意见。

不是图灵机，而是关注人机物三元世界的全局变量、安全性与活性的蓝珀机（Lamport Machine）。我国只有依靠体系的力量才能与美国抗衡，需要重视与计算机技术体系有关的科学问题，如高通量、高能效、低熵、可重构等。我国从事计算机基础研究的学者大多在做机器学习算法优化等人工智能理论研究。应该改变这种局面，激励更多的学者从事计算机系统结构研究。今后 20 年是计算机系统结构研究的黄金时期，我国应在这一时期走到国际前列。

二、发明变革性器件需要新的理论和方法

摩尔定律已接近极限，CMOS 集成电路朝进一步缩小特征尺寸的方向走已快到尽头。我国在光刻机等专用设备制造上与国外有 5 代以上的差距，沿着别人走过的道路亦步亦趋追赶难度很大，必须在变革性器件的发明上下大功夫。近几年美国的电子复兴计划（ERI）表明，不管是超导、碳纳米管还是电子自旋器件，任何单一器件技术很难在高性能和低功耗上都超越 CMOS，需要跨界融合、软硬件结合，寻找新的研究方法。我国纳米技术有较好的基础，但大多停留在新材料上，需要在器件理论和实现方法上发力。

三、采用新的理论和方法快速实现 EDA 软件的国产化

美国对华为等企业的打压集中体现在高端集成电路设计的 EDA 软件工具上，EDA 软件工具是制约我国集成电路产业发展的源头技术。我国 EDA 从业人员只有 1 500 人，其中只有 300 人在本土 EDA 企业，几乎没有一所大学在专心培养 EDA 软件开发人员。按照国外的老路开发自己的 EDA 软件工具可能需要很长时间，必须探索更先进的 EDA 设计理论与方法，组织 5 000 人以上的开发队伍，并将其当作新时期的"两弹一星"任务集中攻关。我国人工智能技术有较好的基础，可以考虑率先在人工智能芯片的 EDA 软件上取得突破，也可以考虑将人工智能技术注入 EDA，打造新一代的 EDA 工具。

探索"第五科学范式"，从技术融合中开辟新路 *
——第七届通信网络与计算科学融合国际学术研讨会开幕词

2014 年，在中科院计算所无线通信技术研究中心石晶林、周一青等科研人员的提议下，我支持他们发起通信网络与计算科学融合的香山研讨会，没想到会坚持到今天，而且越办越红火。过去叫这个会议为香山研讨会，一是因为每年在香山开两天会，二是会议的形式与香山科学会议一样，不以发表论文为目的，而是强调思想碰撞和交流，每个报告后有 30~40 分钟的提问、讨论甚至辩论，大家觉得收获比较大，下次愿意再参加。

2020 年这次会议由北京交通大学张宏科教授操办，他费了很多时间和精力，邀请到 15 位院士和 20 多位资深专家参加，会议参加者的人数和水平超过以往 6 届会议。在此我对张宏科教授的辛勤努力表示衷心感谢。受疫情的影响，本次会议采取线上会议的形式，国外的专家也免去了国际旅行的劳累。参加这次会议的国外专家有加拿大皇家学会院士 Zhang Weihua（张卫华）、日本工程院院士 Nei Kato、英国皇家工程院院士 Wang Jiangzhou（王江舟）、澳大利亚工程院院士 Guo Yingjie（郭英杰），对 4 位国外资深专家到会表示热烈的欢迎。线上有 40 余位来自全国各地的资深专家学者，对大家百忙之中拨冗到会表示衷心感谢和热烈欢迎。

虽然这次不在香山开会，不叫香山研讨会，但仍然按过去一贯的香山研讨会的模式开会。每个报告之后仍然有半个小时提问、讨论时间。希望每个参会者像在会议室开会一样积极提问、充分讨论，把会议开得红红火火。

当初发起这个系列会议时，只有通信和计算机两个领域的专家参加，而且以通信领域的专家为主。随着近几年的技术发展，各个领域的学者都认识到技术融合的重要性，这次会议邀请了一些控制领域的专家参加，比如湖南大学的王耀南院士和中国科学院沈阳自动化研究所（以下简称"沈阳自动化所"）的于海斌所长等。集成电路已经被批准为一级学科。如何发展集成电路这个一级学科，集成电路如何与计算机、通

---

* 2020 年 8 月 22 日在第七届通信网络与计算科学融合国际学术研讨会上的开幕致辞。

信技术融合发展，成为大家关心的问题。本次会议邀请了微电子和光电子的几位专家，比如吴汉明院士、罗先刚院士等。计算机和通信领域都面临严重的安全挑战，安全技术一定是融入计算机和通信技术之中的，本次会议还邀请了邬江兴院士、方滨兴院士等安全领域的专家，邀请了王小谟院士等一批从事国防科研的院士。这次会议突破了过去的界限，不限于通信与计算机技术的融合，可以说是整个信息领域的技术融合，这次会议的主题也定为"信息深度融合，构建智联服务"。

　　为什么技术融合这么重要？ 2020 年 11 月，我和姚期智院士、梅宏院士等几位学者召集了香山科学会议第 667 次学术讨论会，会议原定的主题是"数据科学和计算智能"。在讨论中大家感觉到，现在面临的网络科学、脑科学、社会科学中的重大问题都是极其复杂而且动态变化的难题，都具有高度的不确定性，采用与经典物理一样的简单实验（第一范式）、基于公理和假说的理论推演（第二范式）、基于模型的计算机模拟（第三范式）和数据驱动的相关性分析（第四范式）都无法解决。数据驱动的第四范式正在如火如荼地进行，但已经暴露出很多不足，需要寻求更接近数据和智能本质、更有效地对付复杂性和不确定性的新的科学研究范式，会议结束时大家形成一个共识：需要探索科学研究的第五范式。目前从方法论上还归纳不出第五范式的基本特征，但可以肯定，它的一个重要特征是"融合"，既要融合前四种范式，又要融合统计学、网络科学、类脑科学等前沿研究中涌现的新方法。第三范式是"人脑 + 计算机"，人脑是主角；第四范式是"计算机 + 人脑"，计算机是主角。第五范式强调人脑与计算机的有机融合，这是更高层次的融合。也许再过 10 ~ 20 年，第五范式的特征就明朗了，"融合"可能会成为科学研究的主流范式。

　　所谓两种技术或两个学科的"融合"，不仅仅是我借用你的一点小技术，你借用我的一点小技术，而是科学思维方式与学术理念的融合。计算机思维的特点是"抽象"和"虚拟化"，算法也是建立在抽象基础上的。在 UNIX 操作系统中，外部设备抽象成"文件"。一部计算机的发展史就是"虚拟化"不断向高层发展的历史。通信思维的重点是"协议"，大大小小的事都靠一堆"协议"管着。计算机与通信技术的融合，就是要用"抽象"和"虚拟化"的思维做通信，用"协议"的思维做计算机。

　　仅仅在信息领域内部做技术融合是不够的，还要重视信息领域与生物、材料、制造等其他领域的融合，甚至要延伸到经济与社会领域。布莱恩·阿瑟（Brian Arthur）在《技术的本质》一书中断言：**从本质上看，技术是被捕获并加以利用的现象的集合，或者说，技术是对现象有目的的编程。**这就是说，从自然和社会现象中，我们可以捕捉到许多新的技术。于全院士最近在第四届未来网络发展大会的报告中讲到，未来互联网的架构要从生物学思维和经济学思维得到启发。学习生物界与缺陷共生，与风险共存，不求"最优化"，只求"适者生存"的规律；学习经济学用一个"价格"参数对付不确定性、稀缺性、信息不对称等棘手问题的本事。

技术融合也是建立自主可控信息技术体系的必由之路。在国外反华势力疯狂打压、限制中国发展高端技术的新形势下，我们一方面要卧薪尝胆补短板，"啃硬骨头"，另一方面也要正视某些技术落后于美国的现实，不能追求所有的单项技术几年内都赶上美国，要从系统下手，通过建立先进适用的技术体系弥补某些技术的不足，从技术融合中开辟新路，寻求非对称的技术方案。希望这次会议可以提供一个头脑风暴的场所，让各个领域的创新思想互相碰撞，绽放出意想不到的火花。

谢谢大家。

关于加大软件模拟量子计算研究力度的建议 *

凝晖、锦涛、晓兵、晓明等诸位，你们好：

　　我认真阅读了编译与编程实验室刘磊关于量子计算的论文。我不在第一线做量子计算研究，不可能完全理解他论文的内容细节，但因为我有一点关于多道程序任务调度和树搜索方面的背景知识，可大概了解他在做什么研究，解决了什么问题，取得的成果有多大价值。总体来看，他的研究并不需要深入掌握量子计算的物理知识，基本上还是用计算机领域的知识在做研究，按他的说法，是在做量子计算机操作系统（QuOS）的第一步研究，只不过针对量子计算的特点，他的目标不是像经典计算机一样追求提高性能而是提高计算过程的逼真度（Fidelity），或者说是减少逼真度的损失，属于容错计算的范围。他的改进应该说还是渐进性的，只有 10% 左右的改进，还不是根本性的突破。但他的成果能作为此研究方向国内第一篇论文在国际顶级会议上发表给我一个启示，中科院计算所（本篇简称"计算所"）可以动员更多的科研人员从事量子计算软件、量子计算操作系统、量子云计算和软件模拟量子计算等方面的研究。

　　我曾多次在计算所的战略研讨会上提出，计算所应更加重视量子计算研究。国家对系统结构国重的要求之一也是要加强量子计算等前沿技术研究。可能大家觉得量子计算机的硬件还是物理学家干的事，计算所做不了，所以计算所迟迟没有加大量子计算的研发力度。其实这些年来，计算机领域许多公司和大学已经在做与量子计算机有关的研发，不仅 IBM、微软、谷歌在做量子计算机，还有许多单位利用传统计算机建立一套模拟量子计算机的计算平台和测控编程系统，这已经成为业界推动量子计算在软件、算法和硬件开发等发展的有效路径。下面是一些案例。

- 亚马逊的 AWS 并未在自己的数据中心中安装量子计算机。实质上是提供一种统一的方式来访问其合作伙伴公司中的量子计算机。
- 华为 HiQ 是调试量子算法的开源软件框架，提供经典量子混合编程的可视化方

---

* 2020 年 12 月 12 日写给孙凝晖院士、李锦涛书记等中科院计算所领导的邮件。

案和高性能的 C++ 并行和分布式模拟器后端，集成了高性能优化器和较为丰富的算法库。

- 郭光灿院士领导的本源量子计算开发团队创立了全新的量子语言 QRunes（量子指令集），这种基础汇编语言作为量子计算程序基本指令，实现了对主流量子逻辑门操作的支持。
- 瑞典投入十亿美元在林雪平大学开展在传统计算机上使用的量子计算模拟，帮助用户理解量子计算机的功能。
- 深圳鹏城实验室量子计算研究中心与国家超级计算深圳中心合作，为高性能计算与量子模拟领域学者提供交流合作平台，为量子计算模拟器"加速"，支撑量子计算技术创新。

用软件模拟量子计算，需要最先进的超级计算机。量子计算调控的基本单元是量子比特，在计算机模拟中，每增加一个量子比特就需要将计算机的内存增加一倍，模拟一个拥有 45 个量子比特的量子计算机，需要至少 500 TB 的内存。曙光公司已经在全国建立 4 个 100 PFLOPS 以上的超算中心，这些超级计算机都可以排名世界 HPC TOP10。曙光公司的超级计算机的算力已经占到全球 TOP500 总算力的 37%。目前这些超级计算机的用户可能都不饱满。计算所能否派人与中国科学院计算机网络信息中心，昆山、成都、郑州超算中心联系，让他们拿出一部分算力与计算所合作来开展软件模拟的量子计算研究。计算所就能做成全世界最大的软件模拟量子计算中心。这可能也是中科院可以做的世界领先的事情，中科院应该会支持。计算所能否联合网络中心、中国科大、曙光公司在中科院里申请一个先导项目做量子计算（主要是软件模拟量子计算）。

在传统超级计算机上做一些与量子计算有关的加速器，这也是计算所的强项，应当开展这方面的研究。由于量子处理器必须在低温（低于 77 K 即 −196.15℃）下工作，在 77 K 的低温下，DRAM 工作电压可降至 0.4 V 到 0.6 V，功耗会显著降低，漏电也会消失。目前还没有可以匹配量子计算的低温存储技术，国外已有人在研究这种"冷计算系统"，据说可以实现两个数量级的能量节省。因为量子计算机不是终端计算机，只会用在云计算中心，计算所在开展量子云计算研究时，可以考虑开展研究低温下的传统计算机器件和系统。

目前计算所主要是孙晓明团队在做量子计算的理论研究，请你们考虑，能否扩大队伍，加强与量子计算有关的软件和系统结构研究。我国的量子计算明显落后于国外。

通用量子计算机可能还要 20 年才能做成，但 5 ~ 10 年内应当会出现可以有一些用的量子计算机。计算所即使不做量子计算的硬件，也不能做观潮派。

　　我不在第一线，说不到点子上，只是希望计算所不要再犹豫了，再不加大力度就会错过发展的机会。

数据科学与计算智能：内涵、范式与机遇 [*]

　　大数据已成为信息社会的普遍现象，是数字经济的关键资源。以深度学习为代表的大数据驱动的人工智能技术在很多行业和领域获得了成功，这类人工智能本质上源于计算能力，故可将其归为计算智能。与此同时，大数据是这类人工智能成功的重要因素，这类智能也被称为数据驱动的计算智能，从这个意义上讲，当前数据和智能是一体两面的关系。虽然大数据与计算智能技术在大规模工程化应用方面取得了长足进步，但支撑技术进步的理论基础和技术体系尚处于早期阶段。当前，大数据"红利"效应在逐渐减弱，计算智能技术的单点突破难以为大数据驱动的智能应用提供持续支撑，亟待对数据科学与计算智能的基础问题进行深入思考，重构其理论基石，从而推动技术与工程应用持续进步和跨越式发展。

　　本文基于香山科学会议第 667 次学术讨论会与会专家学者的集体智慧，探讨并总结了 4 个方面的问题：① 在数据科学的内涵和外延尚缺乏严谨定义和学术界共识的情况下，如何深入认知反映客观世界的数据空间的共性规律？数据科学在方法论和本体论两个层面上需要回答的基础问题是什么？② 如何理解、测试并评估现有计算智能的能力边界？人脑、复杂社会系统、自然进化系统等自然智能，往往具备比现有计算智能更加高效的"计算思维"和更加简洁优美的智能推演与决策能力，是否可以借鉴这些自然智能探索新的人工智能范式？③ 在探讨数据科学和计算智能的同时，有哪些值得关注的牵引性应用？新的智能范式对于解决复杂的社会问题是不是一个很好的机遇？④ 在未来的发展中，我们该如何把握时代机遇，重点关注哪些关键科学挑战，优先解决哪些关键问题？

一、数据科学的内涵

1. 基于方法论视角的数据科学内涵

　　关于数据科学的内涵，一种流行的看法认为数据科学就是图灵奖得主吉姆·格雷

＊　原文发表于《中国科学院院刊》2020 年第 12 期，与程学旗、梅宏、赵伟、华云生、沈华伟联名发表，本人为通信作者。

（Jim Gray）提出的第四范式，即在实验观测、理论推演、计算仿真之后的数据驱动的科学研究范式。第四范式的基本思想是把数据看成现实世界的事物、现象和行为在数字空间的映射，认为数据自然蕴含了现实世界的运行规律；进而以数据为媒介，利用数据驱动及数据分析方法揭示物理世界现象所蕴含的科学规律。这是一种从类似方法论视角来定义的数据科学的内涵，即数据驱动科学发现。

第四范式将数据科学从其前面的 3 个科学研究范式中分离出来，带来了科学发现和思维方式的革命性改变。借用美国谷歌研究部主任彼得·诺维格（Peter Norvig）的话来说，"所有的模型都是错误的，进一步说，没有模型你也可以成功（All models are wrong, and increasingly you can succeed without them）"。海量的数据使得我们可以在不依靠模型和假设的情况下，直接通过对数据进行分析发现过去的科学研究方法发现不了的新模式、新知识，甚至新规律。第四范式的一个典型研究案例是关于帕金森病的起因研究。通过对 160 万份病历进行大数据分析，研究人员发现帕金森病的起因与人的阑尾有关。这是基于大数据统计帕金森病患病率与切除阑尾的相关性得出的结论。

第四范式通过大数据分析能够发现数据中蕴含的大量相关关系，为科学发现提供了新视野。但是，第四范式本身无法从大量的相关关系中甄别出事物的本质规律。在发现了帕金森病与阑尾的相关性后，有些对第四范式十分执着的学者召集了更大量的帕金森病患者，以彻查他们的基因，调查他们的生活环境和生活习惯，以期从中发现一些共性；然后去找那些也有这些共性但是没有得帕金森病的人，看他们做了什么，有什么共性；如果这种共性存在，可能就是防治帕金森病的解决方案。但是，其结论却不尽如人意。可以想象，人体的器官何止一个阑尾，且帕金森病患者的生活习惯何其繁杂，单独靠第四范式的数据驱动方法做漫无边际的相关性分析，不仅要消耗大量的计算资源，也难以真正预测未来的趋势与变化。因此，从方法论来看，第四范式在揭示事物本质规律方面存在固有的局限性，数据科学需要在方法论上突破第四范式。

2. 基于本体论视角的数据科学内涵

数据科学另外一种值得探讨的内涵是基于"本体论"视角，认为数据是反映自然世界的符号化表示。既然自然世界是客观存在并具备共性科学规律的，那么反映自然世界的数据空间也可能具有独立于各个领域的一般性规律。因而，数据科学应该是"用科学方法来研究数据"，数据科学也应该有类似"信息论"这样的学科基础理论。更具体来看，当我们把世界看成由物理世界、机器世界和人类社会组成的三元世界时，新型的"感知、计算、通信、控制"等信息技术使三元世界相互影响和融合，形成了一个平行化（孪生）的复杂数据空间。这样的数据空间，除了映射物理世界，其本身是否具有独特的一般性规律？如何用科学的方法来研究数据的一般性规律，揭示其内在机理？这些是数据科学更基本的问题。例如，数据科学中的一些常数规律（对称性、黄金分割、长尾分布等）和更广义上的大数据非确定性、数据广义关联、时空演化、数据复杂性等。

3．数据科学是方法论和本体论在数据价值实现目标下的统一

数据科学到底应该从哪些视角来定义其独有的内涵与特征？一般认为，一门学科的定义至少应该从其研究对象、方法论和学科目标 3 个维度去界定。数据科学的内涵应该既包括本体论内容和方法论内容，还包括其独特的价值实现目标（如图 4.8 所示）。

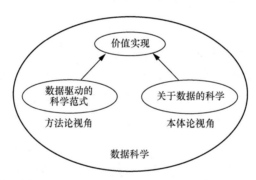

图 4.8　数据科学的内涵：方法论和本体论在数据价值实现目标下的统一

基于这一认知，可以定义"数据科学是有关数据价值链实现过程的基础理论和方法学，它运用基于分析、建模、计算和学习杂糅的方法，研究从数据到信息、从信息到知识、从知识到决策的转换，并实现对现实世界的认知和操控"。这"三个转换、一个实现"是数据科学的学科目标。而实现这一目标的方法论来自多个学科方法的融合，包括数学（特别是统计学）、计算机科学（特别是人工智能）、社会科学（特别是管理学）等。

4．数据科学与相关学科的关系

目前，关于数据科学的基本内涵和基础问题还没有像数学、物理学和计算机科

学那样成体系、有共识。但是，数据科学的多学科交叉特征及大数据自身的价值特性已经成为共识。我们可以借助相关学科来探讨当前数据科学研究需要关注的基础问题。

（1）**数据科学与统计学。**统计学将数据作为研究对象，致力于收集、描述、分析和解释数据，其为数据科学提供了重要基础和工具。然而，在大数据面前，统计学也面临着诸多问题和挑战。例如，统计假设在复杂大数据分析中难以满足，数据自身及分析结果的真伪难以判定，端到端的大数据推断缺乏基础理论支撑等。统计学针对这些问题目前基本上是束手无策的；而统计学所依赖的一些传统强假设（如独立同分布假设、低维假设等），也都无法适用于目前多源异质的真实数据。因此，数据科学虽然在研究对象上与统计学是相同的，但在研究问题的范畴上却是超越统计学的。例如，数据科学该如何深入认识数据固有的共性规律？是否能建立一套数据复杂性理论体系？数据规模、数据质量和数据价值有什么定量关系？如何刻画大数据所表现出来的多层面的非确定性特征？

（2）**数据科学与网络科学。**数据科学的发展可以借鉴网络科学的发展历程，以类似的方法寻找研究对象的共性规律。网络科学发现了物理世界中广泛存在的网络所呈现出的共性规律（如幂率分布、小世界现象等），从而促进了其从图论和随机图论中分离出来独立发展，实现了其研究对象从作为数学工具的图到作为物理对象的网络的转变。那么在数据科学中，数据的共性规律是什么？在物理世界中是否有完全不同的两个数据集之间存在某种共性？一方面，一下子找到所有领域的共性规律可能是不现实的，因而可以先从几个关键领域出发，寻找部分领域的共性规律；另一方面，寻找数据的共性规律需要能够问出合适的基础性问题，类似网络科学中关于度分布、聚集系数、网络直径、网络脆弱性、网络适航性等方面的问题。目前，尚不明确各个领域的数据是否存在统一的规律。因此，数据科学还需要在应用领域进行一定时间的探索，从领域知识中汲取养分，并逐步发现规律、寻找共性。

（3）**数据科学与计算机科学。**数据科学的起源与发展离不开计算机科学，但这两个学科由于研究对象和研究方法不同，未来也许会平行发展。简单而言，从研究对象的角度来说，计算机科学是关于算法的科学，而数据科学是关于数据的科学。从计算机科学到数据科学，研究手段从传统计算机领域的算法复杂性分析，转变为对数据的复杂性和非确定性等特性进行分析研究。如何对非确定边界的数据，在有限时间空间下进行计算？数据复杂性、模型复杂性与模型性能之间是什么关系？解决某个问题所需要的大数据的量的边界如何确定？是否能发展一套理论，为基于大数据的计算模型提供其能力上下界的保证？这些都是数据科学独立于计算机科学之外所需要解决的问题。

数据科学目前尚处于发展的早期阶段，其研究方法也应该与传统科学有所区分。数据科学正处于"无知"到"科学"的中间状态。它目前还没有形成一门完整的学科——信息是不完备的，环境也是非确定的。因此，不能完全按照传统学科来思考和要求数据科学；而应该在这样不完备、非确定的环境下，重新思考和定义数据科学及数据科学亟待关注的基础问题。

二、计算智能的发展与新型智能范式的探索

1. 计算智能的发展

人工智能概念于 1956 年由约翰·麦卡锡等学者提出，其发展几经浮沉。基于对智能产生机制的不同理解，人工智能发展至今学派众多，且相互借鉴，形成了一系列代表性成果。无论是早期的符号计算（以数理逻辑为基础）、进化计算、支持向量机、贝叶斯网络，还是当前在工业界获得巨大成功的基于多层神经网络的深度学习方法，从模型的本质上来看都是建立在图灵机的基础上的，基本都符合丘奇 - 图灵论题（Church-Turing Thesis），即"任何在算法上可计算的问题同样可由图灵机计算"。换句话说，现有的人工智能模型本质上都是与图灵计算模型等价的，故可归为计算智能。计算智能一般以计算机为中心，以算法理论为基础，充分利用现代计算机的计算特性，给出了解决实际问题的形式化模型和算法。

近 10 多年以来，大数据的使用、算力的提升和深度模型的发展为计算智能带来了新的契机。大数据、大算力、大模型三者结合，极大地推动了计算智能的工业化应用。例如，计算智能在以围棋为代表的人机对弈、机器翻译、人脸识别、语音识别、人机对话、自动驾驶等应用中均取得了巨大的成功。值得注意的是，大数据在给计算智能带来发展的同时，其复杂性和非确定性也给计算智能带来了非常大的挑战。现有的计算智能在面临大数据环境下的复杂问题和复杂系统时，依然很难给出满意的答案。我们需要探索当前计算智能的能力边界问题，从理论上探寻这类智能所能解决的问题类型和能力边界。例如，通过建立深度学习和统计力学的关系，回答深度学习的相关基础问题：① 在表达能力方面，模型做深为什么是必要的，到底深度为多少层是合理的？② 在模型学习方面，崎岖的目标函数如何高效优化？③ 在泛化能力方面，如何

实现计算智能技术从专用到通用的转变？如何实现模型的跨领域、跨任务、跨模态的泛化？

上述一系列基础问题将进一步成为计算智能未来发展的关键"瓶颈"。其原因是，当前的计算智能是大数据工程化驱动的，其能力的提升主要依赖数据规模的增加和计算速度的增长。如果缺乏数据科学化理论的支撑，大数据驱动的计算智能难以形成从量变到质变的提升。那么另一种思路是，我们也许可以考虑发展与当前计算智能不一样的智能范式，以便更加简洁高效地解决更复杂、更普适的现实问题。

2．新型智能范式的探索

事实上，自然界中存在大量具备智能的自然系统。这些自然系统比现有人工智能系统具备更加简洁、高效的逻辑推理和自我学习能力，如脑神经系统、社会系统、自然生态系统等。那么，自然系统的智能模型是什么？我们能否借鉴自然系统中的智能行为，将其形式化为可计算的智能范式？实际上，已有 4 类智能范式在此方面做出了一些初步的探索。

（1）脑启发计算

人类的大脑皮层具有 140 亿～ 160 亿个神经元，且每个神经元会连接 1 000 ～ 10 000 个其他神经元，借此人类发展出了比其他物种更高级的智慧。脑启发计算（Brain-Inspired Computing）正是借鉴了人脑存储、处理信息的基本原理所发展出来的一种新型计算技术。与传统图灵计算机的计算模式相比，脑启发计算通过增加空间复杂度来保留计算单元之间的结构相关性，从而构造基于神经形态工程的高速、新型计算架构。脑启发计算的目标是构造一套非冯·诺依曼架构、可实时处理复杂非结构化信息、超低功耗的高速新型计算架构。脑启发计算的发展也许能为数据科学提供新的计算架构和高性能的计算能力，支撑通用人工智能的发展。目前，脑启发计算仍处于起步阶段，我们需要进一步思考如何在不完全了解人脑机制的情况下发展脑启发计算模式，以及如何基于这种脑启发计算为科学研究提供新思路和新范式。

（2）演化智能

学习和演化是生物适应环境的基本方式。现有的计算智能大部分拥有从数据中学习的能力，但对智能模型的演化能力缺乏关注。例如，人脑是经过数百万年的演化逐步形成的。从这个角度来讲，现有的智能模型在依靠人类设计之外，是否也能通过演化过程去自动发现最佳的模型结构？传统的遗传算法是一种基础的演化计算模型；而从演化计算到演化智能，以及实现模型自动演化的智能范式，还有很长的路要走。未来，交互驱动的强化学习、开放环境下的人工智能是值得探索的方向。

（3）复杂系统模拟

自然界存在大量的复杂系统，如人类社会系统、自然生态系统、人体免疫系统等。从控制和计算的角度来看，模型化的复杂系统是"由大量相互作用、相互依赖的单元构成的一个整体系统；一般在没有中央控制情况下，这个整体系统可通过简单的运作规则实现复杂的信息处理，进而产生复杂的集体行为，并能通过学习和进化产生自生长和自适应能力"。是否可以通过模拟复杂系统的组成特点和交互方式来构造新型智能范式？如何通过大量简单智能体之间的交互作用，产生可预期的、具有高度复杂性的群体智能？这样的智能范式也许会从根本上改变传统的单智能体的智能上限。

（4）人机混合智能

随着互联网、物联网及新一代通信技术的发展，万物泛在互联成为现实。未来，大量物理设备、无人系统、人脑通过泛在网络实现"上线"和"互联"。在这样的环境下，人在回路的人机混合智能具备了基本的物理条件。目前，人工智能技术所具备的感知、认知能力，基本上是模型与数据结合，并以机器为中心所形成的计算智能，故也被称为机器智能。这种机器智能在存储、搜索、感知、确定性问题求解等方面性能优越，但在高级认知和复杂问题决策方面与人类智能相差很远。虽然脑启发计算取得了一些进展，但在可预期的未来，机器智能很难完全模仿和构造出人类智能或其他自然智能。换一个思路，如果将人的智能引入机器智能的系统回路中，将充分融合人类智能和机器智能的优势，从而形成更高级的智能水平。在未来较长的一段时间内，这种人机混合智能也许是一些复杂问题求解的有效途径。

那么，在基于机器的计算智能基础上，人作为具备智能的自然系统，如何参与机器智能的系统回路是一个关键问题。人机混合智能需要重点解决思维融合或决策融合的问题。具体而言，传统的人机接口往往是单向的；在人机互联情况下，人脑如何参与机器智能的系统回路？如何同时让人理解机器思维和让机器理解人的思维，从而实现思维的无缝互动？目前，一些探索和挖掘思维潜力的工具，如思维导图、思维地图、概念图等，其理论基础与形式化模型并不清晰。一些新型的脑机接口技术进展迅速，但缺乏对人脑在直觉、意识、情感和决策方面的机理认知。也许，从技术上构建有效的人在回路智能通道，是当前人机混合智能亟待解决的关键问题之一（如图4.9所示）。

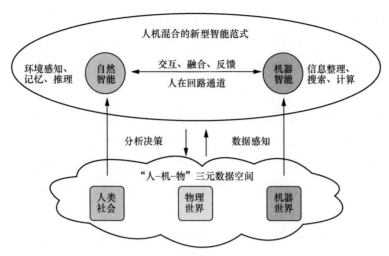

图 4.9　人机混合的新型智能范式

（5）小结

上述 4 类智能范式的研究，在现有图灵等价的计算智能基础上，或多或少地引入了人类智能或自然系统智能的部分机制，从而为未来智能系统的发展注入新的活力。但是迄今为止，这些智能范式在可形式化、可计算、可构造等方面还存在诸多基础性问题和挑战。如果这些模式是未来新型智能范式，那么它们是否还是图灵等价的？这些问题值得我们从本源上进行探讨。数据是人类社会、物理世界和机器世界之间的桥梁，同时数据也是人类社会和物理世界的符号化映射。因而，从数据入手是探索和实现上述新型智能范式的基本途径。数据科学基础理论不仅对当前数据驱动的计算智能起到提质增效的作用，也将为未来新型智能范式研究提供理论支撑。

三、引领数据科学与计算智能研究的应用

作为一门实践性强的学科，数据科学的发展离不开实际需求牵引与技术应用驱动。随着感知、计算、通信、控制等技术的发展及综合集成应用，"人－机－物"三元世界高度融合，在线形成了一个网络化的大数据系统，其内部包含了互联网、物联网连接而成的各类数据。这是一个高度复杂、具有强不确定性、持续动态演化的复杂系统，是"系统的系统"。它既是智慧城市、智能制造、健康医疗等各个领域应用的空间载体，也为国家安全、社会治理、数字经济等领域的科学化、智能化发展提供了重要的数据资源。前文已提及，这个现实存在的大数据系统，除了具备高度复杂性、强不确定性

等特性，人在回路也是其显著特征。针对这一现实系统的研究与应用，将有可能为数据科学的理论与技术发展带来机遇。针对这一复杂系统的典型场景展开研究，不仅有利于揭示数据的基本规律，也有可能因此而牵引未来新型智能范式的研究。其典型的应用场景有如下 4 种。

1. 基于非确定数据的社会认知

在社会系统中，我们收集到的数据通常与真实的情况存在一定的偏差，大量的虚假内容、非确定性内容混杂在这些数据当中。如何能基于这样不完备的、非确定的大数据进行社会认知是一个非常有挑战的问题。社会认知具体包括真假判定、社会心理计算、舆情判定与导向等。而面向非确定数据的社会认知，其中一大关键在于如何对大量复杂的非确定数据进行假设建模，如何建立复杂社会系统中个人行为与群体社会认知之间的关联。演化智能、复杂系统仿真与模拟也许是解决这一问题的突破口。

2. 基于开放环境的群智决策

互联网极大地方便了信息、知识和智慧的互联互通。在互联网中，已经有许多复杂问题可以通过群智决策的方式有效解决，如众包计算、人本计算等。那么，一方面，未来我们该如何设计或改进群智决策中的内部个体交互、融合与反馈方式，以人工构造的群体智能方式进一步提升互联网群智决策的智能上限？另一方面，从计算机的视角来看，该如何利用或者模拟这种人类的群智决策方式来解决一些复杂的决策问题？考虑到智能系统的演化及复杂系统的仿真与模拟，对单个智能体及智能体之间的复杂交互进行建模，也许是未来复杂问题求解的一个可能方向。

3. 人机融合的智慧医疗

智慧医疗是医学、计算机科学、公共卫生学等学科相互交叉的新兴领域。随着信息技术的普及发展，医疗领域产生了大量的数据（如电子病历、PB 级基因数据等），也催生了诸多与智慧医疗相关的应用需求。如何根据患者的电子病历及临床影像等数据对疾病诊断提供辅助决策支持？如何根据人类的基因数据进行疾病的预测，为疾病的早期发现、新生儿的先天缺陷预测提供帮助？需要注意的是，智慧医疗需要强大的可靠性，但目前的人工智能还难以代替医生。一种比较好的提高思路是，考虑人（医生）在回路的新型智能范式，通过这样人机混合的方式，机器的智能与人的智能相辅相成，使医疗从传统的"个体经验决策"转向"智能辅助决策"的新模式，进而为医疗系统的革新带来新的可能。

4．重大公共安全问题与社会治理

重大公共安全问题指对社会和公民所需的稳定环境有严重影响的重大问题。公共安全问题涉及多方复杂因素，包括人类社会、自然环境、突发事件等，是典型的人在回路的复杂应用问题，亟须应用大数据技术手段进行预测、预警和防控。以新冠肺炎疫情为例，大数据分析技术手段和人机混合智能，为疫情走势预测、传播链排查、谣言传播溯源和意图研判等人在回路的复杂问题提供了有力帮助，支撑疫情精准防控。

四、数据科学与计算智能的关键问题

数据科学的发展将帮助我们厘清数据科学的理论边界，为计算智能的持续发展提供新的可能与机遇；与此同时，计算智能的发展与新型智能范式的兴起，也将为大数据在各行业和各领域的应用提供新的契机。在本节，我们从数据科学的基本内涵与边界、新型智能范式与智能能力测试、数据评价体系与共享利用 3 个方面出发，基于香山科学会议第 667 次学术讨论会与会专家的讨论，提炼形成数据科学与计算智能领域的七大关键问题，以期得到相关领域研究者的共同关注，从而把握时代的机遇，推动数据科学与计算智能的持续发展。

1．大数据中的因果关系与相关关系

因果关系指一个变量的发生会导致另一个变量的发生。而相关关系则指一个变量发生变化时，另一个变量也会规律性地发生变化。一般情况下，因果关系往往也是相关关系，而相关关系并不一定是因果关系。大数据的存在使人们可以广泛寻求相关关系，维克托·迈尔－舍恩伯格（Viktor Mayer-Schönberger）甚至在其书中说道："大数据时代最大的转变就是放弃对因果关系的渴求，而取而代之关注相关关系"。相关关系确实能为商业和实际应用带来巨大的成功，但这种成功从科学角度尚需谨慎看待。从科学研究的角度来看，相关关系研究是可以代替因果分析的科学新发展，还是因果分析的补充？从实际应用看，从数据中挖掘出的相关关系能否看作一种近似因果关系帮助人们进行预测或决策？对此，不同的学者有不同甚至相反的看法。

建议未来重点研究方向：相关关系能够逼近因果关系的程度；相关关系和因果关系的边界；是否可以利用反事实推断从相关关系中推断出因果关系，以及如何保证大数据分析的结论可信等问题。

2．数据科学的复杂性问题

在计算机科学中，算法的计算复杂性是一个基本问题，包括时间复杂性和空间

复杂性。而数据科学除了对计算复杂性的研究外，还需要探索数据自身的复杂性及模型复杂性。数据科学不能一味地靠增加数据量或者模型的参数规模来提升其性能。给定一个具体问题，到底需要多大规模的数据或多复杂的模型才能获得有效解？一个复杂模型判定能力的提升到底有没有尽头或界限？数据规模和模型复杂度之间是什么关系？这些问题在大数据工程化应用中也许可以有经验性的判定，但是在数据科学研究中需要弄清楚其基本内涵和规律。

建议未来重点研究方向：从数据科学理论出发，给出数据复杂性、模型复杂性和模型性能之间的关系（上下界或渐进理论），为大数据的科学化研究和高效率应用奠定重要基础；当然，要对所有领域给出一个共同的数据科学基础理论，可能比较困难，但可以考虑先从某些重要领域或典型问题出发进行探索。

3．有限时空约束下的无限数据计算

在很多场景中，解决问题所需的数据可能是大量流动的，甚至是无限的——无法确定其边界。例如，真实的自动驾驶技术需要在任意环境、道路上都确保其有效性，理想情况下我们需要通过收集大量的数据来不断训练自动驾驶模型，促使自动驾驶水平的提升；但问题在于，在实际操作中我们无法在有限时空资源下收集、处理所有的数据。现有的自动驾驶技术也大部分是在有限的实验室环境下或者固定的道路上进行学习训练的，以期能够实现在任意环境和非确定道路上的自动驾驶。

建议未来重点研究方向：面向上述边界不确定的数据，到底多大的数据量对于问题而言是足够的，以及什么样的数据采样机制才能保证逼近数据整体分布；或者说，该如何在有限时空资源限制下处理边界不确定的数据。

4．强不确定性复杂系统环境下的新型智能范式

大数据空间融合了"人－机－物"三元世界，其交互方式、运行方式极其复杂。复杂系统中跨域高维稀疏的大数据具有很强的时空分布不确定性和价值规律不确定性。在这样一个强不确定性复杂系统环境下，能否形成形式化、可计算的新型智能范式？如果存在这样的智能范式，是否还需要依靠大规模数据驱动？现有的脑启发计算、演化智能、复杂系统模拟等主要还是依赖计算机的计算能力，未来还需要进一步探索能够突破计算机计算能力边界的智能范式。人在回路的人机混合智能是一个可能的发展方向，其目标是打通人类智能与机器智能的融合通道，通过有机融合方式实现人机混合智能。

建议未来重点研究方向：人机混合的智能通道构建及其方式（近几年发展迅速的脑机接口技术、思维融合范式等）；探索这类新型智能范式的主要特征是什么，是否

图灵计算等价，是对当前计算智能的改良还是颠覆，以及数据科学在其中发挥什么样的作用等。这些开放性问题研究将为数据科学和计算智能带来新的视野和机会。

5．图灵测试以外的通用人工智能测试

图灵测试是早期普遍被接受的人工智能测试准则，主要通过测试者（人）与被测试者（机器）在隔离情况下的问答来测试机器的智能。这是一种非常巧妙的思想实验，但并非工程实验。图灵测试的 3 个开放特点——问题开放、测试者开放、语言开放，导致真正可重复的图灵测试很难实现。而在一般的计算智能设计中，一个重要准则就是需要可重复且有效的评价方式。

建议未来重点研究方向：探寻图灵测试之外更加科学有效的通用人工智能测试方法，以及探索以人为标准答案和参照系之外的、可重复且有效的智能评价标准。

6．领域无关的数据分类体系与评价指标

数据科学研究中的数据常常来自各个不同的领域，领域之间的数据类型、数据完整性、数据规律等具有非常大的差异性。我们不能只针对某个特定领域的数据来谈论数据科学，而应该为所有领域的数据建立一套共同的话语体系和统一的度量标准。换句话说，需要对不同领域的大数据进行领域无关的科学分类，构建跨领域、可泛化的数据评价指标和体系。

建议未来重点研究方向：可以从数据质量、多样性、复杂性、不确定性或价值密度等多个维度出发，定义数据的统一评价指标。这样的评价指标可以使不同领域的研究者对数据拥有共同话语体系，有利于将数据作为研究对象开展持续的科学化研究。

7．可信任的数据共享与流通

大数据是数据科学的研究基础和研究对象，数据科学的发展离不开良性的数据治理和大数据基础环境建设。其中一大挑战问题是可信任的数据共享与流通。数据不同于传统商品，可能会存在无限复制和无限使用的问题，因而造成数据流通价值失效。

建议未来重点研究方向：如何用技术手段来确保数据共享和流通的有效与安全，其中数据供给和数据使用是两个关键环节。① 在数据供给方面，可以考虑数据的有限供给，通过技术的手段对数据进行限量发行。例如，通过对使用数据的工具增加保护机制，实现数据的有偿服务；也可以利用区块链等技术，保证数据的单方持有。② 在数据使用方面，需要考虑数据的有界使用，保证数据的使用不涉及用户隐私等问题。具体来说，可以利用密码学、联邦学习等手段，在保证隐私的前提下加密数据的传输，将确立数据类型或关系而非获得数据本身作为数据使用的主要方式。数据的共享和流

通是数据开放研究的基础，期待未来有更多的人关注数据开放的技术手段研究。

五、未来展望：开启"第五范式"科学研究

在过去十几年间，随着可获得和可使用的大数据持续增长，第四范式作为一种新的科学研究范式，受到科学家越来越多的关注；同时，也暴露出了很多不足，如数据不确定性问题、数据复杂性问题、数据的维数爆炸问题、数据的尺度边界问题等。目前，网络科学、脑科学、社会科学等领域面临的重大问题都是极其复杂且动态变化的难题，采用与经典物理一样的简单实验（第一范式）、基于公理和假说的理论推演（第二范式）、基于模型的计算机模拟（第三范式）和数据驱动的相关性分析（第四范式）都无法解决。为此，科学家开始寻求更接近数据和智能本质、更有效认识复杂性和不确定性的新科学研究范式。

目前，这类新的科学探索方法论尚未形成定论，大体上看，这类新的科学研究范式是以智能为研究目标的浸入式具身研究，我们暂时称之为"第五范式"。基于数据科学本体论认识，我们猜测"第五范式"与第四范式一样都会以数据为对象，不同的是"第五范式"更侧重于人、机器及数据之间交互，强调人的决策机制与数据分析的融合，体现了数据和智能的有机结合；"第五范式"强调从本体论的角度看待数据，认为数据本身蕴含自然智能的规律，也是新型智能的载体和产物，期望在数据驱动智能的同时突破现有计算智能的能力边界，借助自然智能构造新型智能范式。

针对"第五范式"的探索刚刚起步，从方法论上还归纳不出它的基本特征；但可以肯定，它的一个重要特征是"融合"，既要融合前四种范式，又要融合统计学、网络科学、脑科学等前沿研究中涌现的新方法。第三范式和第四范式都用到计算机：第三范式是"人脑＋计算机"，人脑是主角；第四范式是"计算机＋人脑"，计算机是主角。要"第五范式"既强调人脑与计算机的"有机融合"，也可能更进一步从社会系统和人脑系统借鉴其中的计算与决策机制，从而更重视人和社会在科学研究回路中的形式化建模与计算融合。

数据科学和计算智能的发展催生"第五范式"；"第五范式"的发展离不开对数据科学内涵的丰富和计算智能能力边界的突破。从研究对象看，"第五范式"科学研究从对物理世界、人类社会的研究拓展到"人－机－物"融合的三元空间；从研究目标上看，"第五范式"不仅仅是传统的科学发现，更是对智能系统的探索和实现；从研究方法上看，"第五范式"强调人在回路的浸入式具身研究。目前，还难以给出"第

五范式"的清晰界定，也许再过 10 ~ 20 年，"第五范式"的特征就明朗了，其可能逐步成为科学研究的主流范式之一。

致谢

本文的一些观点受到香山科学会议第 667 次学术讨论会与会专家发言的启发，在此对这次会议的所有参加者表示感谢。

关于前沿领域重大科学问题的选题建议 *

　　所谓"卡脖子"技术大多是国外已经掌握的技术，科学问题已经基本解决，大多不是探索无人区解决从 0 到 1 的问题，而是属于高技术研究开发问题。有些"卡脖子"问题不是我们不会做，而是过去有进口产品自己没有做，只要找对了人，下决心攻关就能解决。还有一些"卡脖子"产品我国差距较大，需要解决从已知科学原理到技术实现和产品化的问题，要找到与国外类似的实现方法，主要的研究方法是技术途径的试错，国家可以组织科研力量加速试错探路的过程。原始性的基础研究不是解决"卡脖子"问题的应急方案，但一些重大的"卡脖子"问题可能要"换道超车"，需要开展目标明确的应用基础研究。如果基本科学原理我们已明白，国外已找到了实现方法但对我们封锁，我们需要探索新的实现方法，这类研究一般 5 ～ 10 年内应该见到成效。

　　信息技术已快速发展了半个多世纪。现在不论是集成电路、计算机还是通信网络技术，都遇到了难以跨越的技术极限或技术瓶颈，如果我们先取得突破，我们就取得了发展的主动权，也就从根本上摆脱了被人"卡脖子"的命运。从这种意义上讲，前沿领域的重大科学问题应该重点考虑这一类更长远的基础研究问题，这类问题需要 15 ～ 30 年才会有重大突破。以国家重大项目的形式组织长远的基础研究要重视从科学到技术的风险，对一项技术能否在 15 ～ 30 年内初见成效做出较为靠谱的判断，是对科研人员战略眼光的考验。

重大科学问题

1. 超越 CMOS 的新器件是否存在？

　　我国产业最受制于人的是半导体器件，短期内需要跟踪模仿，但沿着 CMOS 工艺一代一代追赶可能 15 年内难以摆脱被"卡脖子"的困局。除了在 More Moore 和 More than Moore 方向上继续努力外，还需要在国家的大力支持下，积极探索后摩尔时代超越 CMOS（Beyond CMOS）器件的新途径。首先要从理论上弄明白，有没有可能发现新材料和新器件，比 CMOS 器件性能更高、功耗更低，同时又像 CMOS 器件一

* 按照中央领导的部署，2021 年 4 月中国科学院组织有关科学家挑选前沿领域重大科学问题，信息领域由清华大学姚期智教授牵头，本文是作者 2021 年 4 月 7 日写给姚期智教授的选题建议。

样具有高集成度和低成本的优势。近几十年，科技界研究了各种超导电路、场效应管、磁效应管、碳纳米管等新器件，还没有发现一种器件有希望与硅基 CMOS 器件媲美，今后的重点研究方向究竟是什么？量子反常霍尔效应能否为突破摩尔定律的瓶颈提供一条出路？转角石墨烯及其他莫尔（Moiré）超晶格材料的奇异物性能否导致新原理器件？许多半导体专家认为，50 年内都不会有代替 CMOS 的新器件。近 15 年内，发展 CMOS 器件应当还是不可放弃的重点，集成电路设计自动化（EDA）软件是我国最明显的短板，要高度重视开发 EDA 软件的创新数学理论和方法。

2．提高计算机能效的根本出路何在？

近 20 年来，计算机领域的最大挑战是登纳德缩放定律在 2006 年前后失效，计算机能效偏离了 60 多年来与速度同步改善的大趋势，减缓了计算机速度的提升。近 14 年来（2006—2020 年），TOP1 计算机速度提升了 1 500 多倍（年均增长 69%），但能效仅增长了 74 倍（年均增长 36%）。最近 4 年来（2016—2020 年），TOP1 计算机速度仅提升了 3.75 倍（年均增长 48%），能效仅增长了 1.46 倍（年均增长 24%）。2020 年的 TOP1 计算机能效为 14.78 GOPS/W。计算机体系结构需要取得重大突破，才能将速度和能效扳回同步指数增长（双双年均增长高于 50%）的历史轨道。具体的目标是 2035 年前在机器学习等专用领域、2050 年前在多个领域实现每焦耳京次运算（每焦耳亿亿次运算，即 10 POPS/W）。

美国 DARPA 最近提出在智能电子战等领域实现每焦耳 0.33 京次运算（3.3 POPS/W）的革命性体系结构研究计划。我国已研制出以能效超过每焦耳万亿次运算（1 TOPS/W）的寒武纪处理器为主要器件的智能计算机系统，离每焦耳亿亿次运算还有 4 个数量级的差距。目前提高计算机能效的办法是从芯片设计、系统结构到软件应用各个层次挖掘节能的潜力，这种小修小补的方法不可能使计算机的能效提高 4 个数量级，必须从理论上先取得突破，另辟蹊径，寻找革命性的节能途径。

我国计算机产业受制于人不在于超级计算机的研制，而是 Wintel 和 AA 生态系统。构建生态系统本身不是科学问题，而是技术实力和产业发展导向问题，但建立新的产业生态系统需要新的理论模型和方法。计算机系统的体系结构、系统硬件、系统软件、应用软件等多个环节面临着高效能、高可靠、低能耗、敏捷设计、智能化及应用多样性等巨大挑战。

国际学术界普遍认为，随着摩尔定律的终结，计算机体系结构研究进入又一个黄金时代。人工智能物联网（AIoT）的兴起和人机物融合的趋势为我国构建自强自立的信息产业生态系统提供了难得的机遇。物联网的应用是碎片化的，DSA 成为未来计算机发展的主要方向。未来云端、边缘端和物端的计算机对质量、安全和时延可控等都有严格要求。针对计算机系统结构领域的多样性趋势和挑战，需要研究计算系统的可分析抽象，即在原型基准程序测试前就能分析出计算系统本质特征的学术抽象，使计算系统研究也具备算法抽象的优点，大大提升计算系统研究和设计的效率。为了大幅降低领域专用计算机的设计成本、更广泛地普及计算机应用、加速自主可控计算机技术体系的形成，需要研究构建更快速、更可靠、更稳定、更安全、更低廉的信息基础设施的理论与方法，DSA 的模型和统一设计方法。

3．类脑计算和量子计算能否突破图灵机的极限？

Science 提出的 125 个问题中，关于计算机的科学问题主要是两个"极限"：什么是传统计算的极限？通过计算机进行学习的极限是什么？这是计算机科学的根本问题，这里讲的"计算"是图灵计算，图灵计算是基于二进制的离散数字计算。类脑计算是脉冲驱动的连续计算，量子计算是基于量子比特的非二进制计算，它们都超出了图灵计算的局限，但类脑计算和量子计算的可计算性是否超出了图灵计算的范围，还有待研究。高能耗已经成了制约传统计算机发展的重大障碍，类脑计算和量子计算的能耗都大大低于传统计算机，有可能扩展可计算性的边界。国外正在加紧研制量子计算机，我国只在光量子计算方面处于国际前沿，需要探索其他途径，加速量子计算机的研发进程。基于物理原理的计算是探索非图灵计算的重要途径。所谓自然计算是利用相似性原理，模仿自然规律或利用物理材料，构建自组织、自适应、自演化的计算系统，可近似求解传统计算方法难以解决的复杂问题。我国这方面的研究很少，需要加强。

为了实现"应存尽存"的愿景，需要探索新的存储技术。DNA 存储在存储容量和寿命方面优于现在的存储技术，但存取速度和成本还要做大的改进。国家已部署开发一套完整的 DNA 存储（编码、合成、存储、测序、解码）全流程的适配软件系统、全过程计算机模拟系统和百 MB 级别的 DNA 存储系统实验测试和验证，应加大支持力度，争取 15 年内实现产业化。

4．逻辑推理和神经网络能统一吗？知识驱动与数据驱动如何结合？

逻辑推理（符号主义）和统计推理（联结主义）都有一定的局限性。如何将两种方法结合起来，实现更加通用、更加可解释的人工智能，是发展通用人工智能的重要研究方向。符号逻辑和神经网络的统一也是连续和离散学习的统一。目前深度学习的搜寻空间是连续空间，如何用深度学习的技巧搜寻具有逻辑结构的离散空间？利用神经网络本身能否进行隐含的知识表示与推理？能否用神经网络提供显式的知识表示，实现基于概率图的（深度）贝叶斯推理？数学具有最强的可解释性，能否将逻辑转换成抽象代数，再去发现由代数通往其他数学分支的桥梁？

5．科技部、中国工程院等部门提出的挑战性科学难题摘选

- 未来网络（可编程、可测、可控的"信息高铁"）。
- 网络内生安全（具有免疫能力的可信网络）。
- 测量计量与精密仪器。
- 抗量子计算攻击的密码系统。
- 集成电路制造工艺中缺陷在线检测。

关于科技创新 2030——"量子通信与量子计算机"重大项目的建议 *

我过去没有参加科技创新 2030——"量子通信和量子计算机"重大项目立项的讨论，对项目的具体内容不是很清楚。这几天在开两院院士大会，2021 年 6 月 3 日前只有半天时间写这份建议。我只能粗框式地列出几点建议，没有说明理由。

一、对量子信息技术的基本判断

量子信息技术是世界主要发达国家在加紧部署的具有颠覆性的战略高技术，为了争夺发展主导权，我国必须高度重视。

量子信息技术主要包括量子计算、量子通信（量子密钥分发（QKD））、量子模拟、量子传感和测量等技术领域。我国的科技创新 2030——"量子通信与量子计算机"重大项目应扩大范围，涵盖各个领域，特别是要加强相对比较成熟的量子模拟、量子传感和量子测量技术研究。

目前采用的量子计算技术路径包括超导、离子阱、半导体量子点、光量子、量子退火、量子拓扑等，前 5 种路径已制作出物理原型机。虽然超导和离子阱量子计算机进展较快，但各种途径都处在基础研究阶段，不同技术途径各有不同优势，还没有到收敛的时候。我们应尊重基础研究的规律，2030 年以前要采取包容的态度，允许发散，鼓励百家争鸣，不要过早"押宝"在某一条技术途径。

真正的量子通信是基于量子纠缠的隐形传输，离实现产业化还有很远的距离。光通信的优势还很明显，短期内没有被取代的必要和可能。现在我国宣传的量子通信实际上是 QKD。要不要大力发展 QKD 技术，取决于对后量子密码（抗量子密码）能否在攻破现有密码的量子计算机问世之前研制出来以及对研制时间的判断。密码学专家普遍认为后量子密码的研究会快于量子计算机的研制。多数专家预计，较通用的商用

* 2021 年 6 月 2 日给科技部重大专项司的回复。感谢中科院计算所孙晓明研究员提供有关量子计算研究方向的参考意见。

量子计算机问世至少还需要 10 年时间，但 2024 年以前美国国家标准与技术研究院（NIST）将发布后量子密码算法标准。我国的 QKD 技术世界领先，但也要重视后量子密码研究，应当采取"两条腿走路"的方针，适当控制量子密钥分发工程的进度和规模。

虽然量子计算机还处在原理机研制阶段，但不能等量子计算机成熟以后才开展应用研究，应当发动更多的科研人员从事量子计算应用研究。几十量子比特的量子计算机或更小规模的量子芯片也可以在某些特定领域发挥加速作用。目前量子计算应用可分成两大类：第一类是量子模拟，可在药物研究、材料科学、量子化学等领域模拟量子系统，用量子计算机做量子模拟最接近自然状态；第二类是用量子计算加速或优化机器学习、大数据处理等，有望在金融、航空、交通等领域发挥重要作用。

2020 年，全球量子计算产业规模约为 3.25 亿美元，预计 2023 年全球量子计算产业规模不超过 10 亿美元。较为保守的专家估计，量子计算应用市场规模 2035 年才能达到 20 亿美元。目前提"大力发展量子信息产业"还为时过早。发展量子信息技术和产业，既要排除悲观论的干扰，更要防止炒作和浮夸，要有实事求是、积极进取的态度。

二、对科技创新 2030—"量子通信与量子计算机"重大项目的建议

我根据对量子计算的粗浅了解，对量子计算研究内容提几点建议。

1. 实用化的量子算法研究

近年来量子硬件的研发取得了突破性的进展，多个研究团队已研制成功了超过 50 个量子比特的物理设备，未来两到三年量子比特数目有望达到 200 ~ 1 000 比特。而目前能够在这些设备上演示的计算任务还非常有限，如何使用这些物理比特资源实现一些更有实用价值的量子算法，而不是仅仅针对噪声电路进行采样这一类无实际意义的问题，是一个非常紧迫的研究方向。一些潜在的突破方向包括：量子搜索技术、量子组合优化算法、量子机器学习算法、量子模拟算法等，相关的量子算法将有可能应用于药物研发、金融风控、调度优化、节能、人工智能等领域。

2. 量子线路编译优化与设计自动化

目前量子计算在实现方面遇到的主要困难包括量子比特数目非常有限（相比于经典计算）、量子退相干时间短、量子系统噪声大等，如谷歌的"悬铃木"超导量子系统仅有 53 个量子比特，运行 20 层深度的电路保真度仅有千分之二。因此，为了让算法能够在近期的量子硬件设备上正确地运行，必须对量子线路规模、深度进行优化。具体包括从算法到逻辑电路的编译优化、逻辑线路的功能设计综合、比特映射、布局

布线、设计规则检查等。目前的量子线路设计、优化、综合、映射、校准等都是手动完成的，未来达到数百或数千比特后需要研发自动化的算法和工具。

3. 量子计算基础理论研究

最早提出量子计算的设想是希望能够用它求解经典计算机不能高效求解的一些计算问题（如多体物理中的一些问题），量子计算能否高效地（在多项式时间内）求解 NP 完全问题，乃至更加困难的 PSPACE 完全问题（人工智能推理证明、棋类游戏的必胜策略等），目前还不清楚。这一方面需要对量子算法理论进行深入研究，发展新的求解困难计算问题的量子算法；另一方面需要研究量子计算的复杂性下界，从数学上证明和刻画量子计算的能力极限，包括量子电路复杂性、查询复杂性、通信复杂性等。此外，发挥超级计算机优势，开展量子计算经典模拟也是一个重要的研究方向，无论对于新型量子算法的设计验证，还是对于量子计算系统能力的检验，在超级计算机上做量子计算模拟都有重要意义。

4. 量子软件理论与架构研究

随着量子计算硬件发展的不断推进，未来量子计算的实用化将极大地依赖量子程序设计技术，包括量子软件的发展，因此各大公司在发展量子硬件技术的同时，也在积极部署量子程序设计语言和工具集，以及量子程序开发框架的研究，如 IBM 的 Qiskit 等。我国在量子软件方面也应该及早进行布局，一些可能的研究方向包括：研究量子程序设计语言及编译系统、量子程序分析与验证算法技术，开展并行与分布式量子程序设计技术研究，研发量子电路与芯片测试、模拟与验证算法、技术与工具，研发量子软件的开发工具与平台。

5. 量子密码与纠错容错研究

量子素因数分解算法给公钥密码带来了巨大的冲击。近年来后量子密码已经成为密码安全领域的一个重要的研究方向，后量子密码既包括对量子密码的研究，也包括对经典的能抗量子攻击的密码的研究。一些可能的研究方向包括：量子密码协议的安全性和量子规约；给出某些计算问题抗量子攻击安全性的证据或严格的数学证明；除 RSA 公钥密码之外，其他公钥密码、对称密码协议的量子安全性研究；高效的量子随机数生成算法；改进量子表面编码，发展更高效的量子纠错容错编码体系。

《量子计算与量子信息（10 周年版）》序言 *

近年来量子计算发展非常迅速，国内外在实验方面不断有突破性的进展涌现。但是国内计算机领域从事量子计算研究的学者，特别是从事量子算法与理论研究的科研人员非常少。导致这一现象的原因是多方面的，其中之一是缺乏好的量子计算中文教材。

由 Michael A. Nielsen、Isaac L. Chuang 创作的 *Quantum Computation and Quantum Information* 毫无疑问是量子计算和量子信息领域最优秀的教材之一，全书近 700 页，覆盖了量子计算和量子信息的基础知识。该书于 2000 年由英国剑桥大学出版社出版以后，全球许多高校都将该书作为量子计算课程的教材，到 2010 年已经修订出版了第 10 版。据统计，该书是量子信息领域乃至物理领域被引用次数较高的图书之一。2004 年清华大学赵千川老师等人曾翻译过该书的早期版本，2018 年电子工业出版社购买了该书最新版（第 10 版）的版权，组织团队翻译该版图书。中科院计算所孙晓明研究员领衔，邀请中国科学院数学与系统科学研究院（以下简称"中科院数学所"）尚云教授、中山大学李绿周教授、北京理工大学尹璋琦教授、清华大学魏朝晖助理教授和中科院计算所田国敬副研究员 5 位活跃在量子计算一线的研究人员，从 2018 年 9 月开始翻译，直到 2020 年夏天完成翻译初稿，之后又花了一年的时间打磨校对，真可谓呕心沥血，为关心量子计算的读者提供了一本高质量的译作。

孙晓明研究员发邮件邀请我为此书写一篇序言，我感到十分为难。一方面，因为我未在量子计算的第一线做过科研和教学工作，只是自学过"量子计算"这门课的一名"老学生"。20 世纪 80 年代我留学回国后，就已经开始阅读早期关于量子计算的文献，如 David Deutsch 于 1985 年发表的经典论文 "Quantum Theory, the Church-Turing Principle and the Universal Quantum Computer" 和有关可逆计算的论文，但一直是"观潮者"。由我为《量子计算和量子信息（10 周年版）》这本经典教材写序言，就如同叫一个啦啦队员为精彩的球赛写述评，肯定写不到点子上。但另一方面，我也观察到，多数计算机界的学者通过报刊或者自媒体上的报道来了解量子计算，有

---

* 2021 年 9 月为电子工业出版社出版孙晓明等的译著《量子计算与量子信息（10 周年版）》写的序言。

时会受到非科班的媒体记者的误导。他们急于跨进量子计算的大门又苦于找不到入口。由我这个与他们经历类似的研究传统计算机的人做"导游"，也许会打消一点他们心中的困惑，于是我硬着头皮答应写这篇序言。

最近几年各种媒体频繁报道量子计算机的新闻，似乎实用化的量子计算机已呼之欲出。谷歌、IBM 等几家大公司正在努力研制 50 个量子比特以上的量子计算机，试图做到解决某个特殊问题的速度超过世界上任何传统计算机，领先宣布取得所谓"量子霸权（Quantum Supremacy）"。量子计算机的计算能力是否超过以图灵计算机为模型的传统计算机，这是一个重大的科学问题。严谨的教科书与大众媒体文章的差别在于，严谨的教科书对科技术语都有严格的定义，对科学与技术的判断都有明确的前提条件和结论成立的边界，《量子计算与量子信息》这本教材在这方面不愧为经典。

本书的许多章节都讨论了量子计算机的能力极限，书中明确指出，量子计算机也遵循丘奇－图灵论题，即任何算法过程都可以使用图灵机有效地模拟，也就是说，量子计算机与图灵机可计算的函数类相同。学过一点计算机科学理论的大学生都知道 P 问题类和 NP 问题类，还有一类范围可能更大的问题类叫 PSPACE，是指所有可以通过合理内存（多项式空间）来解决的问题（可以任意时间）。所有能用量子计算机解决的问题叫 BQP 问题类，即可以用多项式大小的量子线路在有界错误概率内解决的判定问题。目前还不知道 BQP 与 P、NP、PSPACE 的准确关系，只知道量子计算机能有效地求解 P 问题类，但是 PSPACE 以外的问题不能有效求解。量子计算复杂性研究中最著名的结果之一是 BQP⊆PSPACE，即 BQP 处在 P 和 PSPACE 中间的某个位置，量子计算机能不能有效解决 NP 问题现在还没有结论。学习这些理论知识有什么用？进入量子计算这个新领域，首先要知道，什么类型的问题可以在量子计算机上有效地解决，与传统计算机上可有效解决的问题相比有什么优势？量子计算最激动人心的事就是对这些问题的答案知之甚少，为后进入者提供了巨大的研究空间。

研究量子计算机最初的出发点是试图突破图灵计算机的极限，主要讨论可计算性这类理论问题，只有少数学者关心。1994 年量子计算翻开新的一页，进入蓬勃发展阶段。这是因为 Peter Shor 教授展示了与密码学有关的两个重要问题——寻找整数的素因子问题和离散对数问题在量子计算机上可以在多项式时间内解决（在经典计算中这两个问题具有指数级的时间复杂性），预示着量子计算在计算效率上对传统计算有本质性的提高。这一颠覆性的量子算法研究成果引发了量子计算机的研制热潮。从量子计算机的发展历史可以看出，量子算法的研究对量子计算机的发展起到关键的推动作用。

这也表明，量子计算技术的发展不仅仅是物理学者的事，计算机界必须积极参与，争取做出更大的贡献。量子算法是本书的重点内容之一，本书不但阐述了量子算法的入门知识，详细介绍了 Shor 算法、Grover 算法等经典量子算法，而且尖锐地指出：量子算法研究**"过去 10 年的进展喜忧参半。尽管独具匠心并付出了巨大的努力，但主要的算法见解仍停留在 10 年前。虽然已经取得了相当大的技术进步，但我们仍不了解究竟是什么使量子计算机变得强大，或者它们在哪些类别的问题上可以胜过传统计算机"**。本书英文版出版后又过了 10 年，至今可提供指数级加速的量子算法仍然只有 Shor 算法和 Grover 算法，可见量子算法的研究任重道远。

为什么量子算法的突破如此艰难？媒体上普遍解释量子计算的加速是由于指数级的并行处理，这种理解没有触及量子计算的本质，因为量子计算完全不同于计算机界耳熟能详的"并行处理"。在一个量子比特的状态里，大自然隐藏了大量的"隐含信息"，量子算法必须利用量子世界独特的干涉和纠缠特性。经典的并行性是用多个电路同时计算 $f(x)$，而量子并行性是利用不同量子状态的叠加，用单个 $f(x)$ 电路同时计算多个 x 的函数值。"纠缠"不是简单的并行，而是我们在宏观世界从未接触过的新的"自然资源"。人类的直觉植根于经典世界，如果只是借助我们已有的知识和直觉来设计算法，就跳不出经典思维的局限。为了设计好的量子算法，需要部分地"关闭"经典直觉，巧妙地利用量子效应达到期望的算法目的。Peter Shor 教授曾出版过诗集，是一个具有诗人的浪漫思维的标新立异学者。他采用不同寻常的思路，将整数质因数分解重构为一个新问题：确定一个序列的重复周期。这本质上是一种傅里叶变换，可以通过在量子比特的全集上使用全局运算找到这个序列。20 世纪 80 年代人们就知道量子计算机可以实现傅里叶变换，但由于在量子计算机上振幅不能通过测量直接访问，也没有有效的方法来制备傅里叶变换的初始态，因此寻找量子傅里叶变换的应用希望渺茫。Peter Shor 教授找到了在不计算的情况下测量误差的巧妙办法，用量子傅里叶变换解决了整数因子分解和离散对数问题。量子计算将计算机科学推向物理学的最前沿，如果没有对量子纠缠的深刻理解，只在传统的并行处理上动脑筋，就难以找到比传统算法更有效的量子算法。

学习与研究量子算法的另一个难点是，传统算法已经研究了几十年，各个领域都有大量成熟的算法，如果我们设计的量子算法与已有的算法相比，没有明显的优势，就没有必要"杀鸡用宰牛刀"了。尽管量子计算机的物理实现有较大进展，但运行 Shor 算法破解 1 024 位 RSA 的加密信息需要比当前量子计算机的规模扩大 5 个数量级，错误率要比当前量子计算机降低两个数量级，估计近 10 年内难以实现。在有噪声的中尺度量子计算机上能有效运行哪些有重大科学和经济价值的量子算法，是当前应优先考虑的研究方向。在量子搜索、量子组合优化、量子机器学习、量子游走、变分量子算法等方向都有可能做出实用化的量子算法。在未来的 10 ~ 15 年内，量子计算机可能是与传统计算机互补的协处理器或加速器，量子算法与传统算法的协同值得高度重视。

一谈到量子计算，人们首先想到的是超低温的精密物理设备，似乎与计算机科学技术无关，所以许多计算机学者在等待量子计算机商品化以后才开始考虑进入这个新的领域，其实了解量子计算并不需要对复杂的物理设备有很深入的理解。本书有一章从基本原理的角度介绍量子计算机的物理实现，包含 5 种物理模型系统：简谐振子、光子与非线性光学介质、腔量子电动力学器件、离子阱和分子核磁共振。目前在研制的量子计算机大致可分成 3 类：模拟量子计算机（如 D-Ware 公司做的量子退火器等）、数字 NISQ 计算机（有噪声的中尺度量子计算机）和量子纠错（QEC）量子计算机（完全误差校正量子计算机）。目前较普遍采用的物理实现方法是超导系统、离子阱和量子点技术，但现在就下注哪一种技术会胜出还为时过早，有必要学习多种技术实现原理。在本书中，“量子计算机”与“计算的量子线路模型”同义，因此花了较多篇幅详细讲解量子线路及其基本元件、通用门族，这是理解量子计算的基础。理解量子线路的前提是掌握线性代数知识，从课程学习的角度而言，学好量子计算这门课必须先打好线性代数的底子。物理学家描述量子力学用的狄拉克（Dirac）记号不同于大学生们熟悉的线性代数表示方法，初学者可能一开始感到不习惯，但这不应当成为学习量子计算的“拦路虎”。

本书的内容不限于量子计算，而是采取从具体开始逐步抽象的原则，在介绍量子信息处理的一般原理之前先介绍较为具体的量子计算实例，在介绍量子信息理论更一般的结果之前，先给出特定的量子纠错码。由于量子位和量子门本质上不能拒绝物理电路中出现的噪声，量子计算机最重要的设计参数之一是错误率。噪声对量子计算机的影响可被有效地数字化，即使存在有限量的噪声，量子计算的优势仍然存在。本书第 8 章介绍了量子噪声的属性，第 10 章介绍了量子纠错码。学过计算机课程的学生都知道奇偶纠错码和常用的纠错检验技术，但量子计算中出现错误的概率比传统计算机大得多，在量子计算机中运行量子误差校正算法来模拟无噪声或者完全校正噪声引起的错误，可能需要比传统计算机多几十倍的纠错码。纠错技术是量子计算能否实用的关键，学习量子计算要特别关注这一技术。本书的最后两章介绍了量子信息的更抽象的理论，包括量子通信和量子密码理论等，进一步扩大了读者的视野。

人类花费了很长时间才认识到使用量子力学系统可以进行信息处理。为量子计算和量子信息提供基本概念的领域很多，包括量子力学、计算机科学、线性代数、信息论和密码体系等，要透彻地理解量子计算，需要数学思维、物理思维和计算思维。本书在第一部分"基础概念"中，分别从物理学家、计算机科学家、信息论学家和密码学家的视角，多角度地概述了量子计算和量子信息学，对形成正确的"量子信息观"颇有帮助。计算机专业的读者了解一点量子力学的基础知识，物理专业的读者了解一点计算机科学的基本理论，十分必要。建议初学量子计算和量子信息的读者认真学习第一部分，首先对一些最基本的概念形成正确的认识。

一本好的教科书必须有加深对教材理解的习题。本书的特点是这些习题直接出现在正文中，成为教材不可分割的一部分。除了习题，每章的末尾还提出一些深层次的问题，目的是介绍那些在正文中没有足够的篇幅来阐述的新的有趣的材料，包括一些仍未解决的科学技术问题。每章的结束语是"背景资料与延伸阅读"，描述了本章主要思想的发展，给出了整章的引用和参考。关于这些内容的选取，作者是费了心思的，将有关技术的来龙去脉交代得清清楚楚。这本书不仅是一本高质量的教科书，也是一本合适的自学参考书和对该领域研究人员有价值的参考资料。由于量子计算和量子信息本质上的跨学科性，不管是上这门课还是自学的人，都要沉下心来，对跨进一个新的前沿领域的难度应有足够的思想准备。

这本书修订了 10 版，但最新的第 10 版也是 2010 年出版的，最近十来年量子计算和量子信息技术又有许多新的发展。量子计算机不仅需要新的硬件，更需要新的软件栈。近年来量子软件的研究已经提上日程，调试量子计算的专用软件工具和连接量子算法与底层量子芯片的操控平台也已开始研制。本书没有涉及这方面的内容，关心量子软件技术的学者需要阅读其他的相关文献资料。

关于"信息高铁"的几点认识和建议 *

志伟等诸位，

我认真阅读了志伟写的《信息高铁2021.07.01内部资料》（以下简称《资料》），有几点看法和建议，现发给各位参考。

一、赞同并欣赏之处

志伟花了不少精力，对"信息高铁"的价值、理论和技术原理做了开创性的提炼总结，明确定义了一些基础性学术概念，还提出今后一段时间的研究工作建议，为中科院计算所开展"信息高铁"研究画出一条从基础理论到应用示范的可行轨道，很有价值。

我对《资料》中的以下几点表示十分赞同与欣赏。

1. 关于高通量的定义

中科院计算所提出高通量计算已经快10年了，终于以非常简洁的定义回答了什么是高通量的提问。**通量（Goodput）是"单位时间完成的保质任务数"**。这一定义区分了"通量"和"吞吐率"，定义**"通量 = 吞吐率 × 良率"**。信息高铁的目标是为数以亿计的国人提供满足用户体验的高品质信息服务，其本质特点就是高通量，上述定义已明确：必须同时追求**高吞吐率和高品质服务**，即高良率。传统电信的电路交换可以保证高品质的通信（高良率），但做不到高吞吐率；互联网可做到高吞吐率，但做不到高品质。信息高铁就是做到高吞吐率加上高品质，讲清这一点，就一通百通了。

2. 信息消费价值等级发展趋势估计（2020—2035年）

2009年我们做《中国至2050年信息科技发展线路图》时提出的信息消费价值等级发展趋势估计，虽然有点保守，但强调提高全民信息服务的品质有战略意义。到2035年超过1 000美元的高品质用户将超过两亿人，这是有重要战略意义的努力目标，我用粗框在志伟的预测图上标出来（如图4.10所示），这两亿人是不是"信息高铁"的主要用户？按用户人数划分信息消费价值等级的分层可能表达不全面，许多专业化、

---

* 2021年7月8日写给中科院计算所学术委员会主任徐志伟等同人的邮件。

个性化的高品质应用是对企业的服务而不是个人消费，但将来自动驾驶等业务一定会惠及千千万万老百姓。"信息高铁"的需求来自信息消费品质提高的刚性需求。因此，在考虑的应用前景和示范项目时，不能仅仅考虑强实时（Strong Real Time）这一种需求，应顾及各种高品质服务的需求。

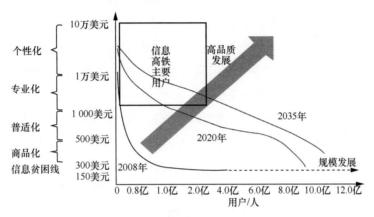

图 4.10　"信息高铁"的主要用户

3. "信息高铁"不是回到线路交换

《资料》的一个重要结论是：基于排队论的 PK 公式，将信息高铁朴素地划分成 1 万个切片供 1 万个用户使用，可能会导致平均时延上升 4 个数量级，完全不可接受。当初互联网采用分组交换而不采用线路交换，是有坚实的数学基础的。**"网络切片"** 是 5G 和未来网络最重要的技术，核心思想是将一个物理网络切割成多个虚拟的端到端的网络，每一个虚拟网络都可获得**逻辑独立（不是物理上独立）**的网络资源，且各切片之间相互隔离。信息高铁要做的主要工作是虚拟网络到物理网络的映射。我们不能走老路，如果让切片成为网络中的一个线路，就会陷入线路交换的陷阱。

4. 信息高速公路与信息高速铁路共存互补

《资料》明确画出共存互补的信息高速公路与信息高速铁路两套系统，并用**"换乘站"**实现相互联系，这是发展"信息高铁"的重要指导原则。消费型互联网和产业互联网，尽力而为（Best Effort）和百分位保障（Good Enough）可能是两个互补系统的主要特征。"信息高铁"如何在现有互联网的基础上升级，要解决许多实际问题。我国电信部门虽然没有提出要建"信息高铁"，但他们讲的基于 SDN/NFV 的第四次**网络架构变革**、跨越物理和虚拟两个网络的生命周期服务编排（LSO）、实现跨域高层智能联网的**随愿网络**（IBN）、**云网融合**等，与"信息高铁"的目标基本上是一致的。走务实的道路要多了解运营商的需求，但电信领域明智的学者也承认，CT 比 IT 落后30 年，我们要争取做出引领性的贡献。

5. 研究简洁、实用的网络基础理论

志伟在《资料》中介绍了蓝珀机、珀尔机、利特尔定律、刘 - 雷兰定理、PK 公式、CPI（OPI）公式等历史性成果，为我们今后的理论研究指明了方向。如同著名的物理定律一样，计算机领域真正管用的理论公式都非常简洁，如阿姆达尔定律（Amdahl's Law）、Patterson 的 CPI 公式等。我记得我读博士时，古斯塔夫森定律（Gustafson's Law）对 Amdahl's Law 的一点修改引起了并行计算的一次思想大解放，Gustafson's Law 也是一看就明白。与此相反，控制领域的理论文章都是一大堆微分方程，做应用的人根本看不懂。我认为，控制领域的式微与这种理论脱离实际的学风有关。我支持志伟的建议，中科院计算所要有人研究负载强度、通量、并发度、时延、实时限制、利用率等关键物理量之间的关系，总结出简洁、实用的**信息高铁公式集**，用于指导分布式系统性能分析。读了志伟对时态逻辑（TLA）的介绍，我才知道**时态逻辑**对发展分布式系统有如此重要的作用，现在谷歌、微软等大公司都在大力培养会使用时态逻辑的人才。我国软件界有一批学者是做时态逻辑研究的，如唐稚松、周巢尘、李未等，唐稚松提出的基于时态逻辑的 XYZ 语言得过国家自然科学奖一等奖，我过去以为是纸上谈兵，但唐稚松老先生一直强调他是在做工程研究，看来是我低估了时态逻辑的价值。中科院计算所懂时态逻辑的人不多，可能需要补课。

二、不明白或需要斟酌之处

1. "信息高铁"的定义

《资料》一开头就对"信息高铁"做了明确的定义：**"信息高铁是'人 - 机 - 物'三元融合的万物智能互联时代的网络计算系统和信息基础设施，使人人可能拥有一个虚拟独占的、跨越人端 - 边缘 - 云端 - 边缘 - 物端的高性能网络计算系统，支撑高通量、高品质的应用服务。"** 这条定义的重点之一是**"人人可能拥有"**，与上面提出的获得高品质服务的两亿用户似乎不一致。当然普通用户也可以享受高品质信息服务，但"信息高铁"究竟是以惠普大众为主要目标还是强调承载部分高品质负载，这是有区别的。是不是人人都需要虚拟独占的高性能网络计算系统也值得斟酌。这涉及"信息高铁"的定位，在下面的第三部分中将做一些讨论。

2. "信息高铁"的智能特征

《资料》给出"信息高铁"体现**多重具象、智能载荷、高级抽象、自适应架构**4 类智能。适应性架构（Adaptive Architecture）要求"信息高铁"的基础设施能够动态地感知负载与人机物环境的变化，以及软硬件技术栈的运行时状态，能及时优化自身，以适应负载和环境。过度专业化、区域化的组织架构已成为实现端到端自动化运营的最大障碍。目前的商用公共网络还是采用静态的规划建设模式，网管模式基本上是手工配置业务，导致业务开通流程复杂、耗时长，特别需要构建灵活、颗粒化和快速响应的网络架构。因此，上述自适应架构的智能化特点正是网络运营商的重点努力方向，也就是说，我们提倡的"信息高铁"是商用网络架构升级换代的主要方向之一，大方向是对的。问题是高速铁路强调严格的受控，自适应并不是高速铁路的特征。所以用"信息高铁"这一通俗的比喻来象征未来网络的低熵可控发展方向是合适的，但难以涵盖自适应架构等其他发展方向。为了解决这一矛盾，可以从两个方向努力。一是提出一个更加科学的专门术语，较准确地反映我们想做的事，用于开设和申请国家科研项目，"信息高铁"只作为不专业的科普用语。二是在正式报告和文件中，明确指出"信息高铁"与"交通高铁"的区别。"信息高铁"不仅仅是修路，也不仅仅是准时有序，而是既有序又灵活的新一代信息基础设施，本质上是高效、可控、智能化的大规模分布式计算系统。

3. "人 - 机 - 物"三元计算的"物"是计算过程的客体还是主体？

《资料》指出，当今的"人 - 机 - 物"三元计算主要将物理世界作为计算过程的客体，即被建模、被计算、被感知、被制动的对象，鲜有将"物"作为计算过程的主体的研究。这里有一个如何理解三元计算的问题。我们讲二元、三元计算，都是讲谁在参与计算（即只看主体），不是讲被计算的对象是什么，即使是一元计算（计算机运算或人的心算），往往也是对物理世界做计算。因此我们说现在是从二元计算进入三元计算时代，就是讲由于传感器和物联网的普及，计算能力融入了物端设备。我们没有将有"计算"能力的物端归类到"机"，还是当作新的一"元"。这是因为三元计算中的"机"主要是指有数据运算和存储能力的计算机（如云计算和数据中心），而"物"主要是感知和行动执行能力，有点像输入输出设备。没有安装传感和反馈装置的大自然不在我们讨论的三元计算的范围内，从这个意义上讲，"物端"都是计算的主体。如果信息物理系统（CPS）的发展导致"机物融合"成为现实，可能就没有必要强调三元计算了。之所以强调"信息高铁"与物端计算有密切关系，是因为将来物端采集的数据会成为认知的主要依据，而机器认知的逻辑和人类认知逻辑不同，人类要逐步适应人机和谐相处的环境，理性地认可机器已经明白但人还没有明白的知识。

4．四层系统抽象与现有的网络模型是什么关系？

志伟从分布式系统的视角提出了资源、控域、网程和业务体四层系统抽象，这是十分重要的理论结果。我不熟悉技术栈，只有粗浅的感觉：这有点类似计算机的操作系统。刘韵洁院士最近在大力推动他主持研发的广域网络操作系统，前不久与他联名写了一封信给相关领导，相关领导做了重要批示，表示支持。我不太明白"信息高铁"的四层系统抽象与刘韵洁院士做的网络操作系统有什么关系？将来"信息高铁"是另起炉灶，单独成为一个管控系统，还是融入现有的操作系统？

5．"信息高铁"对现有互联网性能和品质到底能提升多少？

《资料》的表 2 对比了互联网服务系统和信息高铁系统的性能和品质。平均每个任务时延从 3.8 s 减少到 3.48 s，任务级良率从 69.2% 提升到 83.3%，通量（此处指完成的保质任务数）从 1.2 提升到 1.74，速度（即每秒完成的保质运算数）从 3.33 GOPS 提升到 4.52 GOPS。如果这个表格只是想向普通群众示意地解释，"信息高铁"对现有互联网的性能和服务品质在哪些方面有改善，也许有科普的价值。但是对于领导和技术人员来说，更需要知道的是信息高铁对互联网性能和品质到底有多大程度的改进。如果只有 10% ~ 20% 的改进，也许就在互联网优化的范围内（也就是说，不研发"信息高铁"，互联网自己进步也能达到目的），花大的投入发展"信息高铁"是否必要就是一个问题了。

三、几点认识和建议

1．"信息高铁"在未来网络中处于什么地位？

《资料》从分布式计算机系统的角度阐述了信息高铁的价值和技术原理，但全文没有涉及"未来网络"。刘韵洁院士对未来网络的描绘与本《资料》的"人机物智能基础设施"十分相似，只是他把未来网络称为"智能的网络高速公路（如图 4.11 所示）"。我们提出的"信息高铁"，究竟是等同于刘韵洁院士讲的未来网络还是未来网络目标的一个子集（针对高通量服务的网络）？网络运营商目前正在构建软交换的网络架构，虽然不叫"信息高铁"，但这种架构也需要解决实时性等方面的问题。我们要发展的"信息高铁"不能建立在现在的互联网架构上，而中科院计算所肯定没有能力自己从底层做起，搞一套新的基础网络架构，如何与未来网络研究以及软交换网络架构的建设相结合，是需要认真考虑的问题。

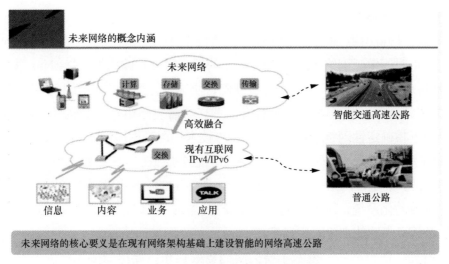

图 4.11　刘韵洁院士的未来网络愿景

中科院计算所从事网络技术研究的网络技术中心和无线技术中心，似乎并不十分关心"信息高铁"项目，目前参与"信息高铁"比较多的是范东睿的高通量芯片研究队伍。最近建立的分布式系统研究中心可能会全力投入"信息高铁"研究方向，但由于没有网络技术做基础，可能重点只能做上层的分布式控制软件。中科院计算所自己做的"信息高铁"项目的产出是什么，一定要有明确的要求；自己做不了的部分要与谁合作，也应该有个规划。如果想学 DARPA 网的初创期科研，就要争取实现一个类似分组交换的有标志性的技术发明，以重大的技术发明来影响整个网络界。做一些不痛不痒的小应用可能缺乏影响力。"信息高铁"的故事已经讲的差不多了，下一步要关注我们的产出究竟是什么。

2．"信息高铁"与确定性网络是什么关系？

"信息高铁"的标志性特征是低熵，也就是控制网络的时延抖动。这与确定性网络的目标相同。为了解决 IP 网络的时延不确定问题，几十年来网络界已做了大量研究，也提出了很多具有确定性保障的技术。但这些技术基本依赖在网络节点中维护流状态，或者调度复杂度很高，所以扩展性不好，没有办法应用在大规模网络中。华为的确定性网络技术居于全球领先位置，2020 年 8 月，基于 CENI 试验网络环境和华为的 DIP（Deterministic IP）技术，完成了确定性广域网技术试验。在跨 3 000 km、13 跳设备的 CENI 网络上实现小于 100 μs 的 E2E 时延抖动；而未启用确定性广域网技术的传统 IP 流量的时延抖动是 2.8 ms。

2015 年，国际互联网工程任务组（IETF）就成立了确定性网络（DetNet）工作组，致力于将时间敏感网络（TSN）中开发的技术扩展到路由器。DetNet 是一项帮助实现 IP 网络从"尽力而为"到"准时、准确、快速"，控制并降低端到端时延的技术。TSN 只关注第 2 层。即只支持桥接网络，不支持需要路由器的数据流。DetNet 工作组的目标在于将确定性网络通过 IP/MPLS 等技术扩展到广域网上。从某种意义上说，DetNet 只是尽力而为地为网络提供更高水平的服务质量（QoS），难以保证互联网的（百分位）实时性。确定性网络的应用目标包括：①专业的音频和视频；②电力公用事业；③智慧建筑自动化系统；④工业无线；⑤蜂窝无线；⑥工业 M2M；⑦网络切片等，这些目标也是信息高铁的主要应用场景。

我们研究"信息高铁"技术不要关起门自娱自乐，要尽量多了解别人在做什么。不从分布式计算机系统的高度来理解网络，原来做通信和网络技术的学者可能不能彻底解决网络的低熵有序和可测可控难题。我们要站在别人肩膀上才能攀登到新的高度。

大力发展开源智能化 EDA 软件 *

一、智能制造的核心技术是工业软件

在 2021 年 5 月 28 日的两院院士大会上，习近平总书记发表重要讲话，首次强调了发展工业软件的紧迫性。他指出**"要从国家急迫需要和长远需求出发，在……高端芯片、工业软件……等方面关键核心技术上全力攻坚"**。我个人认为，"工业软件"完全可以看成新时期的"两弹一星"，应当排在最优先的位置，采用举国体制集中突破。

工业软件中最难啃的是 CAD、CAE 和 EDA 软件，这 3 座大山是人类基础学科和工程知识的集大成者。一个行业的智能制造水平的高低主要看相关的 CAD、CAE、CAM 软件。可惜的是，流行的设计和模拟工业软件绝大部分来自国外。集成电路设计的 EDA 软件是智能制造的典型代表，一款采用 7 nm 以下工艺、包含几百亿晶体管的芯片设计，不管其中的逻辑组合、电磁干扰、散热控制多么复杂，EDA 软件都能搞定，可以做到一次流片成功。

二、EDA 软件发展的新趋势

芯片规模爆增，EDA 软件对于提升芯片设计质量和效率尤为重要；工艺演进放缓，对芯片设计方法及 EDA 软件提出了更高的要求。EDA 软件发展有以下新趋势。

智能化 EDA： EDA 本质上是在给定约束条件下寻求最优的 IC 设计方案，最终目标是实现"全自动设计"。美国 DARPA 已经提出电子设备智能设计（IDEA）计划。

开源 EDA： 形成开放的工具集和行业生态，由系统厂商、芯片厂商和 EDA 软件厂商共同制定开放的标准，大幅度降低专业人员门槛。

高算力 EDA： 超强计算资源赋能 EDA 工具，算法和数据深层次融入 EDA 工具，EDA 软件 IP 化，EDA 与云计算结合，在云上提供 EDA 服务。

---

* 2021 年 12 月 12 日在大湾区科学论坛智能工业软件分论坛上的报告。

三、发展智能 EDA 遇到的挑战

1．挑战 1：高效的全流程，从 EDA 到 AIDA

实现人工智能全流程设计芯片，即 AIDA（Artificial Intelligent Design Automation），而不是人工智能辅助 EDA 设计。用人工智能模型学习专家知识，大幅度降低芯片设计门槛，提升芯片设计效率，实现端到端的快速无人化芯片设计，把原来按年计算的芯片设计时间大幅度缩减到按周计算。

2．挑战 2：跨越工艺代差

在芯片设计上，AIDA 可以打破原来芯片设计流程里的分层、分块的约束。水平方向打破模块界限进行跨模块的水平优化；垂直方向可打破设计层次，进行跨层次的垂直优化，为弥补工艺代差做芯片设计上的努力。

3．挑战 3：跨工艺方法

设计规则的复杂度随着工艺难度的提升而快速增加，不断演进的节点工艺引入的设计规则呈指数级增加，对芯片设计提出了新的挑战。如何设计跨工艺的方法，提炼出与工艺无关的芯片设计技术，使 AIDA 基本技术可以泛化到不同的工艺节点上，而不需要对每一个工艺重新设计、训练 AIDA 的模型和算法，这是当前面临的一大挑战。另外，还需要提炼出与工艺相关的技术，针对工艺实现优化设计，提高芯片设计的效率。

4．EDA+AI：目前的状态

目前的 EDA 软件中已包含以下人工智能技术：人工神经网络（ANN）、深度神经网络（DNN）、卷积神经网络（CNN）、图神经网络（GNN）、图卷积神经网络（GCN）、增强学习（RL）、随机森林（RF）、支持向量机（SVM）、线性回归（LR）、对抗生成网络（GAN）。这些技术大多聚焦在子问题上，主要用于预测、评估，而非芯片生成。

四、争取用"芯片学习"取代芯片设计

过去在芯片设计上采用的技术主要是人工数学建模，将科学工程知识变成程序，将明知识写成规则形式的专家系统，或者在某些子问题上采用深度神经网络等点技术（涉及很小范围的专门技术），没有充分发挥机器学习的潜力。

机器学习是一种让计算机利用数据而不是执行指令进行各种工作的方法，即

利用已有的数据（经验）得出某种模型（迟到的规律），并利用此模型预测未来的一种方法。

芯片学习技术可取代芯片设计应对上述挑战，即采用机器学习的方法来完成芯片从逻辑设计到物理设计的全流程。芯片学习的目标是通过学习使芯片设计完全不需要专业知识和设计经验，可以在短时间、无人参与的情况下高效地完成。

中科院计算所寒武纪团队正在探索"芯片学习"方法，希望走出一条解决芯片人才缺乏难题的新路。

五、困难问题有可能找到易解方案

著名学者 Rich Sutton 关于人工智能的定义：人工智能就是利用问题领域知识在多项式时间内解决具有指数复杂性问题的技术研究 *。

难解问题（NP 困难问题）的前提假设是求完全正确的解或最优解，它的问题描述导致了最坏情况下出现指数复杂性。如果我们的出发点不是求完全正确的解或最优解，而是较快地找到一个满足要求的解，则需要另一种问题描述。这就是说，要把易解性作为讨论人工智能的基础和归宿。有了这样的观念更新，人工智能才能真正在实际生产与日常生活中发挥大的作用。

DeepMind 公司在下棋、蛋白质结构预测和解决著名数学猜想问题等方面都做出了让人惊异的成果，找到了解决指数复杂性问题的出路，为发展人工智能应用探索了新的途径。我们不能局限于做模仿别人的模式识别和计算机视觉等热门研究，应组织力量研究用机器学习等智能技术解决具有指数复杂性的困难问题。芯片设计是典型的组合爆炸问题，使用机器学习做芯片可能是一条发展芯片产业的"柳暗花明又一村"的"蹊径"。

六、开源 EDA 是打破技术封锁的有效手段

从表 4.3 可知，操作系统、编译器、人工智能、大数据等领域都有流行的开源软件系统，如 Linux、GCC 等，其共同特点是：皆为重要的基础性平台，支撑各领域的技术创新，服务巨大的产业经济。

---

* 　Reading in artificial intelligence and software engineering[M]. San Francisco: Morgan Kaufmann, 1986.

表4.3　典型的开源软件系统

领域	代表系统	影响力体现
操作系统	Linux	重要的基础软件，支撑了整个开源生态体系
编译器	LLVM、GCC	
移动操作系统	Android	虽然现在已闭源，但当年以开源为起点，统一了除 iOS 外的整个移动互联网生态
人工智能	Caffe、TensorFlow Pytorch、PaddlePaddle	整个 AI 技术生态体系的基石
大数据系统	Hadoop、Spark	开启了信息领域的大数据系统时代
EDA 软件	OpenRoad、Verialtor	基础薄弱，几近空白

但在 EDA 领域，还没有很流行的开源系统。商业 EDA 公司垄断了问题、数据、技术和市场，构建了极高的技术壁垒。成功经验表明，开源开放是构建繁荣的技术生态和产业生态的必要基础。我们要努力构建开源 EDA 平台，开辟第二战场，打破国外企业在 EDA 领域的技术垄断。开源 EDA 为聚集国内优势力量、推动科学研究和人才培养提供了新的思路。

七、开源 EDA 的目标和任务

实现开源 EDA 的目标包括：打破 EDA 领域的"黑盒子"状态，把开发 EDA 需要的数据、问题和评价方法释放开来；构建 28 nm 工艺上 RTL 到 GDSII 芯片设计的开源 EDA 平台；构建开源开放的芯片设计生态体系，降低芯片设计门槛，促进芯片领域产业繁荣；打造开源 EDA 基础设施、开源 EDA 点工具、基准测试集、评测方法、开源工艺库等。

实现开源 EDA 应采取循序渐进的技术路线。从低工艺（110 nm）到更高工艺（55 nm/28 nm，甚至 14 nm）；从小规模 SoC 芯片（数十万门）到更大规模（上千万到上亿）；从部分单点 EDA 设计工具到完整 EDA 设计 + 验证工具链；从 EDA 工具可用、工具功能完善可靠到工具质量和性能良好。

八、中国科学院大学的"一生一芯"人才计划

加快芯片设计专门人才培养，是发展我国芯片产业的关键。中国科学院大学

2019 年 8 月启动的"一生一芯"计划，从第一期的 5 名学生到第二期的 11 名学生，再到第三期 700 多名学生报名，已覆盖 151 所高校，其中海外高校有 20 所。

"一生一芯"计划采用开源的 EDA 工具，比传统的 EDA 工具更容易掌握，大大降低了门槛。该计划力争 3 年后每年培养 500 名芯片设计的学生，5 年后每年培养 1 000 名芯片设计的学生，10 年后每年培养 1 万名芯片设计的学生。

九、人工智能对算力的需求呈指数级增长

OpenAI 发布的分析表明，自 2012 年以来，人工智能训练任务中使用的算力正呈指数级增长，目前速度为每 3.5 个月翻一番。自 2012 年以来，人们对算力的需求增长了超过 300 000 倍（而以摩尔定律的速度，算力只会有 12 倍的增长）。OpenAI 认为该趋势将继续保持多年。

芯片设计也需要大量的算力。设计高性能 CPU、GPU 芯片，没有数百台甚至数千台服务器根本就无法按时完成。大规模芯片设计的存储容量需求达 2 PB 以上。

十、EDA 企业必须与芯片设计、加工企业密切合作

EDA 是软件，但它与硬件设备高度融合。做 CPU、GPU 等大规模芯片的设计，必须采用十分昂贵的硬件仿真器，我国的硬件仿真器研制生产还几乎是空白。发展 EDA 软件也需要 FPGA 和智能加速芯片的支持。

在芯片领域，EDA 软件已深度地嵌入芯片设计公司和晶圆代工公司，三者相互连接在一起，不可分离。发展 EDA 软件必须得到代工工厂的工艺数据，这是 EDA 软件发展历程中最重要的养分。我国发展 EDA 软件一定要重视 EDA 企业、芯片设计公司和晶圆代工公司的深度合作。

台积电做 7 nm 工艺时，与 EDA 软件公司 Synopsys（新思科技）密切合作，从工艺开发到整个平台推出，时间提前了 1 年半（原来要 3 年）。

十一、EDI 和开源是解决 IC 人才缺口的出路

国内目前只有约 1 500 名 EDA 研发人员，其中约 1 200 人在国际 EDA 软件公司的中国研发中心工作，从事国产 EDA 软件研发的人员只有 300 人左右，且分散在各个公司、高校和研究所。全球 EDA 软件巨头 Synopsys 和 Cadence 分别拥有约 14 000 名和 8 100 名员工，人才数量差距巨大。

光靠增加集成电路专业研究生名额不能满足快速人才需求，发展电子设计智能化（EDI）和开源生态才是解决人才缺口的出路。2021年11月4日，在计算机辅助设计国际会议（ICCAD 2021）上，华中科技大学计算机学院人工智能与优化研究所所长吕志鹏带领一支平均年龄为24岁的年轻团队，在CAD Contest布局布线算法竞赛中夺得全球第一名，说明我国的EDA软件研发人才已开始崭露头角。

十二、智能化转型迫在眉睫

美国波士顿咨询公司发布的报告显示，以100为美国制造的成本指数基数，中国的成本指数已经达到了96，这意味着中国制造的成本与美国制造的成本没有实质性的差异，说明中国制造的成本优势已经基本消失，依靠劳动密集型获取竞争优势的时代已经过去，智能化转型迫在眉睫。

广东制造业中低端产业占比仍然较大，高技术制造业的增加值占规模以上工业企业的比重为32%，占比低于美、日、德等发达国家，发达国家的占比已超过50%；2019年规模以上制造企业关键工序数控率为34.5%、网络化率为45.3%，落后于上海、北京、江苏。

基础制造与高端制造相辅相成，没有当年的底特律就没有后来的硅谷。高质量发展就是要给传统制造插上新翅膀。金字塔是一层一层地垒上去的，中国发展先进制造必须重视传统制造业的转型升级。

算力网络的未来前景与巨大挑战 *

一、算力与 GDP 正相关

IDC 等发表的《2021—2022 全球计算力指数评估报告》表明：各国的算力与 GDP 正相关。美国和中国的算力处于领跑者位置；中国计算力水平增幅最大，达到 13.5%。计算力指数越高，算力对 GDP 的推动作用越明显。从图 4.12 可以看出，计算力指数 40 分以下的国家，GDP 与算力的相关系数是 $1m$；计算力指数 60 分以上的国家，GDP 与算力的相关系数是 $3m$。

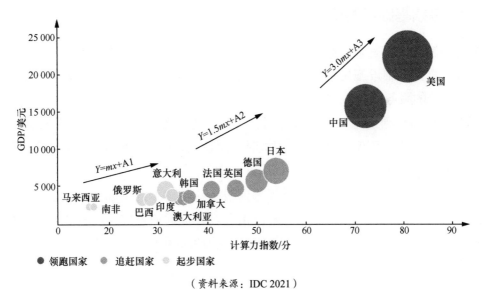

（资料来源：IDC 2021）

图 4.12　GDP 与计算力指数回归分析趋势

浪潮信息与 IDC 发布的《2020 全球计算力指数评估报告》显示，计算力指数平均每提高 1 个点，数字经济和 GDP 将分别增长 3.3‰ 和 1.8‰，如图 4.13 所示。

---

* 2022 年 6 月 18 日中国信息化百人会关于东数西算和算力网络高峰论坛上的报告。

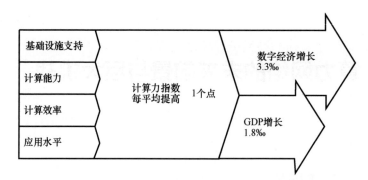

图 4.13　计算力指数与数字经济及 GDP 增长的关系

德国罗兰·贝格咨询公司预测：从 2018 年到 2030 年，自动驾驶对算力的需求将增加 390 倍，智慧工厂对算力的需求将增加 110 倍，数字货币对算力的需求将增加约 2 000 倍，VR 游戏对算力的需求将增加约 300 倍。主要国家的人均算力需求将从现在的不足 500 GFLOPS，增长为 2035 年的 10 000 GFLOPS。

二、算力必须基础设施化

交通和能源都已基础设施化，算力作为数字经济时代的新生产力，也必须实现基础设施化。算力基础设施化不是简单的算力堆砌，当前各类机构的算力并不能面向全社会提供一致的服务。

算力要成为基础设施，云、边、网、端都要先服务化，即都要实现 SaaS、PaaS 和 IaaS。所谓算力并不仅仅是 CPU 的机时，而是包括算法和软件的服务能力。通过网络共享程序是件非常难的事，而不是简单的标准化问题。

算力基础设施是新一代信息基础设施建设（新基建）的组成部分，必须与通信基础设施、信息采集（感知）基础设施形成相互融会贯通的整体。现有的云计算和边缘计算基础设施不能应对爆发式物端负载洪流，亟须另辟蹊径，打造"可测、可调、可控、可信"的新型信息基础设施。

三、计算机界和通信界对未来信息基础设施的不同认识

从计算机界的视角看，计算思维的核心是分层次抽象，以新的抽象屏蔽不同云的差异，实现跨云计算。Internet 是网际网（Network of Network），未来的信息基础设施是互联云（Intercloud，Cloud of Cloud），以云为中心，强调云调网、云网融合、

一云多网，重点解决软硬件不兼容的问题。算力网的基本载荷单元是计算任务，不是消息，核心创新是任务交换和高通量计算，追求低熵有序。

从通信界的视角来看，网络是中心，计算和存储能力可看成网络可调动的资源，即"网调云"。通信界强调算力资源评估、交易和调度，目标是构建网络与计算高效协同的网络架构，重视算力感知、异构算力统一标识、算力资源的标准化等。算力网络被认为是 6G 与未来网络中一项重要的基础技术，要在网络中部署数据处理能力。

目前算力网主要是电信运营商在推动。中国电信等运营商先后发布了算力网络白皮书，2021 年 7 月，国际电信联盟电信标准化部门（ITU-T）发布了第一个算力网络技术的国际标准 Y.2501（如图 4.14 所示）。

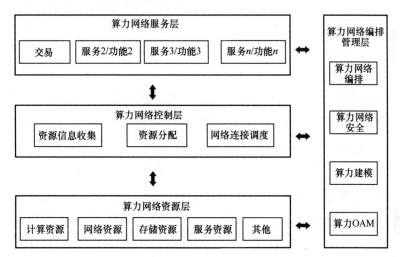

图 4.14　ITU 的算力网络技术标准的基本框架

四、通信界对算力网络的追求

随着 SDN 和 NFV 等技术的推广，网络正从以硬件为主体的封闭和刚性架构向软件化、IT 化、虚拟化、云化、服务化的方向发展，数据中心（DC）已成为网络的核心。边缘计算的兴起促使云网融合走向云、网、边、端融合。

算力网络的提出不仅是技术发展趋势，更是市场竞争的需求。电信运营商希望在"连接 + 计算"一体化服务场景下实现业务扩展，避免被"管道化"。

中国电信集团公司科技委主任韦乐平先生提出："网是基础、云为核心、网随云动、云网一体"。我认为这是云网融合的发展原则，通信界的朋友在考虑"网调云"时，要充分理解哪些计算资源现在可以通过网络调配。

五、计算机界对未来信息基础设施的追求

"信息高速公路"遵循"无序共享"的原则，这一原则为现有的信息基础设施埋下了巨大隐患——性能干扰，用户可感知的服务质量存在极大的不确定性（从信息论的角度看，就是熵比较大）。由于采用大量冗余，各大云计算中心均面临总体效率不高的问题。许多数据中心的利用率不到20%。"信息高速公路"的技术天花板已出现。

算力网络是未来网络的组成部分，要为"减熵"做贡献。中科院计算所提出的"信息高铁"就是建设"高通量低熵算力网"。信息高铁强调低熵有序，针对高通量计算，其性能指标是通量，通量 = 吞吐率 × 良率，即保质任务吞吐率，也就是单位时间完成的保质任务数。"信息高铁"能做到可测、可控、可调、可信，显著提升应用品质和系统通量与效率。

中科院计算所提出的"信息高铁"按照"一横一纵"的思路，重新定义下一代信息基础设施的边界："一横"是通过联邦制的方式横向联通，最大化组织起所有愿意共享的大/小数据中心的各类异构算力资源，为用户提供统一封装、抽象易用的算力资源；"一纵"是纵向打通云网边端全链路基础设施资源，通过全链路多级多维度测调、控域隔离等方式真正实现海量物端应用的端到端服务质量保证。图4.15是"信息高铁"实验平台的初步实验结果。初步测试结果表明："信息高铁"的良率和通量比传统的互联网高6～7倍。

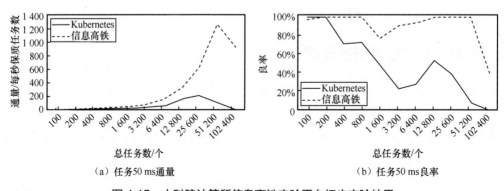

(a) 任务50 ms通量　　　　　　　　　(b) 任务50 ms良率

图4.15　中科院计算所信息高铁实验平台初步实验结果

六、美国加利福尼亚大学伯克利分校（UC Berkeley）提出的天空计算

美国 UC Berkeley 的 Ion Stoica 和 Scott Shenker 教授 2021 年提出了天空计算（Sky Computing）的研究方向。目前每朵云有自己的专用软件和专用硬件，在不同云之间移植一个大的软件需要几十年。通过增加"兼容层"可以将移植的复杂性从 $m \times n$ 降到 $m + n$。

天空计算需要提供：掩盖低层次的技术差异（类似 IP）的兼容层，将作业路由到正确的云的跨云层，以及一个允许云彼此就如何交换服务达成协议的对等层（类似 BGP）。天空计算是在由多个异构竞争的商业云提供商组成的基础设施上构建虚拟效用计算。大型云提供商可能不支持兼容层，较小的云提供商容易接受兼容层。

七、算力网络是一个宏伟的目标，前景光明

"人工智能之父"约翰·麦卡锡早在 1961 年就提出公共计算（Utility Computing）的目标："有一天，计算可能会被组织成一个公共事业，就像电话系统是一个公共事业一样"。让计算能力成为像电一样的公共基础设施，这是计算机界已经奋斗了半个多世纪的宏伟目标。1984 年，美国太阳微系统公司（SUN 公司）提出的"网络就是计算机"也是今天讲的"算力网络"的美妙前景。

从提出"Utility Computing"的奋斗目标开始，计算机界就清楚公共计算服务与公共电网不同，至少需要关注 3 个问题。一是接口——用户如何与资源进行对接？二是服务设备——用户通过什么设备将资源转换成服务？三是产品的异质性——计算是一种复杂的服务，存在多样性，不同的编程语言和硬件如何兼容？通过几十年的努力，人们已经发明了用于远程接入的互联网、管理物理计算资源的操作系统、把资源分给多人同时使用的虚拟化技术。近 10 年广泛流行的云计算集成了这些技术，为实现"计算的公共基础设施"找到了出路。只要云、边、网、端都尽可能地实现云化，就有可能将原本不是公共物品的计算能力变成虚拟的公共物品。从长远目标来看，算力网络的前景一定是光明的。

八、国家级的算力网络资源应优先考虑非实时的高性能计算

计算的应用可分为实时和非实时两大类。一般有实时要求的应用并不要求很强大的算力。面向基础研究的科学计算、人工智能的训练等不要求实时，但需要使用超级计算机和超大规模的人工智能训练平台。预测到 2025 年，我国人工智能算力总量将达

到 1 800 EFLOPS，大大超过通用算力（约 300 EFLOPS），其中非实时训练占很大比例。

新药的研制、新材料的研发、集成电路等新产品的设计等都需要巨大的算力。因此，非实时的计算可能对国家发展有更基础、更长远的作用。实时性强的工业互联网和金融网络大多为企业自建网络，国家级的算力网络资源应优先考虑非实时的高性能计算。

边缘计算和物联网大多有实时要求，算力网建设要高度重视确定性网络的研究。

九、算力网络的构建要高度重视中小企业

国家算力网络应由三大部分组成：第一部分是由国家或地方财政建立的公共算力基础设施；第二部分是电信运营商和龙头云服务商建设的骨干企业级算力基础设施；第三部分是由大量中小型信息服务企业协作建立的算力网络。全国的算力网络应避免单一"帝国制"垄断运营，要探索新型的"联邦制"管理模式，激活中小企业的参与热情。运行方式是否得当决定了算力网络的前途。

算力网络既要"全局统一"，又要"环节解耦"。"全局统一"是指全国主要算力中心协同管理，形成东西互补、南北贯通的一体化算力网络，提供统一的算力资源服务。"环节解耦"是指算力的设备提供商、运营商和增值服务商合理解耦，消费者仅需按统一定价支付费用就可得到多样性的服务。算力网络的生命力在于协同合作，过分强调一家企业的端到端一体化不利于算力网络的发展。

十、"东数西算"取得实效尚需艰苦努力

启动"东数西算"工程有利于集中建设数据通信网络，促进我国西部地区的数字经济发展，能在一定程度上缓解东部供电的压力。但是，放在全国的大盘子上，"东数西算"工程对全国节能减排只有一定比例的贡献，不能无限制地夸大。

数字中心只要建了，不管建在东部还是西部，都是要耗电的。在西部建数据中心有两方面的好处：一是西部的 PUE 值低一点，相比在东部建数据中心，有可能会节省 20% 的用电，但如果采用曙光公司发明的浸没相变液冷技术，耗电量对数据中心所在地的平均气温就不是十分敏感；二是传输线路的损耗，2 000 千米长距离输电的损耗是 6% 左右。两者加起来，在西部建数据中心节省的用电不会超过西部数据中心用电量的 30%。根据中国信息通信研究院统计的各省 2020 年的算力规模，贵州、甘肃、宁夏、新疆、重庆等西部地区算力总和还不到 5 EFLOPS，只占我国数据中心算力总规模（140 EFLOPS）的约 4%。即使未来几年翻倍增长，估计西部新建数据中心的算力 5

年内也难以超过全国算力的 20%。

全国数据中心每年耗电 2 000 亿千瓦时左右，未来西部数据中心最多用电 400 亿千瓦时的 30%，就是 120 亿千瓦时。能节省 120 亿千瓦时电当然是值得努力争取的大事，但与我国总用电量 8 万亿千瓦时相比，节约量只占 0.15%。与每年跨省输电 2 万亿千瓦时相比，也只有西电东输的 0.6%。因此"东数西算"的意义不能光拿省电来说事，也不能把"东数西算"看成我国算力基础设施的整体战略和全部内容，应从国家东西部平衡发展、构建全国算力网络新基础设施的大局着眼。目前东部大城市建数据中心的需求很迫切，但没有用电指标，批地也很困难，向西部寻求算力资源是迫切而合理的选择。

值得指出的是，我国现行的《供电营业规则》不允许光伏发电站和风力发电站直接给数据中心供电——发电必须入网，电力统购统销。这种政策不利于在西部建设数据中心，建议国家给数据中心一定的灵活性，推行"源网荷储一体化"的理念，支持算力跟着能源走，促进绿电的消纳。

另外值得注意的是，中西部地区数据中心的在用机架数的全国占比已上升到 39%，超过北京、上海、广东 3 个数据中心聚集区的在用机架数的全国占比（31%），但机器利用率不高。"东数西算"工程在西部建设的 4 个数据中心基地在开展业务并大幅度提高算力的利用率方面，要做大量细致的工作。"东数西算"要达到"西电东输"和"南水北调"的实效，还要做艰苦的努力。

十一、构建算力网络需要基础性的原始创新

媒体上有些文章将目前在做的算力网络与交通网络、电力网络等量齐观，认为算力现在就可以做到像供水和供电一样方便，这太乐观了。计算能力终究不是像水电一样具有同质性质的公共品，每个算力产品都想通过专有的特性赢得竞争，因此算力网络的实现比交通网络和能源网络复杂得多，也困难得多。构建算力网络的技术还不成熟，还需要做很多基础性的原始创新和大量的技术攻关。

构建算力网络的技术还不成熟，还需要做深入的基础研究。下面列举一些正在研究突破的与算力网络有关的计算技术。

- 任务交换技术：线路交换→分组交换→任务交换。
- 智能流抽象：运算流→控制流→消息流→智能流抽象。
- 降低"图灵税"：将"特定→通用→特定"映射变成人机物原生计算。
- 资源赋名：包括用户、硬件、软件、数据、模型、知识、过程等资源。

- 控域：保持资源时空有序的"控域"设计与部署。
- 网程：将操作系统的进程概念拓展到端边云系统的运行时抽象。
- 标签化体系结构：解决同时提高用户体验和服务器利用率的矛盾。
- 内构安全技术。
- 在网计算（In-Network Computing）：互联网研究任务组（IRTF）的在网计算研究组（COINRG）等。

算力网络的最大挑战不是带宽，而是时延。计算机内部的通信是纳秒级，广域网上的通信是毫秒级，相差 6 个数量级，广域的算力网络只能在毫秒级层次谈分布式计算。目前的计算机技术只能做到粗粒度的分布式任务调度，在广域网上完成一个任务的进程和线程级细粒度调度还不现实。过去网络时延被当作一种必然出现的"现象"，很少有人认真考虑在几十甚至几百毫秒级时延条件下能满足哪些需求。特别是，通过需求侧 IT 架构的重构能完成哪些过去认为不能完成的任务。如果将服务器放在西部、终端放在东部看成一种刚性要求，可能会促进许多新的技术发明。所谓网络时延增加多少毫秒就会丢失多少客户的说法，有些是云厂商恶性竞争造成的畸形要求，应积极探索远程服务的可能性。网络时延和时延抖动是一门大学问，中科院计算所坚持了数年之久的"信息高铁"研究就是发展广域网高通量分布式计算技术。

十二、需要建设算力网络科研创新综合试验平台

2018—2020 年美国连续建设了 EdgeNet、Fabric 和 Pronto 等多个开放的、全球性的与算力网络有关的科研创新综合试验平台，为美国信息领域科研创新提供了肥沃的土壤。我国仅有一个国家级的未来网络实验平台，先进算力、分布式系统、云计算、边缘计算等领域的国家级科研试验平台还处于空白的状态，与美国相比有不小的差距。

建议国家尽快成立算力基础设施国家工程研究中心、"东数西算"工程技术试验场等开放式的实验平台，与现有的网络系统互联互通，研发面向"东数西算"的联邦制管理、算力测调和撮合交易系统，形成算力基础设施化的核心技术、基础软件和关键系统，向"东数西算"工程推广，加快各环节关键技术从孵化到完善的全过程，最终形成一套可面向"一带一路"推广的新信息技术体系。云计算目前只能在一个公司内部或有限范围内运行，还是"地方粮票"，算力网络的远景目标是走向世界，是"全球粮票"。电力输送到国外成本很高，算力网有可能连接到国外。如果我们突破了广域分布式计算技术，就能为全世界发展中国家的数字化、智能化做出更大的贡献。

算力，拉动国家经济增长的核心引擎 *

一、究竟什么是算力网络？

19 世纪末，美国和英国每个工厂、每条电车道都有自己的发电设备，伦敦的电力有 10 种频率、32 种电压、70 种电价。经过多年努力，形成了同一频率、同一电压的电力公共基础设施。服务器、数据中心、超级计算中心如同发电站，如果能像电力一样连成网络，按需及时地为用户提供计算和存储能力，一定能大大提高服务器的利用率和能效，成为数字经济时代的公共基础设施。这就是构建算力网络的初衷，计算机界为这一宏伟目标已努力了半个多世纪。

电子商务、社交网络等云计算服务已很方便，为什么还要建算力网络？现在的万维网作为全球信息网，以网页为核心，主要为消费互联网服务。而算力网络是与万维网平行的新网络，以算法为核心，利用高效适配的多种算力对数据资源进行深度加工。算力网络的目标不是服务于各行各业的信息上网，而是让每一个用户随时随地调用世界上任何地方的计算、存储和通信资源，通过模型（算法）上网，主要为产业互联网上的众多企业服务。

与现在的尽力而为的互联网不同，算力网络对传输时延和完成任务的良率要求比较高，希望是"可测、可调、可控、可信"的确定性网络。算力网络与电力网络最大的区别是用户终端，电力网络只管到入户的插座，电器如何使用与电力网络基本上没有关系。但算力网络必须管到每一个网上提供的应用软件能否正常运转，而各行各业的应用软件五花八门，算力网络最大的难处就在软硬件的兼容性。提供算力的公司必须给企业做好各种智能化的 App 和 API，才能把算力真正用起来。

二、算力是拉动国家经济增长的核心引擎

经济发展的实践已经验证，劳动和资本的增长并不能带来经济的持续增长，存在

---

* 发表于 2022 年 9 月 27 日《人民日报》"开卷知新"栏目。此文是提交报社的约稿原文，《人民日报》发表时做了不少修改，标题改成《算力，数字时代的重要生产力》。

边际收益递减效应，内生的技术进步是保证经济持续增长的决定因素。在数字经济时代，算力是一种全新的技术进步力量，已成为拉动国家经济增长的核心引擎。

要理解算力的核心引擎作用，先要理解知识的作用。有人类文明记载的上万年历史长河中，经济发展一直十分缓慢。直到工业革命以后的200多年里，经济才加速发展，特别是近半个多世纪信息技术成为主流技术以后，经济和社会发展才突飞猛进。人种还是那个人种，地球还是那个地球，引起巨变的关键是人类掌握了改变世界的新知识。知识就是力量，知识是经济发展的倍增器。

传统的知识大多以人类发现的自然定律为基础，应用较为简单。现在，知识之树低处的果子都被摘光了，高处的果子大多是多学科交叉的复杂问题，需要收集大量的数据，通过机器学习等复杂的计算，才能发现新的知识。可以说，现在深层次的知识和技术大多是"算"出来的。在数字经济时代，算力、算法（模型）和数据就成了最重要的生产要素。

算力在人们生活中的作用，大家已经有体会。在淘宝网、京东网上购物时，我们在手机轻轻地点一下，其实背后有庞大的计算机在运算。开车时导航播出的每一句话，都是经过后台复杂的感知和模式识别计算出来的。全世界每年失败药物的成本超过300亿美元，通过使用机器学习和人工智能技术，有望将药物开发的风险减半，预计到2025年全球制药行业每年可节省约260亿美元的开发成本。算力是5G、人工智能和工业互联网的基础。埃森哲等公司预测，2035年5G会使全球增加13.2万亿美元的产出，2030年工业互联网能够为全球经济带来14.2万亿美元的经济增长，人工智能将为全球经济带来13万亿美元的增长。到2035年，这三大领域将为全球经济增长40万亿美元，算力则是幕后最大的贡献者。

2021年中国信息通信研究院发布的《中国算力发展指数白皮书》认为，在算力中每投入1元，将带动3~4元的经济产出。全球各国算力水平与经济发展水平呈现显著的正相关：全球算力规模前20的国家中，有17个属于全球排名前20的经济体，全球GDP前4位的国家排名，与全球算力规模前4位的国家排名完全一致。这种相关性充分体现了算力的重大价值。

三、算力如何成为像电力一样的公共基础设施

"网络就是计算机"是计算机界努力追求了几十年的理想，至今还没有实现。媒体上有些文章将目前在做的算力网络与交通网络、电力网络等量齐观，认为提供算力

现在就可以做到像供水和供电一样"一点接入、即取即用",这太乐观了。计算能力本身不是像水、电一样具有同质性质的公共品,市场上的计算机软硬件产品都想通过专有的特性赢得竞争。算力不仅仅是 CPU、GPU 的能力,还涉及大量各不相同的系统软件和应用软件。要做到算力共享,需要做算力资源的抽象化、虚拟化和标准化,云计算中心、边缘计算中心和物端计算设备的功能都要服务化。算力网络的实现比交通和能源网络复杂得多,也困难得多。构建算力网的技术还不成熟,还需要做很多基础性的原始创新和大量的技术攻关。

计算机网络的通信时延与不确定性是实现算力网络的最大技术挑战,要把减少时延和不确定性作为一种刚需,倒逼科技界在广域分布式计算方面做出重大技术发明。对实时性要求不高的集成电路设计、新药研制、新材料研发等,都需要巨大的算力。非实时的计算可能对国家发展具有更基础、更长远的作用,国家级的算力网络资源应优先考虑非实时的高性能计算和智能计算。

截至 2022 年 6 月,我国的总算力规模已达到 150 EFLOPS,居全球第二。应当指出,统计的算力主要反映 CPU、GPU 等芯片和硬件的峰值计算能力,并不反映信息基础设施的真正服务能力,真正的算力应该是计算基础设施的服务能力。目前对经济和生活最有影响的还是基础算力(各种服务器存量的算力),应当更加关注如何让各行业的服务器发挥作用,而不仅仅是在智能算力的规模上与国外比高低。根据 2020 年的统计,我国的基础算力只占总算力的 57%,低于全球基础算力占比 73%,而我国智能算力占比 41.5%,远高于全球占比 25%,应高度重视智能超算的机器利用率和应用效果。

网络技术的发展存在"合久必分、分久必合"的"三国定律",每隔 20 年左右,"分散"和"集中"交替成为主流技术。以集中资源池为特色的云计算已红火了近 20 年,以分布式计算为主要特色的算力网络技术未来 20 年可能成为主流技术,我们应抓住这一次难得的技术变迁机遇。我国对算力有巨大需求,在通信、高性能计算和人工智能等领域有较好的基础,"算力网络"是我国提出的概念,在发展"算力网络"上我国有可能起到引领全球的作用。

四、正确处理发展算力与节能减排的矛盾

政府部门对算力的关注还来自如何解决发展算力与节能减排的矛盾。过去 10 年间,我国数据中心用电量以每年超 10% 的速度增加,2020 年全国数据中心耗电量已突破 2 000 亿千瓦时,占全社会用电量的 2.71%。数据中心可能是我国实现"双碳"目标难

啃的"硬骨头"之一。需要指出，将数据中心建在西部，节省的电力在全国的总电力中的占比可能不到千分之二，"东数西算"的意义不能光拿省电来说事，应从国家东西部平衡发展、构建全国算力网络新基础设施的大局着眼。

ICT 对其他产业的节能减排潜力很大，根据全球电子可持续发展倡议组织（GeSI）的报告，应用 ICT 可使其他行业减少 20% 碳排放量，是 ICT 行业自身碳排放量的 10 倍，这种使能效应被称为抵消"碳足迹"的"碳手印"。这种观点虽然还未形成共识，但从新冠肺炎疫情期间线上会议减少大量出行就能感觉到 ICT 的节能减排作用。因此，为了节能减排，不应限制发展数据中心，而是要充分发挥 ICT 的控制优化功能，降低其他行业的能耗。

推荐读物：

1. 王晓云，段晓东，张昊，等. 算力时代：一场新的产业革命 [M]. 北京：中信出版社，2022.

2. 徐志伟，孙晓明. 计算机科学导论 [M]. 北京：清华大学出版社，2018.

第 5 章　战略咨询建议

松下问童子，言师采药去。
只在此山中，云深不知处。

—— [唐] 贾岛　《寻隐者不遇》

在深圳华为总部中国信息化百人会 2020 年峰会上发言

中国工程院组织的关于"智能城市"的战略研究报告，2019 年出版

对"十三五"规划实施情况问卷调查的回复 *

　　2018 年是贯彻党的十九大精神的开局之年，是改革开放 40 周年，是决胜全面建成小康社会、实施"十三五"规划承上启下的关键一年。为更广泛听取社会各界对"十三五"规划实施中期评估工作的意见建议，国家发展和改革委员会发展战略和规划司和全国哲学社会科学规划办公室联合组织开展此次面向各领域专家的问卷调查活动。我们进行此次问卷调查，目的是希望各位专家从专业的视角对"十三五"规划实施情况进行科学评判，并提出改进或强化下一步工作的意见建议，从而为我们的决策提供重要参考。

　　感谢您的支持！

国家发展和改革委员会发展战略和规划司

全国哲学社会科学规划办公室

2018 年 6 月 6 日

一、2016 年 3 月"十三五"规划《纲要》实施以来，您所研究的领域中，我国取得的最重要成绩和亮点、存在的最突出问题，以及与国际先进水平之间的最主要差距和潜在优势

　　在 2018 年 5 月 28 日两院院士大会上，习近平总书记的报告中提到信息领域的重大成就包括超级计算机连续 10 次蝉联世界之冠，"神威·太湖之光"获得"戈登·贝尔"奖，移动通信、语音识别跻身世界前列。这些成果是两院领导和有关政府部门向中央提交的，反映了看重世界之冠和获奖的价值取向。我个人的看法是，某些单项技术是不是世界冠军、得不得国际奖项并不是中国取得重大科技成就的标志。近两年来我国信息领域的亮点有以下几项：（1）5G 通信走在世界前列，华为牵头提出的通信控制码标准被国际标准采用；（2）京东方后来居上，引领了 8K 和柔性显示技术新潮流，手机、笔记本计算机和平板计算机显示屏销量世界第一，电视机显示屏销量世界第二，我国的

---

* 2018 年 6 月 6 日，国家发展和改革委员会发展战略和规划司和全国哲学社会科学规划办公室向有关专家发出问卷，调查"十三五"规划实施情况，此文是本人对这次问卷调查的回复意见。

液晶显示产业进入了世界领先行列；（3）成都海光公司经过两年潜心努力，2018年5月开始批量销售"禅定（Dhyana）"x86中央处理器，这款服务器CPU的性能已经与Intel最高水平的CPU相当，使我国的CPU设计生产水平至少跨越了5年，这是在核心技术上通过"引进消化再创新"走自主可控之路的成功探索，在"中兴事件"发生之时，显示出特别的意义（此项成果没有得到核高基计划的支持，是在成都市政府支持下完成的，投入约30亿元）；（4）在人工智能领域，我国的高被引论文数量、专利数量、投融资规模都是世界第一，北京是全球人工智能企业最集中的城市，人工智能产业和应用已成为中国一道亮丽的风景线，有可能实现"换道超车"。

"中兴事件"是一次转折，使我们清醒地认识到自己的短板和软肋，企业开始真正重视核心技术的研发。信息领域存在的突出问题是应用侧强，基础软硬件供给侧弱，关键的零部件不能自给。当美国政府以冷战方式对付我国的个别公司时，我们就缺乏"还手"的力量。零部件供应链的安全本来是整机企业的底线战略思维，但我国的企业绝没有想到美国政府会来中断供应这一手，这是"十三五"期间获得的最大教训。

我国在信息领域与国外的差距主要体现在3个方面。（1）掌握软硬件复杂系统的能力不足。我国信息领域的单项技术与国外差距不大，但对通用CPU和操作系统等复杂系统还缺乏掌控能力。信息领域与其他领域不同，其他行业的现状多半是中低端产品，虽然利润率不高，但占市场总量的比例大，我国可以从中低端做起，以狼群战术把国外大公司逼到金字塔的塔尖，只占较少的市场份额。但信息领域的现状是高端产品不但利润率高，而且市场份额大，Intel的高端服务器CPU占到98%以上的服务器CPU市场份额。我国从低端芯片做起撼动不了Intel的垄断地位。（2）打造产业生态的能力弱。计算机产品的应用靠各种各样的软件，Wintel和ARM+Android都已形成上万亿美元的产业生态系统。要真正自主可控，必须有以我为主的产业生态。但是我国至今没有学会如何形成有全球影响力的产业生态。谷歌并不是"百年老店"，但利用Android开源操作系统打造了一个独立于Wintel的生态系统，微软公司在手机领域也斗不过谷歌。（3）我国重要的工业软件几乎全部靠进口。我国制定的"工业2025""互联网+"等规划能否成功关键看工业软件能否自主，但近年来进展不大。工业软件落后的根源是教育领域强调专业分科，我国严重缺乏既懂计算机又懂专业知识的人才。

我国最大的优势是有将近14亿名消费者，巨大的市场为科技和产业发展提供了强大动力。如何充分发挥国内消费市场的牵引力，是今后考虑发展的首要因素。

二、今后 3 年您所在领域，国内外发展最有可能实现哪些突破以及对其他领域发展的影响

信息领域新技术不断冒出来，新名词层出不穷。但今后 3 年真正能对经济发展起大作用的还是相对比较成熟的技术，不是那些吸引眼球的新技术，如量子通信、量子计算机、类脑计算、区块链等。

今后 3 年内信息领域下列技术方向可能有较大的突破，值得关注。

（1）摩尔定律已走到尽头，处理器单核的性能靠工艺提高一倍可能需要 20 年，今后提高处理器的性能主要靠系统结构的创新，包括加速部件的设计和执行模型的创新等。今后 3 年内智能应用芯片的竞争一定很厉害。现在 NVIDIA 的市值已经超过 Intel，我们应高度关注计算机系统结构的研究进展。

（2）5G 无线通信 2020 年会开始使用，5G 的产品化技术在未来 3 年将逐步定型，要高度重视 5G 技术的商业化。软件定义网络（SDN）已经逐步成熟，表面上静悄悄，但骨干电信运行公司正在进行变革性的平台改革。用通用设备构建骨干网可能大大节约网络成本。我国已领先国外研制成功全网的操作系统（已在联通公司试用），部署新应用的时间从过去的一个月缩短到半小时。今后 3 年骨干网可能有一场大变革，不能掉以轻心。

（3）云计算与边缘计算的结合可能形成巨大市场。云计算已经是比较成熟的技术了，人工智能应用也能变成一种云服务（人工智能即服务，AIaaS）。边缘计算是近两年兴起的技术，两者结合在未来 3 年将有较大的发展。

（4）物联网的市场规模很大，未来 3 年将物联网与人工智能、大数据技术结合，形成人机物融合的新市场。物端产品品种多、个性化要求高，难以形成像手机一样的所谓杀手级应用（Killer Application），但会出现通用性较强的产品和软件。未来 3 年是培育物端计算新的产业生态的重要时机。

（5）2017 年人工智能产品和直接应用的市场只有 237 亿元，市场规模并不大。但人工智能应用面很广，渗透性强，要特别关注智能技术与大数据在各行各业的集成应用。我国电力行业运用智能技术走在世界前列，我国的智能电网有可能成为人工智能的大市场。

三、"十四五"（2021—2025 年）乃至更长一段时期，您所在领域发展最关注哪些环节、最迫切需要解决哪些重大问题

"十四五"期间甚至更长的时间内，要坚持"两条腿走路"的方针，一方面要抓

住机遇，发展人工智能、大数据、物联网等新兴信息技术，创建新的产业生态，争取"换道超车"；另一方面要尽快完成信息产业的"补课"，缩小在基础软硬件方面的差距，弥补供给侧的短板。"两条腿"都要用力，不可偏废。发展新技术要建立新的产业生态，就要在建立开源社区上下功夫，走开放的道路，参与国际竞争。而基础软硬件的"补课"是在原有的生态环境下争取发言权和主动权，改变受制于人的局面。这种打破垄断、争取生存权的努力完全靠企业自由竞争很难成功，需要国家在国内市场上予以适当支持，让本土企业有试错和优化技术的机会。

四、基于上述问题，您所在领域最希望政府做哪些事情，并简要介绍国际先进经验做法

政府过去在做的有资源分配，发项目指南、选团队、拨科研经费，今后应更多关注维护公平竞争的环境，关注产业供应链的安全，关注产业生态环境的培育，关注保护知识产权。具体而言，在信息领域，要大力支持开源社区建设，通过减免税收等措施激励企业加强研发投入，特别是支持创新型的中小企业。近年来，由于国家紧缩银根，企业很难贷到款，资金都很困难。国家应想办法创造更宽松的环境支持企业发展。另外，现在有的地方政府出现"巡视导向"的现象，巡视不检查的事情，重视程度不够。建议今后巡视的重点应逐步从收集违规违纪的举报转到整治"不作为"，表彰多为老百姓和企业办事的官员，容忍创新探索中的一些难免的失误，只要不谋私利，鼓励官员大胆干事。

《数字山东发展规划（2018—2022 年）》评议意见 *

　　《数字山东发展规划（2018—2022 年）》（以下简称《规划》）是一个紧跟时代发展潮流、全面贯彻新发展理念、体现山东数字化特点的发展规划。《规划》明确了数字山东建设以加快实施新旧动能转换重大工程为统领，以数字资源体系、网络安全保障为支撑，以数字产业化和产业数字化构成的数字经济为核心，以政府治理和惠民服务各领域数字化应用为重点，指导思想正确，基本原则合理。

　　此《规划》全面部署了山东省未来几年与数字化转型有关的各方面工作。我的理解《规划》的主体是第三、四、五章，这 3 章全面阐述了数字山东要做的 3 方面主要工作：夯实数字山东基础支撑、培育壮大数字经济新动能、打造政府数字化治理新模式。其中内容最多的是第四章，第四章较详细地说明了发展新一代信息技术产业、特色数字农业、智能制造升级和激发服务业发展新活力的具体要求，几个专栏中还列出了各个产业的发展重点和 2022 年的规划指标。《规划》中的预期性指标和约束性指标对今后 3~4 年山东省的数字化建设和转型有重要的指导意义。

　　本人不在第一线工作，也不是很了解山东省的实际情况，对《规划》的细节提不出具体的修改意见，只能根据我个人对数字经济和科技工作的理解，提出一些较为宏观的看法。对于第一线的工作人员，下面的几条意见可能是"隔靴搔痒"，仅供你们参考。

　　（1）此《规划》除了上面提到的第三、四、五章外，还有第六、七两章也是谈"数字山东"要做的事，但与前面的 3 章是什么关系，似乎不太清楚。我理解第六章是对第二章基本原则的进一步阐述，强调要协作和开放，如果是对"新格局"的规划，可能还需要对"新格局"做一些说明，指出"旧格局"存在什么问题，"新格局"新在哪里。第七章讲"八大优先行动"，本来应该是此《规划》的核心内容，是对前面第三、四、五章诸多任务的凝练，但用了"行动"这个比较模糊的术语，8 个"优先行动"的说明也是较为空洞的号召，没有时间进度要求，也没有投入约束，到 2022 年可能难以考核"行动"是否完成。

---

* 2018 年 8 月 28 日写给山东省发展和改革委员会关于《数字山东发展规划（2018—2022 年）》的评议意见。

我理解写成"优先行动"而不是重大科技工程或更明确的政府计划，是因为做好这8件大事不只是政府要出力，更多的是要企业出钱出力，而政府又不可能对企业直接下达任务。我国出台的许多规划大多是号召型的，盖出于此。但一般而言，完全号召型的规划效果不明显。能否像前面三章一样，在"优先行动"这一章也用专栏形式把要求政府部门做的事勾画出来，明确政府的责任。

我参与过一些国家规划的战略研究，对国家过去做的科技规划也做过一些调研。我认为《1956—1967年科学技术发展远景规划纲要》是比较成功的科技规划，我国的科技基础是在这个规划下建立的。此规划首先从13个方面提出了57项重要的科学技术任务（包括616个中心问题），从中归纳出在人力和物力上必须优先保证的12个重点，最后又从中凝练出4项紧急措施（包括计算机、自动化技术等）。现在与当时的计划经济时代不同，但区分政府与企业，明确政府投入的重点，使规划的目标与任务可考核，还是有必要的。国外政府的科技规划有两种，一种是有明确目标的Program或Project，另一种是倡议性的Initiative。我国的规划往往兼有两种功能，但对政府打算有较大投入的计划部分最好明确一点，提出一些硬性要求。

（2）《规划》第八章"保障措施"是能否实现目标的关键，但只写了不到4页，显得过于简练。许多省市在出台类似的数字化规划，要做的事大同小异，区别可能在于"保障措施"有些套话多一些，有些更实在一些，有些省市有一些制度上的创新。如果没有新的举措，3年后的变化估计是目前局面的线性延伸，难有跨越性的发展。

中央领导最近在中科院的一份报告上对抓科技工作有"四个怎样"的批示，即**"怎样选择方向？怎样组织力量？怎样转变学风？怎样强化激励？"**，这实际上就是发展科技的4个关键问题：创新投入、创新人才、创新文化、创新制度。我认为数字山东的"保障措施"也应围绕着这4个方面想招。

我提不出特别的新招，下面讲几点零星的想法供你们参考。

山东是孔子的故乡，受儒家文化影响较深，因此人们普遍认为山东人忠诚度高、守信用、讲规矩，但儒家文化另一方面的影响是接受新事物会慢一点。有人形容山东人像一辆大卡车，不太轻巧灵便，启动较慢，但一旦启动，后劲很大。推动数字山东可能要重视儒家文化的影响，要花更大的力气提倡和发扬创新文化。

现在各地都在"抢"人才，有"帽子"的人才代价越来越高。山东如果只是靠提高待遇与广东、江苏争夺人才，未必有优势，能否换一个方式？我觉得企业家是比科学家更稀缺的人才，山东能否在吸引企业家上多花点心思？首先明确提出要像尊重科学家一样尊重企业家，要让山东的创新创业孵化器成为企业家成长的摇篮。互联网和自媒体发展起来以后，网上的舆情已成为一种风险，一点小事在网上形成风波就可能轻易搞垮一个企业。山东主管部门可带头甄别是非，化解舆情风险，保护企业家。在这方面做出口碑也可以吸引敢于创新的企业家。

对创新的管理往往一放就乱，一管就死，许多人寄希望于加快立法，但数字化转型如果每件新事物都要马上立法，立法部门将不堪重负。推进数字山东要尽量先用好现有的法律（包括法律解释），同时在市场与政府之外增加第三元结构，充分发挥社会力量。对于数字经济这一类新兴领域要提倡软法治理，用柔性监管补充刚性监管。

《规划》提到了引进龙头企业，加强与龙头企业合作，这只是发展数字经济的一个方面。大数据和人工智能企业是从中小企业中涌现出来的。中国的数字经济有活力，不仅仅是有华为、腾讯、阿里巴巴等龙头企业，还在于有大批新冒出来的"独角兽"企业。因此在《规划》中要特别强调发展中小企业，为有创新力的中小企业开路。银行在贷款等方面要向中小企业倾斜。政府在扶植中小企业上一定要有强有力的举措。

（3）所谓"数字山东"讲的是山东各项工作的"数字化转型"。"数字化"这个词在英文中有两个单词，一个是 Digitization，另一个是 Digitalization，这两个英文名词在意义上有很大区别。前者是讲信息的数字化，即把模拟信息转变成 0 和 1 组成的数字符号串。唱片、磁带换成 DVD 光盘，模拟手机换成数字手机，都是信息的数字化。摩尔定律的威力就是建立在 Digitization 的基础上的。而我们现在追求的数字化（Digitalization）转型是生产模式、运行模式、决策模式全方位的转型，是利用数字技术实现业务数字化，改变商业模式。数字化转型不只是技术转型，而是指客户驱动的战略性业务转型和思维方式的转型，牵涉各部门的组织变革。

互联网技术主要是提高人们信息传播的能力，而今后几年要大力推广的数字技术主要是大数据和人工智能技术，将提高人们的认知、思考和决策能力。互联网技术冲击了商业，改变了人们的交易方式、支付方式、信用模式，但对传统行业尤其是制造业还没有根本性的影响，数据技术和智能技术的发展将彻底改变我们的生产方式，带来更大的经济效益和社会效益。

数字经济带来的经济贡献大体上可以分为 3 个方面：直接贡献、间接贡献以及福利改进。直接贡献可以被解读为 ICT 产业本身的产值。间接贡献指的是数字技术给其他产业带来的增量贡献。福利改进是指免费消费、个性化服务和用户体验等方面的变化给人们的影响，目前的统计几乎无法统计数字化转型对福利改进的贡献。

　　《规划》中提到了数字技术与各种产业的融合，多数是从信息技术优化原有业务的角度出发的，较少强调数字化转型对原有生产模式、运行模式、决策模式的转变甚至颠覆，可能需要从更高的角度去阐述"数字山东"的巨大意义。"数字山东"要"从数字中来，到实体中去"，使山东经济迈向体系重构、动力变革和范式迁移的新阶段。

　　由于对数字经济的统计还很不规范，现有的统计数据往往是把原有产业的一部分GDP 划到数字经济中，而真正的贡献又没有统计进去。因此如果用 GDP 来规划"数字山东"的发展目标，可能要更谨慎一些。例如第 9 页的数字产业化指标，2022 年信息技术产业产值比 2017 年翻一番，达到 2.8 万亿元，平均每年产值增加 14% 左右。我不知道山东 GDP 近几年的增长速度，估计未来 3 年的增速可能不会高于过去 3 年。

　　（4）党的十九大报告指出，"我国社会主要矛盾已经转化为人民日益增长的美好生活需要和不平衡不充分的发展之间的矛盾"，因此解决发展数字经济中的不平衡不充分问题，缩小数字鸿沟，应该是要高度关注的问题，但《规划》中对惠及大众、缩小差距强调不够，没有成为推进"数字山东"建设的重点任务。山东面积大、人口多，不平衡问题可能比其他省严重，在《规划》中应多加阐述。

　　从技术上讲，发展数字经济的一个难题是人们的个性化需求越来越多，要求越来越高，而信息产业只有大批量才能降低成本，厂商总是希望生产通用性高的产品，通用性和个性化、通用性和高效率是发展数字经济必须解决的主要矛盾。因此，批量化的产品定制、产品和生产工艺的可塑性应当是要努力攻克的关键技术。

《贵州省政府大数据综合治理评价报告》评议意见 *

　　洪学海研究员牵头的国家自然科学基金重点培育课题——"面向政府决策的大数据资源共享与治理机制研究"课题组（中科院计算所、中国人民大学、中国标准化研究院参加）经过认真调查总结，写出了一份高质量的《贵州省政府大数据综合治理评价报告》（以下简称《评价报告》），这份《评价报告》不仅是对贵州省政府大数据工作理性中肯的评估，实际上也对全国政府大数据综合治理提出了有价值的建议。

　　贵州省是经济比较落后的省份，但在实施政府大数据综合治理方面走在全国前列。《2017 中国地方政府数据开放平台报告》对地方政府数据开放指数进行了评估，贵阳市名列前茅，排名全国第二。2018 年 4 月发布的《省级政府网上政务服务能力调查评估报告（2018）》显示，贵州省 2017 年全国省级政府网上政务服务能力总体得分为93.76 分，位居全国第三，说明贵州省大数据治理能力处于全国领先水平，令人惊喜。现在，"谈大数据必谈贵州，谈贵州必谈大数据"已成共识，贵州省后来居上的经验值得全国学习。《评价报告》充分肯定了贵州省在大数据治理方面取得的成绩，也指出了存在的问题，既没有盲目吹捧，也没有泼冷水，结论实事求是，分析有根有据。

　　我对此《评价报告》印象较深的是"云上贵州"系统平台，该平台共部署 713 个应用系统，从源头遏制了"信息孤岛""数据烟囱"的产生及蔓延，避免了重复投资和资金浪费，实现了集约化发展。特别是精准扶贫大数据平台，通过整合 25 个部门的业务数据，实现了贫困户精准识别。《评价报告》用典型案例说明了精准扶贫大数据平台的实际作用。

　　《评价报告》第一章看起来与贵州省没有直接关系，但其通过对政府大数据综合治理评价依据及方法的梳理总结，为下面的评估提供了理论依据，使这次评估不是就事论事，而是站在更高的角度俯视，这也是国家自然科学基金委员会管理科学部支持这一重点培育课题的本意。

　　《评价报告》还存在一些不足的地方，如第 61~64 页用 3 个表格（表 11~ 表 13）

* 2018 年 8 月 31 日写给贵州省政府关于《贵州省政府大数据综合治理评价报告》的评议意见。

分别给出了贵州省政府数据资源全生命期管理成熟度评价中关于体制机制、治理数据和数据治理的分值，这应该是对政府部门很有价值的评估信息，但对分数交代不清楚，有些是满分标准，有些是评估分数，混在一起，不容易看出差距究竟在哪里。有些数据可能要仔细核对，如不说明，可能引起误解。例如，第70页有一段话，"据不完全统计，贵州省市两级政府上报的应用系统迁云数量统计，共562个，已迁云476个，系统平台集聚数据量为220 TB，而广东省当前数据存储量超过2 300 PB（1 PB=1 024 TB）"。这两个数据统计的不是同一方面的内容，"广东省当前数据存储量"可能主要反映腾讯等网络服务公司的数据量，与政府的云平台做比较，没有实际意义，最好比较各省上云的政府数据量。

各地在推动大数据综合治理时，比较重视设立专门机构和发布文件，追求数据平台的规模。我理解的大数据治理的最终效果应体现在政府公信力和管理决策效率的提高，企业和一般老百姓获得实惠。政府数据如果停留在政府内部的共享，其效果不会很明显。希望全国各地今后在如何鼓励企业利用开放的政府数据服务大众上多下功夫，让政府大数据更多、更好地造福于民。

关于东莞市创新驱动发展的建议 *

一、全面部署基础研究、应用研究和开发研究

国家发展改革委、科技部批准东莞市开展国家创新型城市建设，东莞市政府提出要努力实现三大转变：首先是从科技支撑产业向科技引领产业转变。在东莞市的科技规划中，最抢眼的是两件事：一是东莞中子科学城（面积为 45.7 平方千米，其中符合国家高新科技产业园标准的园区为 20 平方千米，投入资金超过 10 亿元）；二是建设以国家实验室为争取目标的松山湖材料实验室（现在是广东省实验室，用地 0.8 平方千米，投入资金 50 亿元）。

东莞市政府投资建设的中国散裂中子源工程是全国第一家由一个地级市投资建设的国家大科学工程，带了一个好头，现在全国刮起一股由地方投资争取建设国家重大科技基础设施工程的热潮。东莞中子科学城和松山湖材料实验室的建成，一定会大大改变东莞市和广东省的科技地位，为国家做出战略性的贡献，我坚决支持这两个大项目。

我是"十二五"和"十三五"国家重大科技基础设施专家委员会工程科技专家组组长，今天我要讲的是，散裂中子源这一类重大科学装置原则上是用于基础研究的。《国家重大科技基础设施建设中长期规划（2012—2030 年）》中关于建设散裂中子源的目标是，形成与大型同步辐射光源结合的格局，满足研究和发现新物态、新现象、新规律和创造新材料的需求，没有提出产生多大经济效益的目标。东莞中子科学城建成后，一定会吸引很多做材料科学研究的科学家，当然也会吸引一些高科技企业，但国家建这样的大科学工程首先是为了发展科学，不是为了发展东莞市的地方经济。广东省作为经济实力相当于一个欧洲大国的中国第一强省，东莞市作为一个创新城市排名全国第五的大市，应该有为国家，甚至为人类文明做贡献的气魄和胆略。投资大科学工程就要下决心为基础研究做贡献，不能对其短期经济效益有过高的奢望，因此也不要对我的中科院同事陈和生院士和王恩哥院士在经济效益上施加太大的压力。

---

* 2018 年 11 月 1 日在广东省东莞市政府召开的创新驱动发展院士座谈会上的发言。

我不清楚材料领域从基础研究的重大成果到形成 100 亿美元的大规模市场需要多长时间。信息领域一般需要 20~40 年。媒体上常说从基础研究到形成市场的时间在缩短，这指的是发明电视机、智能手机这一类与产品开发接近的应用基础研究。片面强调这种"缩短"趋势容易导致忽视基础研究长期性的特征。从超导技术的应用推广来看，新材料的大规模应用也需要几十年。现在信息技术的发展遇到瓶颈，摩尔定律已快到尽头，我们做计算机的都寄希望于新的功能材料。如果东莞中子科学城能发现代替硅的新电子光子材料，不管短期内有没有大的经济效益，都是对人类文明的重大贡献。

我国的基础研究投入一直徘徊在研究与试验发展（R&D）投入的 5% 左右，绝大部分投入在应用研究和开发研究。东莞市除了为国家做贡献、加大基础研究投入外，可能还要更多地考虑应用研究和开发研究。我国的 863 计划早期做了较多应用研究，华为等龙头企业现在也开始做一些应用研究。目标导向的基础研究与应用研究界限比较模糊。总体来讲，我国的应用研究投入偏少，近几年投入比例有下降趋势。产业的共性技术研究（竞争前的产业共性技术研究）、中试实验等属于应用研究，政府应大力支持。

既然东莞市已经投了大量资金做材料领域的基础研究，就应当考虑大力开展材料领域的应用研究，把东莞市打造成引领世界新材料技术的旗舰城市，在材料领域要做更全面的部署。在信息领域，变革性的器件、延续摩尔定律的突破性系统结构、适合物联网应用的新软件生态、5G 和超 5G 无线通信等都是应用研究，也应当重点部署，特别是要支持开源社区。现在不但软件有开源社区，硬件也有开源社区。如果东莞市在开源社区上带了头，信息产业的创新就有了希望。

至于开发研究，主要应该由企业投入，华为的 R&D 投入绝大部分是新产品开发研究。政府如果只给个别企业下课题做开发研究，这就是特惠政策，有失公平。政府最好采取普惠政策，通过对企业的研发经费做加权纳税抵扣，激励企业多投入研发经费。东莞市已经有很多工程中心、创新创业孵化器，这些创新平台大多处于政策红利的"断奶期"。东莞市也引进了不少大学的实验室和创新团队，如何支持孵化器和创新团队，需要研究真正有效的激励机制和支持模式。

二、创新驱动发展要坚持"两条腿走路"的方针

科研和经济工作要"两条腿"发力，但在实际工作中，我们往往"一条腿"步子迈得大，"另一条腿"步子迈得小，或者把"两条腿"绑在一起，变成"单腿蹦"。宏观而言，政府与市场、科学与技术、全球化与高端产业本土化都是"两条腿"。就创新驱动而言，

集中力量办大事与分散式的自由探索、补短板与育长板、突破核心技术与打造产业生态系统、依靠龙头企业与培育壮大中小微企业等也是"两条腿"。所谓"两条腿走路"的方针是指看似矛盾的两方面都要重视，但也不是任何时间、任何场合都同等发力，要因时因地制宜，但不能偏废。

最近我参加了许多会议，都在讲要"补短板"，解决"卡脖子""受制于人"的问题，但大家很少想过，"短板"是怎样形成的？中国制造的航天轴承是最高端的轴承，水平与美国不相上下。但中国大多数工业领域的轴承普遍处于低端。高铁使用国产轴承，中国轴承企业就有机会开发高铁轴承。技术是用出来的，微软的成功是靠千千万万的用户天天试用，不断"打补丁"逐步完善的。我国开发的各种高端产品也要靠用户试用才能赶上世界先进水平。在通用集成电路等基础产业上，不要试图"弯道超车"，必须老老实实通过试错积累经验，一代一代地缩短差距。另外，科技工作不能只盯住"补短板"，必须有前瞻部署，努力培育自己的长板。如果不在新增长点上占领先机，未来的短板可能会越来越多。

一谈到科技上的问题，大家总是说未掌握核心技术。有些领域的核心技术就是秘而不宣的配方，而像 CPU、操作系统、航空发动机、工业控制软件等复杂系统，所谓核心技术是长期实践经验的积累，需要建立庞大的产业生态系统，因此从某种意义讲，应用试错、改善用户体验甚至比掌握核心技术还重要。我们不能一哄而上把巨大经费都投在建生产线和产品研发上，打造和培育产业生态环境需要的投入比建生产线多得多。

《我国经济社会数字化转型进程》研究报告评议意见 *

　　收到国家高端智库试点重大项目《我国经济社会数字化转型进程》研究报告（初稿）时，离验收只有 4 天了，现在提意见已经是"马后炮"。如果两个月前将初稿发给项目组成员，也许可以收到一些有价值的修改意见。下面的意见不一定要采纳，仅供执笔者参考。

　　（1）总体来看，这份研究报告有一定的参考价值。按照**"着眼全局、典型分析、把握痛点、建言献策"**的指导思想，对数字公共服务、数字产业生态、数字基础设施、数字消费者、数字科研 5 个方面提出了政策建议，针对数字化转型政策和典型行业数字化转型也提出了相应的政策建议。其中数字经济对就业的影响一章做了较深入的分析，可能会引起有关部门重视。

　　（2）本报告与中国电信股份有限公司研究院等其他单位做的数字经济咨询报告基本上为同一个层次。作为高端智库咨询报告，可能需要研究更深层次的问题，例如：数字经济能不能形成现在基本上没有的新支柱产业？如果数字经济的主要作用是提高生产效率，我国近几年的技术效率为什么没有明显提高？数字经济会不会加剧贫富两极分化？如何防止两极分化？等等。本报告的基本观点在较大程度上受阿里研究院和毕马威联合发布的《2018 全球数字经济发展指数》的影响，对我国的数字经济转型的估计过于乐观，认为中国的数字经济水平和数字科研仅次于美国，高于其他发达国家，可能过高估计了我国的能力和水平。麦肯锡全球研究院的报告《中国的数字化转型：互联网对生产力与增长的影响》指出，数字经济的重要指标——云服务渗透率，中国为 21%，美国为 55%~63%；中小企业运营中互联网使用率，中国为 20%~25%，美国为 72%~85%。我国企业的工艺数据不及美国杜邦、GE 的 5%。冷静地看，中国的数字化转型还处在初级阶段，不能盲目乐观。

　　（3）所谓数字化转型主要是指数字经济对实体行业的渗透。本报告中引用了一些数据："产业数字化规模约为 21 万亿元，同比增长 20.9%，占中国 GDP 的 25.4%。"不知出处是哪里？产业数字化是很难统计的，因为分不清哪些是数字化带来的经济效

* 2018 年 12 月 20 日对国家高端智库试点重大项目《我国经济社会数字化转型进程》研究报告的评议意见。

益。同样，由网络而引发的消费，即消费者通过互联网购买商品和服务有 7 万多亿元，占数字经济的 1/3，网上购物的消费是否全部算数字经济也值得考虑，因为其货物可能是传统的非数字产品。

（4）本报告较突出的不足是对我国制造业数字化转型的分析。在我看来。这是数字化转型的重点，也是难点。近年来中美两国的摩擦主要围绕高端制造业。美国打压的主要也是面向 2025 的中国高端制造。而制造业数字化转型的关键是工业软件，特别是 CAE 仿真软件。集成电路的差距本质在精密加工设备仪器和 EDA 软件。本报告中有一节提到"缺乏统一架构的 PaaS 平台导致 IT 应用的敏捷开发和个性化开发不足"，但对工业软件在制造业数字化转型中的核心作用阐述不够。我国的 CAE 软件产业已沦为"微生物产业（看不见的产业）"，应当大声呼吁国家把发展工业软件放在更重要的战略高度。本报告的另一个弱点是面向数字科研的建议。作为科学院，提出的咨询报告应该体现更重视数字科研的特色。《2018 全球数字经济发展指数》对数字科研的统计只有文章和专利，有较大的片面性，造成对国内科研水平的高估。

（5）本报告引用了很多数据，有些未注明出处，有些似乎有差错，如第 22 页"2014—2017 年我国非农就业年均增长 744 万人，同期数字经济拉动的非农就业的年均增长为 1 689 万人，可以看出数字经济是促进我国非农就业增长的主体"，数字经济拉动的非农就业人数应该是全体非农就业人数的一部分，为何部分大于全体？有些文字不太好理解，如"有意识但有意图地缩小不同地区间数字化进程差异"不知是什么意思。

（6）本报告把行业和地区不平衡作为主要矛盾，但在相当长的时间里，这种不平衡可能难以消除。而且仅仅用行业发布相关政策的多少来区分 3 个梯队可能不严谨。我国金融业数字化转型力度不小，但被划在第三梯队，不太符合实际。我感到近年来小微企业的日子很难过，也许是因为发展数字经济的主要矛盾。我国小微企业的贡献小于德国，需要大力发展。数字经济一定有大平台，但目前的大平台（BATJ，指百度、阿里巴巴、腾讯、京东）往往导致"大树底下不长草"，如何构建共享共赢的平台经济值得研究。

2018 年 10 月 25 日我在中国计算机大会做了一个大会报告，题目是"发展数字经济值得深思的几个问题"，我的观点不一定要写到研究报告中去，现发给你们参考。

《2019 全球城市基础前沿研究监测指数》评议意见 *

中国科学院科技战略咨询研究院：

邮件发来的《2019 全球城市基础前沿研究监测指数》（以下简称"指数报告"）我读了一遍，提几点意见，仅供参考。

（1）基础前沿研究逐步受到国内许多大城市的重视，这是件大好事。通过"指数"统计比较各个城市的基础研究现状，有利于促进基础前沿研究，这是科技战略咨询研究院的一个创新举动，值得支持。基础前沿研究如何统计评价，本身就是一件值得探索的事，不管目前的统计结果有多么不尽如人意，都应当继续做探索工作，不要半途而废。

（2）2019 年版的统计结果可以给人一些宏观的印象，如哪些领域中国相对较强，哪些领域较弱，哪些城市基础前沿研究比较活跃，……可以给战略研究人员和各地政府做参考。但是目前的结果还不宜作为科研人员选择科研方向的具体参考，建议内部发行或较小范围发行，不适合在大学和科研机构大量发行或广泛宣传。

（3）此报告的统计主要有 3 个方面，其中高引用科学家可以客观定量统计，热点前沿领域和重大科技成果带有较大的主观因素，如果主要由科技情报人员做判断，可能有一些误判和遗漏，只能做参考。在"指数报告"的开头部分最好更详细地说明热点前沿和重大成果是怎么挑选出来的？用聚类分析得到 38 个新兴前沿的科学依据是什么？后面的统计结果都基于选择原则，读者更关心这些原则和选择依据。还有一个问题是领域划分太粗，数学、计算机科学与工程领域可能有几十个学科，放在一起统计难免忽略一些重要的信息。对于高引用论文，既要看到宏观上的统计作用，又不能夸大其在基础研究中的作用。热门领域引用次数多，但大多是跟踪的研究，未必都是真正的前沿，很多真正的发现和发明出自冷门。中科院计算所的陈云霁做人工智能加速芯片研究，现在全世界承认他是引领者，但 2008—2012 年，他的文章大多数被拒稿，很少人引用。因此，至少在计算机领域，我不大同意"高被引科学家反映一个国家科研绩效和科研人才的制高点"的说法。

（4）最好对统计结果增加一些可以做的分析。比如，为什么日本在国家研究前沿

* 2019 年 8 月 27 日写给中科院关于《2019 全球城市基础前沿研究监测指数》的评议意见。

热度指数、高被引科学家国家份额两个指标排名为第 12 位和第 13 名，而突破性成果国家份额却与德国并列第 4 位？中国的基础前沿研究指数是美国的 42.58%，研究前沿热度指数是美国的 52.06%，高被引科学家国家份额是美国的 18.30%，为什么突破性成果份额可以做到美国的 57.38%？是真实情况如此，还是统计有系统性的误差？

（5）在数学、计算机科学与工程领域基础前沿研究中，北京有 3 个突破性成果："可循环充电超万次的锰－氢电池""与器件无关的量子随机数"和"高性能低功耗晶体管"。这些成果究竟是不是计算机科学与工程领域最重要的科技成果，需要征求同行的意见。如果有可能，以后每年统计出的最重大的成果，最好发函征求一次意见，把征求意见作为附件，这样可能更有说服力。

（6）在数学、计算机科学与工程领域中，北京的 13 位高被引科学家来自 6 所大学和中科院。其中包括来自北京大学的王龙、段志生和李忠奎，来自中科院相关机构的白中治、刘德荣和魏庆来，来自北京师范大学的杨大春和袁文，来自北京航空航天大学的吕金虎和张辉，来自北京理工大学的熊瑞，来自北京交通大学的夏梅梅和来自北京化工大学的客座教授 Jan Baeyens。这些学者是不是该领域最有影响力的学者最好也发函征求一下同行反映。

（7）生命健康领域没有中国内地的高被引科学家。在空间科技领域基础前沿研究指数上，中国在国际上排名第 33 位，研究前沿热度指数排名在第 66 位，没有一位高被引科学家入选。由此判断"中国在该领域上仍缺乏顶尖科学家及重要的成果产出"可能有些武断。至少我知道中科院的神经科学研究所的蒲慕明院士是顶尖科学家，但不知算不算生命健康领域。

（8）潘建伟团队的"量子密钥分发"被统计在空间科技领域似乎不恰当，他的成果主要体现在物理领域（不是空间领域，也不是信息领域），"未来科学大奖"奖励他 100 万美元是因为他获得了"物质科学奖"。

（9）对基础前沿研究的统计只考虑论文可能是一个误区。至少在信息领域，重大的发明与论文一样重要。重大发明有些以核心基础专利的形式体现。在信息、生物、材料等领域应将基础性专利作为统计内容。发现与发明是一个整体，最重大的科技成果往往既是发现又是发明，如晶体管和激光等。我国贯彻执行的是万尼瓦尔·布什的线性科研模式，把应用研究作为基础研究的下游，对技术科学的发展十分不利，应当纠正。2018 年清华大学出版社翻译出版了《发明与发现：反思无止境的前沿》，提出基础研究和应用研究是循环交叉的整体，不能分先后，值得认真一读。我国最缺乏的不是论文，而是与新发现交织在一起的重大基础发明。

对《国家标准化战略纲要》初稿的几点意见 *

（1）《国家标准化战略纲要》初稿（以下简称《纲要》）总体上讲写得很好，提出的中长期发展目标强调"标准化强国"，抓住了本质；将五大发展理念落实到标准化中，把握了标准化工作的全局；又根据问题导向，强调了标准供给、管理体制和人才队伍建设，有较强的针对性。

（2）2015 年国务院发布中国实施制造强国战略第一个十年的行动纲领，发布以后在国际上引起较大反响，美国政府加紧打压向高端发展的中国龙头制造企业。以标准化强国为目标的《国家标准化战略纲要》可能会被美国政府视为新版的行动纲领。国家的发展战略不同于必须公开的法律文本，不一定所有的内容都对外公开。为了在推进标准化战略中争取对我国更有利的外部环境，对外公开的版本在用语上应尽量采用国际上普遍接受的表达方式，强调国际合作和命运共同体。

（3）美国试图与中国全面"脱钩"的政策不可能得逞，但在高技术领域，特别是高端信息技术，中美"脱钩"的可能性很大。从战略上考虑，应指出有些领域的标准化存在与美国"脱钩"的风险，要有准备建立不追随美国的技术体系。国际标准制定过程往往伴随激烈的竞争，标准战略本质上是竞争战略。目前我国提交到国际标准化组织（wISO）、国际电工委员会（IEC）并正式发布的国际标准占比仅为 1.58%，应将大幅度提高中国方案在国际标准中的占比作为目标指标之一。

（4）在 5G 国际标准的制定中，中国政府发挥了强有力的组织协调作用，绝大部分国内企业全力支持将华为主导的 Polar 码作为控制信道编码标准，这一成功的经验要坚持推广。《纲要》提出要"强化政府在标准化战略、规划、政策等方面的职能"，但政府的作用不仅仅在宏观指导上，政府在一些重大标准的具体制定过程中，要发挥召集人、协调者与推动者的作用。

（5）我国产业向高端发展，不仅要重视核心关键技术的基础研究和新技术的采用，更要重视质量的提升。对于传统产业而言，标准化的主要作用是保证产品质量。应将

---

* 2020 年 5 月 31 日写给国家标准化管理委员会的关于《国家标准化战略纲要》的咨询意见。正式发布的文件名为《国家标准化发展纲要》。

总体上提升中国产品的质量作为标准化战略的追求目标之一。

（6）信息领域的许多标准是通过开源方式制定的，不只是开源软件，现在也开始做开源硬件，其他领域也会逐渐采取开源方式。开源标准将成为标准化的基本工作模式之一，而我国对开源社区的贡献很少。《纲要》只在第七章提到一句"开源标准"，应强调开源标准的重要性和紧迫性。

制定法律促进平台经济良性发展
——与腾讯 CEO 马化腾座谈 *

　　腾讯是市值最高的中国公司，2019 年年底市值超过 32 000 亿元（5 000 亿美元）。而且 2017 年一年内市值增长了一倍，说明腾讯还处在高速发展期，投资者对腾讯充满希望。出现腾讯、阿里巴巴这样的龙头企业是中国经济进入新时代的标志，也是数字经济引领中国经济发展的标志。

　　今天腾讯开这个座谈会，从谈论的议题看，腾讯是有社会责任、有理想追求的企业。马化腾先生在最近的一篇文章中讲：过去总在思考什么是对的，未来要更多地想一想什么是能被认同的；未来要在文化中更多地植入对公众、对行业、对未来的敬畏；市场不是拼钱、拼流量，更多的是拼团队、拼使命感和危机感。今天就是要讨论在互联网垄断、数据隐私保护、大数据平台责任、未成年人保护、企业国际化、企业文化定位等大问题上，哪些认识可能是社会认同的。

　　我对今天讨论的议题没有做过深入调研，只能对数字经济和企业发展谈几点较宏观的看法，供马化腾先生写提案参考。

一、尽快制定《数字经济促进法》

　　国家统计局公布的 2017 年 GDP 初步核算结果显示：2017 年金融业增加值同比增长 4.5%；房地产业增加值同比增长 5.6%；2017 年信息传输、软件和信息技术服务业增加值达到 2.75 万亿元，同比增长 26%，第四季度增速达到 33.8%。数字经济在过去一年成绩斐然。数字经济是发展新经济的引擎，是中国跳出"中等收入陷阱"的原动力。

　　数字经济是继农业经济和工业经济之后的新经济形态。我国数字经济实现了跨越式发展，与工业经济相比，路径依赖成本低很多，我们有希望成为全球的引领者。数字经济与工业经济有不同的市场规律，要尽快厘清现有法规，解决影响数字经济发展的法规

---

* 2020 年 3 月 4 日腾讯 CEO 马化腾在北京召开专家座谈会，此文是准备在座谈会上发言的内容。

上的问题。

全球创新指数（GII）由世界知识产权组织（WIPO）、美国康奈尔大学商学院和欧洲商学院共同发布，指标较为全面和均衡。中国总体排名第 25 位，其中制度（包括政治、监管、商业环境）排名第 79 位（监管环境排名第 107 位）。世界经济论坛每年发布《全球信息技术报告》（GITR），我国的企业的创新环境排名第 104 位，创建新企业的时间和复杂程度分别排名第 121 位和第 120 位，说明企业创新一直是我国建设科技强国的短板。发展数字经济，不论是大企业、小企业，都需要立法支持。

市场进入的负面清单是市场经济的一项基本制度，对于发展数字经济尤其重要。企业最担心的是，由于规则不清楚，自己干得很欢时，突然被告知是违法或违规的。我国的文件的形式多数是一要做什么，二要做什么，这是对政府部门的要求，法无规定不可为。而对于企业而言，最需要明确不能做什么。

数字经济的主体是实体经济（与数字金融有关的虚拟经济不是数字经济的主体），新的实体经济替换旧的实体经济是历史必然。不论经济界还是产业界，如果将数字经济与实体经济对立起来，就可能会导致失去数字经济发展机遇，因此需要从立法上为数字经济开道和护航。

现有法律法规未完全考虑到数字经济发展的要求，数字经济创造的就业缺乏法律保障。《中华人民共和国劳动合同法》对在职职工保护较多，不适合灵活用工；《中华人民共和国劳动合同法》《中华人民共和国社会保险法》等没有清楚详尽地涵盖灵活就业人员的社保问题。目前从事教育、出行、医疗、金融行业的数字型企业，被要求完全按照线下经营实体资格条件取得相应牌照和资质，提高了创业门槛。现有税收制度基于区域行政的管理模式，不利于跨地区的平台型企业发展。现有经济统计体系低估了数字经济的贡献，亟须调整。在数字经济环境下，大量灵活的就业方式涌现，出现大量兼职职业、大量自我雇佣者、大量自由职业者，这些都不在统计之内。

《数字经济促进法》是上位法。可以确立一个组织架构和程序机制，定期评价既有法律、监管方案在数字化环境下的适当性和可持续性问题，也可规定部门间的协同机制，避免部门利益限制数字经济的潜力。制定《数字经济促进法》一方面要修订原有法律法规以包容数字经济，另一方面要出台促进和规范数字经济发展的新的法律法规。

政府信息公开必须立法。泄密违法，必须公开的信息（数据）不公开也违法，保护个人信息和维护社会安全有相关性，中国是目前世界上最安全的国家，这种安全局面可能与视频监控普及有关。在隐私安全性和数据可用性之间要做好平衡，隐私保护的成本一定要低于数据本身的价值。将个人信息分为个人一般信息和个人敏感信息，对个人敏感信息要提出更严格的管理要求。

　　关于开放和企业国际化，应考虑公平对等原则：向国外企业开放中国市场的条件是相关国家要对等地向中国企业开放同样的市场；凡某国家对中国禁运某种技术、产品和服务，一旦中国企业研发出来，就要禁止其技术、产品和服务进入中国市场。

二、关于平台经济、竞争政策（反垄断）

　　数字经济体具有平台化、数据化和普惠化的特点。互联网平台创造了全新的商业环境，各种类型、各种行业、各种体量的企业通过接入平台获得了直接服务消费者的机会。"政府管平台，平台管企业"，形成平台经济，这是一种新经济模式。平台不等于垄断。法律上如何肯定民营的互联网平台的合法地位还是一个问题，需要通过立法解决。

　　巨大的平台是可能形成垄断的。欧盟向谷歌提出了 3 项指控，最主要的是谷歌在搜索结果中优先显示自己的比较购物服务，排挤竞争对手。谷歌操纵搜索结果排序后，其在英国和德国的比较购物服务的流量分别增加了 45 倍和 35 倍，而其竞争对手的比较购物服务的流量分别减少了 85% 和 92%。谷歌虽然号称"不作恶"，但欧盟分析了 17 条搜索结果后证明谷歌"作恶"，要罚款 27 亿美元。

　　市场支配地位的跨市场传导是反竞争行为，应当被禁止。然而，在互联网行业，平台的开放性、数据的互通性以及拓展业务的低成本性导致经营者争相将其在某个领域的支配地位传导到其他任何可能营利的新领域。因此，市场支配地位的跨界传导成为一种普遍的竞争方式，这是在反垄断中需要研究的新课题。

　　先要有明确的交易规则，才可以划分正常行为的界限，然后才能在此基础上制定反垄断规则。但我们现在还没有一个基本的规则去规范数据的收集和利用。第一要明晰数据产权，确定数据所有权是很难的。数据的产生往往是多方参与的结果，不是一个主体产生的，数据产权归谁是需要仔细考虑的。反垄断执法要专业化，要精细化，要强调经济分析。根据案情建立合适的竞争损害理论，寻找已经产生或可能产生的限制竞争效果的证据。

三、实名验证、身份绑定

　　实名验证对于一些小企业而言成本高昂，增加了行业壁垒；不同企业均要验证，重复浪费资源，也增加了个人信息泄露的风险。应由政府主导建立一套统一的电子身份系统，让用户通过一个身份就可以方便地使用所有设备和所有智能服务。现在是强制用户将身份绑定在某一个厂商的账号平台上，理想的场景是每个用户拥有一个"国民信息账户"，可在任何时间、任何地点访问任何授权服务，个人的信息环境不再与信息终端和网络服务绑定，从而实现"信息围着人转"。

四、互联网产业生态

互联网产业生态与生物进化类似，既有大量弱小的食草动物，也有虎狼等猛兽。但它一定是开放的生态系统，不是一个公司圈一块地，然后把用户像羊群一样圈在这块牧场。中国的互联网服务企业已进入全球上市公司前五名，但在全球上市公司 2 000 强中，没有一家中国的芯片企业和软件企业。要下决心解决中国信息产业头重脚轻的问题。互联网服务企业与制造企业要相互支持，目前 BAT 这 3 家龙头企业的服务器采购策略阻碍了服务器技术的发展。

《2020高技术发展报告》审稿意见 *

（1）《2020高技术发展报告》组织的15篇文章涵盖了近年来信息领域绝大多数的热点，囊括了信息技术的主要发展方向。各节的作者都是工作在第一线的领军人物，阵容强大，为本书在国内具有一定的权威性奠定了基础。按照"国外进展－国内进展－发展趋势"三段式的统一模式，15篇文章基本上综述了近年来信息领域在国内外取得的主要技术突破和产业进展，给读者展示了较完整的信息技术发展概貌，基本上达到了本报告出版的意图，在时间允许的条件下做适当修改后，建议按出版计划尽快出版。

（2）我不知道出版计划中作者收到审稿意见后有多少时间修改，按只给审稿人两天审稿时间推算，估计已没有时间对各节内容做较大的修改。以下提出的修改意见对于《2020高技术发展报告》而言，可能是"马后炮"了，希望对今后几年组稿有所帮助。

（3）按照发来的审稿邀请函的表述，本报告是"中国科学院面向公众、面向决策的高技术发展系列年度报告，旨在反映中国科技界对于高技术及其产业发展趋势、高技术产业国际竞争力、高技术的社会影响等重大问题的看法，提出促进中国高技术及其产业发展的思路与政策建议"，这就要求本报告适合社会公众阅读。我记得我当全国人大代表时（1998—2007年），每年给每个人大代表送一本《高技术发展报告》，后来不再送了，但此报告的初衷是给政府官员和人大代表等决策层和社会大众看的高级科普书。这次组织的有些文章的内容可能大众难以看懂，写作方式类似于学术期刊论文的前言部分，文章引用的参考文献很多，比较适合给准备开题的博士生阅读。不知道是否已确定了要改变读者对象群，如果还是坚持要适合社会大众阅读，今后约稿时应向作者交代清楚，并且最好寄一篇编者认为较满意的文章给作者参考。

（4）《高技术发展报告》的作用不是编年史，不光起记录有较大贡献的学者名字的作用。我理解主要是让决策者了解哪些技术最近发展较快，未来3~5年什么技术可能规模化应用，发展产业未雨绸缪要关注哪些5~10年可能成气候的高技术。因此可信的技术展望可能是读者最关注的内容。但《2020高技术发展报告》的三段式内容中，

---

* 2020年12月24日对中科院编写的《2020高技术发展报告》的审稿意见。

最薄弱的是第三部分未来展望。国际上有两个与高技术发展有关的年度报告值得我们借鉴。一个是 Gartner 公司的 IT 新技术发展趋势报告，即《新兴技术成熟度曲线》；另一个是《MIT 科技评论》（*MIT Technology Review*）每年发布的"全球十大突破性技术"，此评论曾准确预测了脑机接口、智能手表、深度学习等热门技术的崛起。其实，《MIT 科技评论》做的是对科研迈向产业的可行性分析，是对技术商业化及影响力的研判，这正是中科院编写《高技术发展报告》的初衷。中科院能不能也每年通过此报告提出十大新兴技术，成为像 Gartner 和 MIT 一样的品牌。可以要求每篇文章的作者最多提出一项，再组织一些专家来遴选（不一定每年凑 10 项，看准了才发布）。

（5）《高技术发展报告》既要全面，又要画龙点睛，突出评述最重要的技术突破。*Science* 总结 2020 年十大科学突破，排名第一的是 DeepMind 公司 AlphaFold 预测蛋白质折叠与实验确定的蛋白质结构几乎完全吻合，多家媒体称这是"变革生物科学和生物医学"的突破。中国香港的英矽智能（Insilico Medicine）公司和加拿大多伦多大学的研究团队通过合成人工智能算法发现的几种候选药物，大大降低了新药研制的成本，也是近年来人工智能技术的重大突破。本报告中对这些重大突破都没有提及。

（6）《量子信息技术》这篇文章有 100 多篇参考文献。今后介绍量子信息这类较难懂的技术时应更加重视可读性，最好读者不看参考文献就基本上能读懂。国内在量子信息技术方面宣传较多的是潘建伟院士的成果。这篇文章比较全面地介绍了潘建伟院士以外的其他国内学者的贡献，给读者提供了更全面的视角。介绍量子信息技术要注意区分物理是物理，材料是材料，器件是器件，系统是系统，不要将物理实验成果说成计算机系统。

（7）对每篇文章（共 15 篇）较具体的修改意见写在下面，供参考（略）。

《中华人民共和国科学技术进步法（修订草案）（征求意见稿）》修改意见 *

条款： 第三十四条（包容审慎的科技监管）

原条文： 相关部门和地方可以依法根据授权在一定时间、条件和范围内调整适用法律法规的监管规定，推动开展新技术、新产品、新服务、新模式应用试验。国家立法机关可根据监测和评估结果推动相关法律法规修订和完善。

条文修改建议： 为了推动开展新技术、新产品、新服务、新模式应用试验，相关部门和地方可以在不触犯其他法律的条件下调整采取更加包容的科技监管规定。国家立法机关可根据事后监测和评估结果认可和完善相关法律法规。

修改理由： 本条文的用意应该是，为了促进新技术和新模式的探索，在科技监管上可以审慎地采取更加包容的科技监管规定，但原条文"在一定时间、条件和范围内"在法律上是含糊的用语，不知道是鼓励更包容一点还是更严一点，难以起到鼓励创新的作用。

条款： 第三十八条（鼓励企业科技进步）

原条文： 删去了"国家鼓励企业对引进技术进行消化、吸收和再创新"。

条文修改建议： 恢复此句，修改为"国家鼓励企业在尊重知识产权的前提下对引进技术进行消化、吸收和再创新"。

修改理由： 不能倒洗澡水时把孩子也倒掉。国外攻击我国偷他们的技术，我们因为害怕别人攻击，就否定技术引进的政策，这是不科学的态度。世界各国都相互引进技术，引进并消化国外技术并没有错。关键是要强调按尊重知识产权的国际惯例引进国外技术。在国外反华势力鼓吹"技术脱钩"时，我们自己放弃技术引进，就中了人家的计了。今后几十年，我国仍然要强调虚心学习国外先进技术，不能重回"闭关锁国"的道路。

---

* 2021 年 1 月 14 日给全国人大教科文卫委员会和科技部回复的对《中华人民共和国科学技术进步法（修订草案）（征求意见稿）》的修改意见。

条款： 第五十六条（人员流动）

原条文： 各级人民政府应当为科学技术人员的合理畅通有序流动创造环境和条件，发挥其专长。

条文修改建议： 各级人民政府应当为科学技术人员的合理畅通有序流动创造环境和条件，发挥其专长。实行适当的竞业避止政策，防止人才流动中的不正当竞争。

修改理由： 我国的现实情况已经不是人才不流动了，而是存在一些地方单位用不合理的高薪"挖墙脚"的现象，造成落后地区和关键部门人才严重流失。国家出台的新法规要有针对性。

条款： 第七十七条（国际科技人员交流）

原条文： 国家鼓励在国外工作的科学技术人员回国到中国从事科学技术研究开发工作，完善社会服务和保障。

条文修改建议： 国家鼓励在国外工作的科学技术人员回国到中国从事科学技术研究开发工作，各地政府要为他们提供合理的医疗和养老保险，完善社会服务和福利保障。

修改理由： 由于各地政府对持外国护照的回国科技人员没有明确的医疗和养老保险法规，会使一些已回国的高端科技人才不能安心在国内工作。

条款： 第八十三条（政府采购）

原条文： 对境内公民、法人或者其他组织自主创新的产品、服务或者国家需要重点扶持的产品、服务，在性能、技术等指标能够满足政府采购需求的条件下，政府采购应当购买；首次投放市场的，政府采购应当率先购买。

条文修改建议： 对境内公民、法人或者其他组织自主创新的产品、服务或者国家需要重点扶持的产品、服务，在性能、技术等指标能够满足政府采购需求的条件下，政府采购应当优先购买；首次投放市场的，政府采购应当率先购买。

修改理由： 政府采购是发展自强自立产业的重要支撑，美国都有"购买本国产品法"，政府采购国内自主创新产品要理直气壮，态度要更坚决一些。

《中国科学院"十四五"发展规划纲要科技重点》评议意见 *

　　《中国科学院"十四五"发展规划纲要科技重点》涵盖数理化基础研究、材料、能源、环境、信息、地球、空天、海洋、生物、健康、制造等方方面面的科学技术研究，挑选的项目大多符合国家战略科技力量定位，考虑了国家重大需求和基础研究的科技前沿，战略布局基本合理。由于文字有限，有些项目表述不够准确，项目的目标有待进一步明确。

　　一共有91个项目，分布在科技前沿基础研究（23项）、核心技术攻关（24项）、支撑服务经济主战场（35项）和支撑保障生命健康（9项）四大模块，需要全盘考虑主要科学技术领域的分布是否基本平衡合理。信息电子领域除了基础研究中有两项外，其他9项都在"聚焦国家重大需求开展核心技术攻关"模块中。信息产业是我国国民经济主战场最主要的组成部分，但在"以优质科技供给支撑服务经济主战场"的模块中。信息技术几乎没有一个项目。

　　信息领域部署了芯片和人工智能，在国民经济中起关键作用的网络和工业软件在本规划中是明显的遗漏，不管是5G、未来网络还是数据中心，都是新基建的重要内容，其中有大量的科技问题。我国信息技术受制于人主要是指服务器CPU、GPU和工业软件受制于人，中科院计算所在大力推动的信息技术新体系（C体系）是解决我国信息技术独立自主的关键，这方面内容应当补充。

　　核心技术攻关第15项只列出"超导集成电路与超导计算机"，提出要实现64位超导计算机原理样机和应用演示。超导计算机是实现量子计算的途径之一，目前进展相对较快，但量子计算仍处在基础研究阶段，离子阱、光量子、拓扑量子计算机等途径也在探索，"十四五"期间不宜过快收敛、"押宝"在超导计算机一个方向。不知为什么，规划中没有列入量子计算、量子通信、量子传感和量子模拟，如果是因为国

---

* 2021年6月22日写给中国科学院领导关于《中国科学院"十四五"发展规划纲要科技重点》的评议意见。

家有专项所以中科院不重复立项，那如何解释国家有人工智能专项，中科院规划又列上了呢?

核心技术攻关第 17 项"人工智能关键技术"的内容很片面，基本上没有抓住人工智能要突破的关键技术，此段需要重写。存算融合器件和原型系统需要立项研究，但它们不是人工智能的核心技术，是计算机领域突破存储墙的方向之一;超大规模跨模态预训练模型目前较热，各国在比拼，但这种"军备竞赛"会有止境，不是规模越大越好。"构建超千亿参数的跨模态通用人工智能大模型"的指标显然已落后，国内外都已实现 1.6 万亿参数以上的超大模型;建设通用人工智能平台也不宜作为发展人工智能的主要目标，"十四五"期间不必将像人脑一样的通用性作为研究目标。实现更大规模的常识知识图谱，针对具体应用复杂环境的鲁棒性和自适应性、智能系统的可解释性和安全性、迁移学习和减少深度学习对数据的依赖性等是更重要的目标。要大力发展人工智能在芯片设计制造、新药研制等方面的应用，加强人工智能的伦理和监控技术研究，高预测性和出现"白痴性"错误可能是深度学习技术的本质特征，应重视人工智能的防错技术研究，要有科学根据地将出错率降到可接受的范围，特别是解决在有攻击性干扰环境下的出错问题。

产业结构调整对碳减排贡献的定量分析 *

邬院长，你好：

　　看了你发来的 PPT，写几点感想和看法，供你参考。

　　1. 为了实现"碳达峰"和"碳中和"，产业结构调整将做出仅次于能源结构调整的第二大贡献。为了做好这次咨询，必须要做认真的经济学分析，可惜我的经济学知识太少，出不了多大的力。最近，中金公司研究部和中金研究院联合撰写了一本书：《碳中和经济学：新约束下的宏观与行业趋势》，对中国实现"碳达峰""碳中和"的路径及其影响进行了系统性的分析。在网上看到中国人民银行前行长周小川最近（2021 年 9 月 15 日）发表的一篇文章：《碳中和经济学需要深入研究》，对《碳中和经济学：新约束下的宏观与行业趋势》一书给予较高评价。周小川指出，碳峰值数据需谨慎估算。经济结构调整是有代价的，如果"碳中和"主要靠增加能源使用成本和关停并转来实现，我国经济长时间内将面临发展缓慢的压力。科学合理的结构调整策略和技术创新可能促使"碳中和"带来新的发展格局，真正实现绿色发展需要高超的战略谋划和新技术的研发推广，而不是简单的限产、关停等冲击性措施。

　　2. ICT 到底对碳减排有多大贡献？ICT 产业会不会成为新的高耗能产业？我一直有点困惑。想找有说服力的统计和分析数据，一直找不到。最近看到一份 10 年前的报告 GeSI SMARTer2020: the Role of ICT in Driving a Sustainable Future（以下简称"SMARTer 报告"），这是联合国下属的一个可持续倡议研究机构 GeSI 和 BCG 联合发布的长达 200 多页的报告，对 ICT 在碳减排中的作用做了较详细的定量分析和预测。此报告的基本结论是："**第一，2008—2020 年，ICT 方案有可能将温室气体排放量减少 16.5%，带来 1.9 万亿美元节约价值，可以创建近三千万个工作岗位。第二，ICT 行业自身的碳排放也在增加，但在全球总排放的占比却在减少。ICT 行业排放只占全球总排放的 2.3%。第三，ICT 对于农业、制造业、能源等其他行业效率的提升有很大帮助，其减排潜力是自身碳足迹的 7 倍之多，（SMART 报告结论是 5 倍，2012**

---

* 2021 年 9 月 17 日写给中国工程院原副院长、"产业结构调整对碳排放的影响"重大咨询课题组组长邬贺铨的邮件。

年修改的SMARTer报告改成7倍），ICT在全球节能减排方面有着巨大潜力。"SMART
报告是 2008 年发表的，2012 年发表了修改版 SMARTer 报告，都是对 2020 年的预测。
2020 年以后的预测报告我没有看到，但这个较权威的报告打消了我的疑虑。图 5.1 说明，
从 2000 年到 2020 年，ICT 产业将增加 13 亿吨碳排放，但可帮助其他行业减少 91 亿
吨碳排放。我原来担心数据中心会成为未来的"电老虎"，但 SMARTer 报告预测，
由于冷却等新技术的采用，数据中心碳排放的增长率会逐步降低。

　　国际组织已经将 ICT 行业定义为"负碳行业"，提出从以 Green of ICT 为主转向
以 Green by ICT 为主的碳减排战略。美国能源部过去 10 年的实证研究表明，Green
by ICT 的节能效果是采用相应 ICT 而增加能耗的 10 倍，并预计到 2030 年，集中利
用半导体等技术于电力供应管理的智能电网、电子商务与电信、智能电机、智能照明
系统等领域，可使美国的能耗降低 25%，几乎可将当前美国工业占全国能耗的 27.7%
全部抵消，可见 ICT 产业在节能减排上贡献之大。

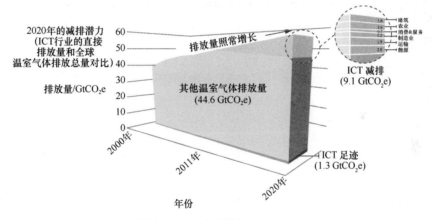

（资料来源：国际能源机构（IEA），BCG）

图 5.1　ICT 对碳减排总的贡献

　　2020 年以后，ICT 产业自身的碳排放和对其他产业碳排放的贡献会不会发生根本
性的变化，我没有做过定量分析。由于人工智能等应用对算力的巨大需求，未来 10 年
ICT 产业的能耗可能会较快速地增加，对其他行业的减排贡献与自身排放之比可能会
有所降低，请课题组尽可能做一些定量预测。但总的来说，我们的咨询报告应明确提
出 Green by ICT 碳减排战略，在发展 ICT 上态度要坚决，不能模棱两可。当然也要
号召 ICT 产业自己注意节能减排。

3. 我做了很多年咨询研究，但一直没有学会如何做有科学依据的定量预测。上面提到的 SMARTer 报告有很多分行业分国家的碳减排定量预测（如图 5.2 所示）。这些数据是如何算出来的，我不清楚。这些预测结果后来有没有人去复查，预测到底靠不靠谱我也不知道。也许中国社会科学院有熟悉这类预测方法的学者，中国工程院可以请他们给做咨询的院士做报告或上课，普及一下定量预测技术。

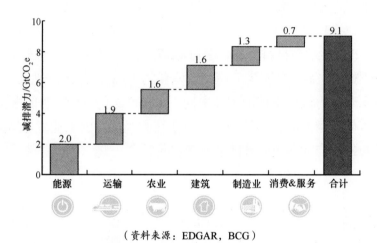

（资料来源：EDGAR，BCG）

图 5.2　ICT 对各行业碳减排的贡献

对《集成电路领域国家创新能力评估报告》的几点意见[*]

凝晖、刘明等评估组专家，你们好：

我认真阅读了这份能力评估报告。

这是一份客观中肯的评估报告，从专利现状、产业链各个环节、龙头企业水平和人才缺口等诸多方面对我国集成电路领域的创新能力做了实事求是的评估，既肯定了近几年取得的巨大进展，又用详细的数据说明了我国与国际先进水平的差距。这份报告对中央领导掌握我国集成电路领域的真实情况有重要参考价值。

为了进一步完善这份报告，我提出以下几点意见，供你们参考。

这份报告较长，全文超过 3 万字，摘要也不止 3 000 字。为了给领导留下深刻的印象，建议在摘要中突出本报告的以下重要观点。

1. 短期内单纯依靠增加资金和人员投入无法实现技术创新能力的迅速提升。需要改变我国集成电路科技与产业创新的组织模式，发挥制度优势，集聚有限资源，打造恐龙级龙头企业，并选准发力点，另辟蹊径，实现点面结合突破，破解"卡脖子"问题。

2. 领导们最关心的是先进的集成电路制造工艺什么时候能赶上世界先进水平，本报告应强调我国短期内无法解决 EUV 光刻机问题，在持之以恒发展先进制程的基础上，更要重视成熟的成套工艺制程。重点瞄准 55 纳米到 28 纳米成熟工艺制程，实现全产业链的自主可控，满足我国 80% 的市场需求。高、中、低各类技术等级的集成电路制造设备均有其对应的市场空间和技术发展空间，未来将长期并存，不要简单地以几纳米线宽区分工艺的先进与落后。

3. 采取亦步亦趋跟踪的办法将落后 3~4 代的集成电路工艺追上国外先进水平十分困难，要尽快突破纳米环栅器件（GAA）等跨代工艺技术，利用我国芯片封装技术基础较好的条件，发展集成芯片技术，实现多个功能芯片的立体集成，争取不依赖尺寸

---

[*]　2022 年 3 月 2 日写给中科院《集成电路领域国家创新能力评估报告》咨询课题组负责人孙凝晖院士和刘明院士的邮件。

微缩，用较低世代工艺实现能效接近高世代工艺的芯片制造。

我还有几点看法，供你们修改报告时参考。

1. 在集成电路领域，与美国等西方国家已经存在事实上的"硬脱钩"，因此在集成电路先进设备与工艺的核心技术研发上，不要幻想与美国合作，必须把基点放在依靠自己的力量上。但在建立自立自强的信息技术体系上，总体上还是要强调对外开放，争取一切可以合作的力量，打造技术命运共同体。在人才和高端技术上要采取单边开放的政策。集成电路设计中需要的 IP 不可能全部自己开发，可以引进的 IP 还是要引进。要求所有的集成电路产品每一行代码都自己写是不明智的。

2. 集成电路的发展涉及方方面面的技术，我国不可能每一种技术都做到世界领先。应当根据国情发挥自己的长处，扬长补短，构建有中国特色的信息技术体系。应正视我国集成电路先进工艺处于弱势的现实，采取以系统结构创新为主的策略，强调跨层纵向整合，以系统整体的优势弥补先进工艺一段时期的落后。中国市场广阔、开发人员多，DSA 具有一定的优势。我们要充分利用这一优势，以多打少，用适应不同场景的加速芯片和系统战胜曾经是主流的通用芯片。

3. 针对开发周期不确定或目前不具备开发条件的集成电路装备，应全力以赴提高材料、精密仪器制造、自动控制等方面的基础创新能力和人才储备，成熟一个上一个。不要盲目同时上马研制所有的集成电路设备。从本质上讲，集成电路要实现自立自强要靠国家整体科技和经济实力的提升。

4. 在摘要中要强调我国要通过开源的道路大力培养 EDA 软件开发人才，加快发展 EDA 软件。我国计算机和电子学科中，系统结构和微电子本来就是弱项，师资力量缺乏，要采取倾斜的政策。近几年集成电路行业的大学毕业生和研究生在本行业的就业率仅为 19%，这是一个大问题，要从政策引导上尽快解决。近两年集成电路的产业链中有一些突出的问题，如封装基板极为短缺，严重影响我国 CPU 等芯片的产能，应当采取紧急措施。

判断新型研发机构是否成功到底要看什么？ [*]

山东产业技术研究院：

征求评价意见函已收到。

作为战略咨询委员，我对山东产业技术研究院（以下简称"山东产研院"）了解不多，贡献很少，十分抱歉。

从发来的年度工作总结来看，山东产研院的工作做得红红火火，十分喜人。与其他省市的新型研发机构相比，山东产研院是做得很出色的（可能仅次于江苏）。我现在大部分时间住在东莞松山湖，东莞的新型研发机构搞得比较早，但现在已经在走下坡路了，地方关注的重点已转向鹏城实验室、松山湖材料实验室等知名度高的基础研究实验室和散裂中子源等大科学装置，前几年还很红火的东莞中国科学院云计算产业技术创新与育成中心，现在"中国科学院"的牌子也撤销了，改成东莞中科云计算中心。

"新型研发机构"是个新生事物，国家没有统一的法律和政策，需要一批有心人勇敢地探索，"明知山有虎，偏向虎山行"。我十分钦佩你们的勇气和探索精神，我也相信山东产研院一定能闯出一条路来。

其实从 20 世纪 80 年代以来，一直有人在探索科技机制改革和科研成果产业化。从周光召办的深圳科技园，到李绪鄂办的中国科技开发院，再到后来各个大学办的产业园及最近几年各地办的新型研发机构，总体来讲，成功的少，失败的多。我们需要冷静深入地思考，到底问题出在哪里？我个人认为，根本的原因是整个国家对产业技术的认识不到位。地方主管官员的"逐利思维"可能是新型研发机构不能持续的主要原因。很多地方政府对新型研发机构的要求是"多交税"。我估计你们要是到了那一天，就可能出现与东莞一样的局面。你们现在就要不断地给山东省领导讲清楚，判断新型研发机构是否成功到底要看什么。

根据我的理解，判断新型研发机构是否成功要看以下几点。

- 有没有对山东经济向高质量发展做出实质性的贡献？比如有些关键设备和软件

---

* 2022 年 3 月 22 日写给山东产业技术研究院的评价意见。

过去做不出来，现在做出来了而且有市场竞争力。

- 有没有向山东（甚至全国）的骨干企业提供长期未解决的关键技术（包括专利和技术诀窍）？山东产研院培养出来的中小企业有多少被大企业收购了？
- 有多少山东产研院培养出来的中小企业成为专精特新企业、独角兽企业和科技上市公司？有没有培养出产值过百亿的新领军企业？
- 有没有对改变山东中小企业原创关键技术的供给做出实质性的贡献？有没有对促进企业技术合作和供应链的完善做出明显的贡献？有没有形成一流的公共研发平台？有没有提高对一流科技人才的吸引力？

总之，我强调的是对企业最终的贡献，而不是办了多少研究所、承担了多少项目、申请了多少专利、发表了多少文章等中间结果。

目前山东产研院已有 8 个分院、5 个专业领域研究院、51 家直属机构、11 家加盟机构和 10 家企业联合创新中心，规模已经不小。今后可能要在扩大规模的同时，注意点面结合，做出几个亮点成果。像中国科学院总要证明自己存在的必要性一样，山东产研院也要以重大成果来证明自己存在的必要性，争取到持续发展的机会。

江苏省产业技术研究院的专业研究所实行"一所两制"，同时拥有在高校院所运行机制下开展高水平创新研究的研究人员和独立法人实体聘用的专职从事二次开发的研究人员，两类人员实行两种管理体制，这可能是一个好的机制，值得借鉴。山东各个三线城市成立的研究所，水平不一定很高。要充分利用原有科研机构的力量，同时大力吸引国内外的优秀人才，只有这样才能把技术水平搞上去。

以上意见，仅供参考。

对《信息化蓝皮书：中国信息化形势分析与预测（2021—2022）》的评审意见 *

在周宏仁主任的主持下，《信息化蓝皮书：中国信息化形势分析与预测（2021—2022）》（以下简称《蓝皮书》）在国内产生了较大的影响，已有很好的口碑。我过去只给信息化蓝皮书写过文章，对全书做审阅这还是第一次（可能是陈左宁院士当主编后改变了流程）。我是中央网信办专家委员会的顾问，但退休以后我住在东莞松山湖，由于新冠肺炎疫情，近两年我很少回北京，也很少参加中央网信办的会议，十分抱歉。

《蓝皮书》初校样已经做了认真的编辑校对，几乎已达到可出版印刷的质量，现在来审阅，不宜做大的修改。我认真阅读了总报告和前 4 章的 10 篇文章，没有发现文字上的明显错误。现在来提意见，对于本书而言可能是"马后炮"了，下面的一些建议也许只对今后出版蓝皮书有点帮助。

从《蓝皮书》的标题来看，《蓝皮书》的重点是信息化工作一年内取得的进展、存在的问题和今后发展趋势的预测。这一期《蓝皮书》做得比较好的是对取得进展的总结，相对而言比较弱的是对存在问题的分析和对未来发展的预测，这也是每篇文章比较难写的部分。在发回的初校样中，我只对几处预测数据标注了黄颜色，因在初校样的 PDF 文件上很难写注释，我的意见写在此评审意见的下面，仅供编委会参考。

对技术和市场的预测是件很难的事情，但是预测的结果如果是出自权威的机构，对领导和各单位都有较大的影响。信息化蓝皮书与中央网信办有关联，在人们心目中可能代表官方的意见，因此一定要十分慎重。本《蓝皮书》的预测往往是采用一家的说法，如中国电子学会、工信部的中国信息通信研究院或赛迪公司等，以这些单位名义出版的咨询报告往往也是几个学者写的，未必经过了严格的论证。但一旦发布，各

---

* 2022 年 7 月 17 日写给中央网信办《信息化蓝皮书：中国信息化形势分析与预测（2021—2022）》编委会的评审意见。

大媒体都引用，就成为普遍的共识。如果这种共识有较大的偏差，会对我国的信息化产生不良的影响。因此在做比较重要的预测时，建议不只引用一家机构的看法，最好列出乐观的估计和保守的估计，有一个区间，这样做也许能够避免较大的预测偏差。

《蓝皮书》引用的统计数据很多，这是本书的特点，值得肯定。同样的数据做什么样的解读需要认真考虑，本书对有些数据的解读值得商榷，如对互联网普及率和数字鸿沟的判断等。对值得商榷的解读我在初校样中也做了标记。

下面是我做了标记的几处文字。

（1）第8页第2~3行总报告中有一句对我国信创产业市场规模的预测：**"据估算，2023年，中国信创产业市场规模将突破3 650亿元，市场容量将突破万亿。"**

这一估计的来源是中国电子学会的《中国信创产业发展白皮书（2021）》，原话是：**"据初步估算，到2023年，全球计算产业市场空间1.14万亿美元。中国计算产业市场空间1 043亿美元，即7 300亿元，接近全球的10%，是全球计算产业发展的主要推动力和增长引擎。按照50%为信创产业市场规模计算，2023年，中国信创产业市场规模将突破到3 650亿元，市场容量将突破万亿。"**

信创产业是大家非常关心的信息化的大事，《蓝皮书》对信创产业的边界并没有做明确的说明，划定信创产业市场规模占中国整个计算机市场的50%的依据是什么我也不清楚。因此得出2023年中国信创产业市场规模将突破3 650亿元的结论似乎有点武断。我理解，信创产业至少是国产化替代的产业，也就是说要用到国产核心元器件和国产软件的计算机软硬件产品和服务。我国计算机产业最大的两家公司是联想和浪潮，他们目前还是用英特尔的芯片，他们的大部分营业额不能算信创产业市场。2021年海光、飞腾、龙芯等国产CPU的总销不到100亿元，用国产芯片做的服务器和终端的销售额应当只有几百亿元。我不知道华为、阿里巴巴、腾讯等龙头企业的信创产业部分怎么算，但总觉得两年之内涨到3 650亿元有点难。是否应当先拆分成不同的产品和服务，分开做预测再累积起来？这样可能比较可靠。

（2）第19页第10~11行。总报告谈到数字鸿沟加深时，有下面的结论。

"此外，区域性数字鸿沟问题也很突出。据统计，截至2020年12月，我国农村地区互联网普及率仅为55.9%，远低于全国平均水平70.4%。农村网民规模占网民总规模的31.24%，远低于城镇网民规模（68.76%）。"

我国人口普查统计的农村常住人口包括常住在农村外出打工的农民、户口在农村的大学生和工厂临时工等，因此统计的农村常住人口数（2021 年时 5.1 亿人）可能大于实际上住在农村的人口数。2021 年的统计结果是，农村常住人口占全国总人口的 36%，与农村网民的占比没有太大的差距。不要把农村网民占比低于城镇网民占比当成一个问题。随着城镇化的推进，将来农村网民的占比还会继续降低。我国城镇未成年人互联网普及率达到 95.0%，农村为 94.7%，目前已基本一致。这说明仅从普及率来看数字鸿沟，没有说到点子上。我国现有行政村已全面实现"村村通宽带"，近几年贫困地区通信难的问题也有很大的改善。现在的数字鸿沟主要不表现在普及率上，而是在信息消费的层次上，即互联网应用的深度上。目前农村网民主要的应用是 QQ 和微信。农村绝大部分网民尚处在刚刚信息脱贫阶段，需要提升信息化的专业性和个性化价值。

（3）第 74 页第 1~2 行在讲算力经济时有一个预测："**2020 年我国通用算力为 77 EFLOPS，AI 算力为 56 EFLOPS。在此基础上，2025 年我国通用算力将翻两番，达到 300 EFLOPS；AI 算力总量将超过 1 800 EFLOPS。**"

这个预测源自中国电子信息产业发展研究院（赛迪智库电子信息产业研究所）的《先进计算产业发展白皮书（2021 版）》，已经被广泛引用。预测的根据是今后 5 年通用算力每年增长 30%，人工智能算力每年翻一番。这个预测是否合理？人工智能算力是否有每年翻一番的实际需求？值得认真调研。2021 年 1 月到 2022 年 2 月，全国规划、在建和投入运营的人工智能计算中心超过 20 个，这些人工智能计算中心机器利用率是否饱和？究竟产生了多少实际效益？都需要实地调查。国外著名的咨询公司的预测比赛迪的预测要保守一些。IDC 预计 2025 年全球人工智能服务器市场规模将达到 277 亿美元，5 年复合增长率为 20.3%。**到 2025 年，中国人工智能加速服务器市场将达到 108.6 亿美元，其 5 年复合增长率为 25.3%。建议《蓝皮书》更全面地反映不同角度的预测。**

（4）第 115 页。标题是《我国数字经济面临变道超车的新机遇》。但下面的文字看不出要变什么道。如果只是讲信息技术发展的一般性趋势，建议不要采用这种吸引眼球的标题。

（5）《蓝皮书》文章 B9 专门讲工业互联网平台，以工业互联网平台发展指数（IIP27）为依据，对我国工业互联网的发展做了充分的肯定。但对我国工业互联网存在的问题没有做深入的分析。国内的工业互联网目前主要的努力方向是将工业设备进行联网，采集数据，争取将数据放到云平台内。这些工作并不是高价值的创新领域，也难以解决企业数字化转型中的实质问题。在工业互联网中，目前我国将近80%的先进传感器、95%的可编程逻辑控制器（PLC）和通用工业协定（CIP）、80%的研发设计软件、90%的工业软件需要进口，许多技术被少数国外公司垄断。所谓工业互联网，本质上不是网，而是工业软件。《蓝皮书》没有文章专门分析工业软件的现状和发展思路，这是今后需要重视的内容。

（6）《蓝皮书》许多文章内容丰富，关于5G和北斗的两篇文章，既有数据，又有实例介绍，给我留下的印象最深。

第 6 章　期刊主编评语

飞来山上千寻塔，闻说鸡鸣见日升。

不畏浮云遮望眼，自缘身在最高层。

——[宋]王安石　《登飞来峰》

　　我希望中国计算机学会成为学术生态中的一块"湿地"。污水流到湿地，经过沉淀、过滤和微生物的分解，激浊扬清，变成了涓涓清水。

走务实的人工智能发展之路 *

　　本期专题特邀编辑郑宇在《城市计算和智能》的导言中提到："城市计算用大数据和人工智能来实实在在地解决城市面临的各种具体问题，是我国未来人工智能发展的抓手和战略制高点，是通向美好愿景的具体方法和路线。"南京大学周志华教授在《关于强人工智能》一文中明确指出："对于严肃的人工智能研究者来说，如果真的相信自己的努力会产生结果，那就不该去触碰强人工智能。"这两篇文章都涉及发展人工智能应走什么路的问题。在人工智能的呼声一浪高过一浪、国家新一代人工智能发展计划即将实施的时候，冷静地思考和判断人工智能的发展道路，十分必要。

　　从人工智能诞生以来，学术界就有"强人工智能"和"弱人工智能"的争论。强人工智能的代表人物维纳（Wiener）提出了"控制论（Cybernetics）"，沉迷于机器的魅力之中，但一直没有建立像计算机科学和信息论一样面向应用的坚实理论基础，因此逐步走向没落。如今"Cyber"满天飞，但谁也讲不清"Cyber"是什么。后来的强人工智能学者大多停留在哲学层次，他们抛出的吸引眼球的观点只能被看成一种信仰，还不是严肃的科学。人工通用智能（Artificial General Intelligence）研究至今也没有取得实质性的进展。发展人工智能应吸取"控制论"的教训，走更加务实的道路。

　　自 2013 年以来，美国和欧盟在认知科学和脑科学领域启动了人类大脑计划，我国也将"脑科学与类脑研究"列入"科技创新 2030—重大项目"。脑科学是探索大脑结构与功能的长期基础研究，不能与强人工智能混为一谈。基于脑科学研究成果的人工智能还要走十分漫长的道路，不应作为未来二三十年发展人工智能的主要技术路线。不论是自上而下的符号主义，还是自下而上的联结主义，都属于弱人工智能技术路线，没有关注让机器本身具有自主意识。国务院发布的《新一代人工智能发展规划》中"智能计算机"的字样都没有出现，本质上是发展弱人工智能的规划。

　　弱人工智能可以被认为是基于计算的智能，60 年来，人工智能的发展史实际上就是计算机科学的发展史。今天人工智能应用成果的井喷式突现是"计算智能

* 《中国计算机学会通讯》2018 年第 1 期主编评语。

（ Computational Intelligence ）"的胜利，既是智能算法的胜利，也是摩尔定律的胜利、互联网的胜利。发展人工智能就是要大力发展智能算法、计算机软件和系统结构（包括芯片）。

　　媒体界都说 2017 年是人工智能元年，但 Geoffrey Hinton 等权威专家认为，2017 年人工智能并没有取得令人瞩目的突破。十分火热的人工智能也没有进入 *Science* 评选的 2017 年十大科学突破。人工智能历史上的每一次寒冬都是浮夸和盲目乐观造成的，低估了客观世界的复杂性，我们要以前车为鉴。目前，很多拥有技术的人工智能公司没有商业化场景，而有丰富应用场景的传统大企业又没有相应的人工智能技术，即将被人工智能取代的被淘汰者还没有找到出路。我们要做的实事很多很多，只有把这些实事一件一件做好了，人工智能才能健康发展。

营造百家争鸣的学术平台 *

　　本期发表了黄铁军教授的文章《也谈强人工智能》，对 2018 年第 1 期周志华教授写的《关于强人工智能》和我写的《走务实的人工智能发展之路》提出批评和反驳意见。我一直希望《中国计算机学会通讯》成为学术争鸣的平台，期盼多年的局面终于看到一点苗头，我感到十分高兴。

　　我期盼的学术争鸣不仅仅是对具体的科学技术问题的学术讨论，更看重的是对国家科技计划、科技政策、科技评价的讨论和建议。我国的科技发展取得了巨大成就，已经进入迈向科技强国的新时代，但科研环境还不尽如人意，其中一个重要的表现是学术共同体的声音还不够强。我国的重大科技专项等科技计划的责任专家任期偏长，计划的目标选择、技术路线选择缺少学术共同体的广泛讨论和论证，更没有公开回答学术界质疑的程序，决策的透明性有待提高。

　　新一代人工智能、大数据、脑科学与类脑研究等重大科技项目正在启动，而科技界对于这些科学技术的发展目标和发展重点还没有形成较广泛的共识。就拿人工智能来说，弱人工智能和强人工智能就是两条不同的技术路线，而对什么是强人工智能人们也有各种不同的看法：有人强调机器要有自我意识，有人强调通用性与人脑差不多的人工智能，黄铁军教授强调非计算机的人工智能。追求的目标不一样，发展的重点和思路当然也不一样。

　　个人的研究方向选择和国家的科技发展重点方向选择是两码事。个人选择研究方向可以基于好奇心或个人对科技突破可能性的判断。某些学者愿意花毕生的精力在不违背科技伦理的原则下研究他认定的强人工智能，别人不应当说三道四。而且科技理论也是与时俱进的，需要通过讨论才能取得共识。但是，国家的科技计划重点做什么就不只是个人兴趣了。试想，如果在 2030 年以前，国家将新一代人工智能重大科技项目的大部分经费投入强人工智能，那会是什么样的后果？

　　从科研投入的角度来说，所谓"走务实的人工智能发展的路"，就是根据长期的

* 　《中国计算机学会通讯》2018 年第 2 期主编评语。

基础研究、中期的应用基础研究和近期的高技术研究开发与应用合理地安排国家的科技投入。本期的专题中有一篇文章全面介绍了神经形态计算芯片与系统，我不清楚这些芯片和系统中有多少属于"非计算机"的机器。自从图灵计算机模型问世以来，不计其数的科学家试图提出超越图灵计算功能的理论和模型，但不知为什么，如同孙悟空跳不出如来佛的手掌心一样，至今还没有一个可用的模型超过图灵计算模型（包括量子计算和 DNA 计算），也许"计算"反映了宇宙中某种本质性的规律。

　　我个人非常支持开展神经形态计算和脑科学的研究，人工智能的研究一定要解放思想，不能停留在目前的深度机器学习上。新一代人工智能的突破口究竟在哪里？发展人工智能如何避免从酷暑到寒冬的恶性循环？希望大家对这些问题展开争鸣和辩论，让《中国计算学会通讯》（*CCCF*）真正成为百家争鸣的学术平台。

以科学的态度讨论量子密码技术 *

CCCF 这一期发表了美国加利福尼亚大学洛杉矶分校徐令予教授的文章《互联网安全的忠诚卫士》。徐令予教授在介绍即将公布的互联网传输层安全协议新标准 TLS1.3 之后，对发展后量子时代密码学提出了自己的观点，认为量子通信技术无法代替传统的公钥密码系统。

CCCF 创刊时就发表了本刊声明："为支持学术争鸣，本刊会登载学术观点相左的文章。刊登的文章只反映作者的观点，与本刊无涉。"在今后一段时期内，是优先发展以量子密钥分发为特征的量子密码技术，还是重点发展传统的公钥密码技术，提高通信系统的抗量子攻击能力，是有争议的科学技术问题，应当在学术界，特别是密码学界展开讨论。本刊作为支持百家争鸣的学术平台，欢迎不同观点的学者以严肃的科学态度在本刊展开辩论。

能进行几千千米的量子密钥分发是科学技术上的重大突破，不是随便可以"忽悠"出来的成果，更不是"伪科学"。潘建伟教授获得百万美元"未来科学大奖"中的"物质科学奖"，体现了科学共同体对他在量子科技领域卓越贡献的认可。我们对我国在量子密钥分发技术上取得的国际领先成果感到骄傲与自豪。

量子理论用于密码通信，将引起密码技术的一场变革。量子计算机有超常的运算能力，可以攻破传统的密码，现有的公钥体系面临巨大挑战，对这场挑战的紧迫性我们要做认真的科学分析。量子计算机并不能解决电子计算机难以求解的所有数学问题，这也意味着，量子计算机并不能攻破所有密码体系。10 年前密码学界就开始研究"抗量子计算攻击的新型密码"，如果能在较短时间内取得成功，这种抗量子计算密码与量子密码相比将具有成本和兼容性的优势，两种密码技术肯定有一场博弈。美国国家标准与技术研究院（NIST）和国际互联网工程任务组（IETF）目前把宝压在制定"后量子时代密码系统的新标准"上，中国的密码学界和量子专家应该有自己独立的判断。

要对这一场科学技术博弈做出正确预判，一要有科学的态度，二要公开透明，广

---

* 《中国计算机学会通讯》2018 年第 3 期主编评语。

泛征求意见。对量子计算机破译 RSA 密码究竟需要多少量子位需要进行严谨的科学论证，在论证中特别要注意区分量子位数和量子门操作数，也要注意近年来量子计算技术在飞速进步，密码学技术也在不断进步，不能用今天的技术估算未来的技术。量子密码协议也不限于 BB84 协议，还有量子承诺、量子认证等。后量子时代的密码与量子计算的能力极限密切相关，后量子时代的密码方案的安全性目前还缺乏足够的理论保证，首先要搞清楚量子计算能算什么，不能算什么。

量子通信是我国面向 2030 年的重大科技项目，越是重大项目，越需要进行充分的论证。美国的脑科学计划征求众多科学家意见后，将"大脑活动图谱绘制"（BAM）计划改成"推动创新型神经技术开展大脑研究"（BRAIN）计划，重点开发新技术、新工具和新方法，近两三年取得较大进展，这一经验值得借鉴。

计算社会科学是块"硬骨头"*

2006 年 3 月，我在本刊第 2 卷第 2 期发表了一篇文章《关于网络社会宏观信息学研究的一些思考》，讲述了当时学术界进行计算机与社会科学交叉研究有多种学科名称，如社会计算（Social Computing）、社会信息学（Social Informatics）、计算社会学（Computational Sociology）、仿社会学（Socionics）、社会网络分析（Social Network Analysis）等。2009 年 2 月，哈佛大学、麻省理工学院等世界一流大学的 15 位顶尖学者在 Science 上联名发表了论文《计算社会科学时代的到来》；2012 年，14 位著名欧美学者又联合发布了一份《计算社会科学宣言》，"计算社会科学（Computational Social Science）"的声音就盖过了其他名称，并在近几年红火起来。其实这些学科方向研究的内容差不多，只是一方面联合发声影响大，另一方面赶上了大数据兴起的好时候。

王腾蛟等作者在本期专题文章《计算社会科学的兴起与发展》中断言"近年来，计算社会科学开始涌现出重要的研究成果"，并认为在 Science 和 Nature 杂志上发表的计算社会科学论文"已经成为政治、经济、文化、思想等领域标志性的重要成果"。我对计算机与社会科学的交叉研究取得重大成果感到由衷的高兴，但并不认为计算社会科学近期会在社会科学领域引起颠覆性的革命，对其发展只能抱谨慎的乐观态度，因为这一新兴交叉学科毕竟还处于起步阶段。

从长远来讲，计算社会科学将来可能成为一门真正的科学，人类社会的复杂规律也许可以通过建模仿真和大数据分析发现。正如马克思 100 多年前的预言："自然科学往后将会把关于人类的科学总括在自己下面，正如关于人类的科学把自然科学总括在自己下面一样，它将成为一门科学。"但是，由于人类社会的极端复杂性，社会科学和脑科学一样，可能是最"硬"的科学，需要相当长的时间才能啃下这块"硬骨头"。

社会科学难啃的一个原因是研究社会问题很难做可以重复验证的科学实验。我们常说的新政策的先行"试验区"只是进行一种宏观的定性"实验"，一个地方的经验

---

*　《中国计算机学会通讯》2018 年第 4 期主编评语。

用到另一个地方很难百分之百地重演。近年来社会科学研究中也出现了各种虚拟的"实验室"，但计算机模拟并不能精确无误地预测现实社会的未来。计算机模拟可能导出多种未来，可惜现在还不能提供在各种未来中做出正确选择的算法。

社会科学难啃的另一个原因是人是有思想意识的，一旦作为被研究对象的人知道与他有关的新信息和知识后，他可能做出与被研究时不同的反应，原先归纳的知识和规律也许会失效。股市中常见的"见光死"就是这个道理。在物理与化学等自然科学研究中，原子和分子不会介意我们发现了它们的秘密，不会因人类掌握了知识而改变其行为。研究人类社会获得的知识与"规律"往往不能说，说了就不灵了。

推进计算社会科学的关键是在社会科学领域普及计算思维，将社会科学问题变成可计算的问题，用定量的方法做决策分析和预测，提高决策的科学性。不管社会问题多复杂，大数据与人工智能技术在解决复杂性和不确定性上一定能大显身手。

做新时代的"弄潮儿"*

　　中国计算机学会青年计算机科技论坛（CCF YOCSEF）20 岁了。一个以青年科学家和工程师为主体的论坛也进入了"青年"发展阶段，值得庆贺。

　　1998 年 5 月 18 日，CCF YOCSEF 召开第一次会议，宣布成立学术委员会。1998 年 12 月 5 日在友谊宾馆举行了一次专题论坛，讨论"中国信息领域需要什么样的人才？"，作为特邀讲者，我在会上做了一个报告。我与 CCF YOCSEF 的接触从这次会议开始，之后陆续参加了几次专题论坛和内部会议。我在 CCF YOCSEF 的会议上讲的内容多数围绕人才培养和学术环境，这也许反映了我对中国计算机学会的一种期望，我希望中国计算机学会成为学术生态中的一块"湿地"。中国计算机学会，特别是青年学者聚集的 CCF YOCSEF，不但能指点江山，激扬文字，为国家献计献策，也应该能弘扬正气，荡涤心灵。

　　当年成立 CCF YOCSEF 的一个背景是，20 世纪 90 年代国内学术舞台上还是中老年科学家唱主角，年轻人发表意见的机会不够多，因此 CCF YOCSEF 有一个激动人心的口号："创造机会"。近 20 年来，青年人才如雨后春笋般茁壮成长，青年学者已成为各单位科研的骨干力量。因此，现在 CCF YOCSEF 不仅仅要为青年科技人员开拓发展机遇，还要成为探索科技体制机制改革的先锋队、弘扬创新精神和传播最新学术思想的排头兵。在计算机领域，年轻从来不是"不成熟"的代名词。图灵 24 岁发表了划时代的经典论文《可计算数及其在判定问题中的应用》，提出了至今无可替代的计算理论模型；扎克伯格 20 岁就创立了 Facebook 网站，如今富可敌国。CCF YOCSEF 的青年学者应该自觉地为自己压重担。

　　CCF YOCSEF 营造的平等民主、公平竞争、恪守规则的氛围带动了中国计算机学会的发展，也促进了其他学会的发展，起到了社团改革试验田的作用。现在 CCF YOCSEF 在全国 27 个大城市建立了分论坛，每年活动有两百多次，已成为国内非常有影响力的学术活动品牌。中国的科技发展进入了新时代。马克思说过："一个

---

* 《中国计算机学会通讯》2018 年第 5 期学会论坛文章，这一期的主编评语并入第一篇文章《"中兴事件"的教训与启示》。

时代的精神是青年代表的精神，一个时代的性格是青年代表的性格。"在中国从科技大国走向科技强国的拼搏进程中，CCF YOCSEF 要勇立潮头，继续做新时代的"弄潮儿"。

卧薪尝胆，发愤图强 *

在 2018 年 5 月 28 日召开的两院院士大会上，我聆听了党和国家领导人的报告，作为一个科技人员，倍感重任在肩。利用写主编评语的机会，我给计算机界的同行们说几句感想和体会。

改革开放以来，特别是近十几年来，我国科技发展取得长足进步，发展速度超出了西方国家的预期，引起了一些西方人士的警惕和恐慌。我国有些媒体上，特别是网络自媒体上，有许多盲目乐观甚至自欺欺人的言论，对外宣传上也不善于用国际上可接受的方式表达我们的观点，加深了西方民众对我们的误判。一个国家厉害不厉害是做出来的，不是说出来的。邓小平同志曾提出 28 字外交方针：**"冷静观察、稳住阵脚、沉着应付、韬光养晦、善于守拙、决不当头、有所作为。"**现在的中国已经比 20 多年前强大，但仍然应多做少说，韬光养晦。

目前，我国诸多领域仍然受制于人，还要受不少窝囊气。在信息领域，经济学家常说的"后发优势"并不多，反而有许多挤压创新空间的"后发壁垒"。我们应在新兴产业中培育"长板"，不具备"珍珠换玛瑙"的能力，新的"短板"还会不断冒出来。同时要尽快补齐"卡脖子"的短板，补短板必须下苦功夫甚至笨功夫，不要指望到处有可以超车的近道。

1959 年到 1961 年，自然灾害加上苏联政府背信弃义撕毁合同，我国国民经济发生严重困难。当时我国的报刊上，过去常用的"发奋图强"变成了"发愤图强"，以此表达中国人民同仇敌忾的决心。"两弹一星"就是科技人员发愤图强的直接结果。蒲松龄写过一副自勉联：**"有志者，事竟成，破釜沉舟，百二秦关终属楚；苦心人，天不负，卧薪尝胆，三千越甲可吞吴。"**今天的科技人员要有这种卧薪尝胆的精神，拼搏出祖国灿烂的明天。

科技创新和体制机制改革必须"双轮驱动"，目前科研人员更关注制度改革。当习近平总书记在两院院士大会上讲到"要通过改革，改变以静态评价结果给人才贴上

---

* 《中国计算机学会通讯》2018 年第 6 期主编评语。

'永久牌'标签的做法，改变片面将论文、专利、资金数量作为人才评价标准的做法，不能让繁文缛节把科学家的手脚捆死了，不能让无穷的报表和审批把科学家的精力耽误了！"时，全场响起雷鸣般的掌声。这掌声告诉我们，当前影响科技发展的主要障碍是科技管理制度。

我国的科技项目评审制度已做了多次改革，但普遍的反映是：目前的项目申报评审主要关注程序的"合规性"，不大关注项目是否达到预期目标。在具有"目标导向"特征的重点研发计划中，写课题指南的专家不参加项目评审，评审专家不参加项目验收，评审专家从庞大的专家库中随机挑选，这些专家往往不知道课题指南的初衷和用意，挑选出来的团队难以完成预定的目标。在2018年关于数据流计算体系结构的重点研发计划招标中，中标者是从事流数据应用研究的团队，一字之差，但研究方向和目标完全不同。这类张冠李戴的项目招标并不是个案，说明表面上的程序公正可能以牺牲科研效率为代价。

为优秀青年科学家点赞 *

　　本期有两篇文章介绍了我国青年科学家的出色成果和成功经验，一篇是上海财经大学陆品燕教授谈创建理论计算机科学研究中心的理念，另一篇是浙江大学徐文渊教授谈发现海豚音攻击的幕后故事。我读后心情难以平静，引发许多联想。他们两位只是我国众多青年科学家的代表，这两个案例透射出喜人的信息：我国一流的青年科学家是好样的。我为我国优秀青年科学家点赞！

　　回想 30 年前我刚从美国留学回国时，国内鲜有学者在国际期刊和国际会议上发表文章，大学和研究所里很多科研人员甚至看不懂本专业的 *IEEE Transactions* 的论文。如今计算机视觉等顶级国际会议上一半左右的论文有华人署名，许多会议的最佳论文落在中国学者头上，真是今非昔比，换了人间。

　　一个财经大学两年内就冒出一个世界知名的理论计算机科学研究中心，可以说是一个奇迹。读完陆品燕教授的文章，可以感受到追求卓越的理想主义情怀有多么大的力量。陆品燕教授讲了"三个平衡"的发展理念，我印象最深的是理想与务实的平衡。他在回答为什么从微软亚洲研究院转向上海财经大学就职的问题时说："上海财经大学的理想主义情怀与务实的态度很完美地契合了我自己的梦想。"中国计算机界有理想主义情怀的学者不止陆品燕一个，中国比上海财经大学基础更好的计算机学院比比皆是，理应有更多的计算机学院冲向世界一流。

　　有人说理论计算机科学有特殊性，如果既要满足国家战略需求，又要对企业的市场竞争做出源头性的贡献就难了。浙江大学徐文渊教授给了我们另一方面的启示。我感到由衷高兴的不只是她们获得了信息安全领域最高水平国际会议 ACM CCS 的最佳论文奖，而是她们发现了一类新型的模拟态攻击，提升了整个智能语音生态系统的安全性。我国计算机领域发表的论文成千上万，但真正能称得上"发现"的寥寥无几。徐文渊教授在文章末尾用了一句很朴素的话做总结："科学研究应该接点儿地气。"这句话说出了做技术研究的真谛。

* 《中国计算机学会通讯》2018 年第 7 期主编评语。

　　从上海财经大学理论计算机科学研究中心的发展历程可以看出，他们并没有采取什么奇招。十几年前上海财经大学就已实行常任轨（Tenure Track）制度，在人才的引进上特别注重国际同行的评价，并不看重资历和国内的各种"帽子"。让人才引人才，形成"接力引进"效应。不追逐大项目、大奖项，不注重第一作者，不忙碌于申项目、填表格、拉关系等。这些都是国际一流大学普遍采取的措施。

　　在国内人才奇缺的时候，政府部门采取"国家杰出青年科学基金"等办法吸引人才是必要的。现在政府出面戴"人才帽子"的历史作用已经完成，应该回归各用人单位自主招聘人才的常态。如果一个大学自己不具备识别一流人才的能力，要根据政府部门戴的帽子来决定是否聘用或晋级，那它肯定成不了一流大学。如果政府部门现在能果断决定取消各种人才帽子，同时大幅度减少各种科技成果奖项，正本清源，让"爱科学"的理想主义情怀发扬光大，可能比多设几个重点专项更能促进科学技术发展。

发展数据学科应在何处发力？ *

　　本期译文栏目刊登了费朗辛·伯曼（Francine Berman）教授等多位知名学者在 *CACM* 上发表的一篇重要文章——《实现数据科学的潜能》。这篇文章在一定程度上反映了美国国家科学基金会（NSF）计算机和信息科学与工程部（CISE）对发展数据科学学科的看法。2018 年 3 月，教育部批准 248 所高校设立"数据科学与大数据技术"专业。虽然中美两国对涉及大数据的学科专业名称不完全一样，但美国学者讲的 Data Science 学科的实际内容也包含大数据技术。

　　一年之中，全国 200 多所高校同时增设一门新学科专业，在我国学科建设史上是少见的，说明培养大数据人才是国家的急需。过去我国许多高校也曾一窝蜂地新建了"软件工程""物联网"等新学科专业，但现在又有不少学校撤销了"软件工程"学科，其原因是我国的学科建设主要考核一个专业有多少戴"帽子"的人才、发表了多少文章、承担了多少国家项目等可量化的指标，新增的学科往往在"指标"上没有竞争力。为了避免走"软件工程"学科的老路，在"数据科学与大数据技术"专业新建之际，我们必须考虑：发展数据学科应在何处发力？

　　鄂维南院士认为，数据科学包含两方面内容：用数据的方法来研究科学和用科学的方法来研究数据。我想，大数据技术的学科内容也应包含两方面：一是如何以信息技术收集、传输、处理、存储和显示大数据；二是大数据技术如何在各行各业中发挥作用。教育部设立数据学科的目标也是培养具有较强的实践创新能力、跨文化交流能力和跨领域研究能力的高素质复合型人才。跨学科是数据科学技术的主要特点，培育数据学科的发力点就在跨学科协作上。

　　数据科学和大数据技术学科尚处于初级阶段。国外的数据科学专业也在探索之中，数据科学项目正在计算机科学、信息科学、统计学和管理学等部门和学院中进行，不宜过快地将数据科学"标准化"，而应努力探索课程、师资、项目和合作关系的各种方式。重要的是弥合数据生命周期中各种技术和知识之间的间隙，填补计算机科学与

---

* 《中国计算机学会通讯》2018 年第 8 期主编评语。

其他学科之间的鸿沟。

　　我国过去学科建设的弊端是太看重一级学科的名头，太看重学科与博士生名额指标的关系，对科研与企业真正需要什么人才不太上心。由于太关注资源的占有，不同学校的相同专业、同一学校的不同专业都是零和竞争关系。发展数据学科一定要改变这种不良的生态。数据科学研究和教育的成功都取决于数据基础设施和有用数据集的共享，任何一个学校、任何一个院系都无法提供足够的数据资源，必须全校一盘棋，甚至全国一盘棋，共同构建必要的数据基础设施。

　　数据思维的核心是统计和归纳，通过经验的积累发现知识。但机器学习等大数据方法有本质的局限性，需要结合科学假说与演绎推理。爱因斯坦在评价数据科学的引路人、天文学家开普勒时说过：**"知识不能单从经验中得出，而只能从理智的发现同观察到的事实两者的比较中得出。"** 从科学研究的方法论考虑，数据科学也需要与其他学科密切协作。

突破自我欣赏的局限性 *

近两年，人工智能十分火爆，许多人认为信息化时代已经过去了，现在已进入人工智能新时代，甚至有人认为，中国人工智能技术与美国并驾齐驱，领跑世界，中国要成为世界科技强国就指望人工智能技术了。毫无疑问，大数据和人工智能是新一轮科技革命与产业变革的核心驱动力之一，我国已将发展这两项技术列为国家战略，我们绝不能低估其战略作用。信息时代已基本走过数字化与网络化阶段，现在开始进入智能化新阶段。我们要充分认识智能化对某些行业的颠覆性影响，但不能对人工智能抱有不切实际的过高期望。我国各地的人工智能造势活动已经起到很好的启蒙作用，现在是技术落地生根的时候了。

人们常说的第四次工业革命的关键性技术不只是信息技术，还包括合成生物、增材制造、先进医疗、新能源、新材料等，主要特征是"技术融合"。大数据和人工智能主要起优化和融合其他技术的倍增作用。21 世纪初，美国工程院评选了 20 世纪 20 项最伟大的工程技术成就，排在最前面的是电力系统、汽车、飞机、自来水，计算机排在第 8 位，互联网排在第 13 位。人类未知的领域远远大于已知领域，21 世纪末将流行什么现在无法预计。大数据和人工智能在 21 世纪最伟大的工程技术中排什么位置，现在也下不了结论。计算机界不能过分自我欣赏，未来 100 年内，生物技术、健康技术、新能源和新材料的影响也许不亚于人工智能。

我最近读了美国半导体企业联盟（SIA）和半导体研究联盟（SRC）2017 年联合发布的报告，该报告提出了 14 个需要优先考虑的研究方向，其中一个方向"基于生物学（Bio-Influenced）的计算与存储"格外引人关注。报告指出，生物学与半导体技术的融合有可能导致信息处理、存储以及纳米制造方面出现大规模的变革性进展。2013 年 MIT 等大学已经开展细胞形态半导体电路设计，目标是做出能耗为 CMOS 芯片能耗 1/1 000 的处理器。在合成生物学领域，有一位领军人物是"80 后"的华裔学者卢冠达，他是 MIT 电气工程和计算机科学学院与生物工程学院的副教授。他从计算

---

* 《中国计算机学会通讯》2018 年第 10 期主编评语。2018 年第 9 期主编评语《大学教师的天职》放在第 7 章。

机世界得到了启发，将逻辑、存储器、控制开关等概念运用到生物领域，用生物细胞做出"基因电路"，已创办 7 家公司。

最近我参加了几次信息领域的立项评审会和战略咨询会，听到的项目大部分是要解决"卡脖子"问题的所谓"补短板"技术，没有任何人提起要重视基于生物学的信息技术。计算机领域的学者普遍认为，量子计算、生物计算现在还是物理和生物领域要做的事，我们还插不上手；或者认为，交叉学科不是科研的主流。我感到担心的是，如果中国计算机界一直这么保守，思维只局限在自己熟悉的小圈子里，我们未来的短板可能会越来越多！

人在沙漠里走路，往往是在一个大的圆圈上兜圈子，这是因为"两条腿迈步"的力量不一样大。发展科技如同在沙漠中探索前进，必须"两条腿"同时发力。对于科技管理而言，集中力量办大事是"一条腿"，分散式的自由探索涌现是"另一条腿"；对于研究方向而言，弥补短板是"一条腿"，另辟蹊径铸就长板是"另一条腿"。"两条腿"交替前行一定会胜过"单脚跳"。

计算机科学基础理论需要重塑*

几年来，IEEE 计算机学会（IEEE CS）前任主席戴维·阿兰·格里尔（David Alan Grier）每期都给本刊写一篇专栏文章。一个外国学者对中国的学会期刊如此热心执着，令人感动。作为主编，我对他表示由衷的敬意和感谢。在本期的专栏文章《正确的基础》中，他深刻地指出：**"现在统计人工智能已经在计算机科学领域占据了一席之地。然而，与构成计算科学基础的逻辑学和离散数学的方法完全不同，它似乎代表着另外一种与传统计算机科学完全不同的根基。"** 从事计算机科学研究的学者应当重视这个最基础的理论问题。

长期以来，计算机领域将离散数学（主要是布尔代数和数理逻辑）作为本学科的理论基础，有些学者甚至认为微积分等高等数学对于计算机系的本科教育都不重要。但是，人工智能的发展史给我们提供了重要的启示，早期完全基于数理逻辑的学科体系到 20 世纪 80 年代已基本瓦解了，以后的二三十年内几乎不再提人工智能学科，机器学习、自然语言理解、计算机视觉、机器人、认知科学等学科在独立发展的过程中，不约而同地发现了一个新的平台，这就是概率建模和随机计算。

实际上，不光是人工智能，绝大部分的现代科学越来越多地依赖概率论。量子力学改变了传统的逻辑定义，把概率看成逻辑的内在组成；生命的本质存在于大数据的统计规律之中；"逻辑概率论"也构成了经济学家凯恩斯的研究基础。在计算机领域，构造一台完全靠公理化驱动的自动机也不现实，面对复杂环境，我们需要放弃严格逻辑而改用概率逻辑。

冯·诺依曼研制计算机的初衷是实现两个目标：一个是一般性功能的计算机，另一个是基于自动机理论、自然规律和人工智能的计算机。他在临终前赶写的《计算机与人脑》一书中，花了约 80 页描述计算的神经模型，希望将神经模型与布尔代数的逻辑联系起来，但他没来得及完成。冯·诺依曼的遗愿现在仍然是计算机领域最具挑战性的科学问题。

---

* 《中国计算机学会通讯》2018 年第 11 期主编评语。

　　这里讲的计算机学科基础理论，不是在解决智能应用问题中简单地集成逻辑推理和统计学方法，而是要从最基础的层次探索计算原理，从理论上深入融合数理逻辑和概率统计。美国学术界认为逻辑推理是人工智能的第一波，统计学习是第二波，现在的第三波是寻求具有可解释性和更加通用的新理论和新技术。我国《新一代人工智能发展规划》提出了大数据智能、群体智能等若干条技术路线，但对涉及智能与计算本质的基础理论研究没有做出明确的部署。

　　人工智能现在虽然很火，但像蒸汽机和电动机一样划时代的产品还没有出现，人类真正进入智能时代可能需要理论上的重大突破，在哲学思想上，可能也需要思路上的大转变。人工智能界许多有识之士在做基础性的理论探索，如张钹院士追求的"真正的人工智能"、朱松纯教授探索的"乌鸦式人工智能"，都试图实现自上而下的逻辑推理与自下而上的统计学习无缝融合。希望我国学者在重塑计算机科学基础理论的攻坚中做出开创性的贡献。

融合的力量 *

本期发表的中国计算机大会（CNCC）特邀报告很精彩。图灵奖得主罗伯特·卡恩（Robert Kahn）阐述了他提出的数字对象架构，这一发明具有长远的历史意义，可能100 年以后还会用到。我国的基础研究缺少的就是这种向前看 100 年的眼光。美国工程院院士、加利福尼亚大学伯克利分校凯瑟琳·伊列克（Katherine Yelick）教授认为，算法研究现在处于青铜时代，而计算机体系结构和程序系统研究处在黄金时代，摩尔定律的终结给计算机架构师带来重大机遇。他们的报告都给人启迪，但最引起我共鸣的是我的老朋友、东软集团创始人刘积仁的报告。

刘教授的报告只有短短 3 页，但处处透射出他对科技与市场关系的深刻理解。对于只关心技术开发、不大关心制约技术创造价值的社会因素的学者，此文是一杯"清醒剂"，值得一读。他尖锐地指出：现在从事大数据研究的人很多，但大数据的产值相对比较低，可能是因为我们对技术理解得很多，而对制约技术创造价值的因素了解得太少。古人云：功夫在诗外。大数据研究一定要对技术以外的要素有清楚的认识，要有超越技术的思维。需要将高质量的多源数据与领域知识进行融合。只有当数据和商业的行为与约束融合在一起，才能形成一种新的模式。其实，不只是大数据，绝大多数应用研究有与领域知识融合、适应外界环境的问题。我国的科技成果经济效果不明显，其源盖出于此。我们的许多科研是在别人文章的基础上做些细枝末节的修补，放大到一个行业来看，往往无足轻重。

与刘教授的宏观思考异曲同工，本期专栏的另一篇文章《面向领域定制的神经网络结构设计》，从科研方法的角度谈及领域知识与神经网络方法的融合。此文是中国科学技术大学杜俊团队的经验总结，他们在语音和图文识别等国际评测和竞赛中荣获了 11 项冠军。其中基于偏旁部首的汉字识别神经网络就采用了句法模式识别和神经网络相结合的模型。谈到句法模式识别，我就想起了我的博士指导教师之一傅京孙教授。他 1985 年突然去世，我曾以联谊会的名义组织在普渡大学学习的上百名我国留学生与

---

* 《中国计算机学会通讯》2018 年第 12 期主编评语。

访问学者参加傅教授遗体告别仪式和追悼会，并将以电话口述记录方式得到的大使馆唁电转交傅夫人。很长一段时间里，傅教授提出的句法模式识别被人遗忘了，但朱松纯等有眼力的学者继续坚持自顶向下的语法解译图（Parse Graph）与统计学习相结合，在计算机视觉等领域做出了出色成果。

融合是一种方法，更是一种哲学，是认识世界和改造世界的基本途径。不论是发明一项新技术还是创办一家新企业，所谓专门技术对成功的贡献可能不到一半，另一半的努力要花在对问题本身的深刻了解和应对与问题有关的各种挑战上。对所针对的问题的领域知识了解越深入，对制约技术创造价值的因素了解越彻底，我们做的研究才越有价值。而这种深刻认识只有在融合各种研究方法、有关学科、社会环境、伦理制度、人文文化的数据和知识后才能获得。纯基础研究可以不考虑应用，但只有对市场和行业有全面深入的理解，才能做出有重大价值的应用研究。

致读者 *

从 2015 年第 5 期开始，我每期写一篇主编评语，已经写了 44 篇。每期的主编评语都是千字短文，但写稿时敲下每一个字符我都感到沉重，往往要花一天时间才能写成。我感到紧张是因为我担心由于我思想的局限性误导了 4 万多名学会会员和其他读者。人贵有自知之明，我已经 75 岁，早就不在第一线工作了，写出的话很难讲到点子上，该到"谢幕"的时候了。

从本期开始，"主编评语"改成"卷首语"，我希望"卷首语"反映中国计算机学会的集体智慧，成为《中国计算机学会通讯》的"点睛"栏目。不仅中国计算机学会的领导层，《中国计算机学会通讯》各栏目的主编、编委可以写，中国计算机学会的常务理事、理事和会员也都可以投稿。"卷首语"可以对学术研究方向发表独特的观点，对改善科研和产业环境提出鲜明的看法，也可以对取得的重大科技成果做介绍和评述，或对不正之风进行尖锐的批评。总之，只要是观点犀利、给人启迪，有助于科技和产业发展的精品短文，都可能成为"卷首语"。

发动有真心话想说的人写"卷首语"，可能是本刊的一次改革创新。我深信，广大科技人员中蕴藏着巨大的智慧和创造力。中国计算机学会藏龙卧虎、人才济济，给大家一个发表真知灼见的平台，发人深省的"卷首语"一定会源源不断地涌现出来。

---

* 《中国计算机学会通讯》2019 年第 1 期卷首语。

改变"成果转化"观念 *

　　"成果转化"观念在我国根深蒂固，绝大多数关于创新发展的文件会提到。希望科学技术与经济发展密切结合的愿望是好的，但"成果转化"的基本思路是从技术出发找市场，这是违背企业发展规律的做法——成功的企业绝大部分是根据市场找技术的。企业一旦真正有了对技术的需求，一定会千方百计吸收有价值的技术，不需要大学和科研机构漫无目的地做"成果转化"。随着企业创新能力的提高，所谓"成果转化"的神话会越来越落空。

　　所谓"成果转化"不是技术发展的客观规律，国外一般只讲技术转移，不提成果转化，更没有所谓"成果转化率"一说。科研需要一个"报奖"的"成果"，而所谓"成果"需要从大学和科研机构转移到企业，这是中国的科技发展历史和制度造成的。改革开放以前，我国的国有企业基本上是加工车间，制度上不允许做研究开发。目前，我国科研队伍的精兵强将集中在大学和科研机构的国家重点实验室，一半以上的中国科学院院士、40% 以上的"杰青"在国家重点实验室工作。从人力资源上看，企业还没有真正成为创新的主体。这种局面不改变，科技和产业的关系就一定是扭曲的。

　　"大众创业"并不是做"成果转化"，大学和科研机构的单点技术不能保证创业企业茁壮成长。企业要想活下来，市场、管理、融资等方面都不能有短板。我国许多人把美国的《拜杜法案》作为"成果转化"的样板法案，但《拜杜法案》被严重误解，实际上它只是涉及小企业和非营利组织的专利法修正案，不涉及科技成果所有权，也不适用于国家科研机构。无限度地提高个人在科研成果中的分配权占比，并不是保证"成果转化"成功的灵丹妙药。真正让技术转移畅通无阻的，一是靠企业提高自主创新能力，二是形成市场牵引的创新生态环境。

　　长期以来，我国科技计划的操作模式基本上是，由大学和科研机构的专家根据技术发展趋势决定做什么，企业的实际需求很难反映到课题指南上。最近大家都在讨论我国技术的"短板"，但真正感受到"卡脖子"痛苦的是企业。对于"补短板"技术，

---

* 《中国计算机学会通讯》2019 年第 9 期卷首语。

应当改变科技立项的传统做法，采取骨干企业出题，真正有能力的科技人员揭榜应答的方式，将人力、物力花在最该花的地方。

　　总体来讲，我国企业的科技实力还不强。美国科技类上市公司总市值约为 7.72 万亿美元，而中国科技类上市公司总市值只有 2.08 万亿美元，相差约 3 倍之多。企业实力的增强将使我国的技术转移走上良性发展轨道，推动大学和科研机构往高处走，向源头创新方向发展。我国企业向高端发展的主要困难是，真正对企业有价值的技术供给不足，应该成为创新主力的中小微企业的日子还不好过。我们必须从思想上认识到这一问题的严重性和紧迫性，从国家经济转型的高度重视这一涉及高质量发展全局的战略问题，制定有力度的激励政策，促使大批高端技术人才走进企业，使企业真正成为创新主体。

解决 AI 人才缺口的出路在哪里？ *

    网络上流传着一则未经核实的报道："根据中国教育部门测算，我国人工智能（AI）人才目前缺口超过 500 万，国内的供需比例为 1:10，供需比例严重失衡。"前不久国家统计局公布的第四次全国经济普查结果表明，到 2018 年年底，我国软件和信息技术服务业的全部从业人员为 676 万人。领英网站曾统计，目前全球人工智能人才为 190 万人。将这些数字做比较，就能看出我国目前人工智能人才缺口 500 万的预测有多大水分。

    尽管这个预测不可信，但培养人工智能人才确实是当务之急。人工智能过去不是大学教育的必修课，攻读人工智能专业的学生需要本科毕业后再花 3 ~ 6 年时间读硕士或博士。为了满足社会对人工智能人才的需求，很多大学在增加人工智能方向的研究生招生名额，南方一些新办的大学打算每年招收上千名此方向的研究生。目前阻碍人工智能在各个行业落地的主要困难，一是技术太复杂，二是人员成本太高。加速培养研究生只是解决困难的路径之一，不能从根本上弥补巨大的人才缺口。任何行业技术人才的构成都是金字塔结构，硕士和博士只是上层部分，底层的技术人员应该是大学本科毕业生。我们应该考虑如何让大学生在推广人工智能技术应用中发挥重要作用。

    一般而言，新技术要实现产业化需要同时在两个方向发力：一是提高技术的能力和成熟度（也就是技术人才的水平），二是降低技术应用的门槛。这就是技术推广的"两条腿走路"模式，已经被科技发展的历史验证，计算机和通信技术的普及都是这么走过来的。在迅速提高技术人才的数量和水平不容易实现时，就要运用"逆向思维"，在降低技术应用门槛上多下功夫。

    集成电路设计曾经是人才极度缺乏的行业，我在美国读博士时，由于加工芯片成本太高，全美攻读超大规模集成电路（VLSI）设计的博士生可能不超过 100 人。20 世纪 80 年代，美国 DARPA 支持 MOSIS 开展的多项目晶圆（MPW）流片服务和 EDA 软件的进步，大大降低了芯片设计门槛，催生了一大批芯片设计企业。互联网服务业的发展得益于开源软件和公共开发平台，丰富的网络软件开发工具使开发互联网应用

---

* 《中国计算机学会通讯》2019 年第 12 期卷首语。

成为一件很轻松的事情。

　　工具链是弥补人才缺口的重要帮手，弥补人才缺口的"另一条腿"是打造工具链和公共开发平台，提供容易掌握的成套抽象化工具，可以大幅度降低人工智能的应用人才门槛。我国人工智能基础层、技术层和应用层的人才数量占比分别为 3.3%、34.9% 和 61.8%，基础层人才比例严重偏低，大学和科研单位的高端人才要坚持做基础性研究，探索人工智能的"无人区"，突破关键技术。但技术层的科研人员要集中精力开发人工智能设计流程的各种工具和平台软件。

　　科技部已经认定了 15 家企业为国家人工智能开放平台，主要是对各企业的下游开放技术接口，其发展前途可能不如开源平台。我国应大力发展技术领先、功能完备、自主可控的人工智能开源平台。发展开源平台也是培养人工智能人才的最佳路径。丰富的人工智能工具链有利于各部门的 IT 人员迅速转行到智能应用，形成浩浩荡荡的人工智能人才队伍。

中美学术交流的一朵奇葩
——《David 专栏文集》序言[*]

　　自 2013 月 3 月开始，时任 IEEE 计算机学会（IEEE CS）主席的戴维·阿兰·格里尔教授为《中国计算机学会通讯》写专栏文章，每月一篇，一直持续至今。他的文章以小见大，言浅意深，谈古论今，发人深省，受到广大会员的欢迎。为了向更多读者分享他的独到见解，中国计算机学会决定将他的专栏文章汇集成一本书出版，并约我为这本书写序，我很荣幸有此机会表达我对他的敬意。

　　David 教授担任 IEEE CS 主席以后，当年就来到北京，他说是"为合作与友谊而来"。在为《中国计算机学会通讯》写的第一篇专栏文章《中国比你想象的要近》中，他告诉中国读者："我们有许多相同之处，这是我们对话的基础。"多年以来，他持之以恒地写专栏文章，因为他认为**"文章可以架起一座桥梁，交流可以使计算机成为一股为善的力量"**。他的文章中流露出对中国人民的感情和对中国文化的欣赏。趁在长沙开会的机会，他参观了岳麓书院，被这座建于 1 000 多年前的宋代书院深深吸引。他的文章中甚至引用了先秦名家惠施提出的"历物十事"，用罕为人知的惠子思想阐述"计算思维"。David 教授不愧为中美民间学术交流的代表，为了表达我国广大计算机学者对他的感谢和尊敬，2018 年中国计算机学会授予他"CCF 杰出贡献奖"。近年来，国际上盛行"逆全球化"和"脱钩思维"，但"合作共赢""人类命运共同体"仍然是全世界广大民众的追求。不管世界风云如何变化，民间的科技文化交流不可阻挡，David 教授期盼的"善的力量"永存。

　　David 教授的专栏文章吸引人、启发人的重要原因是，他具有纵观历史、横观全局的宏大视角，能在融会贯通中揭示技术领域的重要趋势。他不是局限在一个研究方向的专家，而是一个知识渊博而且经验丰富的学者。他的专栏文章内容不仅涉及软件工程、高性能计算、下一代网络、人工智能、云计算、区块链、物联网、量子计算、信息安全、

* 2020 年 3 月为《David 专栏文集》写的序言。

计算机教育等热门领域，而且深入自动驾驶、态势感知等细的学科分支，甚至包括较少人关注的动物计算（动物与计算机的交互）等冷门领域。由于阅历不够，年轻的学者往往"只见树木，不见森林"，缺乏宏观视野。而 David 教授总是试图全面了解各个方面的贡献和影响，更深一层地理解这些贡献之间如何相互作用。当谈及高性能计算时，他没有强调追逐 E 级计算，而认为发展超级计算机中心的历史性转折是，实现高性能计算从全球到当地、从支持军方和国家安全项目到支持当地的研究和产业的转变。当评价红极一时的"工业 4.0 报告"时，他没有强调实现智能化，而认为真正的新东西是呼吁标准化，呼吁工业界使用通用的工具、方法和数据格式，以便更有效地进行合作和竞争。世界上各种事物之间有错综复杂的联系，一项新技术的发展不仅受到其他技术的影响，还受到政治、文化、社会伦理等各种制约，我们应学会从全局的不同角度思考问题。如果读者从这本文集受到这方面的启发，其洞察能力一定会有所长进。

　　唯物史观认为，历史是人民创造的。但在科学技术史的讨论中，一直存在"英雄造时势"与"时势造英雄"的争论。我很高兴能从 David 教授的专栏文章中了解到，他从根本上不信任人们对技术进步的某些赞美。他认为，我们有时因过度拔高某种观点、某个实验室，甚至某个人，而忽视了一些更深层的道理。在一篇讨论计算机发明历史的文章中，他明确指出："倘若有人想和你讨论电子存储程序计算机的起源、发明或者创造要归功于谁，建议你婉言谢绝。"因为**"计算技术和计算机是集体智慧的结晶，20 世纪最伟大的成就之一是集体能够很好地合作，彼此分享成果，这才是计算机发明带给我们的最重要的经验"**。我很赞成 David 教授的观点，在推动计算机技术发展的征途上，我们不能忽视尖子人才的贡献，但更要看重团队的力量和相互合作的巨大作用。

　　在新的信息技术层出不穷的今天，媒体上充满了各种对未来生活的遐想和预言。在 David 教授的文章中，很少见到对某项技术的发展前景做预测和规划。他的文章多半是以史为鉴，审慎乐观地看待新兴技术，指出发展新技术可能会遇到的障碍。David 教授的父亲是 20 世纪 60 年代一家著名的计算机公司的创建者，他从小受到计算机的熏陶，十分熟悉计算机的发展史。他在文章中讲述的历史故事常常给人留下深刻的印象，故事的背后往往蕴含深刻的道理。在《对物联网的误解》这篇文章中，他在讲述了智能语音机器人的一段故事后，描述了很多被弃用的旧工厂、锅炉和仓库，接着发出振聋发聩的警告："物联网系统会像旧工厂一样被遗弃，然后成为仅在网络上的风景吗？这或许是我们面临的最大挑战，因为我们还没有完全理解物联网系统而认为它只不过是传统生产系统的最新延伸。"在展望人工智能的未来前景时，他同样发出质疑："费根鲍姆（Feigenbaum）和麦克达克（McCorduck）的观点在当时看起来似乎和李开复在书中的观点一样令人信服，《AI·未来》中的观点是否也会和第五代计算机的论断遭遇同样的命运？"历史可以启示未来，但未来不会重复过去。技术的发展很难准确预测，新产品的市场前景更难把握。David 教授没有把自己当成未卜先知的"算命人"，他清醒地指出：**"我们可以根据现在的经验去预测未来吗？当然可以，但我们要牢记，未来可能并不完全符合我们的预测。"**

作为美国 IEEE CS 的领导者，David 教授对我国计算机界的一大贡献是通过介绍 IEEE CS 如何工作，帮助中国计算机学会走上良性发展的轨道。他明确指出，IEEE CS 不是工会，IEEE CS 的声望建立在**"会员能够为了技术的进步而独立做出决定"**这一原则之上。IEEE CS 帮助会员创造出智慧的工具，协助他们工作。例如，通过制定《软件工程知识体系指南》建立软件工程领域，这种事情显然不是工会的工作。David 教授长期担任企业的顾问，他经常走访企业，与企业界有密切联系。在这本文集中，许多文章一看标题就知道是在搭建学术与产业的桥梁，如《如何理解产业界》《市场算法》《弥合鸿沟》《计算机与创业历程》等。他深刻地指出，学术研究者和产业界人士这两个群体并非天然盟友。对于计算领域的任何专业群体来说，都有"认知角度"（即如何组织知识）的问题。学术研究者以一种方式组织知识，而产业界人士却以另外一种方式组织。这两种组织方式并非总是相容的。因此他一方面劝告技术创新者要认清这个事实：他们的想法不仅从技术上看是最好的，从市场上看也应是最好的。另一方面他也鼓励从事基础理论研究的学者超越传统计算模型，去研究未来计算新的根基。科研与产业脱离是我国的"痼疾"，David 教授的文章无疑是治疗这一痼疾的良药。

David 教授最熟悉的领域是软件工程，本文集讨论最多的技术也是软件工程。他深刻地指出，软件工程的最初思想是借鉴于制造工程，而不是电气工程。它是基于质量控制和质量持续改进周期的思想。软件开发需要规范和约束，而这种规范和约束把我们带往两个方向。它要求开发团队既具有严谨性又具有灵活性。他不仅揭示了软件开发面临的各种挑战，强调理解需求、编程工具、敏捷开发和软件测试的重要性，还高瞻远瞩地展望未来可能出现数据科学家领导的软件团队，数据和程序同等重要。我想象不到的是，David 教授居然从 60 多年前我国制定的《1956—1967 年科学技术发展远景规划》中，发现我国不重视软件人才的培养，因为那份文件规划的目标为："每年培养 500 ~ 600 名计算机制造方面的学生，以及 10 ~ 25 名程序设计和计算机技术方面的专业人才。"时过境迁，今非昔比，今天的中国已经是软件大国，软件开发人才到处都是，但高端人才和系统软件仍是明显的短板，需要更上一层楼。

　　国外的中学和大学都有培养交流沟通能力的基础课程"Communication"，但这个单词在我国多半被理解成"通信"，被当作一门信息技术，这凸显了我国对培养学生的交流沟通能力重视不够。大家普遍认为印裔移民在美国担任公司领导的比华裔多，其原因也是他们的沟通能力较强。写文章如何做到引人入胜也是一种沟通能力，David教授的文章可以说是这方面的典范。他很善于选故事和讲故事，看似信手拈来的故事实际上都经过精心挑选，可谓用心良苦。读David教授的文章，学习他以小故事讲大道理的沟通技巧，也许是一种额外的收获。

关于计算机免疫系统的随想 *

　　自新冠肺炎疫情暴发以来，"病毒"和"免疫系统"成为最受关注的话题。长期以来，人们惊叹自然进化形成的生物免疫系统多么神奇。一个小小的细菌，仅仅用自身基因组序列上的一小段重复 DNA 片段（称为 CRISPR），就具有病毒疫苗的功能，可抵挡病毒的侵袭。人体中参与免疫的淋巴细胞数量多达 10^{12} 个，超过神经细胞的总数，免疫系统的复杂程度可能超过神经系统。但是，这次疫情也让我们看到人体免疫系统的无能和失控，多少重症病人死于免疫系统过度反应导致的"炎症风暴"。仅仅靠自身的免疫系统不可能完全制服病毒，老百姓对科技界最大的期盼是尽快研制出对付新冠病毒的疫苗。

　　作为计算机领域的科技人员，在抗击疫情中自然会想到如何学习借鉴微生物和人体免疫的机理，研制出具有自适应免疫能力的计算机系统。其实这种努力在 20 多年前就开始了。1996 年在日本举行了关于免疫系统的国际讨论会，首次提出了"人工免疫系统"的概念。我国少数学者在 21 世纪初期也开展了相关研究，沈昌祥院士为发展主动免疫的可信计算做出了重要贡献。但总体来讲，与红红火火的人工智能研究相比，这一领域的研究一直不温不火。

　　人工免疫系统的研究进展不理想的原因很多，关键的问题可能是"只见树木，不见森林"，缺乏宏观的视角和对免疫机理的深刻理解。淋巴系统与神经系统是相对独立的两个系统，免疫与智能应当具有不同的机理。已有的人工免疫系统研究多半是对人工智能和演化算法的改进，从单一的角度模仿免疫系统某一部分功能。生物信息学与分子生物学近年来有巨大的进展，但计算机领域的学者很少了解这些前沿成果。只有对人体免疫机理有更深入全面的认识，计算机免疫系统才会有本质性的突破。

　　计算机免疫系统的进展不尽如人意的另一个原因可能是缺乏科学的安全观。2019 年我在一次以"计算与通信技术智能融合"为主题的通信网络与计算科学融合国际学术研讨会上，听到于全院士的报告，很受启发。他指出：网络安全系统和生物免疫系统

＊　《中国计算机学会通讯》2020 年第 4 期卷首语。

一样，对付未知病毒和内部变异分子的攻击是非常困难的，不要奢望达到所谓的"绝对安全"状态。追求绝对安全的结果必然是绝对的不可用，就像人要想绝对不生病的办法可能只有死亡。过度防护通常会造成网络可用性和用户体验严重下降，相当于入侵威慑产生了不战而屈人之兵的攻击效果。与生物免疫生态体系一样，网络安全防御体系应当永远与病毒处于动态博弈的协同进化之中。构建计算机免疫系统的目标是达到可用性和安全性的平衡，实现安全风险的可预测、可评估、可隔离、可控制，靠全局协作形成整体响应优势，靠全局态势实时共享带来预见性和适变性。

人体免疫系统并不十分完美，应该不是构建网络安全系统唯一的参考对象。有些计算机系统对安全性的要求极高，还需要专门的密码技术，甚至未来可能采用的量子技术。

要有应对"技术脱钩"的底线思维 *

　　新冠肺炎疫情在美国的蔓延使美国政府的自信心进一步下降，对中国的恐惧和疑虑不断加深。特朗普担任美国总统时加大了与我国"脱钩"的力度，形势在不断恶化。中美两国完全"技术脱钩"不太可能，但在高技术领域，尤其是集成电路、无线通信、高端计算机和人工智能等领域，中美"技术脱钩"看来难以避免，要有准备"脱钩"的"底线思维"。

　　所谓"底线思维"的实际行动就是提早准备"备胎"，准备好应对美国发难的各种应急方案。在科技领域，最重要的是将美国施加的巨大压力转化为激励自强的动力，做好自己的事。一方面要补"短板"，尽快化解"卡脖子"的威胁，增强技术自给能力；另一方面要努力打造自己的"长板"，提升向世界科技进步提供支撑的能力。只有大幅度提高我国在世界科技和经济体系中的影响力，才能真正打破美国的"脱钩"企图。

　　"底线思维"不只是"从最坏处着眼，以最充分的准备防患于未然"，还要尽量"朝好的方向努力，争取最好的结果"。除了加大自主研发力度，坚持"对外开放"也是对付美国"脱钩"的重要战略。我们要建立最广泛的国内国际统一战线，尽最大努力完善技术和产品供应链。同时也要抵制闭关自锁的关门主义倾向，不能做"为渊驱鱼，为丛驱雀"的傻事。国际上没有国际化龙头企业的国家，如巴西、墨西哥和土耳其等，国内市场不小，但都陷入了"中等收入陷阱"，人均 GDP 被锁定在 1 万美元左右。一个国家必须有国际化的平台公司或高技术公司，才能获得超额利润，带动国内产业链和人均收入快速提升。只有对外交流，才能使我们的科技处于世界前沿。我国要坚定采取"反脱钩"策略，多做"挂钩"的事，不主动做进一步导致"脱钩"的事。

　　许多人对中美集成电路领域的"技术脱钩"十分担心，感到前途渺茫。2020 年3 月，美国波士顿咨询集团（BCG）发表的一篇研究报告指出：如果中美"技术脱钩"，美国半导体行业整体收入将下降 37%（约 830 亿美元），其全球份额将从 48% 降至约30%，不得不每年削减高达 100 亿美元的研发支出，美国必将失去该行业的全球领导

---

* 《中国计算机学会通讯》2020 年第 9 期卷首语，原文标题为《要有应对技术脱钩的底线思维》。

地位。相反，中国半导体行业的全球份额将从3%增长到30%以上，从而取代美国成为全球领导者。这份报告出自美国的著名咨询公司，不但给美国政府官员，也给我国的悲观者提供了一杯"清醒剂"。

实际上，从"巴黎统筹委员会"到《瓦森纳协定》，美国一直严格禁止将敏感技术出口给我国，可以说一直存在某种程度的"技术脱钩"。技术封锁阻挡不了我国的自主创新，反而是不断引进落后技术又不认真消化吸收，导致我国汽车等产业长期落后。历史上英国、德国和美国都可以在技术封锁的条件下实现国家崛起。依靠中国的巨大体量和技术基础，我们完全有信心实现以国内循环为主、国际国内互促的双循环发展新格局。中美两国的博弈已进入战略相持阶段，我们必须要有打30年以上持久战的耐心、卧薪尝胆的决心和夺取最后胜利的信心。

中国计算机学会工作的点滴回忆 *

从 1981 年我在中国计算机学会（CCF）的会刊《电子计算机动态》上发表我的处女作《一种新的体系结构——数据流计算机》算起，我与 CCF 打交道已经 40 年了，从 2002 年担任 CCF 理事长算起，也有 20 年了，岁月沧桑，感慨万千。在这篇文章中，我不打算做官样文章式的总结，只想对 CCF 工作中留下深刻印象的人和事（特别是一些趣事）做些点滴回忆。

在写这篇文章时，我先打开了 CCF 的网站，浏览了"CCF 会员故事"栏目的几十篇文章，文章中会员对 CCF 发自肺腑的感言给我强烈的震撼。怀着激动的心情我先摘录几句会员的心声："有一种信仰叫作 CCF 文化，有一种文化叫作 CCF 价值，有一种价值叫作 CCF 会员。CCF 会员价值构成 CCF 整体价值，CCF 整体价值通过 CCF 会员得以体现""在 CCF 这样一个有温情、有温度、有深度、有高度的团体里，因为有情义，所以我奉献；因为有奉献，所以有认可；因为有认可，所以有价值；因为有价值，所以有成就；因为有成就，所以是归属。我将继续追随 CCF 一路前行""CCF 之美，美在信仰，妙在文化，绝在风尚，乐在群人群思""CCF 是一个开放、民主、公平、公正的平台——在这里，只要做出贡献，就会得到大家的认可；只要学识卓越，就能得到大家的尊重""CCF 若待我以亲情不弃，我便待 CCF 以真心不离""有人说，CCF 代表着希望，满载给养，圆成梦想；还有人说，CCF 是一架桥，与志同人为伍，与上智者同行""CCF 不仅是国内计算机与信息领域的学术标杆，更是工业连接和产业枢纽""CCF 是当前中国最关注计算机信息技术后备力量和青少年人才的学会组织"。

20 年前我憧憬的现代科技社团不就是这样的组织吗？启动 CCF 改革时，我何曾想到今天会有 8 万多自愿加入的付费会员，更想不到"责任、创新、奉献"的 CCF 文化会如此深入人心。我后半生自认为为 3 件有意义的事出了力：一是创建国家智能计算机研究开发中心和曙光公司；二是引领中科院计算所起死回生，重铸辉

---

* 应约为《CCF 创建 60 周年文集》写的回忆文章。

煌；三是推动中国计算机学会走上健康发展的轨道。第三件事我出力不多，但其影响面可能大于前两件事。民主、自律、朝气蓬勃的民间科技社团是推动科技发展和整个社会进步的重要力量，中国出现 CCF 这样有吸引力和凝聚力的科技社团，是中国社会改革进步的一道靓丽的风景线。在回顾 CCF 近 20 年阔步前进的历程时，我要感谢与我合作共事过及众多未曾谋面的会员，更要感谢这个改革开放的伟大时代。

一、2004 年以前我参与的几项 CCF 的活动

CCF 有悠久的历史。1962 年 6 月就成立了中国电子学会计算机专业委员会，第一届委员会有委员 22 人，王正任主任委员。王正是新中国成立前就参加革命的懂信息技术的老干部，连续担任了 4 届中国电子学会计算机专业委员会主任委员，还当了 20 年中科院计算所副所长，是中国计算机事业的创始人之一。说起王正，我想起了一件有趣的事。2006 年，中科院计算所召开庆祝建所 50 周年大会之后，我遇见我国电子信息领域的元老罗沛霖先生（他也是建议成立中国工程院的 4 位发起人之一），他笑着对我说："你们开建所 50 周年大会，居然不请我参加，你就不怕'阎罗王'？"我当时被质问得一头雾水。他给我解释，中科院计算所的建立过程中，阎沛霖（曾任中科院计算所首任所长）、罗沛霖和王正起了关键作用，他们三人合称"阎罗王"。现在这批中国计算机事业的奠基人大多已经作古，他们开创的事业已落到 60 年后的年轻人的肩上。

1985 年，CCF（全国一级学会）正式成立。在 CCF 的早期发展中，张效祥、胡启恒、夏培肃、杨芙清、徐家福等老一辈学者发挥了重要作用。张效祥老先生的题词"责任、创新、奉献"已成为 CCF 文化的精髓，每次颁奖大会都醒目地显示在大会主席台的背板上。早年 CCF 的工作给我留下深刻印象的是入选我国 70 周年 70 部经典图书的《计算机科学技术百科全书》。这套百科全书已经出了 3 版，一直是张效祥和徐家福两位老先生在张罗组织。2005 年第二版出版后，2010 年就开始筹备第三版，直到徐老先生去世后，2018 年 5 月第三版才问世，编著的艰辛可想而知。第三版启动编辑时，我还是 CCF 的理事长，徐老先生为此书与我联系过几次，主要是讨论他执笔写的《计算机科学技术总论》，但我对此书操心不够，至今还感到遗憾。建议今后 CCF 的领导多关心此类经典图书的出版。2016 年，王阳元院士组织 500 多位专家学者，只花了两年半时间，就高质量地完成了上中下 3 册 240 万字的《集成电路产业全书》，在业

界产生了深远影响。他们的成功经验值得我们学习。计算机技术发展很快，花 10 年时间编一本百科全书的马拉松式进度肯定会出现知识滞后，希望 CCF 组织精干力量，争取花两年时间就能出版几本像《集成电路产业全书》一样的百科全书，在历史上留下记录。

改革开放以后，CCF 也开始重视发挥青年学者的作用。1991 年 7 月，第二届国际青年计算机工作者会议在北京香山举行，我是大会主席。长期以来，我国学术会议的主席台上都是坐满一排资深的学者，那次会议做了重大改革，台上只有我一个人在主持会议，会议特别邀请的朱光亚老先生也坐在台下，他对此并不介意。可是会议开了不久，他就起身走了。我感到很惶恐，就去问陪他一起来的汪成为（当时他是 863 计划智能计算机主题专家组的组长）。汪组长告诉我，因为朱光亚先生翻阅会议文集时发现，有一位中国台湾学者的单位名称后面有"中华民国"的英文缩写，朱先生就愤然离会了。我一方面敬佩朱先生"眼里不容沙子"的高度原则性，同时为我们出版前审稿校对不仔细而深感懊悔，事后我做了深刻检查。

早期中国计算机学会的活动还有一件事给我留下深刻的记忆。2000 年 8 月，中国计算机学会与中国电子学会、中国通信学会共同承办了第 16 届世界计算机大会（WCC'2000）。大会邀请了我的导师华云生教授（时任 IEEE 计算机学会会长）担任大会主席。这次会议规格很高，时任国家主席的江泽民出席大会并发表了重要讲话。为了争取在北京举办这次大会，1998 年我与中国代表团其他成员一行前往欧洲参加第 15 届世界计算机大会，这次大会在奥地利的维也纳和匈牙利的布达佩斯两个城市举行，会议中途全体参会者乘大轮船顺多瑙河而下，饱览了平静如镜的多瑙河两岸旖旎的风光，十分惬意。可是我做错了一件事，我的奥地利签证只办了一次入境，从匈牙利集体坐大巴回奥地利时，被边境检查拦住，不让入境。幸亏一车的老外"会友"帮我说情，终于"闯关"成功，有惊无险。

二、启动 CCF 的改革

2000 年我刚担任中科院计算所所长，就被选为 CCF 第七届理事会常务副理事长，因为理事长唐泽圣教授常年在中国澳门工作，实际上我已负责学会的日常工作。在这以前，杜子德已做了几年的副秘书长，他工作很有魄力，特别是他 1998 年创建的 YOCSEF 办得有声有色，我很希望换届时他担任秘书长。但他是一个有棱有角的人，不会当和事佬，有些老学者不喜欢他的做事风格。为了平衡各方面的意见，我只好推荐史忠植当秘书长，史忠植是中科院计算所的老研究员，为人谦和，各方面都能接受。但是他自己的科研工作很忙，也没有多少时间来管学会的事。2002 年 12 月，唐泽圣教授辞去了理事长职务，由我代理理事长。当时虽然有一些改革的想法，但只能照既定方针办，学会没有大的起色。

2004 年 4 月，CCF 第八届会员代表大会选举我当理事长，李晓明教授等当副理事长，杜子德为秘书长。2008 年 4 月，学会第九届理事会选我继任理事长，郑纬民、李晓明教授等任副理事长，杜子德继续当秘书长。直到 2011 年年底卸任，有 8 年的时间我与一批志同道合的学者服务 CCF，开启了中国民间科技社团改革之路。这一段时间与我当中科院计算所所长的时间几乎重叠，我的主要精力肯定还是花在中科院计算所，但 CCF 的成长壮大和中科院计算所的重铸辉煌几乎同步，令我颇感欣慰。

历史决定文化，文化决定社会结构和体制。中国的文化强调集体主义，因此每一个人与他的工作"单位"关系密切，中国共产党和各级政府的号召与组织规划作用比其他国家强，这是中国的特点，我们必须充分发挥这一自上而下动员群众的优势，这对完成工程任务、应对疫情等需要集中力量办的事效率高。但是，智人是通过信息交流获得进化的具有社会性的物种，从事类似工作的人需要打破"单位"限制进行思想交流和经验共享，这是社会发展的刚需。民间社团是政府和企业之外推动社会进步的重要力量，不论什么国家都需要民间社团蓬勃发展。我国在民政部登记的各种社团有 3 000 多个，中国科协下属的全国学会有 196 个，但大多数社团长期以来带有官方或半官方色彩，民间社团在社会发展中的作用有待加强，科技社团的改革已经提上日程。

为什么我会感到科技社团的改革迫在眉睫？ 1981 年我去美国普渡大学读博士，一进校就注意到普渡大学的校徽（见图 6.1）上有 3 块盾牌，这代表普渡大学的宗旨：教育、研究和服务，所谓服务主要是指为各个学科的学会等民间社团服务，学校在提升职称的时候，要考核教师为社团服务的态度和效果。

我在美国参加过很多学术会议，基本上是 IEEE、ACM 等学会组织的会议，我的许多文章是发表在各种学会主办的刊物上。学校的老师和学生大多数是学会的会员，有些学生还参加了多个学会。回到国内以后，我发现虽然 CCF 就挂靠在中科院计算所，但研究人员和学生都不是它的会员，大家也不关心学会在干什么。即使是青年学者主持的会议，台上坐的也基本上都是老人。学会商量什么事情通常也是几个人在小范围内讨论，每次选举都是等额选举，内部预订的候选人都能当选。总之，CCF 在科技人员眼里是个可有可无的组织，没有真正起到党和政府联系科技人员的纽带和平台作用。

图6.1　普渡大学校徽

　　CCF 需要改革，这一点我与杜子德有高度的共识。他已在学会干了几年，早就憋着一股劲。我们两都认为，学会是服务机构，服务的对象就是会员，如果没有个人会员，学会为谁服务？学会是没有人供养的单位，只能依靠志愿者，没有个人会员做志愿者，谁来提供服务？因此我们决定，学会的改革以发展个人会员为突破口。从 2004 开始，学会持之以恒地抓发展个人会员，不断物色精干工作人员充实秘书处的会员部。每年的奖励表彰大会，尽管要奖励表彰的人很多，时间很紧，但一直有一个保留节目：表彰全国各地发展会员的积极分子，让在发展会员工作中做出突出贡献的、名不见经传的会员走上主席台领奖，他们和做出重大科技成果的科学家一样，得到与会者的尊重。经过十几年的不懈努力，CCF 的会员从几百人到几千人，再到几万人，现在 CCF 的会员已经有 8 万多人，这已经超出了我当时的想象。

　　学会改革的第二个目标是提倡"志愿者"精神。过去学会的理事、常务理事、各个专业委员会的主任被看成一种荣誉，有不少学者是奔着这个有含金量的头衔来参加 CCF 工作的。一个学会要有活力，学会的骨干人员一定要把这种头衔看成一种责任，而不仅仅是荣誉。也就是说，自愿加入 CCF 的人都是志愿者，不管担任什么职务，都是来干事的。每次中国计算机学会的改选，不管是竞选理事长、副理事长还是常务理事，都要上台当众表明你当上以后想干什么？这就是一种承诺，一种责任。高文和梅宏在担任理事长之前都已经是院士，为什么还要来竞选这份费精力而无报酬的苦差事？高文在竞选 CCF 理事长的质询环节回答了这个问题，他说他想做一个志愿者，为社会服务。

我感到十分高兴的是，志愿者文化已经在 CCF 生根发芽，蔚然成风。每年学会颁发的卓越服务奖的得主都是志愿者的杰出代表，和我接触比较多的李晓明、徐志伟、张晓东、胡事民、史元春、臧根林等给我诠释了志愿者的真正含义。李晓明和徐志伟等教授为 "CCF 计算机课程改革导教班" 的呕心沥血、忘我付出感动了很多人，他们在计算机圈中被认为有点 "佛系" 风范，不看重 "帽子" 头衔，扎扎实实地做研究、带学生，他们的高尚情操使我领悟到，热衷于做志愿者的 "佛系" 心态或许是治疗学术界急功近利的一剂良药。张晓东一手张罗的 "龙星" 计划，胡事民带头制定的《中国计算机学会推荐国际学术会议和期刊目录》，史元春推动建立的 "CCF 学科前沿讲习班"，臧根林几十次参加的 "CCF 走进高校" 和 5 次参加的 "吕梁教育扶贫"，都是 CCF 志愿者精神的标志性 "产品"。利他的志愿者价值和利己的市场价值必须平衡，社会才能良性发展，CCF 弘扬的志愿者精神为科技界乃至整个社会增添了良性发展的动力。

2006 年，CCF 被中国科协列为全面改革试点单位之一，探索与挂靠单位脱钩，践行自主、自立、自律的新型科技社团发展模式。CCF 将 "以会员为本" 作为学会一切工作的出发点，在会员服务与管理、民主办会、办事机构队伍建设等方面进行全面改革创新，取得了明显成效。CCF 建立和完善了规章制度，几年来，制定、修订了十几种规章。CCF 强调民主选举，理事长、副理事长和常务理事的参选人数与应选人数达到二比一，这在我国学术社团中是一个创举。CCF 实现了决策机构、执行机构和监督机构三者分立和相互制衡，对不合格专业委员会进行撤并或者限期整改，到 2009 年年底，CCF 对专业委员会评估了 3 次，共撤销专业委员会 3 个，重组 1 个，专业委员会工作的规范性和学术活动质量明显提升。2010 年 2 月，民政部在人民大会堂隆重召开全国先进社会组织表彰暨社会组织深入学习实践科学发展观活动总结大会，我代表中国计算机学会在大会做了经验介绍（见图 6.2）。CCF 改革的 "故事" 广为传播。在2015 年的一次会上，我遇到中国科协党组书记尚勇，他在科技部工作时与我联系较多。一见面他就说："李院士你真厉害，你居然把 ××× 院士从专业委员会开除了！" 我连忙给他解释，不是开除，是按学会的管理制度，连续两次不参加常务理事会的常务理事就自动终止了。严格按制度办事是一个社团走上正轨的基础，CCF 做到了，现在常务理事会开会的出席率一直非常高。值得一提的是，被除名的院士并没有抱怨专业委员会，而是把这一严格规矩带到后来他当理事长的另一个学会，也实行常务理事两次不到会就终止的制度。

图 6.2　我在民政部召开的全国先进社会组织表彰暨社会组织深入学习实践科学发展观活动总结大会上介绍 CCF 的改革经验

三、学会姓"学"

学会不同于一般的行业协会。在担任理事长期间，我一直坚持"学会姓'学'"的基本定位。专业委员会是学会联系科技人员的基础架构。在学会实行改革以前，有些专业委员会二十几年都没有换过主任，开展活动也总是二三十个人的老面孔，成了一个小圈子的俱乐部。CCF 坚持差额选举的换届制度，一开始阻力很大，后来慢慢地都走上了正轨。新成立的高性能计算专业委员会和大数据专家委员会很有活力，每次开会都有数千人参加。

CCF 应当有一个全国性的大会，但综合性的学术会议很难成功，国外也是这样。中国计算机大会（CNCC）如何定位一度成为一个令人头疼的问题。如果以个人投稿到会上宣读论文的形式开会，投稿的质量一定不如专业性会议。经过几年的摸索，终于找到了大会特邀讲者的报告和论坛相结合的形式，得到学术界和企业界的认可，会议规模越来越大，2022 年可能会超过 1 万人，这是我不曾想到的局面。

除了 CNCC，CCF 举办论坛和学术活动最成功的可能是 YOCSEF，1998 年诞生的 YOCSEF 现在成员已经遍布全国。当初加上"青年"这个字头是想为青年人提供更多的发言机会。十多年后青年人慢慢成长起来，已成为我国科研的主力，45 岁以下的青年学者在很多单位已经担任领导职务。以"青年"为标识的会议和活动往往给人青涩的感觉，加拿大著名学者李明告诉我，全世界只有捷克有类似的以"青年"为标识的会议。为了保留 YOCSEF 的简称又不强调"青年"，我几次想找以 Y 字母开头表达"先进""挑战""创新"等意义的英文单词代替 YOCSEF 全称中的"Young"，但没有找到。

我在 YOCSEF 的论坛上做过几次报告，讲的内容多数围绕人才培养和学术环境，这也许反映了我对 CCF 的一种期望，我希望学会成为学术生态中的一块"湿地"。CCF，特别是青年学者聚集的 YOCSEF，不但要指点江山，激扬文字，为国家献计献策，也应该弘扬正气，荡涤心灵。2005 年 12 月我在 YOCSEF 关于学术评价的一次论坛上做了一个报告，题目是"SCI 不是评价科研成果的唯一标准"。报告中提到有些人戏称 SCI 为"Stupid Chinese Idea"，即"愚蠢的中国式观念"。后来有些学校（尤其是二本大学）的老师把这个戏称的发明权套到我的头上，以此质问他们的领导："李院士都说了，SCI 是愚蠢的中国观念，你们为什么还要统计 SCI 文章？"其实，我在报告一开始就肯定，SCI 对当时改变坐井观天的科研风气起到了一些积极作用。SCI 本身不是问题，问题出在我们滥用。由于 SCI 一般不统计会议论文，而计算机界重要的论文大多发表在顶级会议上，因此，我在会上大声呼吁计算机界要高度重视顶级会议论文。后来，在胡事民教授的领导下，YOCSEF 推出了《中国计算机学会推荐国际学术会议和期刊目录》，并做了几版修订，教育部也承认这个目录，对计算机学科的发展起到了正确的引导作用。这是 CCF 做的一件有历史意义的事，值得载入 CCF 60 年的史册。

四、为 CCCF 写评语

学会的宗旨是为会员服务，这就必须有一个基本的服务产品。我们选定办一本像 CACM 一样的杂志作为学会的基本供给，取名《中国计算机学会通讯》，英文缩写是 CCCF。2005 年 3 月在 CCCF 创刊号的"发刊词"中，我对 CCCF 的办刊宗旨做了如下的描述："CCCF 不同于目前已经发行的众多计算机类学术刊物。它不是面向作者的刊物，而是真正面向广大读者的刊物…… 我们办 CCCF 的目的主要不是为科研人员提供一个新的发表论文的载体，而是让计算机科技工作者更全面更深刻地了解相关技术的发展趋势。"理想很丰满，现实很骨感，在国内办一本读者喜欢而投稿者踊跃的学术刊物十分困难。最大的困难是我们办的刊物没有正式刊号。不是正式刊物就没有人引用，没有人引用就没有"影响因子"，没有"影响因子"就对提职称、争取人才帽子没有贡献，也就很少人投稿。目前我国有的学者发表文章的功利性很强，这是一个无解的死循环。但是目前我国民间科技社团自己办刊还存在很多困难。最近听到一个好消息，CCCF 与机械工业出版社签订了协议，联合成立公司。如果这条路走通了，可能给全国的民间科技社团闯出一条自己出版学术刊物的新路。

CCCF 首任执行编辑是我的老领导、科技部高新技术司前司长冀复生，他对质量的严格控制为刊物的后续发展打下了良好基础。在编委会和编辑部工作人员的努力拼搏之下，CCCF 越办越好，逐步得到读者的认可和青睐。统计调查结果显示，有不少科技人员是为了获得这本刊物才申请加入 CCF 的，这充分说明 CCCF 有较强的吸引力。曾担任过执行主编的钱德沛教授、唐志敏研究员，接替我的主编李建中教授，默默无闻地做了大量工作，史元春、彭思龙、袁晓如、陈宝权、包云岗等主任编委为组稿、审稿花了大量精力，前任编辑部主任韩玉琦女士为办刊付出了大量心血，我在此对所有为 CCCF 做过贡献的同人们表示由衷的谢意。

从 2005 年创刊到 2019 年卸任，我连续当了 14 年 CCCF 主编。从 2015 年第 5 期开始，我每期都为 CCCF 写一篇主编评语，一共写了 44 篇，直到 2019 年第 1 期改成卷首语，这是我为 CCF 做的持续时间最长的一件事。每期的主编评语都是千字短文，但写稿时敲下每一个字符我都感到沉重，往往要花一天时间才能写成。这是因为在很短的篇幅内讲清楚一个观点是件难事，常常要修改好几遍。我对自己写的主编评语并不满意，只是尽量做到言之有物，少说套话而已。与为 CCCF 写专栏文章的 IEEE CS 前任主席戴维·阿兰·格里尔教授相比，我的贡献小多了。自 2013 月 3 月开始，他每月给 CCCF 写一篇专栏文章，近年来中美关系紧张，他也没有中断，至今已接近 100 篇。他的文章以小见大，言浅意深，谈古论今，发人深省，受到广大会员的欢迎。借此机会，我向这位中美学术交流的使者表示深深的敬意。

五、奖励的引导

CCF 高度重视奖励工作，从 2005 年最早设立"CCF 创新奖"（2006 年更名为"CCF 王选奖"）和"CCF 海外杰出贡献奖"开始，先后设立了 10 多个奖项。CCF 设立了专门的奖励委员会，制定了严格的评奖流程和回避规则。CCF 设立的奖项都采取推荐制而不是目前政府奖励常用的申报制。CCF 的奖励往往是到颁奖会前不久甚至当天，获奖人才知道，因此 CCF 的奖励越来越得到同行的认可。同行的认可是最高的奖赏，获奖者十分珍惜 CCF 的奖励。

科技奖励是件十分慎重的事，如果不能评选出真正一流的成果和一流的科研人员，反而让二流、三流的人或成果得奖，特别是如果有人打招呼、拉选票，评奖就会变质，产生副作用。当年各大学趋之若鹜的教育部"全国优秀博士学位论文评选"后来停止了，就是因为变了味。而 CCF 的优秀博士学位论文奖一直保持了较高的信誉，这是因为 CCF 坚持严格的评奖流程，杜绝走后门。有一年 CCF 优秀博士学位论文奖只评了 9 位，缺的一位因为候选人的导师搞会下活动拉选票，触碰到 CCF 评奖制度的高压线，被 CCF 奖励委员会终审时拉下。

奖励的重要作用不仅仅是对获奖者本人的认可，更主要的是对没有获奖的人员的辐射带动。榜样的力量是无穷的，年轻人向什么人学习决定着一个国家的前途。在中国计算机事业 60 周年奋斗的历程中，有一批老科技工作者做出了历史性贡献，岁月不饶人，这些老人正在相继离开我们。CCF 接受了我的提议，在 2017 年 2 月的 CCF 颁奖大会上，颁发"中国计算机事业 60 年杰出贡献特别奖"，将其授予 31 位参与中国计算机事业早期创建工作并做出杰出贡献的计算机科学家。在那天的颁奖会上，年轻的计算机科学家向他们献花，全体与会者起立，向获奖的老科学家致以长时间的鼓掌祝贺，这一感人的场面我至今记忆犹新。许多青年学者表示，这次颁奖会给了他们巨大的激励。获奖者中有清华大学的王尔乾教授，我在清华大学参加 DJS-140 联合设计时就知道他是我国芯片设计的带头人。获奖后不久他就去世了，他临终前嘱咐家人将 CCF 颁给他的金牌与他一起下葬。他如此看重 CCF 的奖励，使我更加理解同行学者奖励的意义。

六、人才培养是学会的重任

CCF 现在是一个有 8 万多会员的庞大组织，不仅有资深的精英，还有大量的基层科技人员和数以万计的学生会员。如何让每个会员在 CCF 的服务中受益，能力和见识得到提升，是对 CCF 持续发展的考验。放大了说，中国依靠廉价劳动力快速发展的时代已经过去，人才红利将取代人口红利。整个计算机界的人才培养也是 CCF 不可推卸的责任。

"CCF 走进高校"是学会组织的由资深专家和企业家，走进高校为学生演讲的公益活动，旨在帮助在校大学生提升专业能力，开阔视野。"CCF 走进高校"的主要对象不是名牌大学，很多是二本大学。未见过世面的一个大学生，可能听一个报告就能改变他的人生。我在 CNCC 的优秀大学生表彰会上，就听到一位藏族姑娘讲，她原来想学文科，在"CCF 走进高校"的活动中，臧根林常务理事的报告是她读大学以来听到的最走心的一堂讲座，这使她从不想学计算机转变到喜欢学计算机，改变了她的人生道路。CCF 每年颁发优秀大学生奖，资助 100 多位大学生参加 CNCC 大会也达到了同样的效果。在优秀大学生颁奖典礼上，包括 ACM 主席，日本、韩国计算机学会主席在内的知名专家为大学生颁奖，这将在他们一生中留下难忘的记忆，激励他们成为计算机专业人才。

不同层次的学者需要不同层次的培训。"学科前沿讲习班"和"龙星"计划是针对大学老师和博士生的浓缩型的讲学，相当于把国外大学一个学期的研究生课程压缩到一个星期完成。大家都感受到了这些讲座的高质量和高效率，但可能不知道推进"龙星"计划背后的艰辛。"龙星"计划邀请的国外教授都是志愿者，我们只支付来往的路费和国内的住宿费，没有讲课费，这笔支出每年大概需要二三十万元。"龙星"计划的办公室与我的办公室相邻，我了解"龙星"办公室的刘秘书为了申请和报销这二三十万元的经费，费了不少周折。一开始"龙星"计划由国家自然科学基金支持，但每年都要写申请，手续很复杂。为了得到长期的列入预算的稳定支持，张晓东直接写信给中央有关领导，领导将计划批给了中国科学院，中国科学院列入了计划，但是报销还是很麻烦。最后由 CCF 接管了这件事，才维持到今天。

CCF 在计算机人才培养方面影响最大的可能是全国青少年信息学奥林匹克竞赛（NOI）。各地纷纷举办信息学奥林匹克竞赛的初始激励是高考录取时 NOI 各省的前几十名都可以加分，前几名可以保送清华、北大等重点大学。这种功利性的动机会导致竞赛变味，容易出现腐败，有几个省确实出现了腐败行为。CCF 果断向教育部打报告，要求 NOI 与高考脱钩，停止高考加分。但由于重点大学在自行录取时仍然青睐 NOI 成绩优秀的学生，自愿参加 NOI 的中学生仍然很踊跃。客观地讲，对于能力拔尖的中学生，NOI 确实能提高他们的计算思维能力，特别是算法设计和编程的能力，是发现天才少年的好途径。我国选手在国际信息学奥林匹克竞赛中连年获得金牌，离不开吴文虎、尹宝林等教练们的细心辅导，CCF 为培养计算机尖子人才做出了不可磨灭的历史性贡献。

为计算机科学技术的大变局立言
——祝贺 *CCCF* 出刊 200 期 *

《中国计算机学会通讯》（*CCCF*）出版发行 200 期了，可喜可贺。*CCCF* 已经成为中国计算机学会吸引会员的主要服务产品，一个民间社团的内部刊物能拥有近 10 万名较固定的读者，在国内少见。在我国科技走向自立自强的新形势下，计算机技术发展又面临 70 年未有之大变局，*CCCF* 如何更上一层楼，发挥更大的作用，值得深思。

一、中国人要自己提出科学问题和技术发展方向

近几年来，美国政府加紧推行中美"技术脱钩"和"去全球化"进程，很可能迫使中美两国在集成电路、高性能计算、人工智能等高技术领域分道扬镳，倒逼我国发展自立自强的信息技术体系。我国经济发展的动力已从资本和劳动力转向科技自主创新能力，技术发展的源头也从引进国外技术转向以国内自主研发为主。中国几千年的历史从未像今天这样给予科学技术这么高的期盼。

在本刊的发刊词（此处《通讯》代表 *CCCF*）中，我曾表示希望："**创新能力首先来自与众不同的想象力，《通讯》要更多发表激发想象力的好文章，成为激励自主创新的号角。愿《通讯》为促进我国计算机科学技术自主创新做出令人满意的贡献。**"2014 年为祝贺 *CCCF* 出版发行 100 期，我曾写了一篇文章，标题是《**发出中国计算机科技人员自己的声音——祝贺 *CCCF* 出版发行 100 期**》。现在，中国人自己提出科学问题和技术发展方向的要求更加迫切。在计算机领域做科研，重要的不是找答案，而是提出别人没有想到或者还不重视的科学问题和技术方向。许多人往往把"存储墙""功耗墙"之类的现象或解决"卡脖子"的紧急需求直接当作科学问题，其实我们需要的是从宏观的需求中找到突破口，这才是真正的科学问题。

---

* 发表在《中国计算机学会通讯》2022 年第 10 期。

　　目前 *CCCF* 的专题文章多数还是介绍国外学者的科研工作，今后应更多发表阐述自己独创成果和自己提出新科研方向的文章。敢于提出新的科学问题和科研方向需要有自信心。一方面，经过 20 余年的努力，我国计算机领域的高技术企业、一流大学和国家科研机构的科研能力已经有了实质性的进步，许多研究方向已进入国际前沿，完全有能力提出新的研究方向，引领学术潮流。另一方面，选准科学问题和科研方向需要长期科研积累和过人的洞察力，这也是我国学者与世界顶级学者的差距，需要努力培育这种能力。*CCCF* 应成为培育科研方向洞察力的平台。

二、计算机科学面临大的突破，*CCCF* 要高度重视交叉领域的研究

　　电子计算机问世已经 70 多年，半个世纪以前创立的计算理论、冯·诺依曼计算机体系架构、以 CMOS 硅平面工艺为代表的集成电路技术等传统知识的红利已基本吃尽。人类社会正在迈向智能化新时代，算力将成为主要的生产力，提高能效和减少时延已成为主要追求，系统结构研究正在迎来新的黄金时代，激励我们做出新的重大技术发明。以统计和概率计算为特征的人工智能技术展现出前所未有的巨大潜力，计算机与生物、物理、化学、材料、能源、脑科学、社会科学等领域的交叉科学研究方兴未艾，计算机科学技术面临 70 年未有之大变局。

　　许多人认为，计算机科学技术主要作为工具为其他学科提供支持，实际上，计算机学科与其他学科的交叉具有更深刻、更本质的意义。计算思维、计算技术，尤其是近年来兴起的人工智能技术，对其他学科可能产生革命性的影响。反过来，计算机领域一些重大问题往往需要借助其他领域的技术突破才能解决，我对此深有体会。21 世纪初，我一直在提倡低成本信息化，致力于降低桌面计算机和笔记本计算机的成本，争取用国产芯片做出千元计算机，但至今没有做到。现在我国网民数量超过 10 亿，上亿网民是通过千元左右的手机上网的，也就是说，不是靠降低计算机成本，而是基于移动通信技术的智能手机实现了我梦寐以求的目标，信息化的普及主要靠手机！目前，算力网络很红火，实现算力网络也必须靠计算与通信技术的融合。

　　过去我们一直强调 *CCCF* 要为会员服务，随着数字化和智能化技术的普及，各行各业都离不开计算技术，*CCCF* 要考虑扩展视野，争取更多的读者阅读这本杂志。今后 *CCCF* 不但要刊登一些其他行业数字化转型的稿件，还要适当邀请其他领域关心计算技术的专家为本刊写文章，为计算机领域的学者提供新的视角，促进计算机领域与其他领域的交叉研究。

三、*CCCF* 应关注人工智能引发的科学革命

人工智能在图像识别、语音识别、自然语言理解等方面的应用已引起广泛重视，但人工智能可能引发的一场科学革命还没有引起国人的关注。深度学习技术精确预测蛋白质结构已经被生物学界视为一场革命。除了生物学，人工智能也在改造物理学、化学等传统科学，加快一些学科的数字转型。DeepMind 正在将深度学习用于核聚变研究，如果取得成功，可能引发能源领域的革命性突破。现在，计算科学（Computing Science）已不仅仅是"信息科学"，正在成为"自然科学"不可分割的组成部分，需要对其他领域有丰富知识和经验的科学家参与。其他领域的科学家如果不懂计算机和人工智能，也很难推动科学领域的这场数字化革命。

目前的深度学习技术还有许多限制，今天的预测还离不开大量的相关数据。但计算科学和人工智能的潜力可能超出许多人的预料。如果把整个宇宙的知识比喻成海洋，人脑可掌握的知识也许只是其中的若干海岛。即使有工具，我们仍然不能理解很多事情，而非人类的智能系统有可能发现许多人类未掌握的知识，我把这些知识称为"暗知识"。目前的人工智能技术已可以"发现"元素周期表等人类已知的自然规律，未来某一天，人工智能会不会发现像广义相对论一样重要的人类未知的自然规律，这既是一个科学预测问题，也是一个人的（宗教）信仰问题，现在还没有充分的理由断然否定这种可能。基于这样的认识，我强烈支持开展"AI for Science"或者称为"科研第五范式"的科学研究。

CCCF 不仅要关注已经产品化的技术，还要关心人类的未来，对推进人类文明发展的新兴技术应抱有满腔的热情。对智能技术的创新应用，特别是对人工智能在基础科学研究方面的突破性进展要给予高度关注。当然，*CCCF* 是严肃的科技刊物，不能传播未经证实的消息，也不能对科研成果做夸大其词的宣传。

四、*CCCF* 要更加关注企业对新技术的需求

近几年越来越多的企业科技人员加入中国计算机学会，大企业的 CTO 们在中国计算机学会中的作用明显增强，*CCCF* 也发表了不少企业科技人员的文章。但总体来讲，*CCCF* 对企业的需求还是关注不够，企业科技人员从 *CCCF* 得到的实惠还不够多。

企业需要的不是纸上的科研成果，而是有可能变成新产品和新服务的产业技术。所谓应用研究主要不是从多如牛毛的基础研究新成果中寻找所谓"成果转化"的机会，

而是看产业技术的发展有什么需求。产业技术是引导大学和科研机构的原始动力。*CCCF* 要更加关注企业对新技术的需求，重视企业专家对新技术的判断和分析，要特别关注可能颠覆现有技术、引起产业技术换代升级的新技术。当一波新技术兴起时，往往鱼龙混杂，泥沙俱下，真正能落地成为主流的产业技术很少，*CCCF* 要提高技术鉴别力，帮助企业做技术选择。

对于企业而言，在适当的时候为新技术制定标准十分重要。中国计算机学会与 IEEE 的差距之一是制定技术标准。IEEE 的技术标准在互联网等技术的发展中发挥了重大作用，而中国计算机学会在制定技术标准方面基本上没有贡献。*CCCF* 应适当发表一些关于技术标准的文章，引领广大会员为制定、修改技术标准做贡献。

在众多的企业中，研发型企业值得我们特别关注。研发型企业是指那些拥有关键技术知识产权，主要靠技术研发获得企业核心竞争力的初创科技公司。研发型企业是创新体系中不可或缺的高价值元素，反映一个国家或地区的创新水准。目前我国的研发型企业生存环境堪忧，我国的大企业习惯于从研发型企业中"挖人"，还没有充分认识其在创新生态链中的价值。研发型企业除了极少数获得风险投资成功上市，尚缺少其他发展或退出通道。*CCCF* 应多反映研发型企业的心声，呼吁全社会雪中送炭，培育有利于创新企业健康发展的产业生态环境。

五、为培育更宽松的青年人才成长环境做贡献

最近，国务院新出台了给青年科技工作者"减负"的文件，对青年人担任项目（课题）负责人的比例、用于资助青年科研人员的科研业务费的比例等做出了硬性规定，这是优化科研环境、促进青年科技人员成长的大好事。计算机这个行业是青年人的天下，青年人冒头快，则新技术发展快；青年人才强，则计算机技术和产业强。虽然国家在引导"去四唯"，但各地还在不断地加封各种人才帽子，论资排辈的风气仍然很浓。中国计算机学会的 YOCSEF 等活动为扶植青年人成长做出了较大贡献，在新的形势下，如何为青年人才成长创造更宽松的环境还要继续探索努力。

CCCF 的许多稿件是专题负责人约稿完成的，在一定程度上限制了青年人自己投稿的积极性。为了吸引青年人主动投稿，*CCCF* 可能要探索一些新的栏目。如果在新的栏目中，鼓励青年人天马行空地放飞想象力，大胆开展争鸣和讨论，也许能迸发出一些意想不到的思路和想法。

我国的教育和人才竞争"内卷"严重，2021 年全国硕士招生名额已超过 100 万个，

大学毕业生几乎都在争抢读硕士这一条独木桥。计算机专业每年毕业的硕士数以万计，但几乎没有人去急需研究开发人才的中小企业，博士毕业生也很少去急需教师的二本大学当老师，人才的培养和需求严重脱节。CCCF 应当关心作为科技人员基本面的新毕业的硕士与博士，为他们的成长和发展做一些疏导工作，向有关部门提出一些适合国情的合理建议。

第 7 章　人才培养教育

　　世间一切事物中，人是第一个可宝贵的。在共产党领导下，只要有了人，什么人间奇迹也可以造出来。

—— 毛泽东　《唯心历史观的破产》

孙凝晖　　　历军　　　陈熙霖　　　徐志伟　　　程学旗

陈云霁　　　包云岗　　　谭光明　　　范东睿　　　贺思敏

卜东波　　　孙晓明　　　洪学海　　　周一青　　　曹娟

　　与同事的讨论是人生的一大乐事。本章最后一节，我从我发出的众多通信文件中摘录了 17 封微信和邮件，这些私人文件是我工作与生活的真实记录。我感到欣慰的是，上面列出的这些与我微信、邮件联系较多的同事都已成为我国信息领域的领军人才或骨干技术人才。

在中国科学院大学计算机与控制学院 2018 年开学典礼上的讲话 *

首先，我代表计算机与控制学院对今年进入中国科学院大学（以下简称"国科大"）计算机与控制学院的博士生、硕士生表示热烈的欢迎。各位读完大学后，选择了国科大，选择了计算机与控制学院。历史将证明你们的选择是正确的，国科大计算机与控制学院不会辜负你们和你们的亲人的期望。

国科大计算机与控制学院由中科院计算所承办，中科院软件所、沈阳自动化所等 10 多个研究所协办，是计算机与控制领域全国师资力量最强、博士生最多的大学学院（4 600 名研究生，1 200 多名教师，岗位教师 200 多人，其中两院院士 14 人）。国科大计算机与控制学院现在的综合实力应该属于亚洲第一梯队，力争经过 10 年左右的努力，成为世界一流的计算机学科。在 2017 年全国第四轮学科评估中，国科大的计算机科学与技术学科被评为 A+（北京大学、清华大学、浙江大学、国防科技大学 4 所大学被评为 A+）；控制科学与工程学科被评为 A（清华大学、哈尔滨工业大学、浙江大学 3 所大学被评为 A+）。

中科院计算所在计算机系统结构方向保持国内领先的优势地位。依托在中科院计算所的计算机体系结构国家重点实验室是系统结构学科唯一的国家重点实验室，整体水平已接近世界一流。在计算机系统结构领域，顶级学术会议的论文（不是期刊论文）体现最高学术水平。从四大顶级会议论文发表统计来看，中科院计算所排名在清华大学前面，超过欧洲、日本所有大学和科研机构，在全世界排名在前 20 名。

计算机体系结构是计算机学科的"重工业"，成果不仅仅停留在发表论文层面，更多体现在技术发明和原型系统，通过技术转移和技术应用，服务于国家重大需求，引领产业技术发展。在过去 30 年里，中科院计算所创办了联想、曙光等上市高技术公司，已成为今天中国计算机产业的骨干企业。近 10 年内，中科院计算所又先后创办了龙芯、

---

* 作为中国科学院大学计算机与控制学院的院长，2018 年 9 月 1 日在计算机与控制学院开学典礼上的讲话。

中科晶上（北京中科晶上科技股份有限公司）、中科天玑（中科天玑数据科技股份有限公司）、寒武纪等公司，寒武纪是人工智能领域的独角兽公司，目前市值已超过160亿元，2018年推出的云端智能应用加速芯片MLU100，性能高达每秒128万亿次定点运算，性能功耗比世界领先，超过GPU和TPU。龙芯CPU在实现国防和党政军信息化的自主可控方面做出了突出贡献。曙光公司和地方政府共同投资组建了成都海光公司，通过与AMD合作已推出国际一流水平的服务器CPU。大数据分析系统国家工程实验室也落户在中科院计算所。中科院软件所联合清华大学等单位在"神威·太湖之光"超级计算机上实现了"千万核可扩展全球大气动力学全隐式模拟"，获得国际高性能计算应用领域最高奖——戈登·贝尔奖，说明中科院软件所在并行算法研究方面居于国际领先水平。

中科院自动化所分开成立人工智能学院以后，国科大计算机与控制学院在人工智能研究方面仍有很强的实力。中国科学院智能信息处理重点实验室设在中科院计算所，中科院软件所、沈阳自动化所、国科大本部的许多老师也从事人工智能方面的基础研究。

今天时间有限，我不打算花更多的时间介绍国科大计算机与控制学院。下面我想对如何实现从大学生到研究生的转变、如何提高个人的能力、如何培养追求"真善美"的高尚人格，谈点个人的看法，供大家参考。

从大学生变成研究生，是从被教育变为自我教育的一个过程。大学生基本上是接受知识，听老师讲课，复习做作业，应付考试；而读研究生，上课只是辅助形式，主要的形式是自学。研究生学习的目的不在于考试成绩优秀，而在于真正掌握了知识，真正提高了自己发现问题、解决问题的能力。不学会自我教育，就不能在学习和工作中获取各种新知识。从解现成的题目到自己找题目，这个转变难度很大，有些研究生直到毕业也没有完成这个转变。

美国的博士学位证书上有一段拉丁文，里头写的是：**"恭喜你对人类的知识有所创新，因此授予你这个学位。"**这句话讲清楚了读博士的目的。研究生不再是对各种新奇的知识照单全收的容器，等着老师把某些东西倒进"茶杯"里，应该对人类的知识有所创新。

2018年7月20—21日，中国计算机学会在南京举办了未来计算机教育峰会，ACM杰出教育家、美国霍夫斯特拉大学John Impagliazzo教授做了主题报告。他指出，未来的计算机教育一定是基于能力的教育，单纯依靠获取知识的方式不再能够使计算机专业的毕业生充分发挥他们的才能。大学培养出来的是具有知识的毕业生，而职场需要的是具有实际执行能力的雇员。从学术角度来看，能力＝知识＋技能＋性格，知识放在第一位。但雇主更喜欢的定义是：能力＝专业技能＋人格＋知识，专业技能放在第一位。这里讲的知识不仅仅是对教学知识内容的掌握，还包括学习迁移，实际上是举一反三的能力。所谓"技能"包括自学新知识的能力、发现问题和解决问题的能力、与其他人和周围世界互动的能力即协作的能力等。性格或者更高一层的人格是指人的个人素质，包括价值观、诚信行为和处事的态度等。

　　从研究生开始，主要任务不只是学习知识，更重要的是培养学习新知识的能力，自己给自己解惑。研究生更多的是思考要做什么事、要解决什么的问题，要有自己的驱动力。科研能力是一个综合能力，不仅仅是懂得多少。

　　研究生除了培养钻研精神、做工作的耐心和毅力，还要逐步培养对问题的洞察力。中国古代的治学之道讲"才、学、识"，其中的"识"不是讲掌握知识的多少，指的就是洞察力。清朝的袁枚曾说："**学如弓弩，才如箭镞。识以领之，方能中鹄。**"所谓"识以领之"就是洞察方向、驾驭全局的能力。光是有才有学的人，如果洞察力不够，不一定能做出大成果。

　　读中学、读大学时学生都是一个大集体，同学一门课，统考一张试卷，但到研究生的后期，同班同学的课题都不相同，大家没有直接可比性，因此，找不到直接对手。在班上排名第几与能不能做好科研没有直接相关性。

　　美国的小学是非常自由的，中学会严一点，大学甚之，研究生是最累的；可是中国却恰恰相反，小孩很累，越向上越轻松，最轻松的就是读研了，这就有问题了。我并不是说研究生要"加负"，只是觉得中国的研究生工作强度确实要比美国差很多。MIT 的学生用计算机用到几乎人人都得了手指腱鞘炎，学校为学生提供手指自然向下的碗形键盘。但光靠勤奋也是不够的，没有方法的勤奋是在浪费时间。

　　到国科大来读研究生还要有充分的心理准备，你在大学是尖子学生，到这儿来高手如林，大家都是尖子，不要因为看到很多名校的同学而自卑。在座的大多是"90 后"。"90 后"的孩子多数被父母过度地雕琢，没吃过苦，没得到充分的锻炼，往往急于出成果，但欲速则不达，急切想出成绩的心态对科研的伤害很大。许多研究生感到焦虑，焦虑的根源并不是物质匮乏，也不是名位卑下，许多焦虑来源于过分在意别人的评价。只要找到自我的力量，就能化解困惑。

　　"中兴事件"以后，大家对中国的科研很关注，也很着急。中国的科研投入快速增长但科研效果不尽如人意，许多人将原因归结为科研环境不好，也有人认为是对科技人员的激励不够，可能没有找到问题的本质。本质在科研人员的心灵，如果科研人员内心的追求是职称、头衔、获奖等个人的"成功"而不是"真善美"，很难做出有重大价值的贡献。从读研究生开始，就要注意陶冶情操，树立正确的"荣辱观"。爱因斯坦曾勉励青年学者，**"不管时代的潮流和社会的风尚怎样，人总可以凭着高贵的品质，超脱时代和社会，走自己正确的道路"**。

希望各位慎独自律，保持纯洁的心灵，在国科大健康成长。

谢谢各位。

大学教师的天职 *

　　在本期的"学会论坛"栏目，北京大学的李晓明教授发表了一篇短文《我们为什么要做 CCF 导教班》，十分感人。一批有情怀的资深教授为提升计算机教学的质量，辅导年轻的大学老师，默默无闻地开办"CCF 计算机课程改革导教班"（以下简称"CCF 导教班"），已经坚持了 6 年，真是润物无声。发着高烧、身体虚得走路都困难的老师还坚持上课，外地的学员因急事回校办完事又赶来北京接着听课，不由得令人感慨："具有 CCF 导教班这种风格的活动，在全国很难见到第二个。"CCF 有这么好的志愿者，这是 CCF 兴旺发达的立会之本。

　　我觉得，CCF 办导教班的深层次的意义在于，通过示范教学向全社会宣示：教书育人是大学教师的"天职"。什么是"天职"？荀子的《天论》中讲：**"不为而成，不求而得，夫是之谓天职。"** 这就是说，对于教育职业，要有近乎神圣的执着。由于不堪忍受英国君主和教会的迫害，17 世纪有一批清教徒远涉重洋来到北美洲，将清教的天职（Calling）思想带到北美。"天职"不是我们常讲的敬业，而是把尽职尽责当作实现上帝的召唤。这种精神后来成为美国传统文化的主流，对美国资本主义的发展起了很大的作用。

　　办大学首先是办高等教育，这本来是天经地义的道理，但近些年来，教学在大学中的地位逐渐降低，不少教师已经把教学作为副业。只有科研搞得出色，才能在大学立足已成为大多数人的共识，以培养高级工程技术人才为目标的二本大学和技术学院也大多以发表论文、获得国家自然科学基金课题为考核标准。计算机课程内容陈旧、教学水平普遍下降、大学培养的计算机专业毕业生不适应社会的需求，这类批评的声音不绝于耳，不能不引起重视。

　　从事基础研究的科研人员不是越多越好。我国的研究人员总数是美国的 120%，但研究与试验发展（R&D）经费只有美国的 40%，人均经费只有美国的 1/3，盲目增加基础研究人员只会进一步降低基础研究的人均投入。重点大学与一般大学应该有不同

* 《中国计算机学会通讯》2018 年第 9 期主编评语。

的评价考核标准。我国大多数计算机学院或计算机系没有博士点或硕士点，应把主要精力放在计算机教学上，结合教学和当地经济发展需求，多做一些面向主战场的科研。"英雄不问出处"，非重点大学的老师当然可以做基础研究，但学校不要对老师发表多少论文、申请到什么课题有硬性要求。

　　本期还发表了美国霍夫斯特拉大学约翰·因帕利亚佐（John Impagliazzo）教授关于计算机教育的文章，他认为："目前大学培养出来的是具有知识的毕业生，而职场需要的是具有实际执行能力的雇员，聪明的毕业生都可能无法胜任计算机行业的工作。从行业角度来看，能力＝专业技能＋人格＋知识，全世界的大学应该考虑将所有的计算机课程转变为基于能力的教育。"计算机这个行业，新知识层出不穷，大学学到的应用性知识几年后就过时了，因此必须培养自学新知识的能力、跨行业融合知识的能力、发现问题和解决问题的能力。CCF 导教班做的实际上就是让教师具有培养学生能力的能力。请注意，"能力"中还包含"人格"，在大学培养出合格的公民比多发几篇凑数的论文重要得多。

在未开垦的土地上，踩出自己坚实的脚印 *

首先，我代表计算机与控制学院** 对今年进入国科大计算机学院的博士生、硕士生表示热烈的欢迎。在今天的开学典礼上，我讲 3 点看法，供大家参考。

第一点看法关于当前形势。最近 3 年美国政府对中国施压，国际上逆全球化思潮盛行。国内各种媒体都在讨论如何"补短板"，如何摆脱"受制于人"的局面。前不久，曙光公司和海光公司被美国政府列入出口管制的"实体名单"，中科院计算所创办的曙光公司成为美国政府"精准打击"的目标，一夜之间与我有关系的曙光公司和海光公司就进入了中美两国技术竞争和摩擦的最前线。2019 年 6 月 27 日《华尔街日报》发表一篇文章，标题很长：《美国试图阻止中国获取世界级芯片，但无可奈何中国已得到了，AMD 给了中国合作伙伴"王国的钥匙"，引发了一场关于国家安全的战斗》。"王国的钥匙"英文是"Keys to the Kingdom"，这是美国一首流行歌曲的歌名，第一段歌词是"无法控制，并无意外，将通向我王国的钥匙丢向一旁，就在眼前，我却负伤阵亡"。打压曙光公司这件事是美国国家安全委员会下令美国商务部执行的，美国国家安全委员会的一位官员曾对媒体说："今天的一切都建立在 x86 上，它就是王国的钥匙。"被世界上最强大的国家认定为有威胁的竞争对手，甚至认为我们掌握了进入技术王国的钥匙，这是我们的光荣，说明我们在高科技领域的"正面战场"上取得了重大胜利。曙光公司控股的海光公司做出了与 Intel 最高水平芯片性能相当的服务器 CPU，现在，中美两国是在计算机领域的巅峰搏斗。

2002 年，党的十六大报告指出，综观全局，21 世纪头 20 年，对我国来说，是一个必须紧紧抓住并且可以大有作为的重要战略机遇期。21 世纪头 20 年快过去了，我国发展的重要战略机遇期并没有结束，但我国经济发展进入了新常态，战略机遇期的内涵和条件已经发生实质性的变化。主要的变化是发展的动力从资本和劳动力转向科技自主创新的能力，技术发展的源头从国外引进转向以国内自主研发为主。在中国几

---

* 2019 年 8 月 30 日在中国科学院大学计算机科学与技术学院开学典礼上的讲话。
** 现更名为计算机科学与技术学院，本篇简称计算机学院。

千年的历史上从未像今天这样对科学技术给予这么高的期盼。当今世界百年未有之大变局给中华民族伟大复兴带来重大机遇，也逼迫我们面对从未有过的巨大挑战。我们必须卧薪尝胆、发愤图强，才能从跟踪走向引领，从产业的中低端走向高端。一代人有一代人的责任与担当，不管未来的道路上有多少坎坷，我相信你们这一代人一定会像前辈们一样，为人类文明做出与"中国人"这个响当当的名字相称的贡献。

　　根据 30 年来我自己在高技术领域苦战拼搏的体会，对于像 CPU、大飞机、精密仪器这一类极其复杂的器件和系统，所谓核心技术不是一两个天才突发奇想的秘密发明，而是一个有情怀、有战斗力的团队深刻理解和驾驭超复杂系统的综合能力，不要试图"弯道超车"，必须老老实实通过试错积累经验，一代一代地缩短差距。不千方百计地吸收国外的先进技术，盲目地强调一切自己另起炉灶、从头做起，就是上了国际上反华势力与中国"技术脱钩"的当。只要充分信任我国的科技人员和企业家，未来 30 年内，我国一定能实现"你中有我，我中有你"的战略制衡，实现科技强国的理想。在抗日战争的危难时期，一批有抱负的中国学者与青年学生云集昆明，创办了国立西南联合大学（以下简称"西南联大"），为我国培养了一批科技精英。冯友兰先生作词的西南联大校歌中有一句**"千秋耻，终当雪。中兴业，须人杰。"**今天国科大应当像当年的西南联大一样，做新时代的"人杰"。

　　第二点看法关于工程创新。国科大计算机学院毕业的博士、硕士，有一半以上要进入企业。可能有些人认为，读研究生就是多学习些专业知识，为将来去高薪企业打工做好准备。诸位有没有想过，到底企业需要什么样的人。中国古代的治学之道讲"才、学、识"，其中的"识"不是讲掌握知识的多少，指的就是洞察力。光是有才有学的人，如果洞察力不够，不一定能做出大成果。只是善于完成老师布置的作业，那是大学生甚至中学生的水平，研究生一定要学会自己找要研究的问题。有不少研究生，看了很多资料，如同在一个城堡外转了很多圈，就是找不到入口。说难听一点，如果读研究生期间没有培养出自己找科研题目的本领，进了企业以后，也只能做别人要你做什么就做什么的"码农"。性格或者更高一层的人格是指个人素质，包括价值观、诚信行为和处事的态度等。爱因斯坦曾讲过，**"大多数人说，是才智造就了伟大的科学家，他们错了，是人格"**。企业越来越欢迎"π 形"人才，他们既有广博的知识面，又掌握深入的计算机专业知识，还至少熟悉一门应用领域的专业知识。对于目前很热的人工智能和大数据领域来说，尤其如此。国科大毕业的博士、硕士不应该做一般的打工者，应当成为提高企业自主创新能力的尖兵，成为工程创新的领军人才。

第三点看法关于科学发现与技术发明。今年进入国科大读研究生的学生中，有一批是国科大自己培养的本科生。当初决定招收本科生的一个愿望是吸引一批有志于从事基础科学研究的青年才俊。长期以来，人们对基础研究的理解有一个误区，认为科学总先于技术和工程，只有基础研究才能发现新知识，而应用研究是基于新知识产生新发明，然而事实并非如此。科学、技术与工程是平行发展的，并无绝对的先后。实际上，发明与发现是一个有机整体，新发现可能产生新发明，新发明也可能导致新发现，将基础研究和应用研究拆分为上下游关系的线性科研模型，不利于科学技术的发展。

在信息领域应侧重基础性的重大发明，以需求驱动科研。"跨学科"研究不是单学科研究的补充，而应该是科学研究的主流。有志于科学研究的研究生，不要只关注发表论文，要重视有重大价值的发明。原理性的核心专利比一般的论文价值大得多。诸位在研究的过程中，一定要重视不同学科的融合与合作。最近完成的曙光高性能计算机，最重要的发明是基于微纳制备强化沸腾的全浸式相变冷却技术，这是物理学者与计算机科技人员合作做出的贡献，使曙光高性能计算机的电源利用效率（PUE）达到 1.04 的国际领先水平。

一个人究竟怎样才能在科学技术的攀登中留下自己的闪光足迹呢？爱因斯坦在求学期间曾经就这个问题请教他的老师、著名数学家闵可夫斯基。闵可夫斯基把爱因斯坦带到一处建筑工地，踏上工人们刚刚铺好的水泥地面，然后说："看到了吧？只有尚未凝固的水泥路面，才能留下深深的脚印。那些凝固很久的老路面，那些被无数人无数脚步踩过的老路面，你别想再踩出脚印来。"这个小故事说明，创新在于开拓新境界，我们要勇于在科学研究中"尚未凝固的水泥路面"上，在未开垦的土地上，踩出自己坚实的脚印。

从前辈科学家的人生经历中获得智慧和启迪 [*]

同志们，朋友们，同学们：

　　大家上午好！我是中国科学院计算技术研究所的李国杰，今天参加 2020 年 "科学人生·百年" 院士风采展暨东莞院士创新成果展的开幕式，我感到非常高兴。首先，我向承办本次活动的有关单位表示衷心的感谢，向参会的各位同志表示热烈的欢迎。

　　中国科学院学部成立于 1955 年，由中国科学院院士组成，是中国科学院的重要组成部分，是国家在科学技术方面的最高咨询机构。60 多年来，先后有 1 400 多名优秀的科学家当选中国科学院院士，进入学部这个大家庭。中国科学院院士和中国工程院院士是国家设立的科学技术方面的最高学术称号。广大院士一直都是科学精神和学术道德的典范，如以钱学森、邓稼先等为代表的老一辈科学家，为了新中国的科学事业，毅然放弃国外优越的条件，冲破重重阻力返回百废待兴的祖国。

　　在 100 年前的 1920 年，共有 27 位中国科学院院士诞生在祖国的大地上，其中包括 2008 年度国家最高科学技术奖获得者徐光宪院士、2010 年度国家最高科学技术奖获得者师昌绪院士、2011 年度国家最高科学技术奖获得者谢家麟院士，也包括广大公众不怎么听说过的朱夏院士（石油地质学家、诗人）、肖纪美院士（金属材料科学家）等。他们严谨治学，勇攀科学高峰，怀着 "科学救国" 的崇高理想，以非凡的智慧和大无畏的勇气，攻坚克难，为新中国科技事业打下了坚实的基础，为祖国的腾飞奉献了毕生的心血。"科学人生·百年" 系列宣传活动，宣传展示恰逢百年诞辰的院士们矢志报国的崇高理想、勇于创新的科学精神、严谨求实的治学风范和淡泊名利的人生态度。希望大家能够由此走近院士、了解院士，并从他们的人生经历中获得启迪。

　　近些年，东莞市深入实施人才强市战略和创新驱动发展战略，着力优化人才发展环境，不断增强人才吸引力，积极引进院士及专家团队，为弥补创新型人才匮乏、自主创新能力不足、科技服务体系不健全等 "短板"，推动东莞市院士工作站建设，通过校地合作、协同创新等方式组建了中国科学院云计算产业技术创新与育成中心等

---

* 2020 年 8 月 22 日在 "科学人生·百年" 院士风采展暨东莞院士创新成果展上的开幕致辞。

32 家新型研发机构。院士们和专家团队立足于解决实际技术问题、促进企业发展，在提供企业决策咨询、支持技术创新、培育人才梯队、搭建创新载体等方面取得了一定的成果。本次展览也同时展出东莞市院士专家的创新成果，选取了 10 个院士及专家团队在东莞市落地的项目成果，旨在展现东莞市科技发展的魅力，搭建高端、高效、高质的成果展示和交流平台，吸引更多院士专家等高层次人才来东莞市开展学术交流和项目合作，推动更多科技创新成果在东莞市高质量发展进程中转化落地、开花结果。

　　作为院士的一员，我也借此机会将自己成长过程中对做人、做事、做学问的体会和感悟与大家分享一下。**第一点体会是：**个人的成功离不开社会的大环境、大形势。老话叫"时势造英雄"，用比较时髦的话来说，就是个人价值必须融入国家建设事业。我的两次走运，都和国家大形势有关系。第一个是"分数面前人人平等"政策，没这个政策我是上不了北大的；第二个是 1977 年恢复高考。我从自己的经历得出结论：一个人的成长与整个环境、国家的大政策有密切的关系。我们国家现在有这么好的形势，让大家可以按自己意愿体现自身的价值，来之不易啊！所以，大家要特别珍惜现在这个机会，不要身在福中不知福！

　　第二点体会是：做事要有信心，要有拼搏精神。现在很多情况下我们没有把事干成，不是因为技不如人，而是因为没有自信。2000 年我在中科院计算所启动龙芯 CPU 研制时，很多人认为中国人不可能做得出来通用 CPU，美国人几十亿美元的投入、几万人在做芯片，我们才投了几千万元、几十个人在搞，觉得是"玩过家家"。按这个逻辑，无法想象当年我们怎么能用小米加步枪打败飞机加大炮。我们不能跪着做事，基本条件是要先站起来。自信心是取得重大科研成果的前提，拼搏精神是取得成功的持续动力。当年我们做完曙光一号并行计算机的时候，国家科委领导给我们做了一次激动人心的讲话："**黄埔军校有什么了不起，不就是 3 个月或 6 个月的培训，培训完了出去冲杀就可以当个团长、师长。你们这些人都干了一两年了，你们还不可以杀出一条血路来吗？像当年刘邓大军一样冲杀出去，你们就是新世纪的黄埔军校嘛。**"当时，我们这些人热血沸腾，办了一个曙光公司，并且不断地拼搏进取，敢于闯关敢于奋斗，才有了后来各种超级计算机和服务器。现在中科曙光已经是我国高性能计算机的龙头企业，市值接近 600 亿元。

　　第三点体会是：做学问最重要的是好奇心和学会选题。做研究，好奇心或者叫童心是极为重要的。爱因斯坦晚年有一部文集就说到，把老师课堂上教你的东西全都忘掉，剩下的东西就是教育给你的。其道理就是告诉你不光要学知识，更要培养发现问题的本事。做研究一定要问研究的动机是什么？究竟想解决什么问题？不能仅仅为了证明自己的能力而研究。中国的科研成果转化率不高，常常有人问为什么我们学校的科研成果转化不出去。其实原因很简单，许多所谓的研究当初根本就不应当做，那些研究一开始就没找准要解决的问题。

今年是 2020 年，中国面临着严峻的新冠肺炎疫情和复杂多变的国际形势，我们的科技工作者、医务工作者和广大劳动人民都在自己的工作岗位上努力奋斗。正如习近平总书记 2014 年 6 月 9 日在两院院士大会中所要求的那样（"**广大青年科技人才要树立科学精神、培养创新思维、挖掘创新潜能、提高创新能力，在继承前人的基础上不断超越。**"），我们希望通过这样的宣传活动，大力宣传科学精神，传播普及科学知识、科学方法和科学思想，在全社会形成学科学、爱科学、讲科学、用科学的社会风尚，在全社会营造弘扬科学精神的良好氛围。我也相信，今天到场的各位都能各有收获。

最后，祝愿本次展览圆满成功，谢谢大家！

大学计算机教育的改革方向 *

我读大学时没有上过一堂计算机专业课，工作以来也很少在大学本科教计算机课。严格来讲，我在大学本科计算机教育方面基本上没有发言权。但是我从小学到博士毕业断断续续当了 26 年学生，先后在湖南大学、北京大学、清华大学、中国科学技术大学、普渡大学、伊利诺伊大学、浙江大学、邵阳学院、中国科学院大学学习或兼职工作过，对不同类型大学的教育有所体会。

我在中国科学院研究生院和北京大学上过 3 个学期"计算机系统结构"研究生课。从 1987 年回国至今，先后指导了 60 多名硕士生和博士生，对我国计算机教育，特别是研究生教育存在的问题也有所感受。我在担任中国科学院大学计算机与控制学院院长期间，参与过计算机专业精品课程的设计，但没有亲身体验，今天报告的观点和内容仅供各位参考。

一、大学计算机教育如何满足不同方面的需求

计算机技术发展很快，新技术层出不穷，大学生需要学习的内容太多，4 年时间无法学到可立即使用的知识，如何解决满足社会需求的矛盾？为了适应企业眼前的需求，许多大学本科计算机专业的毕业生还要花钱上几个月的培训班，大学本科教育如何解决通识教育与就业需求的矛盾？

每年有 10% 以上的大学毕业生读研究生，读研的比例有继续增加的趋势，大学计算机教育如何满足想继续深造的学生加强基础理论学习的要求？社会上流行这样的说法：计算机本科学生的硬件设计能力不如电子工程专业的学生，行业应用软件开发能力不如熟悉本行业的其他专业学生。这些现象迫使我们回答：计算机专业的特征和强项究竟是什么？

二、大学教育质量低的客观原因

1978 年，中国的高等教育毛入学率只有 1.55%。从 1999 年开始扩招，20 余年内大学

---

* 2020 年 9 月 20 日在第 24 届湖南省计算机教育年会暨学术交流会上的报告，部分内容以卷首语的形式发表在《中国计算机学会通讯》2020 年第 12 期。

从精英教育迅速变成普及化教育。2018 年高等教育毛入学率达到 48.1%。2020 年高考的绝对录取人数为 1 014.9 万人，高考录取率达到 94.76%。大多数报考者可以上大学（包括大专）。大学入学质量的降低和师资力量跟不上发展的需求必然导致大学教育质量的下降。

截至 2020 年 6 月 30 日，全国高等学校共计 3 005 所，其中，普通高等学校 2 740 所（含本科院校 1 258 所、高职（大专）院校 1 482 所），成人高等学校 265 所。2019 年，全国各类高等教育在学总规模 4 002 万人，本科在校 1 750 万人（美国在校大学生人数本科约 1 100 万人，大专 600 多万人）。一个国家大学毕业生的数量应该与经济发展的规模与水平相适应。精英大学、应用型本科大学和高职（大专）院校要招多少学生，需要做宏观的论证和规划。市场在资源配置中起决定性作用，人力资源配置也不能例外。市场也是各类人才的试金石，需要按照市场需求合理调整高等教育模式。目前大学招生基本上还是计划经济模式，提高大学教育质量，首先要从宏观调控入手。

三、降低生师比是提高大学质量的主要途径

我国有 93 所世界一流学科建设高校，其中 49 所大学生师比不合格（超过工科大学生师比应小于 18 的国家标准），17 所工科大学生师比大于 22，合计 66 所已超过国家限制招生的标准。在武书连 2018 中国大学生师比排行榜中，湖南工业大学的生师比为 17.4，长沙理工大学的生师比为 18.6，湖南师范大学的生师比为 19.8，湖南大学的生师比为 22.5。不少大学为了获取更为靓丽的生师比数据，没有按照教育部的规定进行核算，把一些管理人员和辅导员也计为专职教师，一些大学公布的生师比数值存在一定的水分。

统计来看，生师比为 10 是一个重要的分界线，生师比高于这一数值的大学进入世界前 1 000 名是一个低概率事件。图 7.1 显示，50% 以上的美国大学的生师比小于 10。

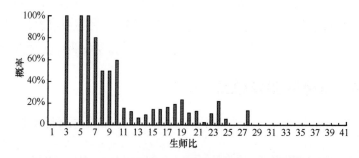

图 7.1　不同生师比的美国大学进入世界前 1 000 名的概率

四、提高大学教师待遇是治本之策

　　我的老朋友李凯在一篇文章中透露，2012 年，美国《纽约时报》的一项关于公立大学教师待遇的调查结果显示，按购买力平价法（PPP）统计，中国大学教师的月平均工资为 720 美元 / 人，在统计的 28 个国家中排名倒数第三（见表 7.1），仅高于亚美尼亚和俄罗斯，中国大学教师的平均工资不到印度的 1/8。

表 7.1　全球大学教师待遇排名

排名	国家	教师工资水平 /（美元·人$^{-1}$）
1	加拿大	7 196
2	意大利	6 955
3	南非	6 531
4	印度	6 070
5	美国	6 054
倒数排名	国家	教师工资水平 /（美元·人$^{-1}$）
1	亚美尼亚	538
2	俄罗斯	617
3	中国	720
4	埃塞俄比亚	1 207
5	哈萨克斯坦	1 553

　　要办好大学，提高大学教师待遇是治本之策。但对于经济欠发达地区，政府没有财力支持大学教师提高待遇，只能靠扩招、多收学生的学费来解决，但这会进一步增大生师比，形成恶性循环。最近几年大学教师的工资明显提高，但有调查报告统计，82% 以上的青年教师年收入仍低于 10 万元。青年教师住房压力很大。有些发达地区大学采取100 万 ~ 500 万元年薪挖人，增加了贫困地区大学留住人才的难度，造成人才逆向流动。

五、扩招研究生未必是提高教育质量的方向

　　许多地方本科大学追求的重要目标是新设硕士点。我国研究生在校人数已经超过270 万人，与美国的研究生在校人数（300 万人左右）相差不大。美国大学授予硕士学位的人数近年来几乎没有增加，研究生在学人数与本科专科在学人数的比值一直维持

在 3 : 20 左右。我国读研究生的人数占大学毕业生人数的比例已超过 10%。提高大学水平,本质上要抓好本科教育,扩招研究生未必是提高教育质量的方向。

在美国理工类研究生中,外国学生占一半以上。但在计算机专业的大学生中,只有 9% 为外国学生。美国本科学生在大学学习的东西足够适应大多数的技术岗位,说明美国的大学本科计算机教育基本满足需求。

研究生教育属于精英教育,不应当成为所有本科大学的主要努力方向。本科教育是大学之本,"双万计划"以本科专业点为建设单位,强调提高本科教育的质量,抓对了方向。

六、各层级大学的合理分工

按高考录取分数线的高低将不同质量的高中生分配到不同层次的大学,使人们形成了金字塔形的大学分层结构的深刻印象。

总体来讲,每个大学的地位是相对稳定的。绝大多数二本大学的努力方向既不是挤进一本和顶尖大学,也不是抢占专科学院的地盘。各类大学要有合理的定位,如图7.2所示。

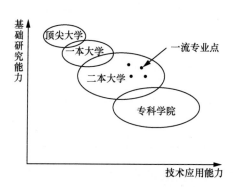

图 7.2　各类大学要有合理的定位

实际上大学是按两个不同维度培养人才。二本大学和专科学院的主要目标是培养技术应用型人才。技术应用和基础研究没有高低贵贱之分,只是人才的取向不同。

所谓"一流专业点"是在人才的需求中找一个"点",针对这个"点"做出满足市场需求的特色本科教育。一万个"特色点"可以覆盖大部分人才市场。这是"通识 + 特色"的本科教育模式。

七、我国计算机本科专业设置存在的问题

专业设置是本科教育的基础,但我国计算机本科专业设置存在不少问题。首先是

专业设置过多，教育部 2020 年公布的专业设置中，计算机类有 18 个专业，如图 7.3 所示。有些专业重复设置，如安全方向就有 3 个专业；有些专业太细，如电影制作也是计算机类的一个专业。国际学术界认为，集成电路设计和人工智能属于计算机学科的分支，但这两个专业没有设置在计算机类中，目前都设置在电子信息类中。人工智能专业和智能科学与技术专业也是重复设置的。计算机系统结构隐含在计算机科学与技术专业中，没有强调计算机系统结构人才的培养。

- 计算机科学与技术
- 软件工程
- 网络工程
- 信息安全
- 物联网工程
- 数字媒体技术
- 智能科学与技术
- 空间信息与数字技术
- 电子与计算机工程
- 数据科学与大数据技术

- 网络空间安全
- 新媒体技术
- 电影制作
- 保密技术
- 服务科学与工程
- 虚拟现实技术
- 区块链工程
- 密码科学与技术

图 7.3　计算机本科专业目录（2020 年版）

八、ACM/IEEE- 计算机专业课程指南 CC2020

专业设置既要有高屋建瓴的科学性，又要准确反映经济和社会需求。在美国，由 ACM 和 IEEE-CS 负责设置计算机专业并制定各专业的课程指南。2020 年 ACM 组织了 20 个国家的 50 位资深专家（包括 5 位中国专家）对过去各专业的课程指南做了修改，推出了新的 Computing Curriculum 2020（CC2020）。此前美国的计算机学科包括计算机工程、计算机科学、信息系统、信息技术和软件工程 5 个专业，这次增加了两个专业：网络安全（Cyber Security）和数据科学。ACM/IEEE-CS 对计算机专业的设置与课程指南的制定值得我国参考借鉴。

ACM 和 IEEE-CS 设置的计算机专业课程指南如图 7.4 所示。

- 计算机工程（CE）。
- 计算机科学（CS）。
- 网络安全（CSEC）。
- 数据科学（DS）。
- 信息系统（IS）。

- 信息技术（IT）。
- 软件工程（SE）等。

计算机工程和计算机科学专业覆盖的知识范围如图 7.5 所示。

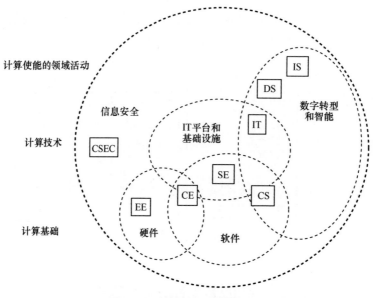

图 7.4 计算机专业课程指南

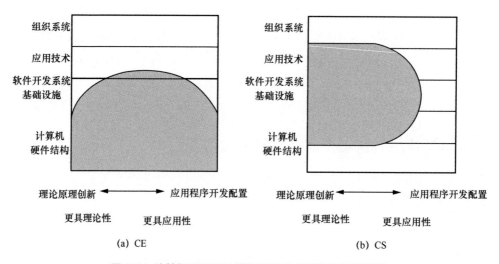

图 7.5 计算机工程和计算机科学专业覆盖的知识范围

信息系统和信息技术专业覆盖的知识范围如图 7.6 所示。

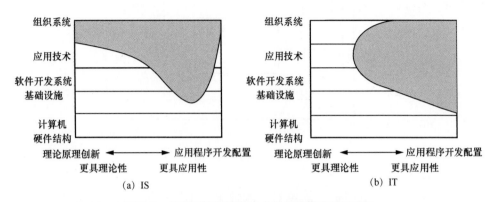

图 7.6　信息系统和信息技术专业覆盖的知识范围

软件工程和所有计算机专业课程覆盖的知识范围如图 7.7 所示。

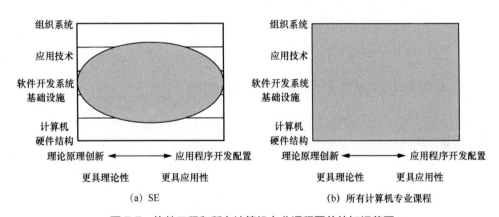

图 7.7　软件工程和所有计算机专业课程覆盖的知识范围

九、计算机教育从"知识本位"转向"能力本位"

美国 CC2020 的重要理念是从知识本位教育转向能力本位教育（CBE），如图 7.8 所示。

能力 = 知识 + 技能 + 品行（价值观）。

知识：知道是什么。

技能：知道怎么做。

品行（价值观）：知道为什么。

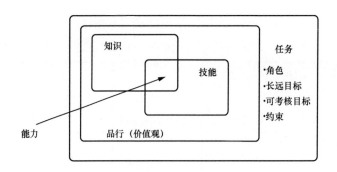

图 7.8　能力本位教育

知识和能力不是此消彼长、简单对立的关系，不要笼统地反对知识本位教育。只有重视上述三方面的教育，才能培养出具有合格能力的大学毕业生。要做到"知"和"行"的统一。

过去只在职业培训中强调 CBE，现在世界一流大学也强调 CBE，从传统意义上的能力素质教育向能力技能教育转变，以实现与第四次工业革命的人才需求对接。大学本科教育应考虑将相应的资格证书和学分结合起来。

十、以内循环为主的新形势对本科教育的影响

过去 40 年，我国的技术创新主要是在引进国外的核心技术基础上做应用。大学培养人才也不重视掌握底层关键技术。今后几十年，我国将走以内循环为主的发展道路，对基础层人才的需求量大大增加。大学本科教育必须适应这一根本性转变，要着力培养芯片设计、基础软件设计开发、工具链软件设计开发等领域的人才，为解决"卡脖子"关键技术提供人才支持。大学的师资队伍也要围绕内循环的需求向计算机技术的底层发展，不能满足于教学生编写简单的应用程序。一流专业点的建设要将适应内循环的要求作为重要目标。

十一、加强系统知识教育，培养系统思维能力

由于缺乏师资力量和合适的教材，目前多数大学的计算机课程只教一些流行的算法和应用。如果问已经学完全部课程的学生，从在键盘上敲一个字母键到屏幕上出现一个字母，在这一瞬间计算机中哪些硬件和软件在运转，如何运转？绝大多数学生讲不清楚。

在实际工作中，懂不懂系统知识带来的工作成效差别巨大。2020 年发表在 *Science* 的一项研究表明，普通程序员编写的程序和深入理解处理器芯片体系架构的专家编写的程序，性能差距可达到约 63 000 倍。缺乏系统知识和系统思维，学到的知识点就是零碎的，没有打通"任督二脉"。

南京大学袁春风教授的《计算机系统基础》、中国科学院大学胡伟武的《计算机体系结构基础》和陈云霁的《智能计算系统》等都是计算机系统方面的好教材。我为这 3 本教科书都写了序言。

十二、通过与企业合作提高本科生的就业能力

大学本科属于通识教育性质，不同于立竿见影的职业培训教育。衡量大学毕业生的就业能力，不能只看其能否上班第一天就能胜任某个岗位，还要看能较快胜任工作的范围，即"遇新不怵"的能力。

计算机技术不断更新，大学毕业生在职业生涯中会遇到许多不熟悉的技术。大学毕业生具备自主学习新知识的能力比出校门时懂一项实用技术更重要。

现在的问题是大学生对基本概念的理解不深，自学能力不强，又没有掌握一项能挣钱谋生的技能，才出现比高职学生就业难的尴尬局面。需要双管齐下，既要重视打基础，又要学一点最常用的技能，至少要熟悉一种编程语言。

目前的大学老师较适合教基础课，可以请企业的技术人员到学校来讲一两门实用性强的课程，缩小大学教育与市场需求的差距。

十三、通过参加竞赛提高解决复杂问题的能力

计算机界有许多竞赛活动，最出名的有国际信息学奥林匹克竞赛（IOI）和全国青少年信息学奥林匹克竞赛（NOI），这两个竞赛出了很多尖子人才。适合大学生的竞赛也不少，如中国高校计算机大赛、全国高校计算机能力挑战赛、中国大学生计算机设计大赛、ACM 国际大学生程序设计竞赛等。

参加竞赛的目的不完全是争夺名次，而是培养锻炼学生解决复杂问题的能力。只有对学到的知识融会贯通，才能在竞赛中获得好名次。竞赛也是培养合作精神的好途径，只有团结合作，才会取得好成绩。要扩大参加竞赛的范围，在今年中国科学院组织的"先导杯"并行计算应用大奖赛中，地方大学参加者很少。

邵阳学院在 2018 年和 2019 年中国机器人技能大赛的机器人高尔夫球项目中荣获

全国亚军，说明地方院校在竞赛中有实力与一流大学竞争。参与竞赛有助于一流专业建设。

十四、关注中国计算机学会的大学师资力量培训活动

中国计算机学会组织了一系列培训大学师资力量的活动，值得关注。

中国计算机学会学科前沿讲习班（ADL）每年 10 期，每期 3 天，邀请国内外一流专家授课，让青年学者短期内深刻了解一个专业领域的发展动态。

中国计算机学会计算机课程改革导教班（CCD）面向全国高校计算机院系，邀请在课程改革方面有心得、有经验的资深教师进行引导授课，组织切磋交流活动。通过这些课程的深度引导讲授和交流，参与学习的教师能将所获用于自己的教学工作中。

中国计算机学会"龙星"计划组织一批在信息科学前沿领域做出重大贡献的海外学者，不定期回国，就某一领域，在中国各地大学系统讲授一门美国研究生课程（每门课程 15~30 课时）。同时就所讲课程的学术领域、有关课题与国内科学家及研究生共同讨论研究。

十五、我国大学工程教育得到国际上"实质等效"认可——中国成为《华盛顿协议》正式成员

2016 年 6 月 2 日，在马来西亚召开的 2016 国际工程联盟会议上，中国成为《华盛顿协议》正式成员。这是我国加入的第一个国际高等教育学位互认组织。认证必须由教育系统以外的独立第三方进行，中国计算机学会积极主动地承担了计算机类专业认证的任务，陈道蓄等老师做了大量艰苦的努力，此成果来之不易。从此中国包括计算机在内的工程学位（通过国内工程教育认证后）得到国际上的认可。

《华盛顿协议》要求采用"基于产出"的评价方式，是看学生"学"得怎么样（"明确、可衡量"的毕业生能力要求），而不是评价老师"教"得怎么样。《华盛顿协议》评价的关键是运用知识解决问题的能力，包括解决没有遇到过的复杂问题的能力。

十六、国内大学工程教育存在的问题

截至 2016 年，我国计算机类专业参加过工程教育认证的不足 5%，许多学

校没有下功夫真正建立"面向产出"的评价机制。国内高校习惯将少数优秀学生的标志性成果作为达成标准的证明，而工程教育认证要求目标覆盖全体学生并且可衡量。

国内大学学生选修的课程门数偏多，每门课程的学时数也偏多。但课程作业与考试的要求偏低，考试中过多采用记忆性或验证性的题目。能力绝不可能只靠听课获得，需要针对性地训练，而我国的大学对学生的训练明显不足，特别是对分析能力的培养明显不足。所谓"复杂问题"是指"需要基于原理经过分析才能解决的问题"，照搬方法就能解决的问题不是复杂问题。

实践课程，包括毕业设计，缺乏明确合理的评分标准。实践课程将"技术发烧友"与"优秀工程师"混为一谈，对学生工程素养的培养力度不够。

十七、计算机工程专业毕业生应具备的特点

系统层面：毕业生应该理解计算机系统的概念、系统的硬件和软件设计，以及关于系统的构建、分析和维护的过程。

深度和广度：毕业生应广泛熟悉本学科的知识，并在一个或多个领域掌握深入的知识。

设计经验：毕业生应完成一系列的设计实践，包括设计硬件和软件组件，以及在已有工作的基础上集成这些组件。

工具的运用：毕业生应能够使用各种基于计算机的实验室工具进行计算机系统的分析和设计。

专业实践：毕业生应了解工程实践所处的社会环境，以及工程项目对社会的影响。

交流技能：毕业生应能够以适当的形式（书面、口头）与他人交流自己的工作，并对他人的工作进行评估。

十八、中国科学院大学计算机与控制学院的课程设置与专业特色

中国科学院大学计算机与控制学院在教学中注意平衡基础和前沿，强调坚实的专业基础 + 灵活的方向设置与选择。课程设置包括公共必修课、专业必修课和专业选修课，专业选修课分成计算机系统结构、计算机软件与理论、计算机应用三大板块，主要的课程设置如图 7.9 所示。

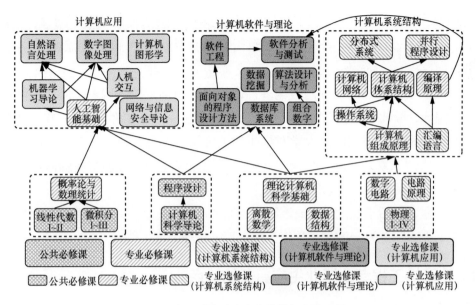

图 7.9　中国科学院大学的计算机课程设置

十九、一门"金课"，终身受益

大学生只有真正掌握了基础知识和必要的专业知识，才能进一步培养思维能力和解决问题的能力。教什么知识、怎样教知识是决定大学生能力的关键。大学生不能学以致用的一个原因是没有真正理解一些关键的概念和知识，或者理解有偏差、认识有误区。我在北京大学读物理系时，印象最深的是习题课。老师用一道题可以把全班同学的错误概念全"揪"出来，真是一门"金课"，终身受益！

我指导的博士卜东波教授在中国科学院大学教的"计算机算法设计与分析"课，直到学期末仍有人早上六七点就去占座。由于一个教室容不下好几百个听课的学生，近几年都是分成两个教室，有一半学生看视频听大课。这门课程非常强调动手实践能力，每次作业都有编程题目，可用任何程序设计语言实现某些算法，对学生是很好的锻炼。这门课程还会告诉你这个算法的动机，不仅讲是什么，还讲为什么，授人以鱼，更授人以渔，把遇到问题时的思考过程讲述得很清楚。

二十、实践性课程的尝试："一生一芯"

为了加强系统思维教育，通过实践培养学生发现问题、解决问题的能力，进而培养创造知识和创新技术的能力。中国科学院大学在本科生中开了两期在硅上做教学和科研的实践性课程，取名为"一生一芯"，贯通本科教育，通过芯片敏捷开发，大学生带着自己的芯片毕业。2019 年试验成功：5 位本科生联合设计了一款 RISC-V CPU芯片，流片成功，实现了带着自己设计的芯片大学毕业的梦想。"一生一芯"计划，为培养芯片设计人才开辟了一条新路。

　　未来的"一生一芯"计划如下。

　　3 年目标：中国科学院大学每年培养 30 多名毕业生，推广到全国 10 所高校。

　　5 年目标：推广到全国 50 所高校，每年培养 1 000 名芯片设计毕业生。

以理性的"智能观"指导创新人才培养 *

一、合理的教育观取决于正确的时代观

这次大会的主题是**"智能时代的青少年创新人才培养"**，这涉及对"智能时代"和"人工智能发展水平"的认识，我称之为"智能观"。培养的创新人才是否符合时代的要求和社会的需要，取决于我们对时代的正确判断。

党的十三大提出社会主义初级阶段理论并概括了党在社会主义初级阶段的基本路线，保证了近 30 年我国持续健康地高速发展，显示了正确时代观的威力。

如果将通用人工智能比喻成共产主义的远大目标，目前人类还处在人工智能发展的初级阶段。我们在对人工智能的前景做判断时，既要看到人工智能技术的高速发展和巨大潜力，又要看到现有技术的局限性和通用人工智能取得重大突破的艰巨性。

二、理性的"智能观"

人工智能是计算机科学的一个分支。人工智能的巨大驱动作用本质上是整个信息技术的作用。人工智能的人才培养要纳入科技人才（主要是信息领域）培养总体考虑。

目前能商业化应用的人工智能技术都是专用人工智能（弱人工智能），近几年专用人工智能在图像、语音识别等领域取得重大进展。通用人工智能（强人工智能）还没有取得大的突破，需要做长期基础研究。要重点培养弱人工智能的应用人才。

第三波人工智能兴起的主要原因是计算能力的飞速提高和大数据的出现。人类社会现在处于信息时代的智能化新阶段，正在向智能时代过渡，但还没有进入智能时代。人工智能全面超过人类智能水平还是十分遥远的事。人类一方面要大力发展智能技术，另一方面要高度重视防范人工智能技术可能带来的风险，要将人的正确价值观注入人工智能系统。

---

* 2021 年 7 月 20 日在中国人工智能学会举办的全国中小学人工智能教育大会上的报告。

三、非理性的"智能观"

低估发展通用人工智能的长期性和艰巨性，鼓吹所谓技术"奇点"理论，对人工智能全面超过人类智能水平做不切实际的盲目乐观预测。宣传智能时代的"乌托邦"前景，忽视人工智能技术的潜在风险和挑战。将人工智能在单项应用上超过人类和以智能技术代替人工作为主要目标，混淆人工智能长期基础研究和实际应用的界限，将长期研究目标当成短平快项目，将实验室成果当成商品化技术。

夸大人工智能技术的现实风险，散布对人工智能的悲观情绪和机器人将统治世界的"末日危机"，阻碍和延缓发展人工智能技术。以计算机不可能有创造性为理由轻视人工智能技术，以传统科学技术的思维框架看待机器学习等新技术，不坚持"实践是检验真理的唯一标准"，而是强调将"给我讲明白"作为真理标准，对可能出现新的机器认知模式麻木不仁。

四、当前人工智能技术的局限性

机器学习需要巨大的算力，成本很高。用于训练 GPT-3 模型的超级计算机拥有 285 000 个 CPU、1 000 个 GPU，花费 1 200 万美元。

目前机器学习的局限性：缺乏全局的抽象能力；缺乏运用知识的能力；缺乏可解释性；不能以人的方式"理解"感知的内容；容易受到"对抗性扰动"攻击。目前人工智能最明显的问题是缺乏常识，有时会犯愚蠢的错误，"天才白痴"可能是机器学习的本质特征。

在对正确性和安全要求很高、环境复杂的行业，人工智能应用还有很长的路要走。IBM 放弃已投入上百亿美元的 Watson 智慧医疗系统，就是失败的案例。

五、要重视信息技术整体的作用

智能技术是蛋糕上的奶酪，主要的价值在于"蛋糕"，不能只顾奶酪不顾蛋糕。智能技术对其他产业的作用如同蜜蜂传粉对农业的作用，不能只关注"蜂蜜"的价值。

信息技术酝酿了几十年，现在是见效的时候了。智慧城市建设不完全是人工智能问题，而是建设什么样的基础设施的问题。

智能技术的兴起得益于计算能力的提升、存储成本的降低和网络通信技术的普及，不能"只见树木，不见森林"，要重视信息技术整体的作用！

智能技术是整个系统技术的组成部分，要重视系统技术的研究，用系统技术和算法技术弥补器件技术的不足。

六、要努力构建人机和谐的命运共同体

目前的人工智能都是基于计算的智能，人工智能是在计算机上实现的软件。世界上存在大量"不可计算"的事物，人类的所有智能活动无法都用算式表示出来，计算不是万能的，人工智能不可能取代人类。担心人类的工作会全部被计算机代替是杞人忧天，庸人自扰。

深度学习显示出人工智能在某些方面已开始具有超过人类的"智慧"，AlphaFold2的蛋白质结构预测水平已超过人类。这说明深度学习的机器有一套不同于人的"理解"大数据的认知逻辑。

深度学习取得成功的背后一定还有更深层次的原因。在走向智能时代的过程中，人类获取知识的途径会发生重大变革，对人类社会可能会产生巨大的冲击。"机智"可能不同于"人智"，人类要理性对待机器认知，努力构建人机互补的命运共同体。

七、人工智能应用需要大量"T形"和"π形"人才

经济的持续发展是靠通用技术的不断出现而持续推动的，大部分专业技术在通用技术上跨领域融合实现演进式发展。蒸汽机、内燃机、电动机等通用技术都曾带动了60年左右的经济长波。在集成电路和计算机技术之后，人工智能技术作为新的通用技术将引领几十年的经济长波。

培养掌握通用技术的人才不同于一般的专业技术教育。人工智能不是一个狭窄的学科专业，更不是一门通过几个月培训就能掌握的专门技术。人工智能技术可以被运用于各行各业，人工智能人才必然要渗透到各行各业。真正做人工智能核心技术的人才并不多，大量的人工智能人才一定要与各行业相结合。也就是说，传统的I形专业人才的培养模式不适合人工智能应用，需要大量培养"T形"甚至"π形"人才。

八、培养人工智能人才两个互补的方向

为了迎接智能时代的到来，培养人才有两个互补的方向。媒体谈论最多的是针对发展人工智能技术需要什么人才，尽快弥补人工智能人才缺口，特别是培养人工智能专业的硕士、博士等高端人才。另一个与之相反的方向针对人工智能的普及可能淘汰的普通劳动者，需要培养大多数人在智能社会谋生的能力。后一个方向涉及数以亿计的大众群体，但国内几乎没有人关心。

前几年媒体上流传，中国人工智能市场人才缺口超过 500 万，国内的供需比为 0.1，这个数据有点夸张。近两年，媒体上较多的预测是，中国人工智能人才缺口达 30 万。这两个数据相差悬殊，可能统计口径不一致。有调查报告指出：我国人工智能人才供需比各个方向均低于 0.4，其中算法研究岗位人才供需比只有 0.13，相关人员紧缺。

全国已有 180 所大学增设了人工智能专业，如果每个大学教的都是差不多的人工智能课程，将来会不会出现像现在软件工程专业毕业生一样难找工作的情况？

九、人工智能的普及可能导致大批操作工和白领失业

牛津大学研究团队预测了由于智能化 10 至 20 年后不复存在的职业，具体见表 7.2。

表 7.2　10 至 20 年后不复存在的职业

序号	职业	序号	职业
1	电话促销员（电话营销）	14	保险理赔申请及保险合同代理人
2	不动产登记的审核和调查	15	证券公司的一般事务性工作人员
3	手工裁缝、被服加工人员	16	接单员
4	数据收集、加工人员	17	住宅、汽车贷款等的贷款专员
5	保险行业从业人员	18	汽车保险鉴定人
6	钟表修理工	19	体育运动裁判
7	货物通关代理人员	20	银行窗口工作人员
8	税务申报代理人	21	金属、木材等的刻蚀和雕刻人员
9	胶卷照片冲洗人员	22	包装机和填充机操作人员
10	银行的新开账户负责人	23	采购人员（采购助理）
11	图书馆管理员助理	24	货物发放和接收人员
12	数据录入人员	25	金属及塑料加工机床的操作人员
13	钟表的组装和调试工人		

十、要多考虑人工智能不善于做什么

牛津大学的研究团队预测，美国总计 702 种职业中约有一半将会消失，所有就业者中有 47% 处于"有风险"状态，即有可能会失去工作。

人工智能的普及可能会产生新的产业，人类必须承担人工智能无法胜任的工作。问题是，这些新的工作人类做得了吗？在未来不得不与人工智能共存的智能社会，如

果不能胜任非人工智能的工作，我们就不会拥有光明的未来。

电力等通用技术淘汰了许多工人，也产生了新的白领阶层，但被淘汰的工人胜任不了白领工作，引发了 1929 年开始的经济大萧条。如果我们不能未雨绸缪，事先培养能胜任新工作的劳动者，等待我们的可能是"人工智能大萧条"。

我们不但要考虑人工智能善于做什么，更要考虑人工智能不善于做什么。人工智能不善于做的事才是人类就业的空间。未来社会的发展不是简单地用机器代替人的重复性劳动，而是机器和人类各自发挥自己的长处，机器更擅长做人类做不到的事情，人类应该做机器无法做的事情，相互补短，共同发展。

十一、未来 10 至 20 年继续保留的职业

未来 10 至 20 年继续保留的职业举例见表 7.3。这些"幸存的职业"有一个共同点，即很多是需要沟通能力或理解能力的工作，或者是需要灵活判断力的体力劳动。只要具备举一反三的能力、灵活变通的能力、不被框架所限的创造力，人工智能就不足为惧。

表 7.3　未来 10 至 20 年继续保留的职业举例

职业稳定性排序	职业名称	职业被淘汰概率	职业稳定性排序	职业名称	职业被淘汰概率
22	中小学教育行政人员	0.46%	1	休闲治疗师	—
24	咨询和学校心理学家	0.47%	2	设备检修一线人员	—
30	培训和发展经理	0.63%	3	责任人员危机管理人员	—
32	计算机系统分析师	0.65%	4	心理健康工作者	—
37	幼儿教师	0.74%	5	听觉训练师	—
44	学校和职业辅导员	0.85%	6	作业疗法治疗师	—
48	教师	0.95%	7	牙科技师	—
63	工程师	1.4%	8	医疗社会工作者	—
69	计算机和信息研究科学家	1.5%	9	口腔外科医师	—
			10	消防一线人员	—

注：右表为排名 1~10 的职业，与教师关联不大，仅供参考。

十二、人工智能不善于做什么

下面两道考题人来做不难，但机器很难求解。

考题 1：平面上有一个四边形。求到各顶点距离之和最小的点。

学过平面几何的中学生大多能凭直觉知道答案是对角线的交点（如图 7.10 所示）。如果让计算机解答这道题，需要从平面上无穷多的点中搜索，解出这道题所需的时间可能比从宇宙形成到现在的时间还要长。人工智能目前缺乏"直觉"。

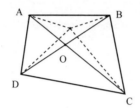

图 7.10　机器不会做的考题

考题 2：一列长 230 米的火车以每秒 15 米的速度沿上行方向行驶，另一列长 250 米的火车以每秒 17 米的速度沿下行方向行驶。两列火车从彼此相遇到完全错开需要几秒？

一般人都知道"上行方向"和"下行方向"是相反的，"两列火车"是指分别沿上行方向和下行方向行驶的这两列火车，"相遇"是指两列火车的最前端同时到达某一地点。但人工智能很难理解这些常识。

机器人连从电冰箱中取出果汁这样的工作也无法轻易实现。有人揶揄机器人"能打败世界围棋冠军，却不能去附近买瓶酱油"。

十三、人工智能考不上东京大学

日本东京大学的新井纪子教授从 2011 年开始，花了近 10 年时间，组织上百人的研究队伍，开展"机器人能考上东京大学吗？"的研究。这是第五代计算机以后日本最有影响力的人工智能研究项目。2020 年她写了一本书《当人工智能考上名校》（如图 7.11 所示），明确宣布：人工智能还有很多无法跨越的障碍，在没有范式转变的前提下，人工智能永远不可能考上东京大学。

图 7.11　《当人工智能考上名校》

东京大学机器人最好成绩是，8 个科目得了 525 分（满分 950 分），高于平均分437.8 分，偏差值为 57.1（东京大学录取要求 77）。东京大学机器人的高考成绩最差的是语文和英语。英语偏差值为 50.5，语文偏差值为 49.7，一直徘徊在 50 分上下。

以东京大学机器人的分数，有 80% 的概率能考上 172 所日本国立和公立大学中的23 所大学 30 个院系的 53 个专业，有 80% 的概率能考上大多数私立大学，包括明治大学、中央大学、关西大学等名牌私立大学。

日本测试理解能力的考试题举例，阅读广度测试（RST 测试）

问题 1：奇数和偶数相加，会得到什么答案？请从下面选项中选出正确答案画〇，并说明理由。（a）总是得到偶数。（b）总是得到奇数。（c）有时是奇数，有时是偶数。

这道题的正确率只有 34%。理科生的正确率是 46.4%（测评对象主要是刚刚参加过高考的大学生）。

正确答案是：假设 m 和 n 为整数，偶数和奇数分别可以表示为 $2m$ 和 $2n+1$。那么这两个整数之和为 $2m+(2n+1)=2(m+n)+1$，因为 $m+n$ 为整数，所以该结果为奇数。

问题 2：孩子们聚在公园里，男孩女孩都有。没戴帽子的都是女孩，而且没有一个男孩是穿着平板鞋的。判断下列选项是否正确。（1）男孩都戴着帽子。（2）没有戴着帽子的女孩。（3）没有既戴着帽子又穿着平板鞋的孩子。

这道题的正确率只有 64.5%。

十四、智能时代需要新的知识结构

工业时代的传统教育侧重于数理化，教给学生的知识大多被用来处理已掌握内在规律的问题，许多工作是按部就班、照章办事，这些岗位可能会被智能化的机器取代。

新的时代需要新的知识结构，要学会从大量数据中发现知识和规律，以适应不确定的、动态变化的环境。今天的中小学生是未来智能社会的原住民，他们必须有适应智能化生活的思维方式和想象力。

数据分析是智能时代需要的能力，它要解决的是，什么问题需要向数据寻求答案、该如何去问；如何把你的问题告诉计算机，让计算机从数据中寻找可能的答案。这不仅需要演绎推理，还需要明白归纳推理和溯因推理。

十五、给孩子们正确的思维启蒙

对于小学生和中学生而言，最核心的教育是培养孩子的品格，包括对未知世界发自内心的好奇心（童心）、勇于尝试新事物的热情、审辩性的独立思考。好奇心是个体学习的内在动机之一、个体寻求知识的动力，是创造性人才的重要特征。

我的学生张国强（笔名阳爸）出版了一本儿童读物《给孩子的数学思维课》，鼓励学生主动将生活中遇到的现象与书本知识联系起来。我的朋友涂子沛出版了一本《给孩子讲人工智能》，获得国家图书馆文津图书奖。这两本书都没有枯燥的公式和程序，而是通过有趣的故事，启发孩子正确的数学思维和对人工智能的兴趣，为培养未来智能时代的创新型人才做了有益的探索。

儿时的兴趣可能影响人的一辈子。我读初中的时候读了一本《科学概论》，书中讲了一个有趣的故事：很久以前埃及有个残暴的国王每天要杀一个人，是砍头还绞死取决于杀人之前被杀者讲的一句话是真话还是假话，然而有一个聪明人讲了一句话，国王砍头也不行，绞死也不行，只好把他放了。这个故事讲的是"数理逻辑"，我读完后觉得数理逻辑太有意思了，盼望着长大后要研究这门学问。后来我兜兜转转终于还是做计算机与人工智能研究工作，与数理逻辑有很密切的关系。

十六、人工智能教育要融入计算思维等教育

　　人工智能教育应与现在已经开展的计算思维教育、STEM*教育、创客教育等有机融合，不宜强调其区别。人工智能思维本质上是计算思维。人工智能教育应融入科学、技术、人文、伦理教育的总体规划之中。

　　人工智能教育也需要学习编程，"编程思维"并不是编写程序的技巧，而是"理解问题——找出路径"的思维过程，重在对思维完整性和逻辑性进行训练。并不是所有的孩子都要被培养成程序员。编程思维可以让孩子在面对复杂问题时迎难而上，将复杂问题分解成易解的小问题，逐一解决。编程教育不是人工智能教育的主要内容和唯一实践形式。

　　机器学习等技术会用到大量高等数学知识，而将来真正从事人工智能基础研究的学者很少。大量的中学生要准备将人工智能技术用于各行各业。人工智能基础教育不能生搬硬套学科知识教育的方式，不能直接把某些难懂的知识点作为中学人工智能教育的主要目标。

---

*　科学（Science）、技术（Technology）、工程（Engineering）、数学（Mathmatics）。

弘扬"曙光"精神，培养"科技报国"人才 *

正在筹建的中国科学院深圳理工大学（以下简称"深理工"）要实行书院、学院和研究院三院融合的新办学模式，第一个建立的书院取名"曙光"。负责筹建书院体制的常务副校长是我的老朋友赵伟教授，他邀请我做曙光书院的荣誉院长。深理工提倡的"求真务实，科技报国"，与"科研为国分忧，创新与民造福"的曙光精神理念上高度一致，我想这是深理工第一个书院取名曙光书院的原因。今天曙光书院正式成立，我给大家讲几句话。

"曙光"意味着什么？我觉得，毛泽东在《星星之火，可以燎原》中对革命高潮即将到来的精彩描绘是对曙光含义最好的诠释：**"它是立于高山之巅远看东方已见光芒四射喷薄欲出的一轮朝日。"**鲁迅先生也说过：**"曙光在头上，不抬起头，便永远只能看见物质的闪光。"**曙光书院中的"曙光"二字讲的是新时代的曙光、中华民族实现现代化强国第二个百年的曙光、人类文明的新曙光。

从育人的角度而言，曙光书院的含义是：曙光书院的天空霞光万道。从这里走出的博士、硕士和学士个个心中充满阳光，朝气蓬勃，有担当，为国分忧，与民造福。我写的"曙光书院"4个字已装在曙光书院的正面墙上，我对曙光书院的照片做了一点加工（见图 7.12），试图表达上面讲的含义。

许多项目和公司都取名"曙光"，我今天讲的"曙光精神"是一群在高性能计算机和"卡脖子"技术上拼搏了 30 年的斗士，他们继承和弘扬了中华民族不甘落后、自立自强的科技报国和产业报国精神。与航天、高铁、杂交水稻等一样，高性能计算机已成为我国迈向高端产业的一张名片。中国的高性能计算机产业从市场几乎为零到几乎取代国外产品，"曙光人"功不可没。自从美国封锁打压中国的高技术发展以来，"曙光人"揭榜挂帅，已经承担了上百亿元投入的国家专项攻关项目。"曙光人"卧薪尝胆，只做不说，默默地挑起了攻克"卡脖子"技术的大梁。

下面我先讲几段与曙光计算机有关的小故事。

---

* 2021 年 11 月 26 日在中国科学院深圳理工大学曙光书院成立典礼上的报告。

图 7.12　深圳理工大学曙光书院

一、曙光精神的发源地——国家智能计算机研究开发中心

国家智能计算机研究开发中心（本篇简称"智能中心"）创立时，我们做了一本介绍智能中心的小册子，我在扉页上写了这样一段话："**中国一流的计算机科研人员的聪明才智未必低于外国，只要凝聚一批脚踏实地、不慕虚荣、决心为振兴民族高技术产业而努力拼搏创新的斗士，外国一流计算机实验室能做到的事，我们应该能做到。**"后来 30 年的历史证明，智能中心和中科院计算所的斗士们做到了这一点。智能中心及其创办的曙光公司将高性能计算机技术做到世界领先，并且在国内市场上压倒性地战胜了国外大公司。

为了纪念 863 计划实施 5 周年（1991 年），科技部招待一些科研人员看文艺演出，舞台背景上有"新时代的曙光"字样。当时给我的触动是，在我们这一代人手里，中国的高技术应该呈现出灿烂的曙光，我立即决定将智能中心研制的第一台并行计算机改名为曙光一号（原来内部代号是东方一号）。

图 7.13 所示是智能中心的两层小楼，工作室虽然拥挤，但整个小楼充满青春的活力。智能中心的员工将智能中心的优良传统与作风总结为 3 个"三"：学术上的"三开"——开明、开放、开拓；管理上的"三重"—— 重实效、重创新、重协同；技术上的"三敢"—— 敢啃硬骨头、敢打硬仗、敢占领制高点。这些优良的传统被中科院计算所一直传承到今天，希望曙光书院继续传承下去。

图 7.13　智能中心小楼

二、"玻璃房子"的故事

2004 年年底，有位中央领导到我家里慰问时问我，当年中国气象局购买国外的计算机，外国公司派人到机房现场监督使用，最近气象局又要采购大机器，现在还有外国人监督吗？他说的是我国计算机界感到羞辱的一段历史。

由于巴黎统筹委员会等禁运限制，在相当长的一段时期内，中国石油集团东方地球物理勘探有限责任公司和国家气象信息中心购买外国高性能计算机后，必须为机器搭建一间玻璃机房，完全透明，外国公司派人现场监控，运算的程序要先经过外国公司检查，未经允许，中国人不准进入机房。新中国已成立 30 多年了，在中国境内，居然还有地方像当年上海租界中的某个公园一样，悬挂"狗与华人不得入内"的牌子（如图 7.14 所示）。这就是计算机界常说的"玻璃房子"的耻辱。

图 7.14　"狗与华人不得入内"的牌子

"玻璃房子"后来没有了,但购买国外计算机应用受管制的屈辱延续了很长时间。20世纪90年代末,中国科学院计算机网络信息中心买了一台日本生产的SGI多处理机,性能并不高,但在上面运算什么必须得到日本公司的许可,因此很少有人用。知耻近乎勇,从某种意义上说,曙光人的拼搏精神来自要洗刷这种耻辱的决心。

三、"洋插队"的故事

1992年3月,智能中心派出陈鸿安、樊建平等6名开发人员到硅谷研制曙光一号。这支小分队并没有直接与美国的大学或公司合作,而是租一间民房,在自己的客厅和卧室里做研究开发,因此被人戏称为"洋插队"。这支"轻骑兵"创造了一项中国计算机研制历史上的奇迹,不到一年时间就完成了曙光一号研制,载誉归来。曙光一号开辟了对外开放条件下自主开发的新模式,这种"借树开花""借腹生子"的做法大大缩短了机器研制周期。

他们出发前,智能中心开了一个誓师大会,提出了"**人生能有几回搏**"的口号(如图7.15所示)。在会上我对他们说,虽然你们大多数人从来没有做过计算机,但你们已经对UNIX操作系统等技术做了一两年认真解剖分析,我相信你们一定能完成任务。领导的信任会产生巨大的动力,这只小分队果然不负使命,实现了他们在誓师大会上讲的"不做成机器,回来就无脸见江东父老"的诺言。此后,"人生能有几回搏"就成了"曙光人"和"计算所人"的座右铭,成为曙光精神的代名词。

图7.15　"人生能有几回搏"誓师大会

四、创办曙光公司的故事

1993 年，国家科委领导到智能中心参观时，号召智能中心当敢死队，像当年刘邓大军一样杀出重围。智能中心的员工没有辜负领导和全国人民的期望，勇敢地杀出了重围。1995 年，曙光一号知识产权作价 2 000 万元（由北京曙光计算机公司代表智能中心持有），深圳市投资公司、华为各投资 2 000 万元，再吸引两家小股东，注册资金 7 500 万元，在深圳成立了曙光信息产业有限公司，这是为转化 863 计划的科研成果最早成立的公司。

曙光公司初期的发展十分艰难，时任科技部高新技术司司长的冀复生同志在赴美工作前写的一份关于曙光机的调研报告中讲，曙光公司犹如卢沟桥事变中孤军奋战的第 29 军。经过艰苦的努力，曙光公司连续 8 年位居中国高性能计算机市场份额第一，超过 IBM 和惠普公司。2014 年，后来改组成立的天津曙光公司在上海主板上市，IPO连涨 22 个涨停板，股价冲到 169 元，现在市值 400 多亿元。曙光公司是我国唯一以高性能计算机为主业的上市公司，现在是金融、电信、电力、安全等部门信创产品的主要供应商。

五、曙光星云开启中国超算全球登顶的故事

中国的高性能计算机向世界前沿冲击是曙光公司牵头发起的。2004 年，曙光4000A 运算速度超过每秒 10 万亿次浮点运算，首次进入全球高性能计算机 TOP 500前 10 位，开始引起全球对中国高性能计算机的关注。2008 年，曙光 5000 运算速度达到每秒 230 万亿次浮点运算，再次进入全球高性能计算机 TOP 500 前 10 名。2010 年推出的曙光星云是我国第一台实测性能超过千万亿次的超级计算机，在当年全球超算排行榜上位居第二，从此开始中国超算登顶全球的征程。

2019 年，美国政府以曙光公司掌握了"通往技术王国的钥匙"为由，将曙光公司列入"实体清单"，但曙光公司没有被打趴下。从 2019 年开始，曙光公司不再公布产品性能，实际性能已做到国际领先，曙光超算占据一大半国内超算市场。曙光的浸没相变液冷技术将数据中心的 PUE 值降到 1.04，超算节能技术已处于世界领先水平。

六、曙光高性能计算机性能翻了多少倍？

1993 年研制成功的曙光一号峰值速度是每秒 6.4 亿次定点计算，目前曙光公司在

研制 E 级计算机，20 多年内计算机性能提高了 10 亿倍以上，超过国际上平均每 11 年提高 1 000 倍的发展速度，其中主频提高 100 倍，CPU 芯片（现在一个 CPU 中有上百个核并行）性能约提高 40 万倍（借助摩尔定律），并行系统结构性能提高几万倍。1993 年的曙光一号的性能与国际上最高水平的计算机有 100 倍的差距，时间上落后将近 10 年。现在，曙光计算机已经消除与国际上的差距，与美国、日本并驾齐驱。曙光计算机发展历史如图 7.16 所示。

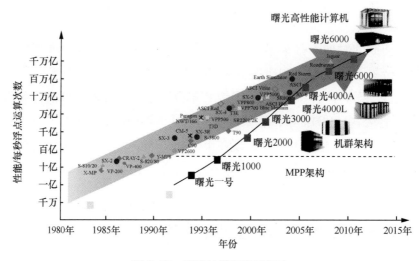

图 7.16　曙光计算机发展历史

讲完曙光计算机的小故事后，下面我讲几点对曙光精神的认识与体会。

一、曙光一号的历史意义

1994 年，王大珩等专家视察智能中心以后给党和国家领导人递交的一份报告指出：**我们是有根据地说曙光计算机的曙光照亮我们要走的路线甚至如何走法！这是最重要的，这比曙光计算机本身的好的性能价格比更重要……作为信息处理枢纽的曙光一号的作用不亚于卫星上天。**科技部高新技术司原司长冀复生评价：**曙光作为一个国产品牌，在市场上与国外厂商"同台"竞争，改写了我国高性能计算机市场的游戏规则。曙光公司的报价，使得国外公司纷纷降价，仅此一项给用户带来的利益，就大大超过了国家对曙光的资助。**

曙光一号开辟了一条在开放环境下研制计算机的新路，其投资之少（直接研制经费只有 200 万元）、研制周期之短、成果的产品化程度之高都明显区别于过去的计算机研制。曙光一号作为中国两项标志性的科研成果之一，被写进了 1994 年的政府工作报告。

二、开放创新与自力更生的典型案例

曙光一号诞生在改革开放初期，是我国科技界睁开眼睛看世界的引领者，将自力更生融入开放创新之中，在当时的历史条件下具有重大的开拓意义。2004—2005 年制定我国中长期科技发展规划时，有一场关于"开放创新"与"自主创新"的争论，实际上，曙光高性能计算机的研制既是开放创新又是自主创新。这两者的结合今天仍然很重要。在美国封锁我国技术和市场的形势下仍要坚持对外开放，要争取形成技术上的国际统一战线，构建技术上的命运共同体。历史的经验要认真吸取，不能用今天的政策否定30 年前的努力。解决"卡脖子"问题的关键是创新能力培养和技术积累，而创新能力的培养必须有放眼全球的眼光，关起门自娱自乐、自吹自擂，不会形成有国际竞争力的创新能力。

三、做市场化导向的研发，不做论文和获奖导向的研发

在研制曙光一号时，我们决定不以单项指标（如计算速度）赶上世界最高水平为目标，而以争取尽可能多的用户使用国产高端计算机为目标。反过来，只是为了证明自己会做什么，样样都想自己做，没有明显的增值特色，则不管科研人员多么努力，也难以摆脱失败的命运。

发展高技术的道路是迂回曲折的，没有笔直的道路可走，不管做什么决策，始终不能忘记我们要实现产业化、占领市场的奋斗目标。曙光计算机成功的一条经验是，要坚持做产业技术，也就是做市场化导向的研发，不做论文和获奖导向的研发。一种型号的计算机向上扩展规模时要保证性能接近线性增长，同时又要保证向下缩小规模时在成本上有竞争力，这是件很不容易的事。

四、选择做什么比知道怎么做更重要

在计算机领域，重要的是找到要解决的问题而不是找答案。1995 年我写了一篇文章《技术创新的关键在选题》，登在《科技日报》头版。20 多年后，我仍然深以为然。当年针对日本做的第五代计算机，我们问过，如果第五代计算机是答案，那么它要解

决的问题是什么？今天，面对十分火热的人工智能，我们仍然要问，如果深度学习是解决方案，那么它要解决的问题是什么（即应用场景是什么？）

我们跟踪国外大公司，永远只能咬住人家的尾巴，而脱离主流计算机自己另搞一套，用户又不接受。这就是我们在计算机领域进行技术创新所面临的两难局面，难就难在究竟选择什么方向为创新的突破口，也就是说，难在找问题，而不仅仅是找答案。

五、年轻人可以做出别人认为不可能完成的事

在研制曙光高性能计算机的过程中，一批年轻人脱颖而出，在座的樊建平院长就是其中的杰出代表。樊建平的博士论文研究汉字形体自动生成，与操作系统几乎不沾边。作为曙光一号系统软件组负责人，他埋头一两年一行一行地分析了 UNIX 源代码之后，就成了我国最早熟悉 UNIX 的专家。他把串行 UNIX 改造成在曙光一号上运行的并行操作系统 SNIX。当时还有一位硕士曾嵘也很有代表性，他的硕士论文设计计算机围棋程序，毕业后到智能中心做曙光 1000 核心器件蛀洞路由芯片，蛀洞路由技术后来成了我国高性能计算机的核心技术之一。异步芯片是很难做的，但他一次流片成功。这充分说明，人的能力可以在拼搏中迅速成长，逆境出人才。只要悟性较强，又敢于拼搏，年轻人完全可以做出别人认为不可能完成的事。

关于大学本科生与研究生如何继承和发扬曙光精神，我没有时间展开讲了，只能列个提纲。

第一，要树立"科研为国分忧，创新与民造福"的价值观，个人的理想要与国家的前途绑在一起，要关心大众的疾苦。第二，要传承曙光人"人生能有几回搏"的斗志，发扬"明知山有虎，偏向虎山行"的拼搏精神。第三，要"脚踏实地，不慕虚荣"，不断培养和加强自己的内驱力，自觉地抵制社会上的各种诱惑，不躺平，不内卷，一步一个脚印地朝既定目标迈进。第四，要真正重视产业技术的研究开发，研究成果不停留在纸上，以成果的实际影响论英雄。

谢谢大家。

知识分子的担当与情怀 *

　　什么人可被称为"知识分子"，没有公认的定义。过去人们一般认为，具有大学以上的文化程度的人，就可被看成"知识分子"。20 世纪 60 年代，具有大学文化程度的人口占比不到 0.5%，近 20 年，每年毕业的大学生数量急剧增长。2021 年人口普查时，具有大学文化程度的人数已超过 2.18 亿人，在全国总人口中的占比已超过 15%。不管这些人是否都能被称为"知识分子"，这两亿多人的追求和向往必将决定中国的未来！

　　知识、劳动、资本和资源是创造社会财富的源泉。在以知识经济为特征的社会里，知识对社会发展的贡献越来越大。历代的知识分子对社会进步做出了重大贡献，不仅是因为他们掌握认识世界和改造世界的知识，还在于他们有推动社会进步的担当和情怀。

　　一代人有一代人的担当。2013 年习近平总书记在给华中农业大学"本禹志愿服务队"的回信中指出：**"青年一代有理想、有担当，国家就有前途，民族就有希望，实现中华民族伟大复兴就有源源不断的强大力量。"**

　　我今天的报告不是讲大道理，而是讲一些有启发性的小故事，其中有些是我亲身经历的感悟，希望这些和"知识分子的担当与情怀"有关联的小故事能引起大家的深思。

一、革命先辈的担当精神

　　一提起知识分子的担当精神，我首先想到中国共产党的主要创始人之一李大钊先生的座右铭：**铁肩担道义，妙手著文章**（如图 7.17 所示）。他是在中国最早传播马克思主义的学者。从他的座右铭中我们深刻

图 7.17　李大钊先生的座右铭

* 2021 年 12 月 5 日在中国科学院大学做的报告。

感悟到 100 多年前的革命先烈们的担当精神。他献出 38 岁的年轻生命实现了自己的箴言！

李大钊希望年轻人也像他一样有担当精神和认准目标方向的眼光，我把他的一段话转赠给在座各位。

"青年呵！你们临开始活动之前，应该定定方向。譬如航海远行的人，必先定个目的地，中途的指针，只是指着这个方向走，才能有到达目的地的一天。若是方向不定，随风飘转，恐永无达到的日子。"

另一位令我联想到"担当精神"的是伟大领袖毛泽东。毛泽东没有大学文凭，但毫无疑问他是为知识分子指明前进方向的导师。1918 年，25 岁的毛泽东和他的同学蔡和森等人在长沙成立新民学会，初旨为"革新学术，砥砺品行，改良人心风俗"，其后确定以"改造中国与世界"为方针。1925 年秋，32 岁的毛泽东写下名垂千古的诗篇《沁园春·长沙》，指点江山，激扬文字，发出灵魂之问：**"问苍茫大地，谁主沉浮？"** 折射出中国共产党人以天下为己任的革命担当。

二、知识分子的楷模

在现代的知识分子群体中，给我留下深刻印象的是西南联大。短短 8 年零 8 个月，诞生了 172 位两院院士、8 位"两弹一星"元勋、4 位国家最高科学技术奖获得者、3 位国家级领导人、2 位诺贝尔奖获得者。在云南师范大学校园内，现在还矗立着一座"国立西南联合大学纪念碑"，碑上镌刻 834 个参军抗日的学生名字，从军人数比例高达 14%（有些参军者未在名单中，实际上有 1 100 多人）。西南联大校歌是**"千秋耻，终当雪。中兴业，须人杰……"** 西南联大之所以能涌现那么多有成就的学者，是因为他们心中有国家，他们关注着民族的危亡。

在当代的科学家中，邓稼先是对我有直接影响的科学家，他隐姓埋名 28 年，15 次亲临核爆现场，临终前他留下的话是：**"不要让人家把我们落得太远。"** 邓稼先只用两年时间就在普渡大学取得博士学位，获得博士学位 9 天后便毅然回国（如图 7.18 所示）。31 年以后，我也去普渡大学留学，我很荣幸成为他的校友。科技部领导多次开导我，**"我们国家不缺写文章的学者，最缺的是邓稼先这样的战略科学家"**。我留学回国后一直以他为榜样，他的人生经历始终激励着我。

图 7.18　邓稼先的普渡大学毕业照

另一位使我难以忘怀的是郭永怀先生，他是 23 位"两弹一星"元勋中唯一获得烈士称号的科学家（如图 7.19 所示）。1968 年 12 月 5 日凌晨，郭永怀带着第二代导弹核武器的一份绝密资料，匆匆乘飞机从青海基地赶往北京，飞机不幸坠毁。找到烧焦的遗体时发现，郭永怀与警卫员小牟紧紧地抱在一起，那个装有绝密资料的公文包就夹在俩人中间，数据资料完好无损。钱学森先生在回忆他时写道："**郭永怀同志是一位优秀的应用力学家，他把力学理论和火热的改造客观世界的革命运动结合起来了……一方面是精深的理论，一方面是火样的斗争，是冷与热的结合，是理论与实践的结合，这里没有胆小鬼的藏身处，也没有私心重的活动地；这里需要的是真才实学和献身精神。**"

图 7.19　为国献身的郭永怀先生

　　知识分子是精神上的富足者，但物质生活往往很贫寒。他们有着心系国家的博大情怀，并不太在意生活条件。担任中科院领导多年的钱三强教授，在 1955 年入住中关村 14 楼后从未换过住房，拥挤的书房伴随他度过几十年一代宗师的岁月，他的书房至今保留原状。中科院图书馆大厅中挂着一幅钱三强先生书房的巨幅照片（如图 7.20 所示），已成为中科院的文物。像钱三强先生这样朴素的老知识分子有很多，有一次我在中国工程院主席团开会，讨论的议题之一是对王淦昌院士的生活困难补助。王淦昌是世界激光惯性约束核聚变理论和研究的创始人之一，首届何梁何利基金科学与技术成就奖获得者之一（与钱学森等人一起），863 计划的发起人之一（与王大珩等人联名上书）。他退休较早，一直拿 20 世纪 70 年代的固定工资，从来没有涨过工资，生活贫困。谁会想到这么著名的科学家需要中国工程院来考虑生活困难补助，我在会上一言未发，感到有点心酸。

图 7.20　钱三强先生的书房

三、我认识的几位有担当有情怀的大师

1. 共和国勋章获得者袁隆平

　　我与袁隆平先生工作在不同的学术领域，与他的见面大多在一些会议和科技活动中。1994 年颁发首届何梁何利基金科学与技术奖，钱学森、王汲清、王大珩、王淦昌获成就奖，袁隆平、徐光宪、师昌绪、闵恩泽、吴孟超、陈景润、王大中、李国杰等人获进步奖。在颁奖宴会上，我坐在袁隆平旁边，对他耳语："你应该获得成就奖，

不应该与我这种小字辈坐在一起。"他连连说："我不够格，我不够格。"憨笑的脸上没有流露半点委屈的情绪。1995 年他和我同时评上中国工程院院士，在这之前中科院的几次遴选中，他都落选，他也没有一句怨言。1998 年 8 月我和他一起到北戴河疗养，接受国家领导人的接见。原定疗养半个月，过了一个星期，我和他"串通"，都以"有重要工作离不开身"为理由请假提前离开了北戴河。

解决中国人的吃饭问题是袁隆平先生的毕生追求，他的人文关怀已延伸到全世界。在与他的交谈中，他几次提到，农业农村部提出水稻"优质高产"的目标不妥，应强调"高产优质"，"高产"要放在第一位，因为全世界还有几亿人挨饿。他对社会上流传的"杂交水稻不好吃"很在意，有一次他送给我一小袋他种的杂交水稻大米，对我说："你拿回去尝尝，你是湖南人，你肯定会喜欢吃。"袁隆平先生真正做到了"活到老，工作到老"。青岛市领导告诉我，袁隆平院士 89 岁高龄还在青岛建了院士工作站，不是挂个名，每年真有 3 个月在青岛的盐碱地上种水稻（海水稻）。

从中央电视台给袁老拍的传记片和其他介绍资料中，我了解到，由于所谓家庭出身问题，他前半生受歧视，被分配到偏僻的安江农校，在"文化大革命"中受到冲击。杂交稻秧苗钵盘全部被砸碎，他被下放到溆浦县低庄煤矿去劳动锻炼。他历经磨难，却始终怀着一颗知识分子的赤子之心。

2．高技术产业化的楷模王选

王选教授是我的好朋友，我初创曙光公司时，曾多次向他取经。他跳过第二代、第三代，直接上第四代激光排版，充分体现了他的创新勇气和担当精神，也成为我心中高技术产业化的榜样。人们大多知道他的成就和获得的荣誉，但很少人知道荣誉背后的苦衷。方正激光照排系统在境外大放异彩时，境内的报社仍要采购外国的排版系统。这曾令王选教授耿耿于怀。做过国产化努力的企业大多感受过有些政府部门不支持新上市的国产设备的委屈和心寒。我在推广曙光计算机时因遇到这种事而心情不爽时，就会想起王选老师的遭遇，就觉得自己找到了知音。

王选的座右铭是"多做好事，少做错事，不做坏事"。他年轻时曾重病 10 年，靠拿劳保度日。他在北京大学工作几十年，一直住 80 多平方米的老房子，骑自行车上班。王选教授去世时，他的夫人陈堃銶老师送的挽联上写着：**"半生苦累，一生心安"**（如图 7.21 所示），这是王选教授的终身伴侣对他一生的总结和评价。

图 7.21　王选的夫人送给王选的挽联

3．我的导师夏培肃先生

　　夏培肃先生于 1951 年回国，她是中国计算机事业的奠基人之一。赫瑞－瓦特大学在隆重纪念以蒸汽机发明者瓦特命名 100 周年时，授予她名誉科学博士学位（同时获此殊荣的还有诺贝尔化学奖获得者普里戈金教授等），这充分说明国际教育界和学术界对她一生成就的认可。获此殊荣后，夏先生对我说，她的许多同学当年没有回国，与她的同学相比，她虽然回国后受到过冲击和委屈，也有些不幸，但她比她的同学活得更有价值，从不后悔当年选择回国。当全身心扑在 107 计算机的研制时，她没有时间管孩子，她的大儿子因不慎掉进家中后院的下水道夭折。

　　我从夏先生身上发现许多我们这一代知识分子缺少的高贵品质。她孜孜不倦的探索精神，严谨治学、淡泊名利、甘为人梯的品质，为晚辈树立了做人、做事、做学问的楷模。她是计算机领域的科学家，但退休以后她对中国经络研究落后于韩国十分担忧，她觉得如果韩国学者因率先发现并建立人体经络的理论而获得诺贝尔奖，中国学者就对不起自己的祖宗。她一方面积极向有关领导建议，要国家立项支持人体经络研究；另一方面亲自动手写文章，介绍人体经络研究的现状和发展趋势。在她逝世的那一年，她还在《中国科学院院刊》上发表了关于人体经络方面的文章，实在令人敬佩。图 7.22 是我与夏先生在庆祝中华人民共和国成立 50 周年大会观礼台上的合影。

图 7.22　1999 年我与夏先生在庆祝中华人民共和国成立 50 周年大会观礼台上的合影

4. 几位大师的共同特征

这几位大师都出身于书香门第，父母有文化素养，传承了中华民族的优良品德。当然，这不是成为大师的必要条件，新中国成立后成长起来的领军人物也有许多出身贫苦家庭。他们都不是在鲜花和掌声中成长的，有的当了 20 多年"右派分子"，有的被下放"劳动改造"，有的被打成"反动学术权威"，但都没有因此消沉、自暴自弃，也没有怨天尤人。他们对科学的热爱、对技术的追求都不是来自上级的压力，也不是出自与同行竞争的"内卷"，而是源于内心的"自驱动"。他们都关心国家的需求和老百姓的疾苦。他们的心中都充满了爱。王选是戏曲研究家、收藏家，主持编选了《中国昆曲精选剧目曲谱大成》，袁隆平爱拉小提琴。他们都"淡泊名利，志存高远，胸怀祖国，敢当重任"。他们得到过开明领导的支持，有伯乐相助，晚年都获得了崇高的荣誉。

四、我留学回国工作 30 余年的主要感悟

我于 1987 年年初回国，在后半生的 30 多年里主要做了 5 件事。

（1）创办国家智能计算机研究开发中心和曙光公司，曙光计算机已成为我国计算机领域自立自强的标志性产品，为发展我国自主可控的高性能计算机产业做出了实质

性的贡献。

（2）带领中科院计算所改革，推动中科院计算所重新焕发青春。中科院计算所已成为在计算机体系结构等方向国内领先、国际上有一定影响力的知名科研机构。引领国产 CPU 设计，为发展我国自主 CPU 芯片产业做出了贡献。

（3）启动与指导了中国计算机学会改革，使中国计算机学会成为我国科技社团改革的样板。

（4）做了大量信息技术发展战略研究和咨询工作，向中央和有关部门提交了有价值的政策建议，有些建议已经实施并取得效果。

（5）指导了以孙凝晖、历军、樊建平为代表的几十位计算机领域的领军人才和骨干人才，培养了几十名博士、硕士。

在完成上述工作的过程中，有如下几点体会和感悟。

我取得的一点成绩主要靠时代给的机遇和团队的顽强拼搏。国家给予我的荣誉远远超过我的贡献。严格地讲，我后半生做的 5 件事并不是科学上的原始性发明，也不是别人做不了的事，只是时代给了我机遇，让我在改革开放形势下如何做科研探索了一条可行的路。在中国做成一件国外已经实现的事并不容易，登月、航母都是国外 50 年前做成的事。在市场竞争中从无到有、以弱胜强更不容易。后来的人看哥伦布发现新大陆觉得很平常，但做成别人不敢做、不愿做的事，要有"打破"旧观念的勇气和不怕失败的"担当"。

1．"做事"的担当与情怀

我回国 30 多年主要的贡献不是"做学问，写文章"，而是"做事"。在工程科学技术领域，"做学问"不能离开"做事"，在信息领域做出大贡献的学者大多做成了一两件"大事"。对于技术科学而言，发表论文应该是做一件事的副产物。做工程技术研究应该以产生市场价值为目标。我从做曙光一号开始，对每一项成果都希望不是报奖的展品，而是能在市场上见效果。所谓"把事情做成"不是到发表论文为止，而是要做到在市场上有竞争力。"做事"不能满足于"当一颗永不生锈的螺丝钉"，既要有实现远大目标的情怀，又要有"明知山有虎，偏向虎山行"的担当。

担当精神就是敢于承担、奋发有为的责任意识。担当精神是为"大我"，不是为"小我"，不是为私利去下注。为了捞取科研经费，写课题申请时做出超出个人能力的承诺，那不是担当而是作假。只有为了大众的利益，做到"言必信，行必果"，才是真正的担当。

2．目标坚定，忍辱负重，砥砺前行

做一件经过深思熟虑后认定是正确的事，不但要"咬住青山不放松"，顽强拼搏，而且要有十分宽广的胸怀，顶得住来自上下左右的质疑、批评、误解和压力，有时还要忍辱负重，背负骂名。做曙光一号和曙光 1000 时，鉴定会上必须面对尖锐的质问：你做的计算机的智能体现在哪里？开始做龙芯芯片时，被人嘲笑是"玩过家家"。做海光 CPU 时，被舆论质疑为"穿马甲"的"洋买办"。在美国将曙光公司列入"实体清单"围剿打压时，国内也有一股"关门主义"势力试图扼杀曙光和海光公司的发展，曙光和海光公司只做不说，卧薪尝胆，用自己为国分忧的实际行动砥砺前行，默默地挑起了攻克"卡脖子"技术的大梁。

3．脚踏实地，不慕虚荣

社会上虚荣很多，"人才帽子"满天飞，这对科研工作是一种干扰。中科院计算所有一批脚踏实地、心无旁骛的科研人才，他们做出了出色成绩，没有"帽子"也同样受到尊重。科技人员必须有"慎独"和"出淤泥而不染"的良知。培养健康的心态和严于律己的科学作风比写几篇论文更重要。科技人员"慎独"的水平决定了中国科学技术的前途。

我国已走过高速度发展的阶段，正在进入实现高质量发展的新阶段。由于世情国情发生了深刻变化，科技创新对于中国来说不仅是发展问题，更是生存问题。要实现从要素投入驱动到技术创新驱动的跨越，更需要科研人员耐得住寂寞，一步一个脚印地攀登科技高峰。

4．从"事非经过不知易"到"事非经过不知难"

我在留学回国后的 30 多年中，做了一些别人不敢做的事，曙光高性能计算机、龙芯和海光 CPU 都是别人不敢吃的"螃蟹"。往往别人认为不可能做成的事，你会发现事情并不像别人想象的那么困难，"不为也，非不能也"，这就叫**"事非经过不知易"**。这个易是打引号的"易"。但经过一段时间以后，你又会发现真要把这件事做好，难点并不是一般人认为的技术黑洞，而是质量控制、用户认知、产业环境等诸多问题，不断地否定之否定，**"正入万山圈子里，一山放过一山拦"**，这才是真正的**"事非经过不知难"**。

5．当代中国的现实：先进与落后并存

当代中国先进的科技成果与落后的生产方式并存。图 7.23 中既有冲上九天云霄的火箭，又有已在中国的黄土地上耕耘了几千年的老水牛，这就是中国的现实！

图 7.23　这就是中国的现实

当我们从新闻中看到不断发布的世界先进的科技成果时，不要忘记还有几亿刚刚脱贫的民众。我们的工业革命比西方晚起步 200 年，信息技术真正起步也比西方国家晚几十年，尤其全民的科学文化素养与发达国家还有较大差距。

40 年前我在美国留学时参观过普通的美国农民家庭，小小的一家农户，有租用的大型运输车，也有家庭的室外游泳池。美国现有（家庭）农场 220 万个，农民只有 300 万左右。而我国有几亿农民，我国农业的生产效率比美国低几十倍。正视差距才能有担当。坐井观天的人难以承担重任。

我曾在介绍国家智能计算机研究开发中心的材料上写过这样的句子："**看到国内的阴暗面，而不失去振兴中华信心的有志人才，和受过西方文化熏陶但不迷恋西方舒适生活的学者，是振兴民族产业的脊梁。**"时代在变迁，但对这段话我至今仍深以为然。

6．爱国主义和担当精神是中华民族的基因

爱国主义和担当精神是中华民族的优良传统美德，已经成为中华民族的基因，根植于中国人内心深处，潜移默化地影响着中国人的思想方式和行为方式，形成了中华民族独特的世界观、人生观、价值观和审美观。

习近平总书记 2014 年 6 月 30 日在中央政治局第十六次集体学习时的讲话指出："**我们共产党人的忧患意识，就是忧党、忧国、忧民意识，这是一种责任，更是一种担当。**"要融爱国主义和担当精神于一体，将"继承传统"与"赶上时代"紧密结合，以此为自己的"根"和"魂"。这是贯穿中国共产党 100 年历史的一条带有根本性的历史经验。

年轻一代将爱国主义和担当精神融在自己的血液中，中华优良传统文化就会一代一代传承下去。

五、培养担当与情怀的几点建议

- 走出校园，深入了解国情，了解民众疾苦。
- 关心国家大事，将国家的需求记在心上。
- 挑战自我，敢于承担责任，敢于做别人没有做过的难事。
- 培养吃苦耐劳精神，勤俭节约，尽量不给父母添负担。
- 不怕犯错误，不怕丢面子，不怕别人讥笑。
- 诚实守信，不讲假话，不慕虚荣，远离"内卷"。
- 努力增强内驱动力，在无人监督的环境下管好自己。
- 多听讲座，扩大视野，提高人文素养和审美水平。

我在这次报告后送给国科大同学的题词如图 7.24 所示。

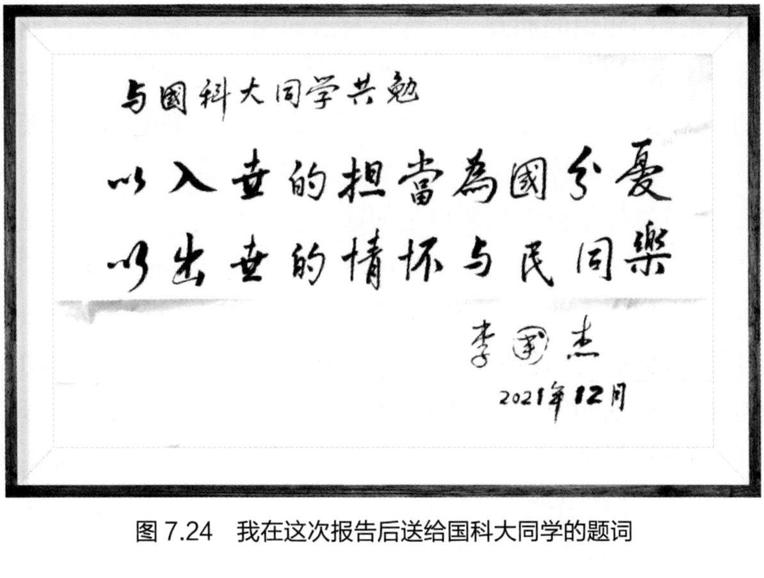

图 7.24　我在这次报告后送给国科大同学的题词

给曙光书院师生的一封信 *

樊院长、赵主任、梁院长及曙光书院的各位老师、同学：

首先祝大家春节快乐！

读完 2022 年 1 月曙光书院工作汇报，我十分高兴。书院刚刚成立，就开展了不少工作，同学们已初步感受到书院润物无声的文化氛围，这是一个良好的起步。

我自己没有在书院学习生活过，更没有办过书院。要是晚生几十年，我一定会争取进入一个好的书院度过本科生和研究生生涯。同学们今天有这样的机会，应当珍惜。

赵伟教授对书院有深刻的理解，通过他的介绍，我认识到书院是"精英教育"的成功模式，是形成自己朋友圈的好场所。我读大学时就听到一种说法："**学一门知识不如交一个真正懂这门知识的朋友。**"这话有点偏颇，但指出了交好朋友的作用。美国有些人报考一流大学的研究生不完全是为了找到权威的导师，而是奔着一流大学有高水平的研究生同伴，一批志同道合的同学对自己的帮助可能比导师的影响还大。

我国自 20 世纪 50 年代学习苏联进行大学院系学科调整以后，几十年来一直重视专业知识教育，比较忽视本科生和研究生的通识教育和人文教育。现在一些有识之士开始在大学设立书院，弥补了过去几十年的缺失。书院和学院、研究院三者配合，可以培养更加符合社会发展需要的全面发展人才。菲尔兹奖得主丘成桐教授指出，"**到今天，中国的理论科学家在原创性还是比不上世界最先进的水平，我想一个重要的原因是我们的科学家在人文的修养还是不够，对自然界的真和美感情不够丰富。**"其实，不仅是做理论研究的科学家，工程科技人员更需要不断提高自己的人文修养。从这个意义上讲，书院的作用不可替代。

在未来的信息社会从事体力劳动的工人和农民会逐渐减少，知识阶层将是社会的主流。我国的知识阶层具备什么样的素养决定国家的前途。有学位不等于有学问，有学问不等于有文化，有文化不等于有教养。我认为"有教养"的一个重要标志是具有较强的内驱动力，在无人监督的环境下能管好自己，始终保持一颗真诚的内心，不被

---

* 作为中国科学院深圳理工大学曙光书院荣誉院长，2022 年春节前夕写给曙光书院全体师生的一封信。

各种污泥浊水裹挟。

　　书院各项工作应着力于培养个人的内驱动力, 激发内心的良知, 不做无效的"灌输", 不搞管理上的"烦琐哲学"。要让中华文化的优秀传统和百年来的共产党人的奋斗精神融入青年一代的内心, 激励新的一代担当起振兴中华和促进人类文明的重任。

2022 年 1 月 29 日于东莞松山湖

对《中国科学院大学"十四五"
发展规划纲要（讨论稿）》的建议 *

　　《中国科学院大学"十四五"发展规划纲要（讨论稿）》（以下简称《纲要》）内容非常全面，任务与举措方面写了 10 项，从加强党的全面领导、培养一流师资队伍、提升学科建设水平到传承校园创新文化和加强服务保障支撑，学校工作的方方面面都已经提到。总的来说，这个规划站位很高，目标也比较明确，对今后几年学校的各项工作有较强的指导意义。

　　为了完善这个《纲要》，我提几点意见和建议，仅供参考。

　　1.《纲要》的 5 条基本原则对大多大学适用，国科大的特色不明显。建议增加两条。一是"坚持特色办校"，二是"坚持院所融合"。中国科学院办大学是中国的创举，国外没有先例。因此必须坚持特色办校，不能完全拿一般大学的模式来要求国科大。我们要有充分的自信心，不要太在意教育部的各种评价，不要被条条框框束缚。要以真正培养高水平科研人才、真正实现高水平科技自立自强、真正对人类文明发展做出重大贡献为办校目标。所谓"世界一流大学"并没有统一的标准，我们要有放眼全球的世界眼光，但也不必太在意几个民间机构的排名（主要还是看论文）。院所融合当然也是特色办校的一种体现，但值得单独提出来。因为现在国科大办得好不好，关键还在于挂靠的研究所下多大功夫。当然，中国科学院大学本部（以下简称"院本部"）的师资力量也要着力加强，目前院本部的师资力量比较弱，可能还赶不上 985 大学，要在引进国际一流人才上花更大的力气。

　　2.《纲要》全文有 2 万字，但第四部分"组织与实施"只有 1 000 字左右，写得过于简略。组织和实施的办法也比较空，缺乏可操作性。希望这一部分写得更具体一点，有一些可考核的措施。《纲要》的实施办法如果不具体，就容易形成"规划规划，墙上挂挂"的局面。

---

* 2022 年 3 月 26 日回复的关于《中国科学院大学"十四五"发展规划纲要（讨论稿）》的建议。

3. 国科大是唯一入驻怀柔科学城的高水平研究型大学，《纲要》中多次提到要深度融入北京怀柔综合性国家科学中心建设，加快建设一批高水平公共科研平台及综合交叉学科平台。但具体哪些学科要建科研平台，对科研平台建设有什么要求，基本上都没有提。给人的感觉是做多少算多少。怀柔国家实验室将来对国科大的发展有重要的牵引作用，必须认真规划。目前中科院对国家实验室的态度是敬而远之，没有主动靠拢，可能会失去重大的发展机遇。

4. 中科院比较强的是材料、化学、物理、地质等偏理论的学科，历来对工程学科不很重视。在近几年中国工程院院士选举中，中科院新增的中国工程院院士还不如清华大学多。在国科大的师资队伍中，中国工程院院士也不多。现在的基础研究大多需要大的工程团队配合，人工智能在基础研究中将发挥越来越大的作用。国科大的战略规划应当强调"理工融合"或者叫"理工并重"。在实现高水平的科技自立自强的过程中，工科可能要承担更大的责任。国科大的战略规划可能要对集成电路、新一代信息技术、空天技术、生物医药技术、材料工程技术等学科适当倾斜。

培养青少年成为数字文明的推进者 *

一、需要从更宏观的角度看待青少年教育问题

本次会议的宗旨是构建健康文明的网络生态环境，共同推动未成年人保护工作的新局面。探讨全球互联网与青少年保护发展领域的新理论、新技术、新成果、新趋势。本次会议主要关注青少年对各种复杂的互联网信息辨别能力不强，在接触、使用互联网时面临注意力缺失、信息焦虑、数字压力、网络沉迷、隐私安全等诸多风险，旨在解决青少年网络障碍、网络犯罪受害、网络暴力、网络道德失范等社会问题。

人类正在进入以互联网和人工智能为标志的数字文明新时代，青少年的培养是否符合时代的要求取决于我们对人类文明进化的正确判断。我们需要从更宏观、更全面的角度看待青少年的教育问题，避免"只见树木，不见森林"的局限性。

二、网络中的未成年人需要的不仅仅是"保护"

2021 年 11 月，新华社参与调查了 30 多万中国中小学生发现，孩子们"四无"心理问题明显上升：①学习无动力，不爱读书；②对真实世界无兴趣，沉迷于游戏、各种社交媒体；③社交无能力；④对生命价值无感受。网络中存在的许多问题，是社会问题在网络中的折射和体现，只是借由网络传播得更加广泛。要打造清朗的网络环境，首先要营造良好的社会环境。

青少年教育影响国家的未来。"保护"未成年人免受网络的"危害"只是为青少年创造成长的良好环境。现在的青少年是数字文明的创建者，他们能否承担这份重任才是全社会最应该关心的问题。当下的青少年主流是好的，但许多中小学生为了出人头地沦为学习的"奴隶"，缺乏责任感、诚实精神和挑战精神。如何引导和教育青少年可能比"保护"更重要！

---

* 2022 年 7 月 10 日在北京师范大学召开的首届青少年互联网大会上的报告，记者韩扬眉根据报告内容整理的文章发表在 7 月 15 日的《中国科学报》上，标题为《青少年如何成为数字文明的推进者——仅注重网络保护远远不够》。

不良作风的根源是意识，解决意识问题要靠教育。教育不仅仅是传授知识，更要陶冶情感，培养一颗善良向上的心。

三、培养青少年质疑和判断真伪的能力

随着互联网进入社会各个方面，虚拟社会已经出现。元宇宙的兴起将推动虚拟社会的流行。虚拟社会中充斥着大量政治谣言和虚假的信息，容易造成青少年思想混乱、价值观歪曲、生活态度消极，严重影响国家安全和社会稳定。

质疑和批判是科学精神的本质。要注重培养和提高未成年人获取、分析、判断、选择、运用信息的能力，让他们逐步养成判断信息真伪和良莠的能力，这样才能从根本上预防未成年人受到不良网络信息的侵害。内容过滤技术再先进也代替不了对青少年区分香花与毒草能力的培养。

国外普遍采用未成年人网络内容过滤和游戏软件分级的办法阻断有害网络信息。只要学生的课余活动（体育运动、课外实践和艺术活动）丰富了学生的内心世界，他们就不会将精力过分投入网络世界中（英国的网吧不限制中小学生进入，但很少有学生进入）。

四、监管的目的在于推动技术良性发展

到目前为止，我们试图控制技术负面影响的努力并不太成功，体现出我们对这个问题的理解仍然不到位。指望人人都规规矩矩，本身就不现实。

按照人类能完全掌控技术发展的观点，不如意的结果来自个体的不道德行为，比如不顾社会影响盲目逐利。监管的目的在于对开发技术的个人形成约束。从协同进化的视角来看，监管的目的在于推动技术良性发展。不如意的结果也是技术繁衍的产物，我们的干预促使符合人类良知的技术得以繁衍。技术的发明者和使用者在这一过程中都发挥了作用。我们是否应制定政策，让用户对技术演化发挥更大的作用？

青少年教育不应是把他们封闭在彻底净化的笼子里，也不仅仅是为了增加他们找到好工作的机会，而是为了引导他们对社会的正确理解，明辨是非，增强免疫力，这才是持久的价值所在。

五、互联网发展已进入下半场

Web 的发明人蒂姆·伯纳斯·李（Tim Berners-Lee）指出，**"我们的实践证明，**

互联网没有像预想的那样服务于人类，反而在很多方面辜负了人类"。

所谓互联网进入下半场，其实是一种新的宣示，互联网将从上半场对效率的盲目追求，转到对促使社会公平正义、良性发展的追求上来，这是时代的必然。

决定我们发展的力量在很大程度上超出了我们的控制，但这些力量本身也是自带调节机制的反馈系统。如果我们能理解它们的原理，就可以推动它们朝着正确的方向前进。

当今的世界也不是什么伊甸园，但人类的状况在很多方面已经大大改善。世界不一定会越来越好，但我们越理解人与科技协同进化的机理，世界朝向好的方向发展的概率也就会越大。

六、人类与互联网的协同进化关系

互联网虽然是我们创造的，却不是我们"设计"的。它是自己不断进化成今天这个样子的。我们与互联网之间的关系类似于人类与生物生态系统之间的关系，既相互依存又不能完全掌控。

我们用互联网创造的软件改变着我们的心智，而我们的心智反过来又改变着我们开发的软件。与其说我们是技术的设计者，倒不如说我们是技术进化过程中突变的中介。

进化生物学家凯文·拉兰德（Kevin Laland）在《未完成的进化》中指出，人类的进化可以分为3个时期：基因进化时期、基因－文化协同进化时期和文化进化时期。文化没有阻止生物进化，但已成为人类进化的主要动力。

七、文明进化的"模因"学说

文化的一个特质是不随基因遗传，也就是说文化的遗传方式不同于基因。然而文化又在某些方面与基因表现出惊人的通性，有些学者认为，文化也是以复制因子的方式遵从达尔文主义进化的。

道金斯（Dawkins）最先采用"模因（Meme）"这个词形容观念在人类文化中的传播与达尔文进化论之间的相似性。人类创造的政治、法律、道德、艺术、宗教等，本质上都是用后天教育习得的模因对抗与生俱来的基因。所谓认知升级，就是模因不断战胜基因的过程。

人类的种种社会性行为之所以如此复杂，如此"反基因"，是因为人类并不只是基因的生存机器，同时还是模因的生存机器。正是这种双重竞争，导致了人类区别于动物。青少年群体中富含文明进化的模因，要培养青少年成为数字文明的推进者。

八、要理解人文主义的历史作用

科学家能够研究世界如何运转，却没有告诉我们，人类该做些什么。我们不能单靠科学理论做决策，还需要用价值观和意识形态来判断。

科学最在乎的是力量而不是良知。科学再进步，也不可能用纯粹的科学理论取代人文主义。人文主义让人类摆脱了人生无意义的困境，为无意义的世界创造意义。

科学的"阳"和人文主义的"阴"交相辉映。"阳"给了我们力量，而"阴"则提供了意义和道德判断。数字文明包含人文主义。人文主义有几大分支，中国倡导社会主义的文明价值观。

人文主义思想的兴起彻底改变了中世纪的经院教育制度。我们要高度重视人文主义教育。现代人文主义教育要教导学生自己思考，重要的是教学生如何思考社会和人生。

九、中学生的短板是阅读理解能力差

人类比机器人强的主要是理解力，但日本东京大学新井纪子教授通过对全国25 000 名对象的阅读理解能力调查，发现了一些令人震惊的事实，足以说明现在中学生的阅读理解能力很差：

- 大多数初中生和高中生看不懂相当于初中历史或理科课本难度水平的文章；
- 约三成学生在初中毕业时不具备表层阅读理解能力；
- 中等水平的高中也有半数以上的学生不具备对需要理解内容的阅读理解能力；
- 对于升学率 100% 的高中，学生解答阅读理解测试题的正确率只略高于 50%；
- 阅读理解能力值在高中阶段未见提高；
- 是否参加补习班与阅读理解能力水平高低无关；
- 是否喜欢读书、每天使用手机的时间与基础阅读能力高低无关。

十、中小学要高度重视"语文"教育

20 世纪 80 年代我在美国普渡大学读博士时，普渡大学计算机系曾做了一次"计算机学者的成就与中小学基础教育的相关性调查"，跟踪与溯源调查结果表明：计算机系毕业生取得成就的大小与他是否及早接触计算机相关性不大（即计算机从娃娃抓起的学生没有明显优势），而与中学的语文和数学成绩有较强的相关性。

人们很容易理解计算机与数学强相关，但往往不太明白为什么与语文强相关，这是因为提高"理解能力"主要靠语文、教学。阅读拓宽视野，启迪思维；写作使人逻辑清晰，思想深刻；沟通强调传递思想的理性和效率。阅读理解能力不但是对计算机学者的要求，对所有青少年都很重要。

与同事的邮件 / 微信交流摘录 *

2018 年 2 月 28 日

[孙] 凝晖****，[陈] 熙霖*******，[黄] 庆明********，你们好，**

　　一所大学或一个学院以 5 年后由教育部数人头的所谓评估来做规划是荒唐的。今后中国科学院自动化研究所的主力都会转到人工智能学院，中国科学院软件研究所要支撑软件工程学科，计算机一级学科基本上靠计算所一个所支撑。将计算所现有"帽子人才"的人事关系转到中国科学院大学不是发展计算机科学与技术学院的出路。建议中国科学院大学计算机科学与技术学院本部大力招聘跨学科的老师，主要从事生物信息学、计算神经科学、量子计算、区块链等方面的跨学科基础研究，人事关系放在中国科学院大学，与计算所双聘，与计算所合作开展研究，在人才增量上下功夫。

2019 年 10 月 2 日

[贺] 思敏*******等诸位，**

　　耐心读完了附件中 31 页关于研究经历的文章，虽然有些技术细节我不完全明白，但我被 pFind 团队"顶天立地、研以致用"的科研精神深深打动。在不久前的中科院计算所 2019 年度学术委员会秋季会议和技术发展工作会议上，我强调计算所要改变科研模式，更加重视"学科交叉"研究，也提到向 pFind 团队学习，读了这几篇文章，我更加坚信这个看法。

　　近来参加一些鉴定会、评奖会，看到国内普遍的成果表述方式还是某某知名学者引用了我的文章，或者审稿人对我们的文章做了正面的评价之类，搞了几年研究，最后捞到洋人一句好话作为回报和结局，似乎不太值得。我常常想，计算所究竟与清华、北大有什么区别？大学老师以洋人引用为科研目标也许说得过去，因为他们一个 PI 团队只有几个人，不能苛求。如果计算所也办成与清华、北大一样的大学模式，对国家而言，意义不大。计算所的存在价值可能在于要对国家的关键信息基础设施建设、做强信息

* 2018—2022 年与同事之间的邮件、微信交流摘录。邮件、微信中的"计算所"均指中科院计算所。
** 孙凝晖：中国工程院院士，时任中科院计算所所长，现任中科院计算所学术委员会主任。
*** 陈熙霖：时任中科院计算所副所长，现任中科院计算所所长。
**** 黄庆明：中国科学院大学计算机科学与技术学院副院长。
***** 贺思敏：中科院计算所研究员，生物信息学研究方向学科带头人。

产业、促进生物等其他学科创新发展起到社会公认的推动作用。也就是思敏讲的要用户真真（正）用上。科学院的"三个面向"目标太宽泛，尤其是"面向国民经济主战场"容易使人误解，认为只要成果鉴定时有一两份用户意见书，就算"面向国民经济主战场"了。我欣赏 pFind 团队的工作是因为，从整个团队而言（不是指个人），他们既做了顶天的研究（以 *Nature* 文章为标志），又能真正立地，成为行业的主流软件。当然如果有企业能接上，其他实验室未必要做全部工程化的开发工作。但目标一定是行业中没有人能做的大事、难事，即"啃硬骨头"。企业中最不擅长的就是跨学科的技术，所以计算所才要特别强调跨学科研究。

英国的 DeepMind 团队用深度学习方法在蛋白质折叠领域做出很出色的成果，我不知计算所能不能在蛋白质结构预测分析方面做出世界领先的成果。

2019 年 12 月 26 日

［陈］云霁[*]，你好，

回国 30 年余年，我的主要精力花在曙光计算机上，2019 年 6 月曙光公司被列入"实清名单"后，《华尔街日报》发表一篇文章，说制裁曙光的原因是曙光公司掌握了"通往技术王国的钥匙"。听到这种结论，我也感到欣慰。

今天给你写这封信是因为我想起你的经历与我有些类似，历史已将你推上智能计算战略科学家的位置，你必须花相当多的精力考虑与智能计算有关的战略问题。

30 年前人工智能处在第二波的浪潮中，我也算是那一波浪潮的"弄潮儿"之一。1986 年我和华教授先后在 *ACM SIGART Newsletter*；*IEEE Transactions on Systems, Man, and Cybernetics*、*Proceedings of the IEEE* 等期刊上发表了几篇关于智能计算机的长篇综述文章。在这些文章中，我和华云生教授总结了上一波浪潮中研发智能计算机的经验教训："**设计智能系统的关键在于对要求解的问题的理解，而不是高效的软件和硬件。利用基于常识、高层的元知识、更好的知识表示获得的启发式信息比改善计算机结构可以获得更大的性能提高。是否用硬件实现一个给定的算法取决于问题的复杂性和该问题出现的频率。计算机结构师的角色是选择好的知识表示、识别开销密集型任务、学习元知识、确定基本操作，用软硬件支持这些任务。**"这些观点对今天的智能计算机研究也许还有借鉴意义。现在做人工智能研究的学者可能不会看 30 年前的文章，但关心智能计算机发展战略的科学家多看几篇 30 年前的文章，可以对历史的脉络多一些了解。

---

* 陈云霁：中科院计算所研究员、副所长，处理器芯片全国重点实验室主任。

我在几篇文章中多次强调人工智能的关键是对要求解问题的理解，这是因为人工智能问题多数是 NP 困难问题，处理 NP 困难问题不能用传统的思维。一个问题（我指的是包括各种实例的一类问题，如人脸识别）如同一片湖水，可能大多数地方很浅，只有个别地方有深沟，但这些深沟的分布是不规则的。科学家的责任是识别这些深沟在哪里，剩下的地方可以大胆加速处理。学术界常常被所谓 NP 问题误导，20 世纪 80 年代 Judd 发表一篇文章，说神经网络泛化 1/3 就是 NP 完全问题，害得神经网络出现寒冬。其实 NP 问题并不可怕，关键是一个问题最困难的案例分布在何处，这些地方能不能绕过。目前的语音识别、机器翻译、人脸识别等成功的领域实际上已绕过了这些深沟。有些理论研究成果像灯塔一样指路，有些理论成果起反作用，人工智能历史上起反作用（的）理论不少，几次寒冬都是"大学者"自己吓唬自己造成的。你在国内智能计算机领域的地位很高，你思路清不清楚不只影响寒武纪，所以我今天跟你多啰唆几句。

2020 年 3 月 8 日

[范] 东睿*，[谭] 光明**，你们好，

我已为高光荣教授写的新书（《数据流模型与系统》）写了一篇序言，现发给你们。我已多年不在第一线做科研，有些理解可能不对，请回信指出。

1980 年我写了一篇介绍数据流计算机的文章，1981 年发表在《电子计算机动态》上，这可能是我国作者写的最早一篇介绍数据流计算机的文章（1981 年汪成为翻译了一篇 Dennis 在 IFIP 会上的文章，发表在《计算机工程与设计》上，比我早几个月，但这个期刊很少有人关注），我把这篇老文章也发给你们参考。

在谭光明写的第五章，我很高兴读到关于动态规划的分类，你引用了 Grama 和 Kumar 等人的权威教科书 *Introduction to Parallel Computing*。将动态规划分成 4 类是我读博士时的一个成果，最先发表在 1985 年 Computer Software and Applications Conference 上，我把这篇文章也发给你们参考。*Introduction to Parallel Computing* 这本书影响很大，被引用了 2 000 多次。这本书的参考文献引用了我多篇论文，包括上面提到的会议论文。这个会议现在已经是软件界的顶级会议，但当时刚刚创办（此会是我导师 Benjamin Wah 协助他的导师 C. V. Ramamoorthy 创办的），我曾是 Committee Member 之一。通过这件事我有一些感慨。一是文章不一定要在所谓顶

---

* 范东睿：中科院计算所研究员，高通量计算机研究中心主任，北京中科睿芯科技集团有限公司董事长。
** 谭光明：中科院计算所研究员，高性能计算机研究中心主任。

级期刊或顶级会上发表才有影响，二是文章若能写入广泛流行的教科书中，就变成了人类共有的知识，公共知识的影响要大于一篇文章。所以科研人员应争取将自己的见解变成公共知识。

2020 年 6 月 15 日

历 [军] 总*，你好，

　　曙光和海光"十四五"规划的基本思路是，利用系统层面的创新来弥补工艺上的落后，我认为这个思路是对的，但目前的规划内容主要是讲如何让芯片和计算机性能赶上或者接近 AMD。提到 2.5 维封装和冷却技术等，我觉得光抓这些技术可能有点片面，系统层面的技术创新可以包括更多的内容。系统层面的创新要做到的是用户的体验、应用的效果和国外的计算机差不多。如同俄罗斯的武器系统一样，器件落后一两代，但在实际战场上管用。

　　计算机系统结构发展的一个重要趋势是领域通用计算机，也可以说是领域专用计算机（Domain Specific Computer）。5 年内想在通用 CPU 和通用计算机上追上 Intel 是件很困难的事情。如果按每年能卖出 200 万到 300 万片服务器 CPU 芯片来做规划，不能只做海光 4 号和海光 5 号两款服务器芯片（这只是一种架构的芯片），能不能针对不同的应用需求，5 年内推出 5 ~ 6 种大同小异的芯片，一种芯片架构每年生产 50 万片左右。要仔细核算这样做能不能盈利。

　　至少可以考虑以下几类服务器 CPU：第一类是针对人工智能和大数据应用的 SoC 芯片，将 CPU 和改进后的 DCU 结合在一起；第二类是云计算应用的 SoC，也就是计算所在做的高通量计算机，以算得多为目标，不只是算得快。现在阿里云只用 Intel 的芯片，连 AMD 的 CPU 都不用。如果我们能做阿里云希望用的芯片，那就是很大的成功。即使阿里云不用，能大量卖给其他云计算中心，也是很大的市场。总之在做规划的时候，不能把所有的目标都只集中在性能赶上 AMD 这一点上，这样可能会把自己逼进墙角。通过与计算所等单位合作，争取在系统层面有更多有市场价值的创新，可能是"十四五"规划的重点。

2020 年 7 月 25 日

[程] 学旗**，你好，

　　我对《数据科学》一文做了一些修改，现发回给你，供参考。我在文章的最后加

---

*　历军：曙光信息产业股份有限公司（中科曙光）总裁。

**　程学旗：中科院计算所研究员，副所长，大数据研究方向学术带头人。

了一小节"开启第五科学范式研究"。香山研讨会快结束时讨论要不要提出"第五科学范式"（好像是华教授最先提出来），来不及充分讨论，但这是一个重要的议题，值得写进文章中。我想了想，现在很难用很简洁的词语归纳出"第五科学范式"的特征，如果不是实验、理论、计算机模拟、数据驱动，那是什么？好像这些方法在第五范式中都需要，因此我暂时讲了一个融合的特点，但光是融合，可能不构成一个范式。请你们再想出更好的表达"第五范式"特征的词语。需要提出"第五范式"是因为前四种范式确实已解决不了数据科学和计算智能遇到的困难。我在第一部分介绍第四范式时换了一个案例。微软在出版《第四范式》这本书时就提到用大数据找帕金森病的治疗方法，最近确实有成果，发现与人的阑尾有关系（不用大数据方法可能没人想到）。但我是从负面的角度介绍这个成果，因为这种漫无边际的相关性分析肯定不是我们希望的科学范式。这也说明有必要寻找"第五范式"。如果这篇文章引起大家分析第四范式的不足，努力寻找"第五范式"，文章就有价值了。请你们（包括其他几位作者）花点心思把我增加的最后一段改好。

这篇文章不可能有更多学者署名，但香山研讨会的论文是有保护知识产权规定的，所以请你们检查一下文章内容，如有某个观点（不是大家常说的观点）是某位学者在会上独立提出来但他又不是署名作者，就要用合适的方式表现出来（比如在参考文献中），不要文章出来后有人抱怨剽窃了他的思想。

2020 年 11 月 22 日

[洪] 学海*，你好，

不知中国工程院的回复是否已经上报了，也许我的意见已成为"马后炮"。

这两天我询问了知识产权界一些专家的意见，综合起来，有以下几点意见供参考。

1. 中国的集成电路产业在核心技术上近几年是否差距拉大了，下结论要有明确的证据。即使从专利数量上看，中国申请和授权的专利的占比是不是变小了？有媒体报道中国集成电路专利申请数已超过美国，不知有何根据。总之，不能轻易下差距拉大的结论。公开的专利文献可能没有注明什么专利是核心专利。他们的专利权重是如何确定的，我也不清楚。

2. 集成电路设计，尤其是用户众多的终端产品，其核心技术是瞒不住的，因此一定要用专利保护，高通也可以靠收专利许可费"发财"。但芯片制造只有几家大企业，它们的核心技术绝对不能申请专利，因为专利要公开技术。制造企业的核心技术是商

---

*　洪学海：中科院计算所研究员，中科院计算所信息技术战略研究中心常务副主任。

业秘密。因此判断核心技术差距是否拉大，又不了解商业秘密，就只能看制造工艺实际效果。中芯国际做 28 纳米差距扩大了，但这两年做 14 纳米，似乎进展比前两年快了些。只能说差距没有明显改变。

3. 我对专报做了一点小修改，加了两小段。用附件发给你，供参考。

2020 年 12 月 29 日

孙毅*，你好，

　　一个学者的科研生涯规划很大程度上取决于个人的禀赋和兴趣爱好。昨天我讲得较多的是自研技术的产业化，计算所与大学的区别也是重视产业化，办成了几家有名气的公司，不少研究员希望做下一个陈天石、石晶林。但科研人员的生涯不只是"下海"办公司这一条路，真正能自己把公司做大的人很少。根据你的特点，建议你可以考虑另一条路。老计算所有一位做网络总体设计的研究员叫王行刚，（在）20 世纪 80 年代他是我国信息化的领军人物，直接在有关中央领导手下工作，起草了一些中央文件。联想管计算所以后，他逐渐淡出，去世时连追悼会都没有开。现在计算所没有这样在国家信息化方面有影响的领军人才了。如果你志在区块链和国家信息化方面做出较大影响，可以争取做国家重大信息化工程的总工程师。也可以考虑做国家重大专项组专家，走 863 计划专家这条路， 我国目前计算机领域的领军人物，如高文、怀进鹏、梅宏等都是当年 863 计划专家组的专家。如果走这条路，就不要花太多心思考虑办公司的事，成果转给别人去产业化就是了。自己的团队也不要太多人，主要培养做总体规划和系统集成方面的人才。还要有一定的重大工程组织和实施能力。总之，做事情要专注，甘蔗不能两头甜，有所不为才能有所为。

2021 年 4 月 16 日

[孙] 晓明**，你好，

　　我几天前去合肥国家实验室审查（挂牌前没有审），他们做光量子计算，目前的条件还比较艰苦，今年搬到新楼后条件会大大改善。光量子计算机是不是扩展性比离子阱等技术差一些，你最好与技术发展前途看好的团队合作。王小云这次也参加审查，她断言，历史已经证明，密码技术一定会走在计算机技术前面，从图灵开始就是如此，抗量子密码也一定会走在量子计算机前面。所以，不要太在意做破密码的量子算法和量子计算机。

---

*　孙毅：中科院计算所研究员，区块链研究方向学术带头人。
**　孙晓明：中科院计算所研究员，量子计算研究方向学术带头人。

2021 年 9 月 25 日

[卜] 东波*，你好，

　　衷心祝贺 DNA 活字喷墨打印机原型机"毕昇一号"成功打印唐诗和图片。这是一个有趣的成果。计算所应该有人做仰望天空的事。DNA 存储是永久的吗？存储容量有多大？过几天我写几个字发给你表示祝贺，只是我没有坚持练字，拿不出手。

　　请向谭光明团队转达我的祝贺。

2022 年 1 月 1 日

[周] 一青**，你好，

　　孙所长牵头的"计算通信控制（OICT）融合科技论坛"的申请工程院批准了吗？如果中国工程院已经立项，请与孙所长商量下一步如何办（我只能做个参谋），学术委员会可能要扩充，重新组建。新的学术委员会成立后，再听取汇报。如果中国工程院未立项，如何继续办下去有点麻烦，需要有个持续办论坛的机制，不能每年临时找主办方。

　　你写的综述涉及邬江兴、张平、王耀南院士的研究成果和观点，最好请他们审查后再投稿。

　　总的看来，关于计算、通信与控制的融合还处于摸索阶段，要解决的问题比较多，但解决问题的出路还很发散，还没有形成一种有指导意义的理论和技术路线。我的直觉是，找到通用的技术途径可能比较难，也许初级阶段是从某些应用领域入手，如同计算机系统结构的主流走向 DSA（Domain-Specific Architecture，领域专用架构）一样，3C 融合可能也要从 Domain-Specific 做起。可以应对各种应用需求的大一统的 3C 融合系统短期内难以实现。机器学习目前很热，是不是通用技术的发展出路值得探讨。

2022 年 2 月 9 日（李院士师生对谈微信群）

诸位，

　　最近奥运女孩谷爱凌成了网红。这个世界真是太小了，看了网上介绍她妈妈谷燕的文章，才知道谷燕就是曾经与我有过密切交往、最早认识到曙光公司价值的老朋友。谷燕可能是中国最早从事风险投资的留美学生，曙光公司是 1995 年创建的，谷燕在国内选择的第一个投资对象就是曙光公司。她的合伙人是美国著名风险投资专家埃文思·弗瑞克先生。弗瑞克先生很讲排场，我安排他住的地方是钓鱼台国宾馆，国宾馆规定

---

*　卜东波：中科院计算所研究员，算法研究方向学术带头人。

**　周一青：中科院计算所研究员，无线通信研究方向学术带头人。

一个人住也必须租一整座小楼，一晚上租金要花 2 万元（当时对我而言是天文数字）。但当时国内还不理解风险投资，曙光董事会拒绝了他们的投资，选择接受华为投资 2 000 万元，华为成了并列第一的曙光三大股东之一（另两个大股东是持有国家智能计算机研究开发中心 2 000 万知识产权的小曙光公司和深圳市投资公司。华为希望买下深圳市投资公司的 2 000 万股权，成为控股股东，深圳市投资公司不愿意，3 年后华为就退出了）。曙光不接受美国的风险投资，谷燕感到很失望。1996 年她在中国创办第一个风险投资公司——美国科技投资有限公司，（公司）设在白石桥的新世纪饭店。她办的公司的待遇比曙光公司高很多，她对曙光公司又了如指掌，曙光公司几位骨干员工（公司总裁助理、公司办公室主任和一位从英国回来的会计等）都跳槽到她办的公司去了。这以后我与她的联系减少，几年后就杳无音信了。我没想到她后来培养出这么出色的奥运冠军女儿，为中国人争了光。现在回想起来，如果当时曙光接受她的风险投资，可能后来不会被变卖给中国香港商人，走那么长的弯路。

2022 年 3 月 9 日

高［文］[*]教授，你好，

昨天在会上是即兴发言，表达不严谨，可能你们写会议纪要时不好归纳。今天写个文字材料给你，说清楚我的一些看法。

鹏城实验室的院士工作室是一个创举，是对基础科研机制的很有价值的探索，在全国 9 个国家实验室中有特色。能聚集 20 多位院士在一起工作，是件不容易的事，应当坚持。国家实验室不仅要完成既定的重大科研任务，而且要努力探索新的科研机制，尤其是原始创新的机制。

基础研究既要重视任务带学科，也要重视学科引任务。只关注国家的需求，没有原始性的理论创新，所谓重大任务可能只是完成一个工程，很难真正解决国家面临的问题，也很难做到科技自立自强。计算所陈云霁兄弟做的寒武纪芯片引领了全世界的人工智能加速芯片研究，这项基础研究没有和龙芯重大任务挂钩。这是计算所历史上罕见的学科引任务的案例。

我国科技领导部门的官员大多不是科学家出身，所谓国家重大任务，其实并不是官员们定的，本质上还是专家们自己定的。对选择什么样的重大任务、如何完成重大任务，院士们应当发挥更大的作用。院士们有多年的科研工作经验积累，手下往往也有一支年轻人组成的创新能力强的科研队伍。特别是院士们可以帮助鹏城实验室吸

---

* 高文：鹏城实验室主任，中国工程院院士。

引高素质的人才。目前院士工作室只占用鹏城实验室不到 2% 的科研经费，却吸引了 30% 的人才（固定编制），这是件好事！不应该压缩院士工作室的固定编制，还是要采取更灵活的机制，不断地从院士工作室分流固定人员到其他研究室，把院士工作室当成一个吸引和培养人才的"蓄水池（Buffer）"。

2022 年 3 月 28 日

[包] 云岗*，你好，

谢谢你的回信。

你提到中科院的 6 个上市公司，其实科大讯飞和中科星图都与计算所有关系。科大讯飞的前身是国家智能计算机研究开发中心中国科学技术大学分中心，负责人是中国科学技术大学电子工程与信息科学系的教授王仁华。国家智能计算机研究开发中心每年要做 863 计划全国各个课题的语音识别测试，中国科学技术大学分中心负责收集语音素材，做语言库。王仁华和我同岁，他想成立科大讯飞公司的时候找过我。我认为他年纪大了，建议他不要"下海"，可做董事长，由他的学生去办公司。他听了我的建议，他的学生刘庆峰后来办得很成功。曙光公司是中科星图的第二大股东，总裁邵宗有也是曙光公司派过去的。曙光不参与，这个公司是上不了市的。

中科院不重视产业技术，是有历史原因的。除了路甬祥这一届领导，其他几届领导都是物理学家、化学家。钱学森和杨振宁都曾经向国家建议要成立中国技术科学院，但是没有实现。科学院现在最能体现存在价值的是 ESI 排名世界第一，这主要靠材料和化学科学。但是我们国家高端材料都要进口，中科院对材料产业的贡献并不大。以中科院自己办的上市公司来衡量中科院对产业技术的贡献可能不合适。美国人经常以"斯坦福国"和"MIT 国"来衡量这两个大学的价值。这是把斯坦福和 MIT 毕业的学生创办的公司当作一个国家来衡量。这两个虚拟国家都可以进入 G20。在美国人看来，大学和产业界的联系主要通过人才纽带，而不是通过知识产权参股。中科院的研究所自己办公司也许不是发展产业技术的最好途径。我一直认为中科院的价值一定要得到产业界的认可。但是这一点并没有形成共识。科技要自立自强，离开了产业一定是空话。

2022 年 4 月 12 日

[孙] 凝晖，你好，

你写的《从国重重组看新型举国体制》是一篇很有分量的文章，澄清了一些重要的观念，对主管部门和科研人员理解新国重的定位和发展目标很有帮助。其中写得最

---

* 包云岗：中科院计算所研究员、副所长，北京开源芯片研究院首席科学家。

精彩的是第二节国重的 3 个改变，特别是"改变二"：科研任务中重大科学问题从"目的"变成"手段"，把任务和学科的关系、问题导向和解决难点技术的关系讲透了。为了阐明新国重的定位，可能需要进一步明确国家实验室和新国重的关系，国重与骨干企业的关系、国重与原有科研院所的关系。不必展开讲，点到为止。

我理解新国重和新型举国体制，主要有两个问题。一是如何从战略需求中提炼出真正的科学问题和可考核的攻关科研任务。我参加过很多次新建机构和重大项目的论证会，发现普遍存在的问题是把需求直接当成科学问题，比如在讲处理器国重时，提出的科学问题是能耗墙、设计墙和指令集墙，这三堵墙的存在只是一个现象，或者是产业发展和国家战略的需求。我们与国外一流科学家的差距是没有找准真正的科学问题和技术难点。我们试图解决的科学问题和关键技术往往太笼统，不够聚焦。

二是实验室与企业的关系。目前的国重多数依托科研机构和大学。纵观集成电路的发展历史，不论美国还是日本，起到改变格局作用的还是企业联合的研究机构，比如美国的 SEMATECH、MCC，日本公司联合建立的集成电路研究所。国家实验室对集成电路发展的影响似乎不大。我国建立处理器国重，一定要解决好与企业的合作问题，也就是你提出的解决承接上的"时间差"、融合上的"空间差"和协同上的"机制差"问题。国重一定要在建立自立自强的产业生态系统中发挥技术带动作用，对于中国而言，"两张皮"是老大难问题。

2022 年 5 月 3 日

[徐] 志伟*，你好，

邮件收到，十分感谢。

CCCF 也向我要一篇稿，我想将这个报告的内容写成一篇 CCCF 文章，以我们两人合写的名义发表，我写好初稿后，再交你修改。

我最近看了不少关于算力网络的文章，大多是通信领域的学者专家写的，他们都以网络为中心，把算力看成一种可调用的资源，重视所谓算力的感知（Computer Aware）和计算资源的标准化，我觉得主要是商业上的考虑，技术上似乎没有太多创新。我觉得 SKY 计算抓住了要害，发展 Utility 计算第一步还是要解决分布式云的技术。我很欣赏你总结的从线路交换到分组交换再到任务交换的发展趋势。算力网络实际上是做任务交换，需要发展不同于 Internet 的核心技术。IRTF 支持一个任务小组做 COIN 项目，Computing in Network，国内有人称之为在网计算，在网络交换和路由

---

* 徐志伟：中科院计算所研究员，曾任中科院计算所副所长、学术委员会主任。

器中增加计算功能，这不是通用办法，只能解决特定的问题。Utility 计算是几十年前就提出的理想，似乎发展并不顺利。此事主要应靠计算机界解决，通信领域可以助力，如果过分强调网络运营商做计算服务，实现通信＋计算的所谓一体化，可能会走向垄断，违背了"解耦"的原则。

2023 年 1 月 12 日

曹娟[*]，你好，

　　我在感染新冠期间压了不少回信，现在身体基本恢复，把拖欠的信回了。

　　你的年终总结写得很好，对听取反对意见和执着的认识很深刻。我今天要跟你说的只有一件事，就是你是否已有做一个商人的思想准备。讲得高大上一点，就是从当科学家变成做企业家，其实企业家的本质也是一个商人。中国历代看不起商人，觉得商人唯利是图，道德不高尚。但是做企业家一定要在商言商，讲了太多的大道理，但公司不赚钱，没有盈利，这样的企业家是失败的。做企业家最关心的是自己的产品的市场在哪里？能不能有持续的现金流回到公司。而对于其他的荣誉，不管是政府给的，还是学术界同行给的都不要太在乎。任正非这么多年拼搏，他关心过国家的奖励和个人的荣誉吗？你的内心还是很在意"荣誉"，在意"知名度"，这些不是企业家的素质。

　　真正企业家（商人）比科学家更具有"造福于民"的胸怀。企业家关心的是把一件难事做成，没有太多时间考虑自己有什么缺点，是不是完美。你说你亟需物色商业合伙人，这可能说到点子上。你大概还有一两年的时间来验证自己是不是一个合格的商人。如果发现有可能改变自己的爱好和追求，真正对办好一个有价值的公司有强烈的兴趣，对市场信息很敏感，你可以下定决心做公司 CEO。如果发现自己还是对解决技术问题更感兴趣，那就赶紧找自己信任又有管理公司能力的人来办公司。这样的人不好找，关键是难以完全信任，只好靠一套规章制度来规范经理人的行为。

---

[*]　曹娟：中科院计算所研究员，致力于深度防伪检测的中科睿鉴科技有限公司董事长。

第8章　个人经历回忆

莫听穿林打叶声，何妨吟啸且徐行。

竹杖芒鞋轻胜马，谁怕？一蓑烟雨任平生。

料峭春风吹酒醒，微冷，山头斜照却相迎。

回首向来萧瑟处，归去，也无风雨也无晴。

——[宋]苏轼　《定风波·莫听穿林打叶声》

2020 年人民邮电出版社出版的学术论文选集

2017 年退休后住在东莞松山湖

桃李不言，下自成蹊
——追忆父亲李彬卿朴实无华的一生[*]

　　湖南省邵阳市民盟^{**}要开一次缅怀民盟邵阳市委员会先贤的纪念会（如图8.1所示），我父亲李彬卿于1957年加入民盟，是民盟邵阳市委员会最早的会员之一，列为被纪念的老盟员。在准备写这篇回忆文章时，我曾想过几个标题。"一生正直，半世坎坷"是首先想到的标题。他刚过40岁，就被错划为"右派分子"，后半生蒙屈受辱，"文化大革命"期间再次遭迫害，直到1982年退休后在民盟邵阳市委员会的关怀下，主动办育才补习学校，才唤回了他作为知识分子的尊严。他一生朴实无华，既没有立功受奖，也没有留下传世的著作，一辈子就是教书育人的一介书生。但他从新中国成立前就在邵阳县中（现邵阳市第二中学）和邵阳师范学校当老师，邵阳市的中小学中有许多老师是他的学生。1985年他因病去世，没有人组织，也没有发告示，但闻讯前来送葬的有好几百人，真是应了那句老话："**桃李不言，下自成蹊**"。

图 8.1　缅怀民盟邵阳市委员会先贤座谈会

---

*　2019年12月29日为民盟邵阳市委员会缅怀民盟先贤座谈会准备的回忆父亲李彬卿的文章。
**　中国民主同盟邵阳市委员会，文中简称"民盟邵阳市委员会"。

当我开始敲键盘写这篇文章时，突然发现无从写起。我父亲是最平凡不过的中学老师，没有感人的英雄模范事迹，而且我长大以后和父亲相处的日子很少，他后半生在邵东县第九中学（以下简称"邵东九中"）教了 20 年书，而我对他在邵东九中的生活几乎一无所知。当我回首父亲的往事时，脑海中浮现出他的一些老朋友的身影，其中多数是民盟的盟友。1983 年暑假我从美国回国探亲，父亲兴致勃勃地带着我拜访他的老友胡子康、刘星堂、王香耕等，这几位老师都是新中国成立初期邵阳市教育界的代表人物，胡子康先生是民盟邵阳市委员会第一届主任委员。在我父亲的入盟申请表上，我看到他的入盟介绍人是蒋昨非，蒋老先生和我父亲是邵阳县下花桥的同乡，他在 1925 年就加入了中国共产党，是一位饱经沧桑的老学者。1953 年他与我父亲同时调到邵阳师范学校教书，他担任语文教研室主任，我父亲是副主任。从这一群老知识分子身上，我看到了正直坦荡、恪守良知的书生本色，体会到一种传承了两千年的"士志于道"的传统美德。

往大里讲，民盟是大知识分子云集的民主党派之一，既有张澜、沈钧儒、黄炎培、费孝通等大学者，又有钱学森、钱伟长、华罗庚、梁思成等大科学家*，先后有 161 名盟员入选两院院士，堪称院士的摇篮。各省各市的民盟基层组织汇聚了当地的知识分子精英。我想，什么是民盟的形象？民盟的形象就是中国千千万万知识分子的形象。想到这里，我的困惑就消除了。我写这篇回忆文章，用不着挖空心思找我父亲身上与众不同的"闪光点"，只要回顾几件给我留下印象的小事，就能从一个老盟员身上折射出老一辈知识分子共有的气质。

一、年轻时曾有一腔热血

我父亲家中虽有几亩地，但家境并不富裕，没有钱支持他读大学。1939 年他考入了可免费入学的国立师范学院（以下简称"国师"）。国师是在抗日战争中创办的全国第一所"国立"的师范类大学，选址蓝田镇（现湖南省涟源市）。蓝田因此成为抗日战争时期的全省文化教育中心，当时名气之大，仅次于西南联大，有"小南京"之称。钱锺书等大学者曾在国师任教，小说《围城》就以国师为蓝本。

我是在 1943 年出生的，1944 年日寇进攻邵阳县时，我还在妈妈的怀抱之中。后来我多次听到妈妈感慨，新中国成立后虽然她在政治运动中也受到冲击，但这一

---

*　钱学森、华罗庚在加入中国共产党前曾为中国民主同盟盟员。

辈子她最痛苦的日子是"走日本"。当日本兵冲到家门口时,她带着我和比我大两岁的哥哥拼命逃跑,子弹就在头上嗖嗖飞过,她曾抱着我从一丈多高的山崖边跳下去。她始终不能原谅我父亲当时不在家里保护家人。我小时候也觉得奇怪,爸爸到哪里去了?

读初中时,我在家里的一个小箱子里发现一本印刷并不精美的小册子,书名我已忘记,可能是"历代救亡诗词选"之类,但记得封面上清晰地印着"编辑:羊春秋;校对:李彬卿。我现在还记得,这本小册子中有岳飞的《满江红》、文天祥的"人生自古谁无死,留取丹心照汗青",还有一首岳飞的诗我印象很深:"雄气堂堂贯斗牛,誓将直节报君仇。斩除顽恶还车驾,不问登坛万户侯。"这本小册子告诉我,当时还是大学生的李彬卿,虽然没有投笔从戎,血战沙场,但也有一腔热血,他在用出版发行古代诗词的方式激励人们投入抗日救亡。可能当时他还要做其他许多与抗战有关的工作,顾不得回家照顾我这个婴儿。邵东人羊春秋后来成了全国著名的文史学者,但他当时还是个 20 岁出头的小师弟。现在我才理解,为什么当时爸爸给妈妈的信上写道:"蓝田不投弹,我决不回家"。

大学毕业以后,经远房亲戚介绍,我父亲曾到外地主管粮食的储运处做过专员,这也算是处级待遇的"官",但他只上了十几天班就愤然辞职了。我曾经问过他为什么要辞职,他深有感触地告诉我,国民党政府的机关里都是吃闲饭的人,每天上班泡一杯茶,拿一堆报纸看一上午,无所事事,一点意思也没有。他是学教育的,还是想回邵阳老老实实地当教书匠。我父亲对教育的执着影响了我们家的许多亲戚,我有三个姨、一个叔叔、一个舅舅、两个堂兄都是小学或中学教师。

民盟邵阳市委员会的负责人告诉我,从对新中国成立前邵阳市地下党有关资料的整理中发现,新中国成立前我父亲在邵阳市的那几年,为共产党地下组织做了许多秘密工作,在当时的邵阳市地下组织负责人邹毕兆留下的地下工作回忆录中还能查到李彬卿的许多活动,另一位地下党员赵刚,后接任我父亲当邵东县第二中学(以下简称"邵东二中")校长,也记得我父亲做的不少地下工作。民盟邵阳市委员会领导认为,我父亲是中国共产党早期党员,不然邵阳市一解放不会立刻委派他去邵东廉桥接管国民党办的三民中学。邵阳市民盟先贤纪念会的展板上写着我父亲是"中国共产党早期党员"(如图 8.2 所示)。在我的记忆中,父亲从来没有跟我讲过他在新中国成立前与共产党地下组织的联系。但从整"右派"的会议上他拍桌子反驳的强烈反应中,我看出了他对共产党的坚定信仰。

人物生平

李彬卿（1917—1985），邵阳县下花桥人，中国共产党早期党员，一辈子朴实无华，不计功名，教书育人。

抗战期间，积极投身抗日洪潮，参与编撰《历代救亡诗词选》。曾因看不惯国民党政府内部腐败，愤然辞去粮食储运处专员，后在邵阳县中从教，任训导主任。

解放后，受指派赴邵东接管新知中学并担任校长，1953年在邵阳师范担任教员。1963年后在邵东九中任教直至退休。1982年退休后，主动参与创办民盟育才补习学校，任教导主任。

他家教得法，谆谆善诱，培养出了享誉国内外的中国工程院院士、计算机专家李国杰先生。

图 8.2　民盟邵阳市委员会对我父亲李彬卿的展板介绍

二、一辈子教书育人

　　新中国成立后的第一年我父亲还在邵阳师范学校教书。当时主管邵阳地区教育工作的领导左维和陈新宪对我父亲的政治倾向和人品是了解的，1950年就指派他去邵东廉桥接管三民中学，担任改名后的新知中学校长。在我这个7岁小孩的眼中，父亲俨然是个大人，但现在看来，当时他还是个33岁的青年。但是，他似乎比现在的大龄青年成熟得多。他要从零开始，一个一个地走家串户动员各个年级的学生回校读书，还要到处找老师来上课。令我印象较深的是，初三那个班只有6个学生，还有就是只花了500元（当时是旧币500万元）就盖了一个大礼堂。

　　新知中学后来改名邵东二中，曾经红火过几年，现在又改成廉桥镇第一中学。今年春节我特地到曾经的新知中学去寻找历史的记忆，当年围成一个圆圈的两层木结构房子已经拆除，但中间那一大块天井还保留着。就在这个天井中，当年中学生开过新年晚会，一群学生在呼喊："李校长，来一个。"在我的印象中，我父亲从来不唱歌，我正在担心父亲如何应付这种局面，没想到父亲大大方方地走到人群中，用"两只老虎"的曲调唱道"烧饼油条、烧饼油条，炒麻花、炒麻花，一个铜板两条、一个铜板两条，呱呱叫、呱呱叫"，逗得全场大笑。在学生面前，他露出了孩子般的天性。

　　1953 年我父亲又调回到邵阳师范学校教书。我由于在冬季时小学毕业，要等半年才能上初中。当时家里租的房子太小，住不下四口人，我就跟我父亲住在学校的办公室里。那一年我父亲教轮训班（为邵阳地区许多小学抽调来的老师"充电"）的语文课。有一次我在教室外偷看父亲上课，他在黑板上挂了一幅一个老人在枯树边骑着一匹瘦马的国画，这堂课是在讲马致远的散曲《天净沙·秋思》："枯藤老树昏鸦，小桥流水人家，古道西风瘦马。夕阳西下，断肠人在天涯。"我知道这幅画是他特意请他的朋友粟干国先生画的。为一堂课请一位全国知名的画家画一幅画，只有对教学痴迷的教师才会这样做；把 28 个字的一段元曲教学变成一堂艺术欣赏课，肯定会在小学老师心里留下永恒的印象。现在回想我才明白，为什么有那么多小学老师为我父亲送葬。

三、错划"右派"却无怨无恨

　　在我的印象中，1956 年和 1957 年上半年是我父亲最快乐的日子。1956 年工资调整，我父亲破格涨了两级工资，升到中教 4 级，每月 71 元。这一年他被评为邵阳市工会积极分子，1957 年年初他又加入了民盟。但好景不长，1957 年"大鸣大放"时他给学校领导提了两条意见。第一条是新中国成立后工人的生活水平有较大的改善，但农民的生活水平提高程度不如工人，今后要努力提高农民的生活水平。第二条是党对青年教师比较重视，但对中老年教师重视不够，今后要进一步发挥中老年教师的作用。万万没有想到，就是这两条十分善意的意见，使他被戴上了"右派分子"的帽子。由于反右派斗争出现严重扩大化，他是在 1958 年年初反右派斗争快结束时被错划为"右派分子"的。

　　我的小姨当时在邵阳师范学校轮训，她告诉我，我父亲被划为"右派"是因为他在会上对领导发火。他甚至拍桌子大吼："我绝对没有反党反社会主义，如果你们硬要下这个结论，我宁肯到大街上去卖黄泥、卖河水！"听到这里，我耳边就响起了当年邵阳市街头"黄泥哟""河水哟"的叫卖声。邵阳市最贫穷的人才会去卖黄泥和河水，我觉得，要不是他坚信自己从内心里是拥护共产党、热爱社会主义的，他不会说出这样的话。

被错划为"右派分子"以后，他受到降职降薪处分，工资减了一半。在1960年年底被改正摘掉"右派分子"帽子以前，他在邵阳师范的农场接受劳动改造，其劳动强度可能超过卖黄泥和卖河水。1960年困难时期，他双脚浮肿还要在农场天天挑粪上山，小腿上一按就是一个很深的凹痕。"文化大革命"初期，他被遣送到下花桥老家，被强制披星戴月干农活，苦不堪言。据我母亲讲，当时他每天大汗淋漓，骨瘦如柴，吃不下饭，如果再多待几个月，可能就一命呜呼了。

按人之常情，一个人受了那么大的冤屈，吃了那么多苦，肯定有一肚子怨言甚至仇恨。但是，不论在家中的对话还是通信中，我都没有听到父亲有一句怨言。对于自己仗义执言，不会看风使舵躲过政治风浪，他也没有后悔过。在一次促膝谈心中，他诚恳地对我说："我是旧社会过来的人，对新中国成立前后两个社会有亲身的体会。国民党政府里的人都唯利是图，肯定办不成事，共产党是能办成事的。我是新中国成立前学的教育学，都是美国人杜威那一套，现在也用不上。我没有多大本事，现在只能干点力所能及的事。"

四、放手式的子女教育

有一个学教育学专业的父亲，应该能获得别人家孩子得不到的教育，但是，从小学到中学，我没有感受到父亲对我有什么特别的教育。他从来不督促我做作业，也不大看我的考试成绩，更没有送我去过什么补习班。现在自己老了，认真回想一下，小时候父亲对我说的一些话，甚至和我做的一些游戏，对我的成长还是有相当大的影响的。

我每学期的作文父亲是要看的，读初中时，我有一篇作文写到将来要成为国家的"栋梁之材"，父亲看到后就问我，你知道栋梁是什么梁吗？什么样的树可以做栋梁？我一下就被问傻了。父亲指着屋顶说："栋梁就是屋顶上那根最长的直梁。如果你长出来是棵弯树，你就做不了栋梁。那也没有关系，你可以做犁，也可以做牛轭。"这段话深深刻印在我的脑海里，时刻提醒自己要脚踏实地、不慕虚荣，有一分热，发一分光。我从美国留学回来时已经43岁，10年"文化大革命"使我耽误了最有创造力的青春年华，我知道自己单枪匹马再做原始性的重大发明已经力不从心，我给自己回国后的定位是做人梯和铺路石，支持年轻人做出重大贡献。30多年来，我创建的曙光公司已成为我国高性能计算机的骨干企业，目前市值300多亿元。曙光公司控股的海光公司推出了与Intel公司最高水平性能相当的服务器CPU，美国政府认为我们已掌握"通往技术王国的钥匙"，将曙光和海光公司列入限制出口的"实体名单"。我们在高技术的"正面战场"上能取得美国政府害怕的成就，我为此感到欣慰。回想起来，这些贡献都是奋斗在一线的年轻人做出的，我不就是起了翻松科技"处女地"的弯犁的作用吗？

初中时的作文题常常要写读后感、观后感之类，令涉世不深的小孩难以下笔。我每次看完电影，父亲不要我写观后感，而是要我用自己的话把电影故事写下来。我非常乐意做这件事，有时可以写出两三千字的故事描述。父亲不经意地指点可能对我写作能力的提高有很大帮助。我读小学的时候，父亲经常与我玩猜东西一类的"逻辑"游戏。他想好家里（或者其他任何地方）的一件东西（比如一只茶杯）并告诉哥哥，要我用最少的提问猜出来。我问："是家里的东西吗？"答："是的。"接着问："是不是挂在墙上的？"回答："不是。"再问："是不是放在桌子上的？"答："是的。"再问："是不是白色的？"答："是的。"此时我就会兴高采烈地肯定："那一定是茶杯！"这种游戏对训练小孩的思维能力大有裨益。我的逻辑思维能力比较强，可能与常做这一类游戏有关。

五、传承老一代知识分子的优良传统

写了这么多，到快要结束时我认真想了想，到底我父亲这一辈知识分子有什么优点值得我们学习。当学校中有的老师也"一切向钱看"，"人类灵魂的工程师"这一光辉称号都可能逐渐被他们遗忘的时候，老一代知识分子的优良传统应当如何传承？

我在邵阳市无线电厂工作时，父亲给我留下的深刻印象是每年暑假他从邵东九中回来，总是弯着腰扛着一根扁担，一头挂着一筐鸡蛋，另一头挂着一袋灵官殿当地产的小梨子。以他微薄的工资，这就是他能做出的对家庭的贡献了。我只知道他在邵东九中是教英语的老师，因为每次回家他去得最多的地方是刘星堂老师家里，向刘老师咨询英语教学的问题。后来有人告诉我，他不但教英语，做学校的图书管理员，还要每天一分钟不差地敲响上下课的钟声，相当于一个人干了 3 个人的活。敲钟这种校工做的事按说不是他的责任，但他兢兢业业地干了近 20 年！

1982 年我已到美国读博士，曾给父亲写了一封信，劝他退休回家，其中有一句："回到家里可以吃到有锅巴的米饭，至少不要再吃学校的钵子蒸饭了"。父亲从小喜欢吃锅巴，这一句话打动了他，1982 年年底，他终于办了退休手续。我出国后家里的经济状况明显好转，并不需要父亲退休后再出去"挣外快"。但 65 岁的老父亲仍然闲不住，他希望发挥余热，再为社会做点善事。在民盟邵阳市委员会的支持下，主动张罗办起了育才补习学校，他当教导主任。他当时腿脚已不大灵活，每天拖着沉重的双腿，四处找教室、找老师。联系工作时肯定碰了不少"钉子"，但回到家里脸上总是露出愉悦的笑容，这可能是他后半生最快乐的时光。学校办起来以后，当他知道有一批学生考上了大学后，就如同自己的亲人考上大学一样高兴。他办补习学校完全是为了帮助有升学愿望的学生获得上大学的机会，补习学校收取的学费他都按收支账目清清楚楚地交给民盟，没有要求高额的回报。

　　鲁迅先生说，"吃进去的是草，挤出的是奶"。这是中国老一辈知识分子的特点，他们奉献了很多，索取很少，做贡献不求回报。我常常想，随着社会的进步，知识分子已逐渐成为社会的主要阶层。知识分子不但要有知识，更应有正直的人品和高尚的情操。当代知识分子的追求和道德水平将决定国家的未来。最近，党中央号召全党"不忘初心、牢记使命"，知识分子要跟着中国共产党，为中国人民谋幸福，为中华民族谋复兴，就应当传承老一代知识分子的优良传统，将中华文明一代一代传下去。

　　1985年年初，我父亲作为民盟邵阳市委员会的代表参加湖南省政协召开的会议，回来后就双腿水肿，行走困难。承蒙邵阳市政协关心，安排他去市立医院疗养。但他的病越来越重，因肾功能衰竭于3月26日去世。当时我正在准备博士答辩，怕我分心，家里没有告诉我父亲病危，一个多月后我再三催促要父亲回信才告诉我他已离世的噩耗。我为自己未见上父亲最后一面深感内疚，在我的博士论文的扉页上庄重地写上"In memory of my dad（谨以此文纪念我心爱的父亲）"。1983年暑假我回国探亲时曾陪父亲到北京观光几天，他后来给我写信讲，他想争取活到80岁，晚年要出去走走，看看各地的名胜古迹。很遗憾他的愿望没有实现，现在国家更加强大了，祝愿父亲在天国幸福快乐，从天庭饱览祖国的大好河山。

学术论文选集序言 *

　　1978 年我考上了硕士研究生，一年后从中国科学技术大学转到中科院计算所代培，师从夏培肃和韩承德老师，才真正开始独立从事科研工作。1981 年，我在《电子计算机动态》(后改名《计算机研究与发展》)期刊上发表了我的处女作《一种新的体系结构——数据流计算机》。从那以后，我先后在各种期刊和国际会议上发表了 150 多篇学术论文。这些论文涉及计算机系统结构、组合搜索、并行算法、人工智能、智能计算机、高性能计算，微处理器设计、网络与通信、大数据系统等诸多领域。除少数文章发表在 *Nature* 子刊、*Science*、*Physical Review* 和 *Nucleic Acids Research* 外，大多数文章发表在计算机领域的重要期刊和会议，如 *Proceedings of the IEEE*、*Communications of the ACM*、*IEEE Computer*、*IEEE Micro*、*IEEE Transactions on Computers*、*IEEE Transactions on Software Engineering*、*IEEE Transactions on System*, *Man and Cybernetics*、《计算机学报》《软件学报》《通信学报》《模式识别与人工智能》《中国科学院院刊》等期刊和 ISCA、AAAI、ICPP 等著名国际会议。最近的一篇文章发表在 2019 年 6 月的《中国科学院院刊》上。从 1981 年到 2019 年，时间跨度近 40 年。我从这 150 多篇学术论文中挑选了 51 篇，出版了这本学术论文选集，基本上反映了我一生的科研工作。

　　我攻读博士学位、做博士后研究和回国工作的前几年，发表的论文多数以本人为第一作者。1999 年年底担任中科院计算所所长以后，我的主要精力花在组织和发展科研队伍、确定团队的科研方向、筹措科研经费、参与制定国家科技计划等方面，亲力亲为做学术研究和指导研究生已不是我的主要工作，近十几年我的学生由较年轻的导师与我共同培养。40 多年来，我培养的硕士博士生已毕业 70 多人，他们在学习期间发表的文章至少有 200 篇，只有我做了明显贡献的文章我才会署名。本选集收集的与学生合作的论文大多是 1998 年以前入学的学生写的，1998 年以后入学的学生有40 多人，他们写的论文我几乎没有署名。

---

* 2019 年 12 月为人民邮电出版社出版的《李国杰院士学术论文选集》写的序言。

改革开放以来，中科院计算所在高性能计算机、CPU 芯片、未来网络和通信、人工智能、大数据等领域做出了出色的成绩，从本选集的论文中可以看出计算所发展的脉络。技术的发展是波浪式的，往往 20 年到 30 年一个周期。年轻的学者一般只看近 20 年以内的论文，殊不知当前的一些热点 30 年前就发表过许多相关的研究成果。重新阅读这些过去的论文，脑海中油然而生李白的诗句：**"今人不见古时月，今月曾经照古人。"** 本选集有不少综述性质的长文章，这些文章大多是出版社的约稿。据我的体会，写一篇有分量的综述文章比写一篇原创性论文还难，而好的综述文章往往比一般的投稿论文历史价值更悠久。

Systolic Array 现在翻译成"脉动阵列"，1979 年我在计算所读硕士时以此为研究方向，当时还没有合适的中文翻译，我的硕士论文题目是《阵列流水算法和流水式阵列处理机》。本选集第 1 章收录了我最早在《计算机学报》上发表的论文《用参数确定法设计阵列流水算法》，这是我硕士论文的一部分。1981 年我到美国以后，将这篇文章修改为《设计最优脉动阵列的方法》（"The Design of Optimal Systolic Arrays"），发表在 *IEEE Transactions on Computers* 1985 年第 1 期。从修改这篇文章开始，我学会了做基础研究的一个基本方法：面对一个科学问题，先要问"此问题有没有最优算法"，如果有，就要找到它并证明是最优算法。做到这一点等于为此问题的理论研究画上句号。如果没有，就要证明此问题是 NP 困难问题，再找尽可能好的启发式算法。一个问题可能用许多不同的 Systolic 算法求解，用我的论文提出的参数法可以给出最优的 Systolic 算法，也就是说，不用再找其他 Systolic 算法了，这应该是一个很漂亮的科研成果。此论文已被引用 311 次，至今仍是我执笔写的引用率最高的学术论文。由于谷歌公司的 TPU 芯片采用了 Systolic 技术，Systolic 阵列再次成为热门，重新引起人们关注。在 2019 年全球几万人参加的超级计算机大会（Supercomputing Conference）上，一篇关于 GPU 设计的论文引用了我这篇论文。一篇论文 34 年后仍被人引用，说明寻求最优算法的研究思路有较长的生命力。

本选集第 2 章反映了我在普渡大学 4 年的博士生涯。我的博士论文研究方向是"并行组合搜索"。1985 年 6 月在 IEEE 的 *Computer* 上发表的长文"Multiprocessing of Combinatorial Search Problems"较全面地阐述了我的博士论文研究成果，这篇论文至今已有 140 次引用，最近的引用是 2017 年。受日本第五代计算机的影响，20 世纪 80 年代学术界普遍认为并行处理是解决人工智能问题的主要途径。我的研究结果表明：并行处理不是"万能药"。并行处理只能提高串行计算机可求解问题的计算效率，不能用来扩大求解指数复杂性问题的求解规模。而且，在并行组合搜索中，可能出现"并行不如串行"等异常现象。我分析了出现各种异常现象的原因，给出了保证性能的充分条件和获得超线性加速的必要条件。1984 年我在美国人工智能学会（AAAI）会议上发表了有关这方面的研究成果。现在 AAAI 会议是人工智能界的顶级会议，近几年发表的论文半数以上出自华人作者，但当时我去开会时没有遇到国内来的学者。回国以后继续指导我的学生做并行组合搜索方向的研究，孙凝晖是我回国后招收的第一个硕士生，他在 1992 年发表的关于组合搜索任务的负载平衡方法是其硕士论文的一部分。现在他已经是计算所所长，基于他对高性能计算的突出贡献，2019 年被选为中国工程院院士。

20 世纪 80 年代，美国也跟随日本开展了智能计算机研究，但美国学者的研究方向较为广泛，不限于 Prolog 计算机。1984 年我和华云生教授在计算机体系结构国际会议（ISCA）上发表了一篇求解组合搜索问题的多处理机（取名 MANIP 计算机）的论文。这是试图用并行处理对付组合爆炸的一次尝试，后来我转向做并行组合搜索的异常性分析，MANIP 计算机的研究没有继续做下去。由于我在 IEEE Computer Society 出版的教辅 *Computers for Artificial Intelligence Applications* 的影响很大，好几家期刊约华教授和我写智能计算机方面的综述，我在伊利诺伊大学厄巴纳 – 香槟分校做博士后期间，写了几篇有关智能计算机的综述文章，分别发表在 *ACM SIGART Newsletter*、*Proceedings of the IEEE* 和 *IEEE Transactions on Systems, Man, and Cybernetics* 期刊上。最长的文章"Computers for Symbolic Processing"在本选集中长达 58 页。这些综述文章对现在的学者了解上一波人工智能浪潮颇有帮助，文章提出的一些关于智能计算机的观点对今天的研究仍然有借鉴意义。特别是这些综述文章都附有数百篇参考文献，今天的学者要溯源智能计算机，了解 30 年以前这一领域的研究成果，这些参考文献提供了难得的索引。近几年深度学习和神经网络火热，各种神经网络加速器不断推出。由于半导体工艺技术的进步，今天的神经网络加速芯片的性能已比 30 年前高出几个数量级，但神经网络计算机面临的基本科学问题并没有改变。1990 年，我在国内的《模式识别与人工智能》期刊上发表了一篇文章《神经网络计算机的体系结构》，这篇文章重点讨论了设计神经网络计算机应考虑的几个技术难点，包括映射理论、虚拟处理器、并行粒度、符号处理与神经网络计算相结合等，这些问题今天仍然需要重视。

20 世纪 80 年代中期，计算所的科研条件很差。我回国到计算所工作，计算所没有上机条件，只能在我自己从美国带回来的 8 位 IBM PC 上做研究。令人难以置信的是，我竟然在如此简陋的条件下做模拟实验，写出了一篇论文《基于熵的人工神经网络系统理论初探》，发表在 1990 年的《计算机学报》上。这个研究方向可能很有价值，可惜后来没有继续做下去。国家智能计算机研究开发中心成立以后，不但开展了并行计算机的研制，也进行了人工智能理论的研究，而且与中国自动化学会一起创办了《模式识别与人工智能》期刊，我长期担任此刊的副主编。20 世纪 90 年代初我在此期刊上发表了几篇论文，其中一篇《人工智能的计算复杂性研究》今天读来仍有新鲜感，对目前的人工智能研究可能有启发价值。关于 SAT（可满足性）问题的综述性文章是与顾钧教授合写的。顾钧是一位很有独创性的学者，他是我国信息领域第一个主持 973 计划项目的首席科学家，可惜几年前突然杳无音讯。20 世纪 90 年代初我还指导了一位从中国科大转到我这儿做论文研究的博士生姚新，第 4 章中的论文 "General Simulated Annealing" 是他博士论文的一部分。他后来成为国际上演化计算的领军人物，目前在南方科技大学担任计算机系主任。他指导的博士陈天石现在是智能加速芯片的"独角兽"——寒武纪公司的总裁。刚回国时我还协助夏培肃先生指导了她的博士生唐志敏，第 4 章收录了他的一篇论文。唐志敏曾经是在服务器 CPU 正面战场上能与 Intel 公司叫板的本土企业海光公司的技术负责人。智能中心早期还做过一件有意思的事，将国内 3 家（包括计算所）印刷体文字识别技术集成在一起，识别率提高一个百分点，误识率降低一个数量级，达到千分之一。论文《技术综合集成在模式识别中的应用》的主要贡献者刘昌平现在是汉王公司的总裁。

算法研究一直是我的主要兴趣。我做算法研究不是对别人提出的算法做一些增量性的改进，而是试图从全局的角度更深入地理解一些典型的算法。第 5 章选入的第一篇论文 "Parallel Processing for Serial Dynamic Programming" 是这类研究的代表。根据动态规划（DP）的不同递归表示形式，我将 DP 分成 Monoadic-Serial、Polyadic-Serial、Monoadic-Nonserial 和 Polyadic-Nonserial 4 类，并给出了适合不同类型 DP 的并行处理方法。后来这一分类方法被几位著名学者写入 *Introduction to Parallel Computing* 等流行的教科书，现在这种动态规划的分类已成为普遍接受的知识，没有人关心它的出处了。其实，这篇论文发表在刚创办的国际会议 COMPSAC（Computer Software and Application Conference）上。如今 COMPSAC 成了软件工程的顶级会议，当时这个会议并没有多少人关注。我回国后早期指导的学生大多也做算法分析和复杂性研究，第 5 章选入的几篇文章多数是我指导的学生写的。值得一提的是我的学生卜东波牵头写的关于蛋白质结构分析的论文，此文发表在生物领域著名期刊 *Nucleic Acids*

Research 上，已被引用 732 次。网格技术是 21 世纪初热门的研究方向，后来推动了云计算的发展。徐志伟研究员是我在普渡大学读博士时的同学，他到普渡是我去机场接他的，他回国后在计算所工作，也是我去接他，这是我们的缘分。我与他合作写过几篇文章，第 5 章选入的关于网格系统软件的论文是我们合作研究的成果。

　　高性能计算是我回国后最主要的研究方向，选入本选集的论文达 11 篇之多。我回国后被李政道先生邀请加入他创办的中国高等科学技术中心，与物理学家有过一段合作的经历，所以我有一篇发表在《计算物理》期刊上的文章。我回国后 30 多年最牵肠挂肚的是高性能计算机产业。曙光计算机现在已成为中国发展高技术实现产业化的一个样板，曙光系列高性能计算机连续研制了 8 代产品，但曙光人的基因在研制曙光一号时已经形成。第 6 章收录了 3 篇文章介绍曙光一号等早期产品的研发工作。陈鸿安和樊建平是智能中心派往美国研发曙光一号的骨干人员，他们分别介绍了曙光一号的系统结构和操作系统。樊建平后来担任过计算所副所长，近十几年任中科院深圳先进技术研究院院长。1994 年我作为大会特邀报告人，在日本召开的一次国际会议上介绍了智能中心的并行处理研究进展，重点介绍了当时刚开始研制的东方一号 MPP 计算机的设计思路（后改名为曙光 1000），此报告也收录在第 6 章中。这一章的论文多数以我的学生为第一作者，其中与我合写论文较多的是熊劲。她是我 1990 年招收的研究生，一直在计算所做存储系统方面的研究。曙光高性能计算机的应用很广，水稻基因组测试是具有国际影响的一个范例。我将 2002 年 *Science* 期刊发表的论文 "A Draft Sequence of the Rice Genome" 的前 3 页也摘录在高性能计算这一章中，因为这是一篇特殊的论文，迄今已被引用 3 715 次，文章作者有 100 位。虽然我也被列为文章作者，我认为这是作为曙光 3000 研制者的代表。曙光 3000 在水稻基因测试中发挥了不可替代的作用，2002 年 *Science* 杂志出版了一期水稻基因组专辑，曙光 3000 的照片印在期刊封面上。《发展高性能计算需要思考的几个战略性问题》是我 2019 年发表的新文章，对我国超级计算机的发展提出了一些值得重视的建议。

　　CPU 是全国上下都感到揪心的核心技术，从 2000 年开始计算所率先发力，先后研制成功几款 CPU 芯片，其中影响最大的是龙芯 CPU。第 7 章选录了 4 篇与 CPU 研发有关的论文，胡伟武牵头写的文章 1 篇，范东睿牵头写的文章 2 篇，最后 1 篇是我 2012 年在 IPDPS 国际会议的特邀报告的内容摘要。有趣的是，他们写的文章都有 1 篇发表在 *IEEE Micro* 上，一篇介绍 Godson-3，另一篇介绍 Godson-T。*IEEE Micro* 是芯片领域的顶级期刊，一个单位 3 年之内在这种期刊上发表两篇介绍 CPU 研制的文章，实属不易。龙芯 CPU 现在已成为国防和党政办公应用的主流国产芯片，本书收录的还是 10 年前的文章，今天的技术水平已大大提高。Godson-T 是我担任首席科学家的 973 计划项目的成果。此项目指南原定的目标是发展半导体工艺，捅破摩尔定律的天花板，可能是我在项目申请答辩会上提出要在 973 计划支持下，研制出每秒万亿次浮点运算（TFLOPS）计算能力的 CPU 芯片的交账目标打动了评委，才选择了我们做这个项目。十几年前就想做万亿次级的 CPU，确实面临巨大的挑战。好在课题组不负众望，真做出了一款 64 核的众核芯片，为国内其他芯片研制单位蹚出了一条可行之路。计算所做芯片研制的不止这两支团队，但这几篇文章足以反映中科院计算所在微处理器设计方向做出的努力。特别是 "New Methodologies for Parallel Architecture" 这篇文章，比较了 Godson-3 和 Godson-T 两款芯片，总结了轻核 Manycore 和众核 Multicore 两种体系结构，提出设计可扩展和可重构 CPU 的新思路，值得一读。

计算所不仅做高性能计算和 CPU 研究，在网络和通信领域也有所作为。1994 年 5 月，我的学生陈明宇牵头，在国家智能计算机研究开发中心开通了曙光 BBS 站。第 8 章第一篇文章是他执笔写的关于大型 E-mail 服务系统的一篇论文。21 世纪初我主持了中科院的 IPv6 网络研究重点项目，在重庆建立了中国第一个 IPv6 示范区。本章收录了一篇关于 IPv6 业务技术的文章。这篇文章是与中国联合网络通信集团有限公司合作的成果，文章的第一作者张云勇是我指导的博士后，现在是中国联合网络通信集团有限公司产品中心总经理。另一位作者刘韵洁院士后来与我在申请和承接国家未来网络实验平台的过程中有更密切的合作。第 8 章收录了一篇有趣的文章，是我指导的在职博士生张国清执笔写的。他通过分析和实验指出，不是要增加连接链路，而是删去一些被他称为 "害群之马"（Black Sheep）的连接链路，可以提高网络通信的传输效率。这篇文章发表在 2007 年 *Physical Review* 上，被引用 182 次。为了促进计算机界和通信界的交流，我推动举办 "计算机与通信技术融合" 香山科学研讨会，每年一次，已经开了 6 次，在学术界产生了一定的影响。周一青研究员在我一次报告的基础上增加了许多她的观点，写了一篇文章《未来移动通信系统中的通信与计算融合》，此文 2018 年发表在《电信科学》上，是本选集收录的较新的文章。

大数据是近年来又一个热点技术。2012 年中国计算机学会成立大数据专家委员会，我担任首任主任，对推动我国大数据技术的发展做了一点贡献。我在《中国科学院院刊》等期刊上发表的关于大数据的文章，已收入我的报告文集《创新求索录（第二集）》，本书不再转载。第 9 章选入的 5 篇论文都是与我的学生或同事的合作研究成果。前两篇论文完成在 21 世纪初，当时还没有"大数据"的说法，文章讨论的都是海量数据处理的策略和系统。这些论文发表在国内期刊，但引用率很高。何清法写的工作流引擎的论文被引用 418 次，实为难得。他现在担任神州通用数据库公司的董事长。另一篇是与卜东波、白硕合写的，白硕当时是智能中心理论组的负责人，他发起并组织的人工智能讨论班很有人气，吸引了北大、清华等许多高校的年轻学者。卜东波在算法方面有较深厚的功底，他多年在国科大教算法大课，几百人的教室座无虚席，还要另开一个同步的视屏教室。徐志伟与我合写的 "Computing for Masses"，作为 Contributed Articles 发表在 *Communications of the ACM* 上，阐述了中国科学院组织的中国信息领域 2050 年路线图研究的基本观点。在这次战略咨询研究中我是信息领域的牵头人，因为出版了咨询报告英文版，产生了较大的国际影响。我近几年指导的学生中，只有黄俊铭写的关于信息传播规律的论文纳入本文集，这篇论文 2014 年发表在 *Nature* 的子刊 *Scientific Report* 上。我的学生程学旗是国内大数据研究的领军人物之一，他牵头写的《大数据系统和分析技术综述》受到同行重视，刊登在 2014 年《软件学报》上，已被引用 301 次。

院士们纷纷出版学术论文集，已成为一种风气，我不算是积极跟随者。这是因为，与全力以赴在第一线做科研的科学家相比，我发表的论文数量比他们少，论文的学术影响力也比他们小，我常常为此感到遗憾。我在美国读博士和做博士后研究时，被同学们戏称为"论文机器"，发表论文的质量和速度超出周围的同学。如果保持当时的势头，之后 30 年应该发表更多更好的论文。可是，人在江湖，身不由己。我回国后不久就被推上科研管理的岗位，管理国家智能计算机研究开发中心、曙光公司和中科院计算所。近 30 年来，每天思考的问题主要是如何缩小我国在信息领域核心技术上与国外的差距，如何改变高性能计算机和 CPU 受制于人的局面，如何推动云计算、大数据和人工智能等产业的发展。因此，我写的文章、做的报告多半是一些与技术发展战略有关的宏观思考。我已将这些文章、报告整理成两本文集，分别于 2008 年和 2018 年出版了《创新求索录》和《创新求索录（第二集）》。鱼和熊掌不可兼得，有所舍才能有所得。宏观思考方面的文章也可能有较大的影响力。2012 年 6 月我和程学旗在《中国科学院院刊》上发表的文章《大数据的研究现状与科学思考》至今被引用超过 1 000 次，引用数超过我写的任何一篇学术论文，令人颇感欣慰。

我的本性更喜欢做理论研究。1968 年在北大临近毕业要分专业的时候，同学们纷纷报金属、半导体等专业，我毅然报了理论物理专业。但是，留学回国以后，再也没有走"论文机器"的理论研究道路，被大的潮流卷入"发展高科技、实现产业化"

之路不再回头。当时挑选我做国家智能计算机研究开发中心主任的国家科委领导常常拿邓稼先的事迹鼓励我，说国家最缺的不是写论文的学者，而是邓稼先这样的能为国分忧的领军人才。说来也巧，我与邓稼先都是普渡毕业的博士，算是校友。但我深知自己没有他那样的才能，在接受国家科委聘任时我还提出一个条件：要同意我每年有3个月以上的时间出国继续做理论研究。1991年我去伊利诺伊大学厄巴纳－香槟分校做了3个月访问学者，之后工作一忙，就再也没有机会出国做研究了。1995年我出任曙光公司总裁时，我的老朋友汪成为曾戏谑过："国家少了一个科学家，多了一个二流的企业家。"我走的这条路究竟是历史的误会还是选择了正确道路，恐怕是"仁者见仁，智者见智"了。

　　我只是一个天资一般的书生。我清醒地知道，在专门的学术分支上我个人难以做出影响后世的重大发现与发明，是时代把我铸造成有一点宏观思维能力的所谓"战略型科学家"。2005年，*IEEE Spectrum* 期刊派人在中国做了较长时间调查后，在刊物上发表了中国科技十杰（TEN TO WATCH）的人物介绍，其中对我的介绍是："李国杰希望中国引领世界的信息技术，为了实现这个目标，他的研究是设计，从微处理器、刀片服务器直到超级计算机。"真是"当局者迷，旁观者清"，美国人不关心我写过什么论文，只关注我做过什么事，他们认为我就是一个想改变中国技术落后局面的挑战者。我的学术论文基本上折射了中科院计算所近30年主要的研究方向，许多论文背后隐藏着令人回味的故事。对于信息领域而言，选择做什么往往比知道怎么做还重要。在本选集每一章之前，我都附加了一篇短文，说明当时我为什么要选择这个研究方向，同时追忆一些留下深刻印象的趣人趣事，为后人理解当时的历史背景添一点旁证。

　　本选集收集的论文是我走过的科研之路的标签。这些论文背后有许许多多看不见的同事和学生在做实验、写软件、调试计算机。趁此机会，我不但要感谢这些论文的合作者，还要感谢多年来支持帮助我的所有同事、朋友和家人，更要感谢这个伟大的时代。

淡泊以明志，宁静而致远 *

从读高中开始，我的生活道路就坎坷不平。对于升官发财、飞黄腾达，我从未有过奢望，只想在宁静的生活中追求洁身自好。林则徐与诸葛亮的两对条幅"海纳百川，有容乃大；壁立千仞，无欲则刚"和"淡泊以明志，宁静而致远"一直深深印在我的脑海里，成为我的座右铭。回首半个世纪以来经历的风风雨雨，感慨良多。趁北大物理系 6202 级同学毕业 50 周年聚会之际，写下几段回忆，聊作纪念。

一、难忘的北大岁月

与一般大学生不同，我 1962 年进北大物理系之前，已经当过一回大学生。1960 年我毕业于湖南省的一所重点中学——邵阳市二中。我的故乡邵阳市是资江上游的一座小城市，虽然交通不甚方便，但历史悠久，文化气息较浓，已经建城 2 500 多年。学校的师资与学风都不错，加上自己的努力，我的高考成绩相当出色，物理 100 分，数学 99 分，其他 4 门成绩也不错。但当时中学生考大学之前已按家庭出身分成 3 类，由于我父亲被错划为"右派"，我的成绩再好也只能被一所准备要办但当时并不存在的湖南农业机械化学院录取，作为未来的师资先在湖南大学机械系代培。一年以后，由于湖南农业机械化学院停办，我这个一年级大学生就被"提前分配"到冷水江钢铁厂当地方铁路的火车维修工。人生道路上的第一次重大挫折使我深深体会到：国家的政策从根本上决定了青年人的前途。我第二次高考能进北大，沾了刘少奇同志主持中央工作时制订的教育路线的光，"分数面前人人平等"给了我机会。

进入北大（如图 8.3 所示）这一国内最高学府学习是我科学生涯的起点，我十分珍惜这一难得的机会。6 年多学习期间我只回家度假两次，中午也从不午睡，常常在报纸杂志阅览室度过午休时间。为了激励自己，我在床头贴上一张自己画的"窗口的烛光"和一行题字："莫等闲，白了少年头，空悲切。"尽管在北大正规学习时间不到 4 年，

---

* 2020 年 6 月为北大物理系 6202 级同学出版的毕业 50 周年回忆录写的文章。

主要学习以理论力学、统计力学、电动力学与量子力学为主的基础课，但北大严谨扎实的学风已为我以后的科研打下了基础。

图 8.3　刚进北大时拍的照片

　　大学生活对一个人的治学态度有很大影响，刚进北大不久就听过郭敦仁和高崇寿教授讲治学方法，受益匪浅，至今我还保存着那次讲座的笔记。我对北大教学印象最深的是习题课和实验课。蔡伯濂老师在习题课上可以用一个问题把全班同学所有知识理解上的错误全部"揪"出来，龚镇雄老师一眼就能看出实验报告数据作假的痕迹。北大的基础课培养了一个人做科研的素质和严谨做学问的态度，进北大与进别的学校的区别大概就在这里。后来我虽然转向技术学科，但理科培养形成的对新知识的追求和严密的逻辑思维，使我终身受益，物理学的知识甚至用到我后来的计算机科研上。实际上，1985 年我在美国 *IEEE Transactions on Computers* 学报上发表的关于脉动阵列最优设计的论文，就是受物理学刚体运动原理的启发，独创性地采用参数来描述计算机中数据块的"运动"，找到了设计最优算法的统一方法，受到同行重视，后来有300 多篇学报论文引用了这篇文章（近几年还有人引用）。最近 Google 公司推出的机器学习加速芯片也采用 Systolic Array，没想到 30 多年前的研究成果现在派上了用场。

　　由于家境贫寒，我连做作业打草稿的稿纸都买不起，有时只好把晚餐的菜费退了，用节省下来的钱买稿纸文具。一页纸我先用铅笔正反面地打稿子，再用钢笔写，一张纸要用 4 遍。当时有点"恨"线性代数课，因为矩阵运算很占纸，一个本子一下就用完了，特可惜。买参考书更不可能了，我中午常去北大校园内的新华书店里找书看，很多书是在书店里站着看完的。

我是喜欢读"杂书"的人。当时学理科的同学一般很少光顾贝公楼大图书馆和人文社科阅览室，我有点另类，经常跑到那里去借书。我记得读过法国哲学家梅特里的名著《人是机器》，借阅过叶挺的档案、俄罗斯名画家希什金的画册等。这些"杂书"使我扩大了知识面，增强了求知欲。这种广泛的阅读兴趣沿承至今，现在我的书柜中并非都是计算机专业书籍，更多的是经济学、历史学和哲学领域的著作。我觉得，一个人读大学时候关注的事情、培养起来的素质，与以后的成长与志向有密切联系。在北大求学时广泛的阅读兴趣培养了我相对宏观的眼光和较为发散的思维，有利于做战略性、全局性的研究。

北大绿树成荫、湖光塔影，环境宁静。但从 1963 年起，学校就未安宁过，运动一个接一个。1966 年 6 月我们在四川参加完农村"四清"运动回校就赶上了史无前例的"文化大革命"，彻底地停课"闹革命"了。"文化大革命"是中国历史上一场空前的浩劫，是给党、国家和各族人民带来严重灾难的内乱。它对中国社会的负面影响恐怕要经过几代人才能消除。但"文化大革命"中我接触到各式各样的人物，有的正直善良，有的阴险狡诈，也结识了不少学外语、法律、哲学、文学的朋友，其中有些后来成了著名学者、作家、高层官员、企业家、金话筒播音员，至今还有来往。特别是 1966 年冬天我与同班 10 余人结队从北京步行到延安，沿途经过河北、山西、陕北许多革命老区，亲眼见到祖祖辈辈耕作了数千年的黄土地还如此贫瘠，心灵受到巨大的震撼。动荡的岁月使我失去了成为理论物理学者的机会，但我的心里开始萦绕着几千年来辛勤劳作但仍过不上好日子的中国老百姓。

二、接受新挑战的 10 年

1968 年年底我被分配到贵州黄平县旧州军垦农场进行劳动锻炼。对于知识分子而言，那段时间可能是最倒霉的时候。在当时工宣队的宣传中，大学是"修正主义大染缸"。"大学的 6 年就意味着倒退的 6 年"。那时我很自卑，觉得自己一无是处，真不该上大学。贵州旧州军垦农场曾经是关押罪犯的劳改农场。我们当时穿得破破烂烂，的确有点像劳改犯。一队衣着不整的年轻大学生从旧州街上排队走过，旁边走着一个穿军装的解放军干部，当地的老百姓指着我们说，"这批劳改犯怎么这么年轻"。

在那样的生活中，学生时期"读北大当物理学家"的理想荡然无存，我觉得能分到哪个县的广播台工作就是最高理想了。还算走运，1970 年我被分配到新建的贵州省晶体管厂。大学期间我并没有接触过晶体管，但贵州省的第一个晶体管是我做出来的，研制晶体管完全靠自学钻研。有信心面对新的挑战，这肯定跟北大的培养有关，北大毕业的学生基础扎实，钻研能力强，接触非本专业的新知识不怵。1971 年，晶体管厂派我去上海学习环氧树脂封装技术以降低晶体管成本，涉及的都是高分子化学知识，靠着自学我也掌握了这门技术。

1973 年，我调回家乡湖南邵阳市，进入当地一家无线电厂，后来改名为计算机厂。我开始在电镀车间工作，电镀工作毒性高，但工作量相对小，可以上午工作，下午学习，有较多的自学时间，我自此与计算机结缘。从最底层的焊电路板开始，再制作电源等零部件，最后到整机调试，经过一步一步扎扎实实地自学实践，半路出家的我终于成为该厂的技术骨干。

中华人民共和国电子工业部*于 1975 年启动研制 DJS-140 计算机，我被抽调到清华大学进行 DJS-140 计算机联合设计（如图 8.4 所示），这又是一个从未接触过的领域。计算机研制需要阅读英文说明书，我是学俄语出身的，第二外语课学的一点英语早忘光了，几乎只认得几个字母，只得再次踏上了自学之途。在研制过程中靠翻字典读懂了 Nova 计算机的技术说明书，没想到这点专业英文知识在研究生复试中帮了我的大忙。1978 年，我考入中国科学技术大学攻读硕士学位，转到中科院计算所代培，师从我国计算机事业的奠基人夏培肃先生。经夏老师推荐，被美国普渡大学接受，1981 年到美国攻读博士，从此改变了我的人生轨迹。

图 8.4　1977 年在清华大学联合研制的 DJS-140 计算机

---

*　1988 年，电子工业部与机械工业部合并。

大学毕业后的 10 年是我不断接受新挑战的 10 年，我深深体会到：一个大学生的本事不在于学到了多少知识，而在于掌握新知识的能力和胆量。

三、投身"发展高科技、实现产业化"的宏伟事业

1985 年在普渡大学拿到博士学位后，我又在伊利诺伊大学做了一年多博士后研究，于 1986 年年底回到北京。回国以后的 30 年来我几乎将全部精力都花在"发展高科技、实现产业化"上。

20 世纪 90 年代初，中国市场上的高性能计算机绝大部分是进口产品。中国石油物探和气象等部门还要在外国人的现场监控下使用进口计算机，中国人不许进入计算机的主控室。从 1990 年担任国家智能计算机研究开发中心主任开始，我一直致力于发展中国的高性能计算机。与过去的"封闭自锁"路线不同，我走了一条在开放环境下研制计算机的新路，派出一支"轻骑兵"到美国硅谷研究开发。直接研制经费只用了 200 万元，只花了一年多时间，于 1993 年研制成功国内第一台对称式多处理机——曙光一号，作为我国两项标志性的科研成果之一，曙光一号被写进了 1994 年全国人大的政府工作报告。后来智能中心又陆续研制成功曙光 1000 大规模并行计算机、曙光 2000/3000/4000 超级服务器。因为这些成果，我先后获得 1 次国家科学技术进步奖一等奖和 3 次国家科学技术进步奖二等奖，于 1995 年被评选为中国工程院院士，2001 年当选第三世界科学院（TWAS，现改名为发展中国家科学院）院士。

在国家科委和深圳市政府支持下，1995 年成立了曙光信息产业有限公司，我担任董事长兼总经理。2000 年我回到中科院计算所当所长，辞去了公司总经理职务。曙光公司经过许多波折与坎坷，于 2014 年在上海证券交易所主板上市（代号中科曙光），现在市值约 300 亿元。在中科院计算所的支持下，以曙光公司为主，几年前又研制成功曙光 5000 和曙光 6000 超级计算机，2010 年完成的曙光 6000 是中国自主研发的第一台实测性能超千万亿次的超级计算机，排名世界第二（如图 8.5 所示）。从研制曙光 1000 到曙光 6000 完成的 15 年时间内，曙光高性能计算机的实测性能增长了 80 万倍，远远高于国际上高性能计算机平均每 11 年性能提高 1 000 倍的发展速度。现在，曙光公司占据高性能计算机 1/3 以上的国内市场，超过 IBM 和 HP 公司，实现了在国内市场领先跨国公司的历史性跨越。高性能计算机像高铁和航天一样，已成为中国科技进步的一张名片。

图 8.5 2010 年曙光公司研制的曙光 6000 超级计算机

2000 年以前，通用 CPU 的研制在中国无人敢过问。当时大多数人认为：通用 CPU 是信息领域最核心的技术，中国现阶段难以有所作为。我觉得要发展计算机技术和产业，必须掌握 CPU 设计技术。从 2001 年开始，在国家没有经费支持的条件下，中科院计算所率先向 CPU "禁区" 冲击，开始研制龙芯 CPU，探索一条在中国发展通用 CPU 的道路。在 2004 年开始的国家中长期（2006—2020 年）科学技术发展规划战略研究中，我担任战略高技术专题执笔组的负责人，起草并提交了将发展高端通用 CPU 列入国家重大科技专项的建议，经过广泛征求意见和补充，"核心电子器件、高端通用芯片和基础软件产品" 被国家确定为重大科技专项（在 16 个重大专项中排序第一）。从 "十一五" 开始，通用 CPU 的研制得到国家高度重视。经过 10 多年的努力，在武器控制类的国防应用和党政信息化自主可控试点应用中，龙芯 CPU 已成为主流的国产芯片。在曙光公司支持下，面向电信、银行、电力等民口市场、与 x86 兼容的高端服务器 CPU 也已研制成功。长期以来计算机领域由于 "缺芯少魂" 而受制于人的局面有望彻底改变。

2005 年 11 月，美国国会咨询机构 Hudson Institute 发表了题为 *China's New Great Leap Forward* 的战略研究报告，列举了中国 3 个自主创新的典型案例，其中两个是中科院计算所的科研成果，一个是龙芯 2 号 CPU，另一个是曙光 4000A 超级计算机。我回国拼搏近 20 年后，能有两项成果与中国的卫星发射并列，引起美国国会的关注，颇感欣慰。

四、为国分忧，建言献策

1999 年年底，我接任中科院计算所所长时，中科院计算所职工不到 100 人，净资产只有 2 300 万元，几乎要倒闭。我上任后的第一件事就是着手起草《中科院计算所发展战略》，规定了中科院计算所的办所方针、体制机制和文化理念，强调了需求带研究、任务带学科、问题带方法、系统带技术等科研原则。同时在中科院计算所倡导"科研为国分忧，创新与民造福"的核心价值观，树立"大气、正气、骨气"的优良作风。10 余年来，中科院计算所的面貌发生了巨大变化。中科院计算所赢得了国内外同行的高度评价，已成为国内一流、国际有影响力的国立科研机构。

1963 年罗荣桓元帅逝世后，毛泽东主席写了一首诗，最后两句是："**君今不幸离人世，国有疑难可问谁？**"我认为，有担当的科技人员应当有胆量承诺："**国有疑难可问我！**"在担任中科院计算所所长和 2011 年从所长岗位上退下来的日子里，我花了不少精力在做咨询工作。我曾先后担任 863 计划信息技术领域专家委员会副主任，国家信息化专家咨询委员会信息技术和新兴产业专业委员会副主任，中国工程院信息与电子工程学部主任，中国计算机学会理事长，还兼任工信部等多个部委的科技委常委、顾问专家等职。在这些兼职的岗位上，我向中央领导与政府部门提交了不少战略咨询建议，得到政府和有关部门的重视。

1998 年我到中科院的老领导张劲夫同志家里，向他汇报工作，谈及支持集成电路和软件发展的政策。后来他以反映我的意见的名义给中央有关领导写了一封信，明确提出要降低集成电路和软件企业的增值税。2000 年国家出台政策（即后来常被人提起的国发 18 号文件），将集成电路和软件企业的增值税率分别降到 6% 和 3%，对促进集成电路和软件产业发展发挥了较大作用。2005 年做国家中长期（2006—2020 年）科学技术发展规划时，我提出国家要把发展 8 亿中国人共享的"龙网"作为重大专项，当时政府部门估计到 2020 年我国网民只能发展到 3 亿~4 亿人，最多 5 亿~6 亿人，现在看来我预测的 8 亿人网民与现实较吻合。后来国家启动了无线通信专项（发展 3G/4G），没有启动发展互联网的未来网络专项。2010 年在做国家重大科学工程规划时，作为工程科技组组长，我再次提出要启动未来网络实验平台，得到与会专家认可，其被纳入《国家"十二五"重大科技基础设施规划》，已经正式启动。

2009 年中科院组织专家做 2050 年科学发展路线图研究，我牵头完成了《中国至

2050 年信息科学技术发展路线图》研究，出版发行了中文和英文两种版本的咨询报告。这项战略研究成果得到国内外学者的认可和政府部门的重视。其中关于人机物三元计算将成为信息技术发展主要方向的观点已成为学术界的共识，人机物融合智能也已成为国家"新一代人工智能"重大项目的主要内容之一。2015 年在《对"十三五"信息技术产业规划的几点建议》中，我提出国家应有发展信息消费的"两个百年"规划：到 2021 年，我国人均信息消费要接近巴西 2014 年水平，达到 700 美元；2049 年，我国人均信息消费应超过美国 2014 年水平，达到 3 000 美元左右。2016 年我国发布的《国家信息化发展战略纲要》采纳了这一意见，规划 2020 年信息消费规模达到 6 万亿元（相当于人均 700 美元）。

在做战略咨询研究中，我感到科技界对发展通用 CPU 的技术路线争议最大，有一些专家坚持要摆脱已经成为国际主流的产业生态系统，自己另起炉灶，认为引进消化的技术路线不安全，是换个马甲的"买办路线"；另一些专家认为不采用国际主流产业生态系统就不可能在市场上立足。国家政策在两种观点之间摇摆，严重影响 CPU 技术的发展。2011 年，我以国家信息化专家咨询委员会成员的名义给国务院领导写了一份咨询报告，提出"以军（政）带民，发展自主可控的信息化核心技术和产业"，得到中央有关领导表示支持的重要批示。"十二五"期间，我国在军队和党政机关开展自主可控 CPU 和操作系统应用，大大提高了国产 CPU 和操作系统的适用性，现在已经达到可用水平。2014 年，中央网信办制定"关键信息技术设备发展战略"，我提供了咨询报告并在中央网信办做了"我国网信领域核心技术和装备的解决思路"的报告，提出区分"安全可控"和"做强信息产业"两个战略目标，自主开发和引进消化两条腿走路的发展战略。通过龙芯公司和海光公司的实践，证明我提出的发展思路是可行的。一条路从内到外，重点提高性能，解决可用性；另一条路从外到内，重点解决安全性。两支队伍相向而行，有一天会殊途同归。

2008 年，我将回国以后做的关于技术发展战略和政策建议的报告和在报刊上发表的文章汇集成册，由电子工业出版社出版了一本文集《创新求索录》。2020 年又把 2008 年以后发表的文章报告整理成《创新求索录（第二集）》，由人民邮电出版社发行（如图 8.6 所示）。

我在科技工作中从来都是做具体承担任务的乙方，在 863 计划实施的初期，由于国家智能计算机研究开发中心是 863 计划的直属科研机构，为保证重点获得过一些专项支持。从"十五"计划开始，不论是我牵头的 973 计划项目、国家自然科学基金创新团队还是曙光超级计算机的研制，每一笔科研经费都要经过艰苦的竞争才能获得。我问心无愧的是：我负责的每一项科研项目都经得起市场和历史的检验，我做的战略咨询报告都出自"位卑未敢忘忧国"的知识分子良知，承袭了北大学子"忧国忧民"的传统。

图 8.6　电子工业出版社和人民邮电出版社出版的两本有关创新发展的文集

弘扬敬业拼搏的劳模精神 *

尊敬的王东明主席，各位领导，各位代表，下午好！

中科院推荐我作为科技系统的全国先进工作者代表参加这次调研座谈会，我感到十分荣幸。科技系统的全国劳模和先进工作者数以百计，大家敬仰的科学家邓稼先、袁隆平、钟南山等都是全国劳模和先进工作者。2000 年中科院就有 21 位科技人员与我一起评上全国先进工作者。多年来，劳模和先进工作者的称号不像"首富""明星"一样吸引眼球，今天，中华全国总工会召开这次座谈会发出一个信号，要实现中华民族的伟大复兴，必须弘扬劳模精神和实干精神，科技系统更要强调脚踏实地，顽强拼搏。

所谓劳模精神，我的体会首先是拼搏精神。1992 年国家智能计算机研究开发中心开始研制曙光一号计算机，我们派几位骨干到美国开发的前夕开了一次誓师会，我叫人在黑板上写了**"人生能有几回搏"**，后来这 7 个字就成了中科院计算所和曙光公司的座右铭。研制龙芯 CPU 时，科研人员经常通宵加班，早上 8 点上班推开门看到：很多人手里拿着鼠标，屏幕还开着，人趴在桌子上睡着，这种场景催人泪下。没有这种拼搏精神，龙芯 CPU 是做不出来的。我深深体会到，中国特色的自主创新就是要强调艰苦奋斗的拼搏精神，强调以弱胜强的斗争意识。

劳模精神的另一个特征是敬业精神。敬业是中国人的传统美德，也是社会主义核心价值观的基本要求之一。具有敬业精神的人不是把工作当成赚钱养家的谋生手段，而是有一份对职业的敬畏、对工作的执着、对承担的任务极端负责的态度。具有敬业精神的人把做好本职工作当成自己的天职，领导在场与领导不在场一个样，不会沽名钓誉，文过饰非。袁隆平院士 90 岁高龄了，还奋战在田间地头，为粮食增产鞠躬尽瘁；钟南山院士 80 多岁了，不惧危险逆行武汉，为抗击新冠肺炎疫情呕心沥血，体现了千千万万中国科技人员爱岗敬业的风采。

对于技术人员，劳模精神的表现就是精益求精的工匠精神，注重品质细节，追求完美极致。工匠精神是以改革创新为核心的时代精神的生动体现，不仅坚守在生产制

---

* 2020 年 12 月 1 日在中国教科文卫体系统工会调研和劳模职工代表座谈会上的发言。

造第一线的技工需要有追求卓越的工匠精神，做实验、写程序的科研人员也需要像工匠一样见微知著，从别人忽略的细微异常中发现新的线索。当今社会人们心浮气躁，有些科研人员耐不住寂寞，追求"短平快"的业绩，难以做出重大科研成果。中国的科技和产业要向高质量发展，必须在全社会提倡工匠精神。

近两年来，由于美国反华势力对中国科技界和高技术企业的围堵打压，全社会都在关注"卡脖子"技术，希望中国尽快多冒出一些重大发明。目前科技界判断自主创新的主要标准是论文和专利。但是，论文和专利都是写在纸上、发布在网络上的公开知识，真正"卡脖子"的技术往往是不能形式化、编码化的隐性知识，这些藏在能工巧匠的脑子里。Know-How 知识往往与工艺步骤有关，别人很难模仿，成为领先公司不公开的技术秘密。在自主创新的过程中，我们不但要重视公开发表的论文和专利，还要高度重视技术人员的经验积累和可形成商业秘密的隐性知识。

在发展经济的过程中，资本和劳动力都是重要的生产要素。随着科技的进步，智力劳动者的作用越来越重要，劳动模范和先进工作者的影响将更多地体现在力争国际一流的创新活动中。劳动者素质对一个国家、一个民族的发展至关重要。当今世界，综合国力的竞争归根到底是人才的竞争、劳动者素质的竞争。遵照习总书记的指示，我们要用智慧和汗水营造劳动光荣、知识崇高、人才宝贵、创造伟大的社会风尚，谱写"中国梦·劳动美"的新篇章。

有思想、有担当、干实事的好领导
——沉痛悼念冀复生司长 *

2021 年 8 月 17 日，科技部高新技术司原司长、中国计算机学会杰出贡献奖获得者冀复生同志因心肌梗死突然离世。我怀着十分悲痛的心情将这一噩耗转发到中国工程院信息与电子学部的"院士村"微信群中，与冀司长共事过的院士纷纷在微信群中致哀悼念，写下发自内心的评价："冀司长对我国高技术发展做出了历史性的贡献""冀复生司长对 863 计划信息领域的成功推进居功至伟""一位有思想、有担当、干实事的学者型领导，为 863 计划做出了重大贡献""他是推动创新发展的楷模，是学者们心中的干大事者，是我毕生学习榜样""明年是中国计算机学会创建 60 周年，要表彰 60 位对中国计算机学会发展做出突出贡献的人，大家一致认为冀司长是 60 人之一""深切怀念他对我国 863 计划的付出，特别是对 863 计划通信总体组的指导，愿他的榜样激励我国信息技术创新取得更大成绩""沉痛哀悼冀司长，一位有担当的好领导""沉痛哀悼我国高技术发展的组织者实践者冀司长，多次得到他的指导，万分怀念"等。

一位 20 年前的老司长离世，引起一群德高望重的院士们的怀念和高度评价，在国内并不常见，说明冀司长确实是一位有思想、有担当、干实事的好领导。冀司长于 1942 年出生，只比我大一岁，但他不仅是我创建国家智能计算机研究开发中心时的顶头上司，而且是我走上发展高技术这条艰难道路的引路人。我在担任国家智能计算机研究开发中心主任之前，从来没有当过一个单位的负责人。在美国读博士时，我被同学们戏称为"论文机器"，回国以后本来想继续做一点基础研究。冀司长对我说："我们国家不缺写文章的学者，最缺的是像邓稼先那样能组织领导重大科技项目的战略型科学家。"其实，在我眼里，冀司长不像政府官员，更像战略型的科技管理学者。在他的指引下，我摆脱了"论文机器"的定位，开始做一些战略思考，逐步将科研管理作为自己的主业。

冀司长得到 863 计划专家们的一致好评和崇敬，是因为他作为 863 计划的主管官员，

---

*　发表于《中国计算机学会通讯》2021 年第 9 期。

但没有一点官架子，充分信任专家和第一线的科研人员（图 8.7 和图 8.8 是我和冀司长在一起的两张照片）。他常常不打招呼，骑着一辆旧自行车，推开我的智能中心办公室小门喊一声："国杰兄，我来了！"我到科技部找他，也不需要通过信息处请示上报预约时间。智能中心和曙光公司有什么会议需要他参加，只要给他打个电话，他一般都会出席。有一年临近春节，在东北的三间房站开曙光一号的铁路调度应用现场会，他也冒着严寒，风尘仆仆赶到现场。他在离开科技部赴美任中国常驻联合国代表团科技参赞之前，曾对曙光计算机在国内的市场推广做了一次"背靠背"的调查，在调查报告中，他将曙光团队比喻成"卢沟桥事变"后孤军奋战的第二十九军。在 IBM 等跨国公司垄断中国高性能计算机市场的 20 世纪 90 年代，曙光计算机要冲出重围，杀出一条血路，真的像当年的第二十九军一样艰难。没有冀司长和各级领导在背后全力以赴的支持，今天的曙光计算机绝不可能取代进口计算机，成为国内高性能计算机第一品牌。

图 8.7　与冀司长在中南海怀仁堂开会前聊天　　　图 8.8　听取冀司长的谆谆教诲

曙光计算机只是 863 计划的一个标志性成果，863 计划对我国的高技术产业有着深远的影响。目前我国计算机领域科研的领军人物、计算机领域的两院院士，许多都是"863-306"的专家，华为、腾讯、百度等龙头企业的研发骨干大多在读研期间参与过 863 计划课题。863 计划机制的一个重要特点是专家决策，冀司长在处理政府官员和科技专家的关系上做出了表率。与 863 计划相比，我国的科技投入已有数量级的增长，但整个国家的科技决策能力并没有明显增长。总结 863 计划和其他科技计划的经验教训，首先要找到能做出正确决策的机制。许多第一线的科技人员和地方科技官员都认为：20 世纪 90 年代是我国科技发展最活跃的年代。冀司长主持科技部高新技术司工作时，

863 计划曾经是我国高科技的一面旗帜，火炬计划、星火计划等也做得红红火火，这些计划后来影响力下降的背后恐怕有更深层次的原因。古人云"以史为鉴，可以知兴替"，希望科技部和全国科技人员认真总结 863 计划的经验与教训，使我国创新驱动的发展道路越走越宽广。

　　冀司长是一位有思想的领导者。与我一样，冀司长也是老五届的大学生，1966 年冀司长从清华大学无线电系毕业后，到北京邮电器材厂工作了 10 多年。1978 年，他作为改革开放后首批公派赴美留学的 52 位学者之一，到康奈尔大学做了两年访问学者。访美期间，他感到震撼的是美国自由活跃的研究氛围和科研资源的充分共享，东西方文化的碰撞引发了他的深刻思考。1985 年调到国家科委工作后，他就把为科学家提供尽可能完备的社会化服务确定为自己的目标。1999 年，冀复生担任中国常驻联合国代表团科技参赞，工作之余，他写下大量类似博客文章的"随笔"。当时还没有微信等社交媒体，但冀司长的"随笔"通过邮件转发等渠道，在信息领域的科技人员中广泛传播，连不知道冀复生是何人的"博客中国"创始人方兴东也感慨其观点和评论"言简意赅，十分到位"，在"博客中国"上发文《冀复生：一位时刻关注产业发展、令人感动的人》，文章写道："在我有限的接触中，像冀复生这样的官员还是出乎我的意料，超出了我一般印象中的官员形象。甚至可以说，让我有些感动。如果这样的官员越来越多，我相信中国 IT 业就会更有希望。"之后不久，冀司长开设了博客专栏。冀司长有企业、大学和政府部门的工作经历，视野广阔，又懂得一些经济学的理论，他的"随笔"既高屋建瓴又很接地气，切中时弊，发人深省。他在 2003 年写的《发展信息技术的冷思考》现在读起来仍给人许多启发。

　　2003 年冀司长退休以后，我曾希望他到中科院计算所做顾问，但他是一个干实事的人，想做更具体的工作，于是做了中科院计算所内部刊物《信息技术快报》的主编。此刊需要翻译最新的英文资料，冀司长的英文水平很高，正好大显身手。2005 年中国计算机学会又聘他做《中国计算机学会通讯》（CCCF）的执行主编。CCCF 是新创刊的学会会刊，冀司长要从零开始，选定办刊的宗旨和方向，招聘编辑人员，制定严格的质量管理流程。经过 10 多年努力，CCCF 已成为国内计算机界最受欢迎的刊物，纸质版每月发行量达 31 000 册，在微信和微博上阅读量上万的 CCCF 文章屡见不鲜。取得这样的成绩有赖于冀司长奠定了坚实的基础，坚持了为读者办刊、质量至上的原则。冀司长为中国计算机学会留下一份宝贵的精神财富，每一个学会会员不会忘记他的贡献，2016 年他获得"中国计算机学会杰出贡献奖"。

冀司长出身于长期为党做地下工作的革命家庭，他的父亲冀朝鼎是潜伏在国民党经济核心部门的地下党员，为新中国成立做出了巨大贡献，周恩来总理曾主持冀朝鼎的追悼会。在国民党特务头子陈立夫的回忆录中，把冀朝鼎说成导致国民党丢掉大陆的两个人之一（另一个是熊向晖），这虽然是陈立夫言过其实，为自己开脱，但也从某一个角度反映出冀朝鼎的贡献。作为响当当的"红二代"，冀司长从不炫耀自己的革命家史，2019 年年底还专门在新浪博客上发文批评现在的电视剧和文艺作品曲解地下特工，指出地下工作是整个革命运动中的沧海一粟。冀司长继承了共产党人鞠躬尽瘁、为国为民的优良传统，按照他的遗愿，遗体转赠给医学事业。冀司长的高尚情操将永远激励我们砥砺前行。

高山仰止，景行行止，我们的好领导冀复生司长千古！

给家人的书信摘录 *

　　1981 年 9 月到 1984 年年底，我从美国普渡大学给国内亲人写了 70 余封信，十分庆幸的是，我老伴张蒂华完好地保存了这些信件。根据家书出版"准删不准改"的规则，我挑选了 12 封书信片段，加上 1991 年 12 月 23 日我回国后再次去普渡大学做访问学者时写的一封信，汇集成本文集的一篇文章。书信是一个人的思想最真实的流露，这些书信片段如实记录了我留学美国的心境。

1982 年 1 月 17 日

　　不知你们心目中美国青年的"觉悟"或者说道德怎么样。我出国前总以为他们一定是自私自利、唯利是图的。可是很多事实使我迷惑不解。我和许多留学生有同感，一般地讲，美国青年（就大学生而言，其他人不了解）的"道德品质"比目前我国的青年（包括大学生）要高。此话从何讲起？先举几个例子。我们这儿常有献血，美国学生毫不犹豫自动献血，既无报酬，又不留下名字，也不能因此入党或得到其他好处，不知他们的"雷锋精神"是哪儿培养出来的。再比如这儿常有对残疾人的义务捐献，许多美国人慷慨解囊。最近在华盛顿有一架飞机失事，撞在桥上。闻讯去抢救者不少，有一乘客四次把救生圈让给别人，最后自己死了。按说美国不应该有这种风格。我想这种好的品质是否主要是基督教的影响？基督教的教义有许多是号召乐于助人的（此信第一页原件照片如图 8.9 所示）。

1982 年 5 月 7 日

　　我赞成涓涓（我的五岁女儿）留在你身边，就在湘印机厂子弟学校读书较好。叫大一点的小孩陪她一起去上课，教她过马路一定要前后看汽车。孩子总要学会过马路，不能老要大人护送。我想涓涓不会很冒失的，女孩比男孩要谨慎一些。小孩子读小学不一定非要选好学校，回家大人做些辅导也能学好。我在邵东廉桥开始上的小学比湘印机子弟小学还差。家里也没有辅导，不照样升中学、上大学。等我回国以后再花点精力教育孩子，我想不会因为在湘印机厂子弟学校读了两年小学就会影响她的前途。

---

* 从 1982—1991 年与妻子张蒂华等亲人的 70 多封书信中摘录的若干片段。

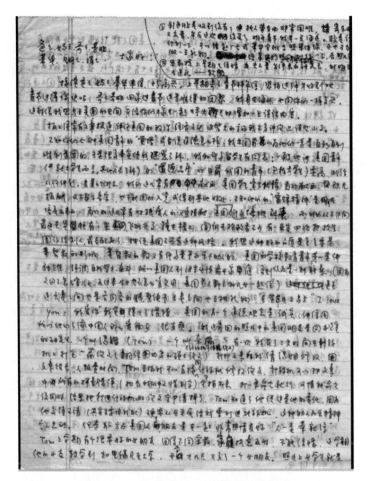

图 8.9　1982 年 1 月 17 日写给家人的信

1982 年 11 月 23 日

最近有一个在加拿大留学的研究生叫王炳章，得了博士（中国第一个在北美得的医学博士），《华侨日报》吹了好几天，说他怎么怎么爱国。但此人是有野心的，几天前召开记者招待会，宣布弃医从政，要在美国办一个刊物《中国之春》。自称是西单民主墙《北京之春》的继续，12 个编委，6 个在国内，还要在美国发展组织。这事在美国是有影响的，大使馆很重视。把普渡的留学生组织的头头叫到大使馆去了。这种人我在"文化大革命"中见得多了，喜欢出头露面，哗众取宠，不见得成什么气候。我讨厌这种人。我不喜欢出头露面，标榜爱国，但我深深热爱我的祖国，眷恋我的亲人。西方世界也好，中国台湾也好，对我没有什么吸引力。我的祖国虽然灾难深重。

我的家庭虽然受冤屈，我的前半生虽然几起几落，但我总离不开生我养我的中国。唱政治高调的人不一定可靠。诚实的人，有真实感情的人，他对祖国的爱是自然的，理所当然的，用不着表白。我也相信我们的祖国会一天天富强起来。我们的生活会越来越好。

1983 年 1 月 24 日

今天上午才公布博士资格考试成绩，我总分 432 分（5 门课满分 500，375 分通过），以优秀成绩通过。这次一共 18 个人参加考试，只通过 8 个人，一半以上被淘汰。通过的 8 人中有 3 个是中国内地来的，还有一个中国香港人，其余 14 个美国人只通过 4 个人，通过率不到 1/3。我有两门课的成绩不到 90 分，但这两门课我是考得最好的，其他的同学这两门课的成绩都比我差。跨过这一关对我来说也意味着博士到手，因为今后没有可能淘汰人的考试了。写论文我一点也不发愁，还有一个月能回家探亲也成为现实，让我们共享这胜利的喜悦。回想这一年多，你和妈妈为培养钢钢、涓涓费了不少心血。你忍受寂寞的痛苦，每次来信都给我安慰与鼓励，家中的困难、你的烦恼从不在信中提起，我感谢你的一片好心。

上封信我提到希望你不要又为工资的事烦恼，希望你快乐地生活。因为我深深感到金钱是个怪物，有时给人带来快乐，但更多的是给人烦恼。美国的百万富翁仍然为钱烦恼，甚至丧命。前不久这儿有一家银行倒闭，经理自杀，所有存款的人全部拿不到钱。美国社会就是如此不安定，为了赚钱每天提心吊胆。不少自费学生来这里，亲友不管。他们不胜感叹人情淡薄，世态炎凉。所有这些事实使我感受到，人生在世要得到幸福，一定的物质享受固然是必要的，但更重要的是精神世界，有高尚的情操的人才能真正过得幸福。

1983 年 2 月 29 日

暑假回国探亲有些人只打算回一个月，有些人干脆不回去。最近大使馆也在调查，某些人为什么不回去。确实有不少人到美国后夫妻感情淡薄了，甚至破裂了，有些家属也向教育部、中国科学院、大使馆告状。有什么办法？总有些人认为自己得了博士，原来的妻子就不相称了，也许他们原来感情就不深。为什么有点地位的人就要找漂亮的太太？真是没意思。"文化大革命"中我识破了一些人的灵魂，到美国我又看透了一些人。总之，金钱美女对许多人有吸引力。还是曾经跟你讲过的两句老话，人活在世上，要认认真真做事，清清白白做人。希望我们大家都这样，希望我们可爱的儿女也这样，首先要做一个诚实的人，一个内心世界高尚的人。涓涓的字写得很好，比钢钢写的（得）清秀，我很高兴。钢钢考得不好，不要责备他。不要从小追求分数，但应培养他细心，每次作业、考试都要检查，不要争取交头卷，虚荣心很坏事。

1983 年 4 月 5 日

我们的心胸一定要更坦荡一些。对名誉、地位、职称、工资等等都要看透。对别人更大方，更看开一些。如果一个人自己损失一点就耿耿于怀，那就永远不会感到快乐。最近报上提倡知识分子捞外快，大学老师也可以到外面捞钱，鼓励人们发家致富。我对于这种宣传也很担心，像我这种手短的人，将来回国也捞不到什么外快，固定的工资也比别人低。所以你如果心里想不开这些事，一辈子也不会快乐的。我这种"懦夫哲学"在美国寸步难行，在提倡个人发财致富的今日中国也只是一种阿 Q 式的精神安慰法。我想不管别人怎么唯利是图，我还是愿意做一个诚实的人，不拜倒在金钱脚下的人，但愿我们在这种生活哲学上多一点共同语言。

1983 年 12 月 27 日

我向来不赞成以考试成绩区分一个人的水平高低，但其他标准都无法比较。一般讲，学得扎实的人应当考得好。但从小只注意分数，很可能成不了才。很多知识和能力是考不出来的。钢钢、涓涓要注意培养他们真正学懂知识，提高写作表达能力，提高运算速度，培养细心耐心。写作不能光靠课外阅读，也不能靠潦草地写日记。可考虑看了一场好电影或他们做了有兴趣的事之后，让他们写点描述文章。

我从中学起就喜欢猎取新的知识。现在年过四十，似乎还有一股求知欲。我现在对人工智能兴趣较大，现在的计算机虽然快，但是并不聪明，我想致力于如何让计算机更聪明一些……

人之所以区别于动物，在于有精神，没有情感，只顾求欢，这种夫妻也太没有意思。很庆幸，我们的感情没有因远隔重洋而淡漠。研究生们谈找对象，总喜欢讲"要有共同语言"。积十几年的经验，我对这一套说法并不以为然，我倒认为性格是最重要的。女子温润一点，贤惠一点，少与人计较，心胸开阔一些，家庭自然幸福。男人则要诚实、谦让一些。

1984 年 3 月 10 日

中国科学技术大学有一位学生物物理的访问学者在美国研究人的视觉与计算机的关系，有些成果。他给钱学森及科大都写了信，希望科大成立"思维科学系"。钱学森对此很感兴趣。我现在搞的课题接近人工智能，我对于思维科学很有兴趣。如果科大成立这个新系，我倒愿意去。我这个人喜欢搞新的东西、有创造性的东西，太具体的东西搞起来很烦琐。

1984 年 4 月 7 日

读到你们的来信，虽然写的都是些平淡的家庭琐事，你们对孩儿的一片情感跃然纸上。几十年来，你们一片心意都倾注在儿孙身上，历历往事浮现在眼前。记得我读高中时，吃一点荤菜都不容易，妈妈下了一碗面，晚上提出（着）篮子送到二中（邵阳市二中）来，在我自习的教室外面等了很久。现在又是每天煮豆浆送给钢钢、涓涓喝……《红楼梦》书中有首《好了歌》，其中有一段是："世人都晓神仙好，唯有儿孙忘不了。痴心父母何其多，孝顺儿女谁见了？"悲哉斯言！在世界上，尤其是在中国，父母给予儿女的总要多于儿女给予父母的，大概唯其如此，人类则得以繁衍下来……

小孩子的兴趣是可以培养的。钢钢喜欢看历史故事，适当看一点没关系，但故事终究不能启发思维。孩子最重要的是培养思维能力，读课外书，使他的思维活跃，对孩子们将来读中学、大学有帮助。钢钢的长处是记忆力好，但光凭记忆力成不了才，一定要会思考。钢钢这学期语文有进步，多亏老师的培养。数学并不是枯燥的算题，要引导孩子对数学、对自然感兴趣，爱寻根问底问为什么？读死书的小学成绩好，到中学、大学就不行了。另外音体美也不能完全不管，艺术可以陶冶人的性格。只有会审美的人生活情趣才会高尚。不要从小让孩子只对分数感兴趣。妈妈的心情我是理解的，现在学生作业多，负担重。语文、算术都顾不过来，花太多时间看课外书，分散精力也不行。所以看课外书也要引导。故事性强的课外书不能看得太多，我见过有些中学生，专爱看故事书，听小说广播，但语文并没有提高。现在书比前几年多多了，所以要有选择地买书给孩子们看。

1984 年 5 月 14 日

从中学时候开始，自从父亲挨整，我就一直在政治上受歧视。一颗赤诚的心被踩躏，入不了团，考不上像样的大学，分配不到满意的工作。一次一次的打击使我养成了"不负于人、不求于人"的性格。我不是一个无私无畏的人，我愿意勤勤恳恳地为社会做一些事，但我没有那种"与人奋斗，其乐无穷"的斗士胸怀。

读书、搞研究当然也有乐趣，但那是几倍的冥思苦想之后得到的一点欢乐，因此我把家庭生活看成重要的幸福来源。因为家人总是了解自己的、信任自己的。我对社会做出了应有的贡献之后，我希望在家里这几十平方米的一片土地内享受一点宁静和舒适，享受一点人情的温暖。

我特别喜欢儿童，无论是中国的，还是美国的，儿童的天真烂漫常使我忘怀。我喜欢听悠扬抒情的乐曲，就像明矾撒到水中一样使劳累一天之后浑浊的心情得以沉淀。

在大学里我曾写过一篇日记，后来被整入我的黑材料，我写我喜欢"明月松间照，清泉石上流"的环境，我欣赏陶渊明的幸福。我在大学的笔记本上写过这样的座右铭："淡泊以明志，宁静以致远""莫等闲，白了少年头，空悲切"。总之，由于我走过一段坎坷不平的人生之路，我把人生的幸福更多地寄托于家庭。但我不同于唯利是图的庸俗之辈，我是以自己努力的工作换取在家里应该得到的一点快乐。

1984 年 7 月 15 日

我已修完所有博士课程，现在再也不烦考试了。自己想看什么书就看什么书，普渡大学的图书馆借书不限数量，只限时间，我经常一次借 20 本书（几个图书馆可以同时借）。我现在看英文书的速度很快，不是很关键的书，常常一天就读完一本。

计算机是门新兴的学科，每年发表的论文多如牛毛，如有工夫浏览泛读几百篇论文也会有收获。尽管许多文章并没有很高的学术价值。但偶尔碰上几篇会给人启迪。做学问最忌人云亦云，难就难在创新。我过去给你讲过哥伦布发现新大陆的故事，你可能已经忘了。这个故事很有寓意，因为哥伦布发现了美洲新大陆，西班牙国王决定重赏他。群臣不服，说任何人开船向西航行，就（都）能发现新大陆，不值得奖赏。哥伦布并不生气，随手拿出一个生鸡蛋摆在桌子上。问诸臣谁能把鸡蛋立起来，群臣面面相觑，无人敢答。哥伦布说这件事我能办到，他把鸡蛋敲破一点往桌上一放，鸡蛋当然就稳稳立在桌上了。群臣大嚷："你打破了！" 哥伦理直气壮地回答："对！关键就在于'打破了'。"

计算机这门学科还处在幼年。许多领域像"处女地"一样，还没有人开垦，关键是找到这片"处女地"披荆斩棘，开垦出来并不难。写出来的论文往往别人看起来很平常，并不高深，一般也不用很高深的数学。难就难在别人没想到而你最先想到了。研究计算机不同于做数学难题，有些数学难题几百年前就有人提出了，但至今没人能解。中国科学界有一种风气，似乎搞这种数学难题的人聪明、有学问。但美国对于钻牛角尖的理论并不重视，反而特别重视新的观点、新的思想。联想归纳在科研中比演绎推理更重要。人工智能更是一门新学科，机器人能否像人一样有思维能力，自己学习，总结经验，提高智能水平，我相信将来可以做到。造一个机器人，开始只给他编好最基本的程序，存在机器内以后，机器人通过学习，自己编更复杂的程序，相当于一个人从小孩长大成人一样。现在离这一步还很遥远，但我很有兴趣研究人工智能。8 月份我要去奥斯汀开全美人工智能大会，我在会上发表了一篇文章。华教授开车去，他开了十几年车，从来没有出过事，请放心。

1984 年 8 月 12 日

今天清晨 5:00 回到普渡。星期五下午 4 点散会后，我们就启程，昨天晚上没有睡旅馆，连夜开了 2 500 里路。这次人工智能年会（AAAI1984）规模非常大，有 4 000 人参加。虽然只接受了 70 篇论文，但参加的人很多，大部分来自美国各大公司。计算机发展到今天，人工智能、专家系统已成为热门。明年人工智能年会准备扩大到 7 000 人。我参加这次大会，收获比上次开计算机体系结构年会（ISCA）大。除了宣讲自己的论文，还有两天是讨论，讨论比听论文有意思。因为讨论会上各派权威人士发表看法，互相争论。这些内容会议文集上没有，我们从中可以窥探人工智能的发展方向。这次大会国内没有人参加，但有三个在美国学习的访问学者和研究生来听会，访问学者中有一位是我北大物理系的同学（郭维德），研究生毕业以后，他留在北大。

1991 年 12 月 23 日（国家智能计算机（研究开发）中心成立后去普渡大学当 3 个月访问学者）

关于增补学部委员，此事不到 60 岁不必考虑。整个计算机界最多两人，权威很多，夏老师还不是学部委员。计算机学部委员目前只有一个七十多岁的罗沛霖老先生，还有一位高庆狮在国外，慈云桂老先生已经去世。我估计这次北大、南大、长工*、清华等单位都会去争，中科院计算所大概没戏。你知道我的为人，我对于此类事情向来没有兴趣，懒得操心。而且这次完全是"背靠背"，不用个人申请，我还有点自知之明，今后十年再多做点贡献吧。

---

* 全称长沙工学院，"哈军工"（创建于哈尔滨的中国人民解放军军事工程学院）搬到长沙后改名为长沙工学院，后来又改名为中国人民解放军国防科学技术大学、中国人民解放军国防科技大学。